2025

최신개정판

9급 7급

하이클래스

생물학개론

기본편

9급 7급 기술직 공무원

하이클래스
생물학개론

12판 1쇄 2024년 9월 10일

편저자_ 박노광, 박태양
발행인_ 원석주
발행처_ 하이앤북
주소_ 서울시 영등포구 영등포로 347 베스트타워 11층
고객센터_ 1588-6671
팩스_ 02-841-6897
출판등록_ 2018년 4월 30일 제2018-000066호
홈페이지_ gosi.daebanggosi.com
ISBN_ 979-11-6533-491-8(전2권)

정가_ 39,000원

머리말

공무원 임용시험을 공부하는 수험생들에게 흔히 받는 질문 중에 가장 대답하기 난감했던 질문 중의 하나가 몇 년 만에 생물 공부를 시작하려고 하는데 본인에게 알맞은 교재를 추천해 달라는 질문이었습니다.

필자는 생물을 오랫동안 연구하고 강의해 오면서 어떤 순서로, 또 어떤 방법으로 편집하면 생물을 몇 년 만에 시작하는 수험생이나 그동안 생물을 공부한 후 마무리 단계로 정리하고자 하는 수험생을 모두 만족시킬 수 있는 책을 만들 수 있을까에 대한 고민을 계속해 왔습니다. 그 후 공무원 임용시험의 출제경향과 빈도를 분석하고 그에 적합한 학습방법과 고득점 전략을 바탕으로 『하이클래스 공무원 생물학개론』을 집필했습니다.

만약 인문계 출신이나 자연계 출신 중에서 처음 생물 공부를 시작하려고 하는 수험생들이라면 『기초탄탄 하이클래스 생물』로 기초를 다진 후 『하이클래스 공무원 생물학개론』을 접한다면 훨씬 더 큰 효과를 볼 수 있으리라고 생각합니다.

모든 생명과학의 첫 단원은 세포 단원부터 시작을 해야 체계가 잡히는데, 세포에 대한 많은 부분들이 뒷부분을 알아야 이해할 수 있는 내용들이 섞여 있어서 자칫 잘못하다가 생물의 첫 단원부터 너무 어렵게 느껴질 수 있습니다. 그렇게 되면 생물은 어려운 과목이라는 인식에서 헤어나지 못할 것입니다. 수험생들이 어려워하는 유전 단원도 마찬가지입니다. 대부분의 수험서들이 뒤에 나오는 전문용어들도 그 내용과 관련되는 것이라면 무자비하게 앞부분에 열거해 놓은 것을 여러분들도 경험했을 것입니다.

이러한 문제점을 해결하고자 수험생들이 어려워하는 일부 단원을 양분해서 기본편과 심화편으로 나누어 집필했습니다. 분자와 세포 단원의 경우 기본편에서는 기본 지식만 있어도 이해할 수 있는 내용으로 설명하고, 심화편에서는 기본편에서 다룬 지식이 있어야 이해할 수 있는 내용을 모두 추가함으로써 기본편은 생물의 입문서, 심화편은 생물의 완결판으로서의 역할을 하도록 했습니다. 분자와 세포 단원 외에 유전학 단원도 마찬가지로 기본편과 심화편으로 나누어 집필해서 수험생들이 생물을 어렵지 않게 접근하여 짧은 시간에 쉽게 공부할 수 있도록 했습니다.

따라서 Ⅰ·Ⅱ·Ⅴ·Ⅶ 단원은 기본편으로 편성하였고, Ⅰ·Ⅱ·Ⅲ·Ⅳ·Ⅵ 단원은 심화편으로 편성을 하였고 이 구성은 수험생들이 생물에 체계적으로 접근하는 데 많은 도움이 될 것입니다.

아무쪼록 『하이클래스 공무원 생물학개론』이 수험생 여러분에게 알차고 효율적인 생물의 정석이 되어 고득점 합격으로 이어지기를 진심으로 바랍니다.

끝으로 꼼꼼하게 검토해 주신 박태양 교수님과 『하이클래스 공무원 생물학개론』이 개정되기까지 많은 신경을 써주시고 세심하게 배려해주신 하이앤북 출판사 박윤정 편집장님께 진심으로 감사드립니다.

2024년 7월

박노남

시험안내

1. 의료기술직 공무원이란?

의료기술직 공무원은 물리치료, 의무기록, 방사선, 작업치료, 임상병리, 치위생사들의 직무를 수행하는 특수직급 공무원입니다. 의료기술직은 자격증 소지를 필요로 하는 특수직급으로 물리치료사, 임상병리사, 치위생사 등이 있으며 해당 면허증 소지자만 시험에 응시가 가능합니다.

2. 주관 및 시행

행정안전부 및 각 시·도

3. 응시자격

• 18세 이상
• 의료기사 면허증 소지자
  ① 방사선사   ② 치위생사   ③ 임상병리사
  ④ 물리치료사   ⑤ 의무기록사   ⑥ 작업치료사
  ⑦ 임상심리사
• 시험응시 가능한 지역
  ① 주민등록지 합산 요건 3년   ② 현재 주민등록이 되어 있는 지역(1월 1일 기준)   ③ 서울

4. 시험과목

• 제한경쟁: 생물, 공중보건, 의료관계법규

5. 시험방법

• 필기시험
  ① 100% 객관식 / ② 과목별 20문항
• 면접시험: 필기시험 합격자에 한하여 면접시험을 거쳐 최종 합격자를 결정함(상대평가)

6. 합격 후 근무지

보건복지부 산하 각 기관, 보건소, 보건지소, 시·군·구청 위생과 병원 및 의료원 등

1. 보건직 공무원이란?

- 보건의료분야, 보건 행정분야 및 방역행정분야의 정책·법령 마련, 집행 및 계획, 예산 관리 등 보건의료 정책 및 질병관리 업무를 담당하는 공무원을 말합니다.
- 운송수단 검역, 검역감염병 관리 및 검역구역 방역 등의 방역업무와 산업보건, 환경위생, 식품 위생 관련 일을 수행합니다.

2. 응시자격

- 18세 이상
- **지방직 공개채용**: 학력제한 없음. 거주지제한 있음.
- **지방직 경력채용**: 간호사 또는 조산사, 기술사, 기사, 산업기사 소지자에 한하여 응시자격을 부여하고 있으니 각 지역별 채용 공고를 통해 확인 필요. 거주지제한 있음.
- **보건복지부 경력채용**: 보건관련학과 졸업(7, 9급 상이) 혹은 석사학위 소지

3. 시험과목

- **지방직 9급 제한경쟁**(경기도, 전라남도, 세종시 등): 생물, 공중보건, 환경보건(공고에 따라 생물, 공중보건 두 과목 응시)
- **지방직 7급 공개경쟁**: 국어, 영어, 한국사, 생물학개론, 보건학, 보건행정, 역학
- **국가직 7급**: 언어논리영역, 자료해석영역, 상황판단영역, 영어, 한국사, 생물학개론, 보건학, 보건행정, 역학
- **보건복지부 9급 방역직**: 영어, 감염의료관계법규, 공중보건, 생물

※ 7급의 경우 영어는 "영어능력검정시험(토익, 토플, 텝스, 지텔프 등)", 한국사는 "한국사능력검정시험"으로 대체

4. 시험방법

- **필기시험**
  ① 100% 객관식 / ② 지방직: 과목별 20문항 / ③ 국가직: 과목별 25문항
- **면접시험**: 필기시험 합격자에 한하여 면접시험을 거쳐 최종 합격자를 결정함(상대평가)

5. 합격 후 근무처

- 보건소
- 보건복지센터
- 병원 및 의료원
- 시·도·구청
- 보건복지부 산하 각 기관
- 국립병원
- 질병관리청
- 질병대응센터

1. 농업직 공무원이란?

농업직 공무원은 농업정책에 대한 행정을 담당하고 농산물유통, 식량증산, 농지의 불법행위 단속, 농지재해대책 등을 처리하는 업무를 맡고 있습니다. 채용규모는 매년 다르며 관련자격증이 있으면 3~5%의 가산점을 받을 수 있습니다.

2. 주관 및 시행

농림수산식품부 및 각 지방행정 자치부

3. 응시자격

- 18세 이상
- 학력제한 없음
- 시험응시 가능한 지역
  ① 주민등록지 합산 요건 3년
  ② 현재 주민등록이 되어 있는 지역(1월 1일 기준)
  ③ 서울

4. 시험과목

- 지방직 7급: 국어, 영어, 한국사, 생물학개론, 토양학, 재배학개론, 식용작물
- 국가직 7급: 언어논리영역, 자료해석영역, 상황판단영역, 영어, 한국사, 생물학개론, 토양학, 재배학개론, 식용작물
- 특채, 전직, 승진: 생물, 식용작물, 농업생산환경
※ 영어는 "영어능력검정시험(토익, 토플, 텝스, 지텔프 등)", 한국사는 "한국사능력검정시험"으로 대체

5. 시험방법

- 필기시임
  ① 100% 객관식 / ② 지방직 과목별 20문항 / ③ 국가직 과목별 25문항
- 면접시험: 필기시험 합격자에 한하여 면접시험을 거쳐 최종 합격자를 결정함(상대평가)

6. 합격 후 근무지

- 국가직: 농림수산식품부 산하의 소속기관
- 지방직: 각 시, 구청 등에서 근무

1. 농촌지도사란?

농촌지도사는 농업전문기관 및 정부에서 연구한 기술을 보급하고 농민들에게 필요한 연구를 개발하고 있습니다. 농촌지도사는 농민에게 단순한 지식이나 기술을 전달하는 것으로 끝나는 것이 아니라, 농민 스스로가 생활 개선이나 여건 변화 대응에 대한 필요성을 인식하고 이를 실천하는데 있어서 농촌지도사의 지식과 기술을 충분히 활용할 수 있도록 지도하고 있습니다.

2. 주관 및 시행

농림수산식품부 및 각 지방행정자치부

3. 응시자격

- 20세 이상 37세 이하
- 색각 이상(색맹·색약)이 아닌 자
- 현재 주민등록이 되어 있는 지역(1월 1일 기준)
- 제한경쟁: 농과관련 대학졸업자(전문대학 또는 대학교 이상) 대상

4. 시험과목

직렬	제1차 필수 시험과목	제2차 필수 시험과목
농업	국어(한문 포함), 영어, 한국사	생물학개론, 재배학, 작물생리학, 농촌지도론
원예	국어(한문 포함), 영어, 한국사	생물학개론, 재배학, 원예학, 농촌지도론
축산	국어(한문 포함), 영어, 한국사	생물학개론, 가축사양학, 가축번식학, 농촌지도론
임업	국어(한문 포함), 영어, 한국사	생물학개론, 조림학, 임업경영학, 산림보호학
잠업	국어(한문 포함), 영어, 한국사	생물학개론, 육잠함, 재상학, 농촌지도론
가축위생	국어(한문 포함), 영어, 한국사	생물학개론, 수의보건학, 수의전염병학, 농촌지도론

※ 영어는 "영어능력검정시험(토익, 토플, 텝스, 지텔프 등)", 한국사는 "한국사능력검정시험"으로 대체

5. 시험방법

- 필기시험: 100% 객관식(과목당 4지선다형 20문항 출제)
- 면접시험: 필기시험 합격자에 한하여 면접시험을 거쳐 최종 합격자를 결정함(상대평가)

1. 산림청 특채 공무원이란?

- 산림청에서 일괄 시행하는 시험으로, 응시자는 5개 근무예정 기관(북부, 동부, 남부, 중부, 서부지방산림청), 직류별로 응시하게 됩니다.
- 산림청 소속 5개 지방산림청 또는 지방청별 관할 국유림관리소(총 27개)에서 근무하게 되며, 조림, 숲 가꾸기 등 산림자원 · 조경의 조성 및 관리, 산불 · 산사태 산림재난 관련 업무 등 국유림의 경영 · 관리 업무, 산림휴양 · 복지시설 조성 · 운영을 수행합니다.

2. 응시자격

- 18세 이상
- 거주지제한 없음
- 기술사, 기사, 산업기사, 기능사 자격증 소지자에 한함. 기능사자격증 소지자의 경우 직류별 관련 경력이 2년 이상이 되어야 함. (관련분야: 조림, 숲 가꾸기, 산림조사 및 산림경영, 임업인 육성, 산림병해충방제 및 산림보호, 임도사방사업, 산림휴양, 산림교육, 임산가공, 조경 등 산림청 소관 업무)

3. 시험과목

- 산림조경직: 생물, 조림, 조경계획
- 산림자원직: 생물, 조림, 임업경영
- 산림이용직: 생물, 조림, 임산가공
- 산림보호직: 생물, 조림, 산림보호

4. 시험방법(시행처가 필요시에 시행)

- 필기시험
  ① 100% 객관식 / ② 과목별 25문항
- 면접시험: 필기시험 합격자에 한하여 면접시험을 거쳐 최종 합격자를 결정함(상대평가)

5. 합격 후 근무처

- 지방산림청(북부, 동부, 남부, 중부, 서부)
- 국유림관리소(27개소)

▶▶ 방역직

1. 방역직 공무원이란?

메르스, 지카 바이러스 등과 같은 초국가적 감염병에 전문적으로 대응하기 위해 감염병 유입 발생 모니터링, 국가 감염병 지정병원 관리, 감염병 대응 매뉴얼 개발, 방역시스템 구축 등 방역 업무를 전담합니다.

2. 응시자격

- 18세 이상
- **공개경쟁(9급):** 자격요건 없음 / **• 경력경쟁(8급):** 간호사

3. 시험과목

- **공개경쟁(9급):** 국어, 영어, 한국사, 공중보건, 생물학개론
- **경력경쟁(8급):** 생물, 공중보건, 역학

4. 시험방법

- **필기시험:** ① 100% 객관식 / ② 과목별 20문항
- **면접시험:** 필기시험 합격자에 한하여 면접시험을 거쳐 최종 합격자를 결정함(상대평가)

▶▶ 보건진료직

1. 보건진료직이란?

각 시 · 군 보건진료소(보건의료 취약지역)에서 의료행위 및 관련업무를 진행합니다.

2. 응시자격

- 18세 이상
- 간호사 또는 조산사
- 시험응시 가능한 지역: ① 서울 / ② 주민등록상 주소지(1월 1일 기준, 합산요건 3년)

3. 시험과목

- **특채:** 생물, 지역사회간호, 공중보건

4. 시험방법

- **필기시험:** ① 100% 객관식 / ② 과목별 20문항
- **면접시험:** 필기시험 합격자에 한하여 면접시험을 거쳐 최종 합격자를 결정함(상대평가)

구성과 특징

철저한 출제경향 분석과 체계적인 이론 정리

출제경향을 철저히 분석하여 공무원 합격을 위한 필수 이론을 정리하였습니다. 초보자는 쉽게 접근할 수 있고, 기존 학습자는 더욱 효과적으로 공부할 수 있도록 기본편과 심화편으로 나누어 구성하였습니다.

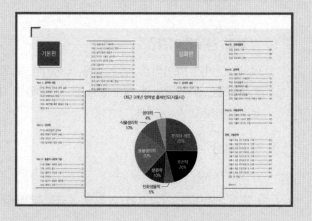

어려운 내용도 한눈에 이해되도록 생물의 神이 그림 한판으로 완성!

다양하고 선명한 그림을 통해 어려운 내용도 한눈에 이해할 수 있습니다. 깔끔하게 정리된 그래프와 학습에 필요한 그림을 충분히 수록하였습니다.

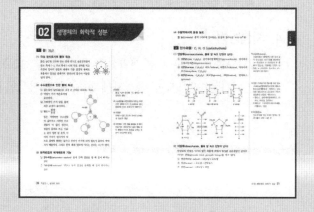

풍부한 보충자료, 참고자료로 고득점 완성

비교, 또는 대조하여 학습하면 좋은 내용들은 표로 정리하고, 심화학습을 위한 보충자료를 풍부하게 제시합니다. 다양한 실험예시와 tip을 이용하여 더욱 알차게 공부할 수 있습니다.

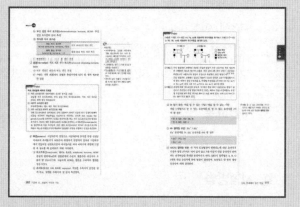

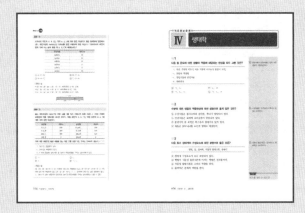

진도별 예제로 바로바로 학습점검
단원별 예상문제로 확실하게 실력점검

학습한 내용을 바로 확인할 수 있는 예제로 이론에 대한 이해도를 점검하고, 출제경향을 파악할 수 있도록 구성하였습니다. 또한 단원별 예상문제풀이를 통해 실력을 확인하고 부족한 부분을 복습할 수 있습니다.

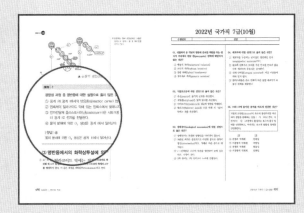

공무원 생물 마스터!
7급 생물까지 완벽하게 대비 가능

9급·7급을 막론하고 공무원 생물을 준비하는 수험생이 합격점에 도달하는 데 모자람이 없도록 알차게 내용을 채워넣었습니다. 또한 진도별 9급 기출은 물론 7급 기출까지 함께 제시하여 더욱 심도있는 학습이 가능합니다.

동영상 강의로 합격 플러스

개념과 실전을 동시에 준비하는 이해 중심의 강의로 합격의 가능성을 높이세요. 머리에 쏙쏙 들어오는 명쾌한 강의는 수강생들의 꿈을 여는 열쇠가 될 것입니다.

기본편

심화편

최근 3개년 영역별 출제 빈도

▶ 서울시 8, 9급

영역	2022(2월) 문항	비율	2022(6월) 문항	비율	2023 문항	비율	2024 문항	비율
Ⅰ. 분자와 세포	4	20%	5	25%	5	25%	6	30%
Ⅱ. 유전학	4	20%	6	30%	4	20%	3	15%
Ⅲ. 진화생물학	1	5%	1	5%	1	5%	1	5%
Ⅳ. 분류학	4	20%	1	5%	2	10%	2	10%
Ⅴ. 동물생리학	4	20%	5	25%	3	15%	6	30%
Ⅵ. 식물생리학	2	10%	1	5%	4	20%	1	5%
Ⅶ. 생태학	1	5%	1	5%	1	5%	1	5%

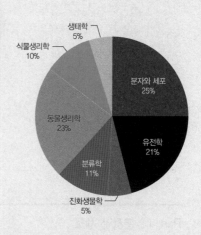

▶ 국가직 7급

영역	2021 문항	비율	2022 문항	비율	2023 문항	비율
Ⅰ. 분자와 세포	3	12%	5	20%	7	28%
Ⅱ. 유전학	7	28%	5	20%	7	28%
Ⅲ. 진화생물학	1	4%	1	4%	1	4%
Ⅳ. 분류학	2	8%	3	12%	2	8%
Ⅴ. 동물생리학	9	36%	7	28%	7	28%
Ⅵ. 식물생리학	1	4%	3	12%	1	4%
Ⅶ. 생태학	2	8%	1	4%	0	0%

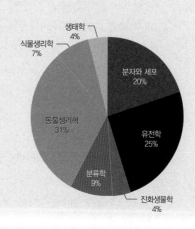

▶ 지방직 7급

영역	2021 문항	비율	2022 문항	비율	2023 문항	비율
Ⅰ. 분자와 세포	4	20%	3	15%	3	15%
Ⅱ. 유전학	4	20%	6	30%	8	40%
Ⅲ. 진화생물학	1	5%	1	5%	0	0%
Ⅳ. 분류학	0	0%	3	15%	1	5%
Ⅴ. 동물생리학	7	35%	5	25%	6	30%
Ⅵ. 식물생리학	1	5%	1	5%	1	5%
Ⅶ. 생태학	3	15%	1	5%	1	5%

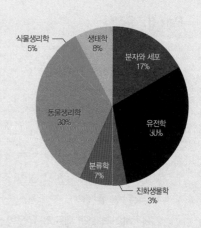

❖ 9급 시험뿐 아니라 7급 시험에서도 Ⅰ. 분자와 세포, Ⅱ. 유전학, Ⅴ. 동물생리학 이렇게 세 단원의 영역이 가장 높은 출제빈도를 보이고 있습니다.

PART

I

분자와 세포

I

하이클래스 생물

01 원자의 구조와 화학 결합

1 원자(Atom)

(1) 원자의 구조

중심에 (+)전하를 띤 원자핵이 있고, 원자핵 주위를 (−)전하를 띤 전자들이 빠르게 움직이고 있다.

① 원자핵(atomic nucleus): (+)전하를 띠는 양성자(protons)와 전하를 띠지 않는 중성자(neutrons)로 이루어져 있다.

② 전자(electrons): 원자핵 주위를 돌고 있으며 (−)전하를 띠고 있다.

③ 원자핵이 띠는 (+)전하의 양과 전자들이 띠는 (−)전하의 양이 같아서 원자는 전기적으로 중성이다.

④ 원자의 종류에 따라서 (+)전하를 띤 양성자 수가 다르므로 원자를 구분하기 위해서 양성자 수를 원자번호로 사용한다.

> 원자번호 = 양성자 수 = 전자 수

⑤ 아원자입자(subatomic particles): 원자를 구성하고 있는 입자(중성자, 양성자, 전자)

(2) 원자의 크기와 질량

① 원자의 질량은 원자핵이 대부분을 차지하고 전자의 질량은 무시할 수 있을 정도로 작다.

② 질량수(원자량) = 양성자 수 + 중성자 수

(3) 원자의 표시방법

원자번호는 원소기호의 왼쪽 아래에 표시하고, 질량수는 왼쪽 위에 표시한다.

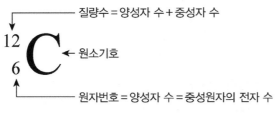

▲ 탄소 원자의 원자번호와 질량수를 표시하는 방법

❖ 원자
물질을 구성하는 기본입자

기본편 I

(4) 원자번호와 질량수

원자	원자번호	원자핵		전자 수	질량수
		양성자 수	중성자 수		
수소	1	1	0	1	1
탄소	6	6	6	6	12
질소	7	7	7	7	14
산소	8	8	8	8	16
나트륨	11	11	12	11	23

(5) 동위원소(radioactive isotope)

양성자 수는 같으나 중성자 수가 달라서 원자번호는 같고 질량수가 다른 원소를 동위원소라 하며, 특히 동위원소 중에서 방사능을 띤 방사성 동위원소는 불안정하여 방사성 붕괴를 일으킨다. 붕괴가 일어나면서 방사선이 방출되기 때문에 쉽게 추적이 가능하여 추적자로 사용된다. ^{14}C, ^{32}P, ^{35}S 등의 방사성 동위원소는 이들 원소의 방사능으로 쉽게 추적이 가능하다.

2 이온(Ions)

전자의 이동에 의해 원자핵의 (+)전하의 양과 전자가 가진 (−)전하의 양에 차이가 생겨 전하를 띠게 된 입자이다.

(1) 옥텟 규칙(octet rule)

금속 원소들은 전자를 잃고 마지막 껍질의 전자가 8개가 되려는 경향성을 갖는다. 또한 비금속 원소들은 전자를 얻어서 마지막 껍질의 전자가 8개가 되려는 경향성을 갖는다. 이와 같이 전자를 잃거나 얻어서 마지막 껍질의 전자가 8개가 되려는 경향성을 옥텟 규칙이라고 한다. 원자는 항상 이러한 전자 배치를 가지려는 성질을 지니고 있으며, 원자가 서로 결합하는 것은 이러한 전자 배치를 통하여 원자 자신이 안정을 취하려는 성질 때문이다.

(2) 양이온(cation)

금속 원소가 전자를 잃어 원자핵의 (+)전하의 양이 전자가 가진 (−)전하의 양보다 많아져서 양(+)전하를 띠게 된 입자

❖ PET(양전자 방출 단층 촬영)
동위원소로 표지한 포도당 유사물질을 혈관에 주입하면 암세포와 같이 포도당대사가 활발한 부위에 가장 많이 모인다.

❖ 원자와 원소
• 원자(atom): 물질을 구성하는 기본 입자로 더 이상 다른 물질로 분해되지 않는 입자
• 원소(element): 같은 종류의 원자들로 이뤄져 하나의 고유한 성질이 나타나는 물질

❖ 원소가 물질의 종류를 가리키는 용어라면, 원자는 물질을 구성하는 입자(알갱이)를 가리키는 용어이다.

❖ 원자들은 전자를 잃거나 얻어서 마지막 껍질의 전자가 없거나 2개 또는 8개를 가져서 안정되려는 성질을 가지고 있다.

(3) 음이온(anion)

비금속 원소가 전자를 얻어 전자가 가진 (−)전하의 양이 원자핵의 (+)
전하의 양보다 많아져서 음(−)전하를 띠게 된 입자

3 화학결합(Chemical bonds)

(1) 이온결합(ionic bond)

양이온과 음이온 사이에 서로 끌어당기는 정전기적 인력으로 형성된 결합
① 금속 원소는 전자를 내놓고 양이온으로 된다.
② 비금속 원소는 금속 원소가 내놓은 전자를 얻어 음이온으로 된다.
③ 금속 양이온과 비금속 음이온 사이의 정전기적 인력에 의해 결합하여
   화합물을 형성한다.

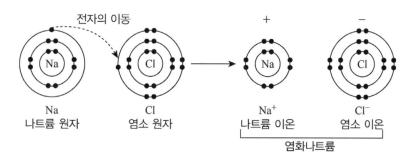

❖ 원자 모형에서는 전체 원자 크기에
비해 핵의 상대적 크기가 매우 과장
되어 있다. 예를 들어 원자의 크기
가 야구장 정도라면 핵은 야구장의
한가운데 떨어져 있는 연필지우개
정도의 크기에 비유될 수 있다.

(2) 공유결합(covalent bond)

최외각에 존재하는 하나 또는 그 이상의 전자를 서로 내놓아 전자쌍을
만들고 이 전자쌍을 공유함으로써 안정한 결합을 형성한다.
① 무극성 공유결합(nonpolar covalent bond): 같은 원소의 두 원자 사이의
   공유결합인 경우 두 원자의 전기음성도(electronegativity)가 같으므로
   공유되고 있는 전자를 두고 벌이는 경쟁은 똑같다. 이와 같이 전자가
   두 원자에 의해서 똑같이 공유되고 있는 결합

예 무극성 분자: H_2, O_2

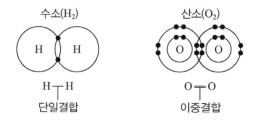

❖ 전기음성도
분자 내 원자가 그 원자의 결합에 관
여하고 있는 전자를 끌어당기는 정
도(전기음성도가 큰 원소: F, O, N)

② **극성 공유결합(polar covalent bond)**: 두 원자 사이의 전기음성도 차이에 따라 극성의 정도가 달라서 전자가 두 원자에 의해서 동일하게 공유되지 않는 결합

ⓐ **무극성 분자(nonpolar molecule)**: 극성 공유 결합을 포함하는 분자라도 극성이 상쇄되면 무극성 분자가 된다. 극성 분자가 부분적으로 전기적 성질을 나타내는 데 반해 무극성 분자는 부분적으로 전기적 성질을 나타내지 않는다.

예 CH_4, CO_2

용어 개정

메탄 → 메테인

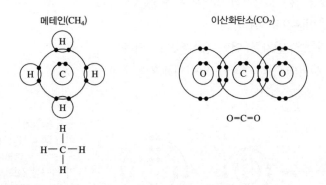

ⓑ **극성 분자(polar molecule)**: 극성 공유 결합을 포함하는 분자에서 극성이 상쇄되지 않고 부분적으로 전기적 성질을 나타내는 분자

예 H_2O

물 분자에서 산소와 수소 원자 사이의 결합은 매우 높은 극성을 띤다. 산소와 수소 원자 사이의 공유결합에서 전자는 수소 원자의 핵보다는 산소 원자의 핵 주변에 위치하는 확률이 높아진다. 또한 전자는 음전하를 띠고 있으므로 물 분자 사이에서 전자의 불균등한 분포는 산소 원자가 약한 음전하를 띠게 해주며 수소 원자는 약한 양전하를 띠게 해준다.

❖ 극성
  서로 상반된 두 가지의 성질이 한 물체에서 공존할 때

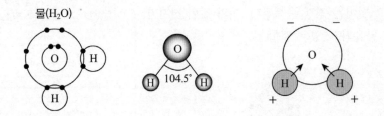

Check Point

(1) **쌍극자(dipole)**: 전기 음성도가 작은 원자는 부분적인 (+)전하를 띠고, 전기 음성도가 큰 원자는 부분적인 (−)전하를 띠는데, 이와 같이 쌍극자란 (+)와 (−) 전하가 쌍으로 존재하는 것을 말한다.

(2) **쌍극자모멘트(dipole moment)**: 쌍극자의 정도(전기음성도 차이)를 화살표로 표시한 것을 쌍극자 모멘트라 한다.

(3) 무극성분자는 쌍극자 모멘트가 0이 되고, 극성분자는 쌍극자 모멘트가 0보다 큰 분자로 분자 내 부분적인 전하를 띤다.

> 예 O=C=O 극성 공유결합을 가진 이산화탄소는 분자의 기하 구조가 직선형이고, 중심 원자인 탄소를 중심으로 좌우 대칭이기 때문에, O=C=O의 쌍극자모멘트가 서로 상쇄되어, 이산화탄소의 쌍극자모멘트 값은 0(zero)이 된다.

(4) 가장 바깥쪽의 전자를 공유하는 각 원자들은 그들이 형성할 수 있는 공유결합의 수에 해당하는 만큼의 결합능력을 가지고 있는데 이러한 결합능력을 원자가라고 한다. 수소의 원자가는 1, 산소의 원자가는 2, 질소의 원자가는 3, 탄소의 원자가는 4이다. 그런데 인의 경우 원자가는 3이지만 인이 갖는 단일결합과 이중결합의 조합에 따라서 5의 원자가를 가질 수도 있다.

(3) 수소결합(hydrogen bond)

전기음성도가 큰 원자(F, O, N)와 공유결합을 하고 있는 수소 원자와 또 다른 전기음성도가 큰 원자(F, O, N) 사이의 분자 간 결합으로 수소결합을 형성하는 분자들은 다른 분자들에 비해 분자 간 인력이 커서 끓는점이 높고 기화열이 크다.

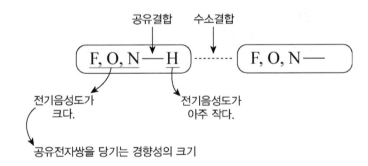

>> 공유결합은 실선으로 표기하고 수소결합은 점선으로 표기한다.

Tip

수소결합력의 세기를 결정하는 데 가장 중요한 요인은 수소에 결합된 원자의 전기음성도 크기이다. 전기음성도가 클수록 수소의 원자핵이 노출되어 강한 수소결합을 형성할 수 있다.

① H_2O 분자와 H_2O 분자 사이의 수소결합: 물 분자는 이웃한 물 분자들과 4개의 수소결합을 형성한다(격자형 수소결합).

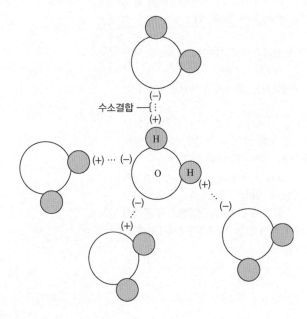

② DNA 염기 간의 수소결합

㉠ 티민과 아데닌의 이중 수소결합

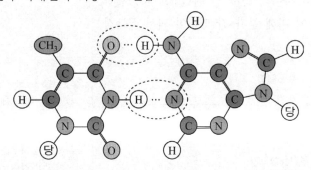

㉡ 사이토신과 구아닌의 삼중 수소결합

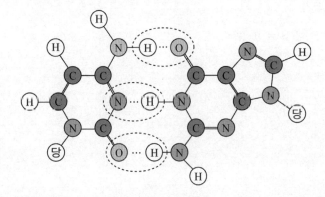

(4) 반데르발스 인력(van der Waals interactions)

무극성 분자도 전자들은 항상 움직이고 있으므로 분자 내에서 항상 대칭으로 균등하게 분포되어 있는 것이 아니라 경우에 따라서는 분자 내의 한 부분에 집중적으로 위치하기도 한다. 그 결과 양전하 또는 음전하를 띠는 부분이 생겨서 분자들이 결합할 수 있게 되는 약한 결합으로 원자와 분자들이 매우 가깝게 놓일 때에만 일어날 수 있다.

4 원자들의 전자배열과 화학적 특성

(1) 양전하를 띠고 있는 핵에 의해 음전하를 띠고 있는 전자들이 붙잡혀 있기 때문에 전자를 핵으로부터 멀리 이동시키기 위해서는 에너지가 투입되어야 한다. 따라서 전자가 핵으로부터 멀리 떨어져 있을수록 전자가 갖는 위치에너지는 더 크며 첫 번째 전자껍질에 있는 전자들은 가장 낮은 위치에너지를 갖는다.(즉, 전자의 에너지 준위는 핵으로부터 떨어져 있는 평균적인 거리와 상관이 있다.)

❖ 에너지 준위(energy level)
에너지 값 또는 에너지 수준을 말한다.

(2) 주기율표

주기 \ 족	1	2	13	14	15	16	17	18
1	1H 1.00794 수소							2He 4.00260 헬륨
2	3Li 6.941 리튬	4Be 9.01218 베릴륨	5B 10.811 붕소	6C 12.011 탄소	7N 14.0067 질소	8O 15.9994 산소	9F 19.9984 플루오르	10Ne 20.1797 네온
3	11Na 22.9897 나트륨	12Mg 24.3050 마그네슘	13Al 26.9815 알루미늄	14Si 28.0855 규소	15P 30.9738 인	16S 32.066 황	17Cl 35.4527 염소	18Ar 39.948 아르곤
4	19K 39.0983 칼륨	20Ca 40.078 칼슘						

❖ 양성자와 중성자의 질량은 약 1달톤이므로 질량수는 원자 전체의 질량인 원자량과 거의 같다.
　예 탄소의 원자량은 12달톤이라 할 수 있고 정확한 원자량은 12.011달톤이다(1달톤daltons = 1.7×10^{-24}g)

≫ 전이원소(transition elements): 주기율표에서 3~12족에 속하는 원소

(3) 원자들의 화학적 특성은 가장 바깥쪽의 전자껍질에 존재하는 전자의 숫자에 의해서 결정된다. 이러한 가장 바깥쪽의 전자(최외각 전자)들을 원자가전자(valence electrons)라고 하고 가장 바깥쪽의 전자껍질을 원자가 껍질이라고 한다. 헬륨, 네온, 아르곤은 원자가껍질이 완전히 채워져 있어 화학적으로 반응성이 없는 비활성상태이고 다른 원자들은 원자가껍질이 완전히 채워져 있지 않아 활성을 띠고 있다.

(4) 주기율표의 같은 가로열(같은 주기)에 있는 모든 원소는 같은 숫자의 전자껍질을 가지며 같은 세로열(같은 족)에 있는 모든 원소는 원자가껍질에 동일한 개수의 전자를 갖는다. 따라서 같은 족에 있는 원소는 비슷한 화학적 특성을 갖는다.

(5) **전자 오비탈(전자 구름):** 전자가 존재하는 3차원적 공간

　① **첫 번째 전자껍질:** 1개의 오비탈－1개의 구형의 작은 s오비탈(1s)

　② **두 번째 전자껍질:** 4개의 오비탈－1개의 구형의 큰 s오비탈(2s)＋3개의 아령모양의 p오비탈(2px, 2py, 2pz)

　③ **세 번째 이상의 전자껍질:** s오비탈과 p오비탈 외에 보다 복잡한 구조의 오비탈을 가지고 있다.

❖ 하나의 오비탈은 2개의 전자까지만 받아들일 수 있다.

5 이성질체(isomer)

같은 원소와 같은 수의 원자로 이루어져 있지만 서로 다른 구조를 갖고 있어서 서로 다른 특성을 갖는 화합물

(1) **구조이성질체(structural isomer):** 각 원자들의 공유결합 배열이 다른 것

❖ 탄화수소
탄소와 수소로만 이루어진 물질로 C−H결합이 극성을 띠지 않기 때문에 물에 녹지 않는 소수성 물질이다

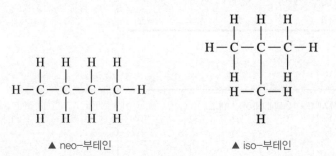

▲ neo−부테인　　　　　　▲ iso−부테인

용어 개정
부탄 → 부테인

(2) 기하이성질체(geometrical isomer)

공유결합 짝은 같지만 공간적 배열이 다른 것으로 이중결합을 가지는 탄소 화합물에서는 흔히 시스(cis)형과 트랜스(trans)형 등 두 가지 기하 이성질체를 갖는다. 시스형은 이중결합을 중심으로 같은 종류의 원자나 원자단이 같은 쪽에 있는 것으로, cis는 '같은 쪽에'를 뜻한다. 트랜스형은 이중결합을 중심으로 같은 종류의 원자나 원자단이 반대쪽에 있는 것으로 trans는 '반대쪽에'라는 뜻이다.

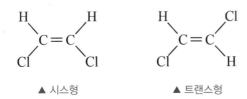

▲ 시스형　　　　▲ 트랜스형

(3) 거울상이성질체(광학이성질체, optical isomer)

두 분자가 서로 거울 대칭성인 것으로 탄소에 결합한 네 개의 서로 다른 원자나 원자단으로 구성된 경우를 의미한다. 거울상이성질체에는 L이성질체(왼쪽: levo)와 D이성질체(오른쪽: dextro)가 있으며 일반적으로 둘 중 하나의 이성질체만이 생물학적 활성을 가지는데, 그 형태만 생체 내 특정 분자와 결합할 수 있기 때문이다.

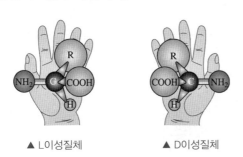

▲ L이성질체　　　　▲ D이성질체

6 산과 염기

(1) 산(acid)

용액의 수소 이온 농도[H^+]를 증가시키는 물질

(2) 염기(base)

OH^- 이온을 방출하여 용액의 수소 이온 농도[H^+]를 감소시키는 물질

❖ 산과 염기
- 산: 일반적으로 신맛을 가지며 리트머스종이를 붉은색으로 변색시킨다.
- 염기: 일반적으로 쓴맛을 가지며 리트머스종이를 푸른색으로 변색시킨다.

(3) 중성

몰 농도가 $H^+ = \dfrac{1}{10^7}$ 이고 $OH^- = \dfrac{1}{10^7}$ 이므로 $[H^+]$ 농도와 $[OH^-]$ 농도가 같다.

(4) pH(수소이온농도 지수)

수소이온농도에 $-\log$값을 사용해서 나타낸 것을 pH라고 하며, $pH = -\log[H^+]$로 쓴다. 예를 들어 $[H^+]$ 농도가 $\dfrac{1}{10^2}$ 이면 pH=2라 하고, $[H^+]$ 농도가 $\dfrac{1}{10^3}$ 이면 pH=3이라 한다. 따라서 pH 1 차이는 $[H^+]$ 농도 10배의 차이를, pH 2 차이는 $[H^+]$ 농도 100배의 차이를 뜻한다. 중성인 순수한 물의 경우 $[H^+]$ 농도가 $\dfrac{1}{10^7}$ 이므로 pH로 표시하면 7이 되며, $[OH^-]$ 농도도 $\dfrac{1}{10^7}$ 이 되므로 $[H^+]$ 농도와 $[OH^-]$ 농도의 곱은 pH에 관계없이 항상 $\dfrac{1}{10^{14}}$ 로 일정하다. 산이 더해져서 $[H^+]$이 $\dfrac{1}{10^6}$ 로 높아지면 $[OH^-]$은 $\dfrac{1}{10^8}$ 로 낮아지게 된다.

❖ $[H^+]$가 높다=pH가 낮다.

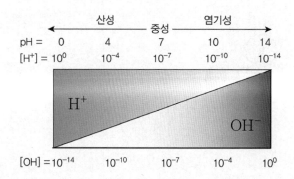

(5) 완충용액(buffer solution)

H^+을 가역적으로 받아들이거나 내놓을 수 있는 용액으로 pH의 급격한 변화가 일어나지 않도록 해준다.

예 $H_2CO_3 \rightleftarrows HCO_3^- + H^+$

(6) 화학평형(chemical equilibrium): 정방향과 역방향 반응이 동일한 속도로 일어나고 있는 상태로 생성물과 반응물의 농도가 동일하다는 의미가 아니고, 상대적인 농도가 더 이상 변화하지 않게 되는 상태이다.

반응물이 생성물로 전환되는 속도와 생성물이 반응물로 전환되는 속도가 같기 때문이다. 따라서 평형 상태는 정지된 것이 아니고 정반응과 역반응이 계속 진행되는 상태이지만 두 반응의 속도가 같은 상태이다.

예를 들면 질소와 수소는 500℃에서 촉매를 통해 반응하여 암모니아를 만들고 동일한 조건 하에서 암모니아는 역반응에 의하여 질소와 수소로 분해된다. $N_2 + 3H_2 \rightarrow 2NH_3$ 반응 초기에는 정반응에 의하여 암모니아 생성이 우세할 것이다. 그러나 반응 시간이 경과함에 따라 생성된 암모니아의 양이 증가하여 역반응의 속도가 점점 빨라지게 되며, 결국 정반응과 역반응의 속도가 같아져 외관상 아무런 변화가 일어나지 않게 된다. 이러한 상황을 화학평형이라고 한다.

7 유기화합물의 작용기(functional group)

화학반응에 참여하는 분자의 구성 성분으로 생명의 화학에서 가장 중요한 작용기는 하이드록시기, 카보닐기, 카복시기, 아미노기, 황화수소기, 인산기이며 이들은 모두 친수성이어서 물에 대한 유기화합물의 용해도를 증가시킨다. 메틸기는 소수성이며 화학반응에는 참여하지 않지만 생명의 분자에서 종종 인식을 위한 꼬리표로 기능을 한다.

❖ 황화수소기는 가장 약한 극성을 갖는다.

(1) 하이드록시기(=수산기, hydroxyl group)

① 구조: −OH
② 화합물의 이름: 알코올의 주요 구성요소

    예 에탄올(C_2H_5OH)

```
         H   H
         |   |
    H −  C − C − H
         |   |
         H   OH
```

③ 특성: 전기음성도가 커서 전자를 잡아당기는 산소 때문에 극성이며 물 분자를 끌어당겨 당과 같은 유기화합물을 쉽게 녹게 한다.

(2) 카보닐기(carbonyl group)

① 구조: $\diagup C = O$

② 화합물의 이름

　㉠ 알데하이드(aldehyde): 카보닐기가 탄소골격 끝에 있을 때

$$H-\underset{\underset{H}{|}}{\overset{\overset{H}{|}}{C}}-\underset{\underset{H}{|}}{\overset{\overset{H}{|}}{C}}-\overset{\overset{O}{\|}}{C}-H$$

　㉡ 케톤(ketone): 카보닐기가 탄소골격 내에 있을 때

$$H-\underset{\underset{H}{|}}{\overset{\overset{H}{|}}{C}}-\overset{\overset{O}{\|}}{C}-\underset{\underset{H}{|}}{\overset{\overset{H}{|}}{C}}-H$$

③ 특성: 알데하이드와 케톤은 서로 다른 성질을 가진 구조이성질체이다.

(3) 카복시기(carboxyl group)

① 구조: $-\overset{\underset{\|}{O}}{C}-OH$ $(-COOH)$

② 화합물의 이름: 카복시산 또는 **유기산**

③ 특성: 수소 이온(H^+: 양성자)을 내기 때문에 산성이며 이온화되면 세포 내에서 ($-$)전하를 갖는다.

(4) 아미노기(amino group)

① 구조:　　　H　　$(-NH_2)$
　　　　　　　$|$
　　　$H-N-$

② 화합물의 이름: 아민(amine)

③ 특성: 아미노기는 **유기염기**(유기화합물의 염기)로 작용한다. 주변에서 수소 이온(H^+: 양성자)을 받기 때문에 염기성이며 이온화되면 세포 내에서 (+)전하를 갖는다.

❖ $COOH \rightarrow COO^- + H^+$
　H^+을 내어놓았으므로 주변을 산성으로 만들고 자신은 음전하로 된다.

| 용어 개정 |
카르복실기 → 카복시기

❖ 아미노기와 카복시기를 모두 가지고 있는 화합물을 아미노산이라 한다.

❖ $NH_2 + H^+ \rightarrow NH_3^+$
　H^+을 거두어 들였으므로 주변을 염기성으로 만들고 자신은 양전하로 된다.

(5) **황화수소기**(설프하이드릴기=메르캅토기, sulfhydryl group=mercapto group)

① 구조: $-SH$

② 화합물의 이름: 티올(thiol)

③ 특성: 2개의 황화수소기가 상호 작용하면 단백질 구조를 안정화시키는 이황화물 다리(이황화결합: disulfide bridge, -S-S-)라는 공유결합이 형성된다. 이황화결합은 SH기의 산화에 의해서 생기는 S-S결합이므로 이황화결합으로 형성된 단백질 중 S-S 결합을 절단하여 각 폴리펩타이드사슬로 분리할 때는 메르캅토에탄올 등의 환원제를 사용하여 환원한 뒤 알킬화하여 S-알킬시스테인 잔기로 변화시킨다.

(6) **인산기**(phosphate group)

① 구조: 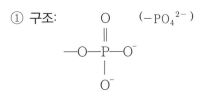 $(-PO_4^{2-})$

② 화합물의 이름: 유기인산

③ 특성: 인산기를 포함하고 있는 분자들이 약산으로 작용할 수 있게 해주고, 음이온의 한 부분을 구성하며 유기 분자 간의 에너지를 전달한다.

(7) **메틸기**(methyl group)

① 구조: 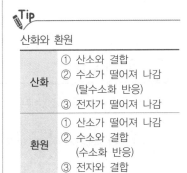

$$\begin{array}{c} H \\ | \\ -C-H \\ | \\ H \end{array}$$ $(-CH_3)$

② 화합물의 이름: 메틸화합물

Tip

산화와 환원

산화	① 산소와 결합 ② 수소가 떨어져 나감 　(탈수소화 반응) ③ 전자가 떨어져 나감
환원	① 산소가 떨어져 나감 ② 수소와 결합 　(수소화 반응) ③ 전자와 결합

8 인체를 구성하는 원소

$$O > C > H > N > Ca > P > K > S > Na > Cl > Mg$$

예제 | 1

작용기에 대한 설명으로 옳지 않은 것은? (경기)

① 수산기는 유기염기를 만든다.

② 카복시기는 유기산이다.

③ 카보닐기는 케톤과 알데하이드를 포함한다.

④ 인산기는 만능 작용기이다.

|정답| ①

수산기는 유기염기가 아니고, 유기염기는 아미노기이다.

생각해 보자!

1. 어느 강물의 pH를 측정했더니 5.0이었다. 이 강물의 수소 이온 농도는?

2. 위 문제의 강물에서 수산화 이온의 농도는?

3. pH=7인 용액은 pH=9인 용액보다 수소이온이 (   )배 (   )다.

① 2, 많   ② 100, 많

③ 2, 적   ④ 100, 적

|정답| 1. 10^{-5}M 2. 10^{-9}M 3. ②

02 생명체의 화학적 성분

1 물: H_2O

(1) 극성 분자로서의 물의 특성

물은 V자와 비슷하게 생긴 구조이며 두 개의 수소원자가 산소원자에 단일 공유결합으로 연결된 상태로 있다. 산소가 수소보다 전기음성도가 크기 때문에 결합에 참여하는 전자들이 산소원자에 가까이 있게 되므로 산소 쪽에 (−), 수소 쪽에 (+)의 부분 전하를 띠는 극성이 있어서 생물체 내에서 각종 물질의 용매로 작용하고 물질을 용해시켜 영양소의 흡수와 이동을 쉽게 한다.

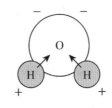

(2) 수소결합으로 인한 물의 특성

① 끓는점이 높다(끓는점: 분자 간 인력을 나타내는 척도).

② 비열이 커서 체온유지에 유리하다.

③ 기화열이 커서 땀을 흘려 체온 유지가 용이하다.

④ 밀도 = $\dfrac{질량}{부피}$

물은 가열하면 수소결합이 끊어지고 식히면 수소결합이 더 많이 생긴다. 얼음이 물위로 뜨는 이유는 물이 얼면 물 분자 사이의 거리가 멀어지게 되므로 질량의 변화는 없으나 부피가 커지게 되어 밀도가 물보다 작아지기 때문이다. 그리고 물의 최대 밀도에 이르는 온도는 4℃가 된다(4℃에서 물의 결정구조는 사라지고 자유로이 존재하는 물 분자의 운동에너지가 증가하여 물 분자들이 차지하는 공간이 넓어져서 다시 부피가 증가하게 된다).

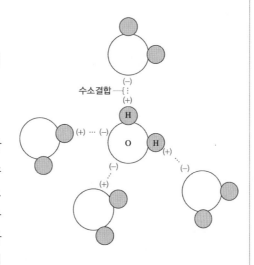

⑤ 응집력과 부착력으로 뿌리에서 흡수된 물이 중력을 거슬러 수송될 수 있도록 해주며, 응집력과 연관된 것으로 표면장력을 크게 한다.

❖ 용매: 녹이는 물질
용질: 녹는 물질

❖ 비열
물질 1g의 온도를 1℃ 올리는 데 필요한 열량

❖ 수소결합을 하면 비열이 커지는 이유
가한 열에너지가 수소결합을 끊어 운동에너지로 전환되기 때문이다.

❖ 기화열
액체가 같은 온도의 기체로 변하는 데 필요한 열량

❖ 기화열이 크면 땀을 흘렸을 때 물이 수증기로 기화되면서 몸의 열을 많이 빼앗아가므로 체온을 낮추는 효과가 크다(기화 냉각).

❖ 수소결합을 끊기 위해서는 열이 흡수되어야 하고 수소결합이 생기면 열이 방출된다.

❖ 물의 부착력(흡착력, adhesion)
물 분자가 물 분자를 제외한 다른 분자를 끌어당기는 힘을 말하며, 물이 수소결합으로 세포벽의 분자들에 흡착되는 성질이 중력의 힘에 저항할 수 있게 해준다.

❖ 표면장력
액체의 표면을 작게 하려고 액체를 구성하는 분자들이 서로 끌어당기는 인력을 말하는데, 물방울이 둥근 모양이 되는 것이나 소금쟁이가 물 위를 걸어다닐 수 있는 것은 물의 표면장력이 크기 때문이다.

(3) 화학반응의 매개체로의 기능

① 탈수축합(dehydration reaction): 분자 간에 결합을 할 때 물이 빠지는 경우

② 가수분해(hydrolysis): 영양소 등의 물질을 분해할 때 물이 첨가되는 경우

(4) 수용액에서의 용질 농도

몰 농도(molarity): 용액 1리터에 들어있는 용질의 몰수(1몰: 6.02×10^{23}개)

2 탄수화물: C, H, O (carbohydrate)

(1) 단당류(monosaccharide, 물에 잘 녹고 단맛이 난다)

① 3탄당(triose, $C_3H_6O_3$): 글리세르알데하이드(glyceraldehyde), 다이하이드록시아세톤(dihydroxyacetone)

▲ 글리세르알데하이드   ▲ 다이하이드록시 아세톤

② 5탄당(pentose, $C_5H_{10}O_5$): 리보스(ribose), 리불로스(ribulose), 디옥시리보스(deoxyribose, $C_5H_{10}O_4$)

▲ 리보스   ▲ 리불로스   ▲ 디옥시리보스

③ 6탄당(hexose, $C_6H_{12}O_6$): 포도당(glucose), 갈락토스(galactose), 과당(fructose)

▲ α-포도당   ▲ 사슬 모양 포도당   ▲ β-포도당

❖ 포도당 1몰=6×10^{23}개의 포도당을 갖고 있으며 질량은 180g이다.

❖ 1몰의 포도당용액
포도당 180g에 1리터가 될 때까지 물을 넣는다.

❖ 포도당(glucose)
수용액에서 대부분의 다른 당과 같이 포도당은 고리구조(닫힌구조)를 형성하며, α-포도당과 β-포도당의 두 종류가 있는데, 가열하면 단맛이 더 있는 α-포도당이 감소되고, β-포도당이 증가된다.

❖ 당은 카보닐기의 위치에 따라 알도스(aldose)(알데하이드당)와 케토스(ketose)(케톤당)로 구분된다. 포도당은 알도스이고, 포도당의 구조이성질체인 과당은 케토스이다.
- **알도스**: 글리세르알데하이드, 리보스, 디옥시리보스, 포도당, 갈락토스
- **케토스**: 다이하이드록시아세톤, 리불로스, 과당

❖ 비대칭탄소
  탄소주위에 있는 4개의 원자나 원자그룹이 모두 다른 것

❖ 가장 큰 번호의 비대칭탄소에 결합된 하이드록시기가 오른쪽에 오면 D이성질체이고, 왼쪽에 오면 L이성질체이다. 단당류는 대부분 D이성질체이다.(다이하이드록시아세톤은 비대칭탄소가 없으므로 거울상 이성질체가 아니다.)

▲ 포도당   ▲ 갈락토스   ▲ 과당

(2) 이당류(disaccharide, 물에 잘 녹고 단맛이 난다)

단당류와 단당류 사이의 탈수 축합에 의해서 형성된 공유결합인 글리코사이드 결합(glycosidic bond, glycoside linkage)을 하고 있다.

① 엿당(맥아당, maltose) → 포도당+포도당

② 젖당(lactose) → 포도당+갈락토스

③ 설탕(sucrose) → 포도당+과당

(3) 다당류(polysaccharide, 물에 잘 녹지 않고 단맛이 없다): 녹말, 글리코젠, 셀룰로스, 키틴

① 녹말(전분, starch): 식물성 에너지 저장 탄수화물로 α-포도당이 $\alpha(1-4)$로 연결되어 있으며 녹말의 2가지 형태는 가지가 없는 아밀로스와 가지가 있는(분지되어 있는) 아밀로펙틴이다.

 ㉠ 아밀로스(amylose)는 α-포도당이 $\alpha(1-4)$ 연결로 한 줄로 이어져 만들어진다.

 ㉡ 아밀로펙틴(amylopectin)은 α-포도당이 $\alpha(1-4)$ 연결로 만들어지는데 곁가지는 $\alpha(1-6)$ 연결로 생긴다.

② 글리코젠(glycogen): 동물성 에너지 저장 탄수화물로 α-포도당이 α(1
    -4) 연결로 만들어지고 곁가지는 α(1-6) 연결로 생기는 것은 아밀
    로펙틴과 비슷하지만 아밀로펙틴보다 더 많은 가지를 가지고 있으며
    사슬은 더 짧다.

③ 섬유소(cellulose): β-포도당이 β(1-4) 연결로 한 줄로 이어져 만들어
    진다. 섬유소 사슬들은 나란히 늘어서는데 사슬과 사슬 사이에 수소
    결합(3번과 6번 탄소의 하이드록시기 사이에서 형성된다)이 생기면서 강
    화된 배열을 이루게 된다.

❖ 셀룰로스는 친수성이면서 물에 녹
  지 않는 물질이다. 또한 지구상에서
  가장 많은 유기화합물이다.

④ 키틴(chitin): β-포도당의 아미노산 유도체인 N-아세틸글루코사민이 β(1-4) 연결로 이루어진다(절지동물의 외골격, 균류의 세포벽).

❖ N-아세틸글루코사민
β-포도당의 2번 탄소에 있는 -OH기 대신 질소를 포함한 작용기(아세틸화된 아미노기)로 치환된 아미노당

❖ 저장성 다당류
녹말(식물성 에너지 저장 다당류), 글리코젠(동물성 에너지 저장 다당류)

❖ 구조 다당류
셀룰로스(식물의 세포벽 주성분), 키틴(절지동물의 외골격, 균류의 세포벽)

예제 | 1

다당류의 기능과 구조에 대한 설명으로 옳지 않은 것은?　(국가직 7급)

① 아밀로오스와 아밀로펙틴은 식물의 저장성 다당류이며, 아밀로오스가 아밀로펙틴보다 더 많이 분지되어 있다.

② 셀룰로스는 식물 세포벽의 주요 구성 성분이며, 가지가 없는 긴 섬유상 구조를 나타낸다.

③ 글리코젠은 동물의 저장성 다당류이며, 식물의 저장성 다당류보다 더 많이 분지되어 있다.

④ 키틴은 절지동물의 외골격을 만드는 데 사용되며, 포도당 단위체에는 질소를 포함하는 잔기가 붙어 있다.

| 정답 | ①

① 아밀로오스와 아밀로펙틴은 식물의 저장성 다당류이며, 아밀로오스는 분지되어 있지 않고 아밀로펙틴은 분지되어 있다.

3 지질(lipid)

(1) 중성 지방(neutral fat): C, H, O

3개의 지방산(fatty acid) 분자와 1개의 글리세롤(glycerol)이 에스터결합(ester bond)으로 연결되며 트라이글리세리드 또는 트라이아실글리세롤(triacylglycerol)이라고도 불린다.

① 포화 지방산(saturated fatty acid): 수소 원자를 최대로 가지고 있는 지방산($C_nH_{2n}O_2$)

② 불포화 지방산(unsaturated fatty acid): 가운데 이중결합으로 인하여 굽은 형태를 보인다.

❖ 지방산의 분자 중에서 탄소와 탄소 사이에 이중결합이 없는 것을 포화 지방산, 이중결합이 있는 것을 불포화 지방산이라고 한다. 포화 지방산은 불포화 지방산에 비해 녹는점과 끓는점이 높기 때문에 포화 지방산이 많이 함유되어 있는 동물성 지방은 상온에서 고체 또는 반고체 상태인 경우가 많고, 불포화 지방산을 많이 함유하고 있는 식물성 지방은 상온에서 액체 상태인 경우가 많다.

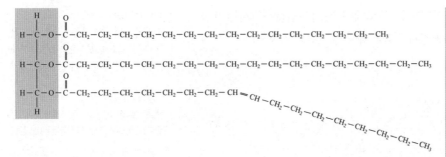

(2) 인지질, 왁스, 스테로이드

① **인지질**(phospholipid): 2개의 지방산만이 글리세롤에 붙어 있고 1개의 지방산 대신 음전하를 띠고 있는 인산기와 콜린(choline)과 같이 전하를 띠거나 극성인 작은 분자들이 결합되어 있다.

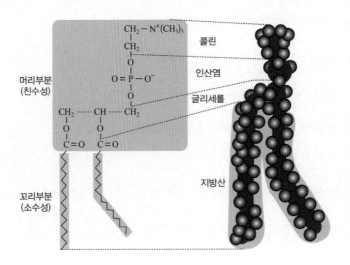

② **왁스**(wax): 지방산과 알코올이 결합된 지질로 지방보다 소수성이 더 강하여 사과나 배와 같은 과일 표면의 피막을 형성한다. 곤충도 두꺼운 왁스층을 갖고 있어 건조로부터 보호한다.

③ **스테로이드**(steroid): 3개의 6각형 고리와 5각형 고리 1개로 구성된 구조를 갖는다. 스테로이드의 하나인 콜레스테롤은 동물의 세포막에 함유되어 있으며 다른 스테로이드가 합성되는 전구체이다. 또한 부신 겉질 호르몬과 성 호르몬의 성분이 된다.

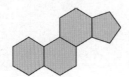

Tip

- 필수지방산(체내에서 합성되지 못하는 지방산으로 반드시 음식물을 통해 섭취해야 한다): 리놀레산($C_{18}H_{32}O_2$), 리놀렌산($C_{18}H_{30}O_2$), 아라키돈산($C_{20}H_{32}O_2$)
- **트랜스지방**: trans이중결합을 가지고 있는 불포화지방
- **탄화수소**: 탄소와 수소로만 이루어진 물질로 C−H결합이 극성을 띠지 않기 때문에 탄화수소는 물에 녹지 않는다.

❖ 인지질은 각종 생체막(세포나 세포소기관의 겉을 싸고 있는 막)을 구성하는 중요 성분의 하나이며 지방산과 인지질은 친수성과 소수성을 동시에 갖는 양친매성분자이다.

❖ 단순지질, 복합지질, 유도지질
- **단순지질**: 지질 중 탄소, 수소, 산소 이외의 원소를 함유하지 않는 것으로 중성지방이라고도 한다.
- **복합지질**: 지방산과 알코올 외에 다른 화합물을 함유하는 것으로 크게 인지질과 당지질이 있으며 양 친매성을 보인다.
- **유도지질**: 단순지질 및 복합지질의 가수분해산물 중에 지용성인 것. 지방산, 각종 알코올, 콜레스테롤, 지용성비타민 등이 여기에 속한다.

❖ 큐틴(cutin)
단일물질이 아닌 지방 유도체로서 왁스의 함량도 많아 식물의 표피세포의 외부 층에 존재하면서 건조로부터 보호한다.

❖ 각각의 서로 다른 스테로이드들은 고리 구조에 부착된 특정 작용기에 의해 구분된다.

용어 개정
부신 피질 호르몬 → 부신 겉질 호르몬

4 단백질(protein): C, H, O, N, S

(1) 아미노산(amino acid)

단백질의 단위체로 분자 내에 곁가지(곁사슬: R 부분)가 결합되어 있고 아미노기($-NH_2$)와 카복시기($-COOH$)를 동시에 가지고 있어 산이나 염기와 모두 반응할 수 있는 양쪽성 물질이다. 수용액에서 쌍극성 이온으로 존재한다.

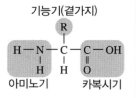

▲ 아미노산의 구조식

❖ 아미노산 중심에는 알파(α)탄소라고 부르는 비대칭 탄소가 있다. α탄소에 결합된 4개의 서로 다른 짝으로 아미노기, 카복시기, 수소원자, 그리고 R기가 있는데 곁가지라고 부르기도 하는 R기는 각 아미노산마다 다르며 20종류가 있다.

❖
- S을 갖는 아미노산: 메싸이오닌, 시스테인
- SH기를 갖는 아미노산: 시스테인

〈일부 아미노산의 곁가지〉

아미노산	기호	곁가지R의 구조
글라이신(glycine)	Gly	$H-$
알라닌(alanine)	Ala	CH_3-
발린(valine)	Val	$(CH_3)_2 \cdot CH-$
류신(leucine)	Leu	$(CH_3)_2 \cdot CH \cdot CH_2-$
아이소류신(isoleucine)	Ile	$CH_3 \cdot CH_2 \cdot CH(CH_3)-$
세린(serine)	Ser	$OH_3 \cdot CH_2-$
트레오닌(threonine)	Thr	$CH_3 \cdot CH(OH)-$
시스테인(cysteine)	Cys	$SH \cdot CH_2-$
메싸이오닌(methionine)	Met	$CH_2 \cdot S \cdot CH_2 \cdot CH_2-$
아스파트산(aspartate)	Asp	$COOH \cdot CH_2-$
아스파라진(asparagine)	Asn	$NH_2 \cdot CO \cdot CH_2-$
글루탐산(glutamate)	Glu	$COOH \cdot CH_2 \cdot CH_2-$
글루타민(glutamine)	Gln	$NH_2 \cdot CO \cdot CH_2 \cdot CH_2-$
라이신(lysine)	Lys	$NH_2 \cdot (CH_2)_4-$
아르지닌(arginine)	Arg	$NH_2 \cdot \underset{\parallel}{C} \cdot NH \cdot (CH_2)_3-$ NH

📘 용어 개정
- 글리신 → 글라이신
- 이소류신 → 아이소류신
- 메티오닌 → 메싸이오닌
- 리신 → 라이신
- 아르기닌 → 아르지닌

(2) 단백질의 20개 아미노산(아미노산의 고유한 특성을 결정짓는 곁가지의 성질에 따라 분류되었고 생체내의 단백질을 구성하는 아미노산은 대부분 L거울상 이성질체이다.)

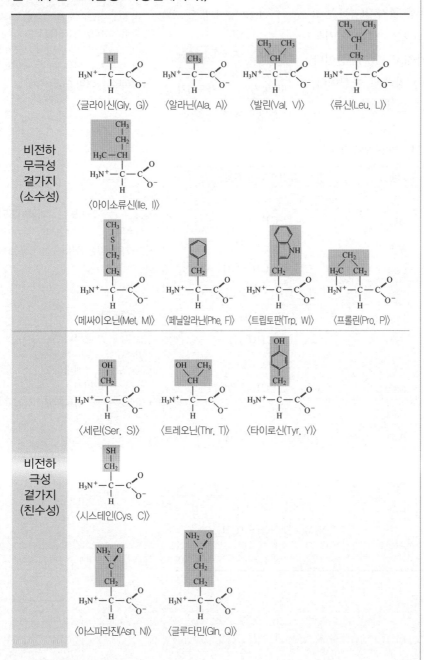

❖ 세포내에서는 아미노기와 카복시기가 이온의 형태로 존재한다.

| 비전하
무극성
곁가지
(소수성) | 〈글라이신(Gly, G)〉 〈알라닌(Ala, A)〉 〈발린(Val, V)〉 〈류신(Leu, L)〉
〈아이소류신(Ile, I)〉
〈메싸이오닌(Met, M)〉 〈페닐알라닌(Phe, F)〉 〈트립토판(Trp, W)〉 〈프롤린(Pro, P)〉 |
| 비전하
극성
곁가지
(친수성) | 〈세린(Ser, S)〉 〈트레오닌(Thr, T)〉 〈타이로신(Tyr, Y)〉
〈시스테인(Cys, C)〉
〈아스파라진(Asn, N)〉 〈글루타민(Gln, Q)〉 |

전하를 띤 극성 곁가지 (친수성)	산성 (음전하)	〈아스파트산(Asp, D)〉	〈글루탐산(Glu, E)〉	
	염기성 (양전하)	〈아르지닌(Arg, R)〉	〈히스티딘(His, H)〉	〈라이신(Lys, K)〉

Check Point

- **벤젠 고리**: 6각형 고리의 탄소원자 사이의 단일결합 3개, 이중결합 3개로 이루어진 불포화화합물로 화학식은 C_6H_6이다(벤젠고리를 갖는 방향족아미노산: 페닐알라닌, 트립토판, 타이로신).
- **이미다졸 고리**: 5원자 고리의 1, 3 위치에 질소원자 2개를 함유하는 헤테로 고리화합물로 화학식은 $C_3H_4N_2$이다(이미다졸 고리를 갖는 아미노산 : 히스티딘).
- **피롤 고리**: 5원자 고리에 질소원자 1개를 함유하는 헤테로 고리화합물로 화학식은 C_4H_5N이다(피롤 고리를 갖는 아미노산 : 트립토판).
- **헤테로 고리화합물**: 고리 모양의 구조를 가진 유기화합물 중에서, 그 고리를 구성하는 원자가 탄소뿐만 아니라 탄소 이외의 질소나 산소 등의 원자를 함유하는 화합물
- **프롤린**: 수소원자가 결여된 대신에 탄화수소 곁사슬과 공유결합을 형성하는 아미노기를 가지기 때문에 아미노기와 R기가 고리구조를 하고 있다.
- **글라이신**: 비대칭탄소가 아니므로 거울상 이성질체도 아니며 크기가 가장 작아서 좁은 구석에도 들어갈 수 있고 소수성 상호작용에 크게 기여하지 않는다.

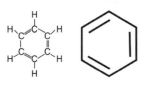
벤젠 고리

이미다졸 고리

피롤고리

❖ 탄소 골격의 다양성
- 길이가 다양하다.
- 직선형도 있고 가지를 치기도 한다.
- 위치가 다양한 이중결합을 가지기도 한다.
- 고리형태의 탄소 골격을 가지기도 한다.

(3) 아미노산의 종류(R기에 따른 분류)

① 비전하 무극성 아미노산(친유성, 소수성): 글라이신, 알라닌, 발린, 류신, 아이소류신, 메싸이오닌, 페닐알라닌, 트립토판, 프롤린

② 비전하 극성 아미노산(친수성): 세린, 트레오닌, 타이로신, 시스테인, 아스파라진, 글루타민

③ 전하를 띤 극성 아미노산(이온, 친수성)

음전하(산성) 극성 아미노산	아스파트산, 글루탐산
양전하(염기성) 극성 아미노산	아르지닌, 히스티딘, 라이신

(4) **필수 아미노산**: 체내에서 합성되지 못하는 아미노산으로 반드시 음식물을 통해 섭취해야 한다. 어른의 경우 필수 아미노산은 **메싸이오닌, 트레오닌, 트립토판, 라이신, 류신, 아이소류신, 발린, 페닐알라닌**으로 모두 8종이 있다. **아르지닌과 히스티딘**은 아동기에는 필수 아미노산이지만 성인기에는 필수 아미노산이 아니므로 아동기의 필수 아미노산은 총 10종류이다.

(5) **단백질**

아미노산의 탈수 축합에 의해 펩타이드 결합(peptide bond)을 이루고 있으며 열이나 강한 산, 알코올 등에 의해 변성된다.

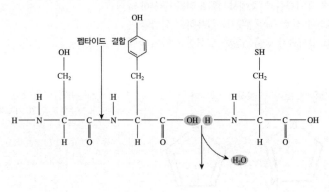

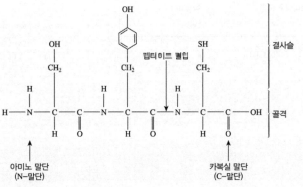

예제 | 2

아래 두 아미노산의 R측기(R group)는 어떤 특징을 가지고 있는가?

(서울)

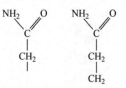

① 무극성
② 비전하 극성
③ 음전하 극성
④ 양전하 극성
⑤ 음전하와 양전하 무극성

| **정답 |** ②
-SH, -OH, -NH₂를 갖는 R기는 극성 아미노산이고 전하를 띠지 않았으므로 비전하이다.

Q. 극성 아미노산 중에서 벤젠고리를 갖는 방향족 아미노산은?
(타이로신)

Q. 무극성 아미노산 중에서 벤젠고리를 갖는 방향족 아미노산은?
(페닐알라닌, 트립토판)

❖ 펩타이드 결합
한 아미노산의 카복시기와 다른 아미노산의 아미노기사이에 탈수축합으로 이루어지는 공유결합

❖ 폴리펩타이드는 몇 개의 아미노산으로부터 수천 개 또는 그 이상의 아미노산으로 이루어져 있는데 폴리펩타이드사슬의 한 쪽 끝에는 아미노기(N-말단)가, 반대쪽 끝에는 카복시기(C-말단)가 있다

| **용어 개정**
펩티드 → 펩타이드

(6) 단백질의 구조

① **단백질의 1차 구조**(primary structure): 인슐린
   - ㉠ 독특한 아미노산 서열로 매우 긴 단어에 있는 글자의 서열과 같다.
   - ㉡ 단백질의 1차 구조는 타고난 유전정보에 의해 결정된다.

② **단백질의 2차 구조**(secondary structure): 케라틴(알파나선 구조), 피브로인(베타병풍 구조)
   - ㉠ 폴리펩타이드의 일부가 꼬이고 접힌 구조로서 폴리펩타이드 사슬의 꼬인 구조를 알파나선 구조(alpha helix), 접혀진 구조를 베타병풍 구조(beta pleated sheet)라고 한다.
   - ㉡ 아미노산의 곁가지가 아니고 폴리펩타이드 골격($>$N−H기의 수소와 이웃하는 펩타이드 결합의 $>$C=O기에 있는 산소 사이)에서 일정한 간격으로 반복되는 수소결합이 만들어지기 때문에 유지된다.

③ **단백질의 3차 구조**(tertiary structure): 미오글로빈
   단백질의 3차 구조에 기여하는 상호 작용 중 한 유형은 **소수성 상호 작용**(hydrophobic interaction)이다. 폴리펩타이드가 기능을 갖는 형태로 접할 때, 소수성(무극성) 곁가지를 갖고 있는 아미노산은 일반적으로 물과의 접촉을 피해 단백질의 중심부에 모여 덩어리를 이룬다. 따라서 소수성 상호 작용은 실제로는 물 분자가 다른 물 분자나 단백질의 친수성 부분과 수소결합을 형성할 때 무극성 물질을 배척하는 작용에 의한 것이다. 무극성 아미노산의 곁가지가 서로 인접하게 되면 **반데르발스 인력**이 곁가지를 서로 떨어지지 않도록 도와준다. 한편, 극성 곁가지 간의 **수소결합**과 양전하와 음전하를 띤 곁가지 간의 **이온결합**도 3차 구조를 안정화시키는 데 도움을 준다. 단백질 형태는 **이황화물 다리**(disulfide bridge)라는 공유결합에 의해 더욱 보강된다.

④ **단백질의 4차 구조**(quaternary structure): 콜라겐, 헤모글로빈
   어떤 단백질은 둘 또는 그 이상의 폴리펩타이드 사슬이 모여서 1개의 기능적 고분자를 이루고 있다. 4차 구조는 이처럼 폴리펩타이드 소단위의 집합에 의해 나타나는 전체적인 단백질 구조이다.

❖ 케라틴: 머리털, 손톱, 피부의 각질 등의 성분이 되는 단백질
   피브로인: 누에고치에서 뽑은 섬유상 단백질

❖ 이황화 결합(−S−S−)
   한 시스테인에 있는 황이 다른 시스테인의 황과 연결되어 이루어지는 공유결합

❖ 1차구조인 인슐린은 30개의 아미노산과 21개의 아미노산을 갖는 사슬이 이황화결합으로 연결되어 있다.

❖ 단백질의 변성
   단백질이 여러 가지 원인으로 1차 구조의 변화를 수반하지 않고 2차, 3차, 4차구조 등 입체구조에 변화를 일으켜서 여러 가지 성질이 변하는 현상을 말한다. 단백질이 변성이 일어나면 원형으로 복원되기는 어렵다. 그러나 시험관 용액 내 단백질이 열이나 화학물질에 의해 변성이 일어난 경우 변성된 단백질이 용해된 상태로 남아 있으면 환경의 화학적, 물리적 상태가 정상으로 돌아갔을 때 복원될 수도 있다.

❖ 콜라겐
   3개의 폴리펩타이드 사슬이 꼬여 있는 삼중나선구조로 된 섬유상 단백질

❖ 헤모글로빈
   4개의 폴리펩타이드 사슬로 구성되어 있는 구형단백질

❖ 기능을 갖는 단백질은 하나의 폴리펩타이드사슬로 되어 있는 것도 있고 여러 개의 폴리펩타이드가 정교하게 꼬이고 접히고 감겨서 만들어진 독특한 형태의 분자이다.

〈단백질 구조의 단계〉

① 1차 구조

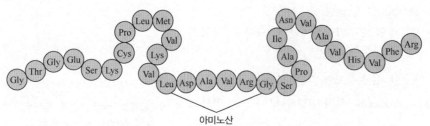

아미노산

② 2차 구조

수소결합

알파나선 구조

베타병풍 구조

③ 3차 구조

소수성 상호 작용과
반데르발스 인력

폴리펩타이드
골격

수소결합

이황화물 다리

이온결합

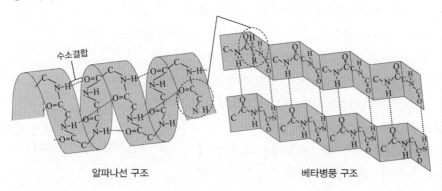

④ 4차 구조

β사슬

철

헴

α사슬

헤모글로빈

▲ 콜라겐

5 핵산(nucleic acid): C, H, O, N, P

(1) 성질

① DNA(DeoxyRibonucleic Acid): 유전자의 본체

② RNA(RiboNucleic Acid): 단백질 합성에 관여

(2) 구성 성분: 뉴클레오타이드(nucleotide, 염기+당+인산이 1:1:1로 구성된 것)

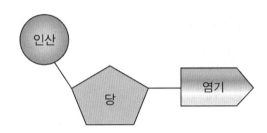

| 용어 개정

• 뉴클레오티드 → 뉴클레오타이드
• 시토신 → 사이토신
• 우라실 → 유라실

(3) 핵산의 종류

종류	DNA(디옥시리보핵산)	RNA(리보핵산)
염기	A(아데닌) G(구아닌)	A G
	C(사이토신) T(티민)	C U(유라실)
당	디옥시리보스 $C_5H_{10}O_4$	리보스 $C_5H_{10}O_5$
인산	1분자	1분자

(4) DNA의 구조

• 이중나선 구조: 두 가닥의 폴리뉴클레오타이드가 나선형으로 꼬여 있다.

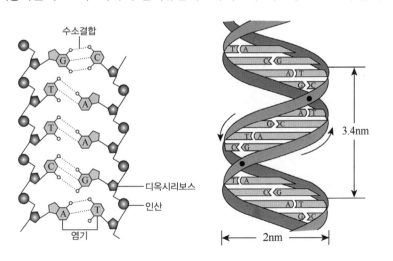

(5) **RNA의 구조:** 단일사슬

(6) **상보적 관계**

핵산과 핵산은 염기 부분에서 수소결합을 하는데 이때 'A'는 반드시 'T' 또는 'U'와만 결합하고 'G'는 반드시 'C'와만 결합하는 관계

아데닌(A)   티민(T)

구아닌(G)   사이토신(C)

DNA 염기와 염기 사이의 수소결합: 'A'와 'T'는 이중 수소결합을 하고 'G'와 'C'는 삼중 수소결합을 하고 있다.

분자와 화합물

(1) 분자(molecule)

분자는 원자의 결합체 중 독립된 입자로서 행동하는 단위체로서 **공유결합**으로 구성된 두 개 이상의 같거나 서로 다른 원소를 가진다.

예 수소(H_2), 염소(Cl_2), 산소(O_2), 물(H_2O), 메테인(CH_4), 암모니아(NH_3), 이산화탄소(CO_2) 등

(예외) 단원자 분자: He, Ne, Ar

(2) 화합물(compound)

두 가지 이상의 서로 다른 원소가 고정된 비율로 구성되어 있으며 탄소와 수소의 포함 여부에 따라서 유기화합물과 무기화합물로 구분하고, 결합 방식에 따라서는 이온화합물과 분자화합물로 구분한다.

① 탄소와 수소의 포함 여부에 의한 구분

유기화합물 (유기물)	탄소와 수소를 포함하는 분자화합물로 탄수화물, 단백질, 지질, 핵산과 같은 수 백만 개의 탄소화합물
무기화합물 (무기물)	유기화합물을 제외한 모든 화합물로 물(H_2O), 염화나트륨($NaCl$), 황산구리($CuSO_4$), 탄산(H_2CO_3), 이산화탄소(CO_2) 등

② 결합방식에 의한 구분

이온화합물	이온결합의 형식을 갖는 화합물로 염화나트륨($NaCl$), 황산구리($CuSO_4$), 탄산나트륨(Na_2CO_3) 등
분자화합물	공유결합의 형식을 갖는 화합물로 대부분의 유기화합물과 물(H_2O), 이산화탄소(CO_2), 메테인(CH_4) 등

생각해 보자!

1. 얼음조각으로 음료수를 차갑게 할 수 있는 이유로 옳다고 생각하는 것은?

① 얼음이 차가움을 더해서 음료수를 식힌다. (   )

② 얼음이 녹으면서 액체로부터 열에너지를 흡수하기 때문이다. (   )

2. 설탕 1M과 비타민C 1M은 무엇이 동일하다고 생각하는가?

① 질량　　　　　　　　　② 부피

③ 원자의 수　　　　　　　④ 분자의 수

| 정답 | 1. ① (×) ② (○) (결론) 열에너지는 따뜻한 쪽에서 차가운 쪽으로 이동하게 된다.

2. ④

1 생명과학의 탐구과정(귀납적 탐구 방법: 발견 과학)

실험하기 어려운 주제의 경우 여러 가지 대상을 직접 관찰하고 측정하여 얻은 자료를 종합하여 원리나 법칙을 이끌어내는 탐구 방법으로 가설의 설정과 실험 단계가 없다.

예 갈라파고스 군도에서 각 섬마다 핀치들의 부리 모양이 다른 것을 관찰 → 자연선택설

2 생명과학의 탐구과정(연역적 탐구 방법: 가설 유도 과학)

(1) 관찰 및 문제 인식

자연현상을 관찰하고 관찰된 현상에 대해 의문점을 발견하는 단계이다.

(2) 가설 설정

제기된 의문점에 대한 잠정적인 가설을 설정하는 단계이다. 가설은 관찰된 현상을 설명할 수 있어야 한다.

(3) 탐구 설계 및 수행

가설의 타당성을 검증하기 위한 실험을 설계하고 수행하는 단계이다. 실험 수행 과정에서는 대조군과 실험군을 설정하여 대조 실험을 해야 하며, 변인 통제가 이루어져야 한다.

① 대조군과 실험군

대조군	조작하지 않은 비교 기준이 되는 집단
실험군	가설을 검증하기 위해서 변인을 조작한 집단

② 독립변인과 종속변인

　㉠ 독립변인: 실험결과에 영향을 미칠 수 있는 변인으로 조작변인과 통제변인이 있다.

　㉡ 종속변인: 독립변인에 의해 변화되는 변인으로 실험결과에 해당한다.

　　예 가설: 빛의 세기가 광합성 속도에 영향을 미칠 것이다.

❖ 연역적 탐구 방법의 예:
에이크만의 각기병에 대한 탐구
(1) **관찰 및 문제 인식**
사람의 각기병 증세와 유사한 증세를 보이는 병든 닭을 계속 관찰하던 중 각기병에 걸린 닭들이 다시 건강을 되찾은 것을 보고 각기병이 낫게 된 이유에 대해 의문을 가졌다.

(2) **가설 설정**
에이크만은 주변 환경을 조사한 결과 모이 주는 병사가 바뀌면서 먹이도 바뀌었다는 것을 알아냈다. 이전 병사는 모이로 백미를 주었는데 바뀐 병사가 현미를 준 후부터 각기병이 치료된 사실을 알아냈다. 에이크만은 조사 결과를 토대로 "현미에는 닭의 각기병을 치료하는 물질이 들어 있을 것 이다"라는 가설을 세우고 자신의 생각이 맞는지 실험해 보기로 하였다.

(3) **탐구 설계 및 수행**
에이크만은 건강한 닭을 두 집단으로 나누어 한 집단에는 백미를 주고, 다른 한 집단에는 현미를 주어 기르면서 각기병 증세가 나타나는지 관찰하였다.
• 대조군: 모이로 백미를 주어 기른 집단
• 실험군: 모이로 현미를 주어 기른 집단
• 독립 변인: 모이의 종류(현미, 백미)
• 종속 변인: 각기병의 발병 여부

(4) **자료 해석**
백미를 주어 기른 집단의 닭에서는 각기병 증세가 나타났지만, 현미를 먹인 집단의 닭은 건강했다. 그 후에 각기병 증세가 나타난 닭에게 현미를 먹였더니 병이 호전되었다.

(5) **결론 도출**
에이크만은 현미에는 각기병을 치료하는 물질이 들어 있다고 결론지었다.

- 조작변인: 빛의 세기
- 통제변인: 이산화탄소의 농도, 온도
- 종속변인: 광합성 속도

(4) 자료 해석

실험이나 관찰을 통해 얻은 자료를 정리·분석하여 실험결과로부터 상관관계, 규칙성을 알아내는 단계이다.

(5) 결론 도출 및 일반화

자료를 종합하여 결론을 내리고 가설을 받아들일 것인지를 판단하는 단계이다. 만약 가설이 결론과 일치하지 않는다면 가설을 수정하여 다시 검증하는 과정을 거쳐야 한다.

3 물질대사와 에너지대사

(1) 물질대사(metabolism)

생물체 내에서 일어나는 합성(동화)과 분해(이화)의 화학반응이다.

① 동화(합성, anabolism): 광합성($CO_2 + H_2O \rightarrow$ 포도당 $+ O_2$)

② 이화(분해, catabolism): 세포 호흡($CO_2 + H_2O \leftarrow$ 포도당 $+ O_2$)

(2) 에너지대사: 물질대사에 따른 에너지의 이동

① 동화: 흡열반응

② 이화: 발열반응

Check Point

세포 호흡과 발효

(1) 세포호흡

포도당 $+ O_2 \rightarrow CO_2 + H_2O +$ 에너지

(2) 발효(알코올 발효)

포도당 $\rightarrow$ 에탄올 $+ CO_2 +$ 에너지

(실험) 효모에 의한 알코올 발효

① 효모의 발효에 의해 CO_2가 발생하여 맹관부 수면의 높이가 낮아진다.

② KOH 용액을 넣으면 맹관부 위쪽의 기체 (CO_2)가 KOH 용액에 흡수되어 수면의 높이가 높아진다.

③ 효모는 O_2가 없을 때 알코올 발효를 하며 에탄올을 생성하고 CO_2를 방출한다.

(3) **ATP**: 에너지 저장 장소(세포 호흡과 발효에서 방출된 에너지의 일부는 ATP에 저장되고, 나머지는 열에너지로 방출된다)

　① ATP의 **구조**: 아데노신(아데닌+리보스)에 3개의 유기인산이 결합된 화합물로, 인산과 인산은 고에너지 인산결합을 하고 있다.

　② ATP의 **분해와 에너지의 방출**: ATP에서 무기인산 1개가 분리되고 ADP로 되는 반응은 발열반응이다. 이때 ATP 1몰당 약 7.3kcal의 에너지가 방출되어 생명 활동에 이용된다.

　③ $ATP + H_2O \rightarrow ADP + 인산 + 에너지$(약 7.3kcal)

❖ ATP 인산기들 간의 결합은 가수분해로 끊어진다.

❖ • mono: 하나
　• di(bi, bis): 둘
　• tri: 셋
　• oligo, poly: 많이

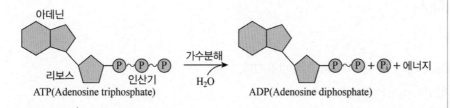

4 생명현상의 특성

(1) 세포로 구성

모든 생물은 구조적·기능적 기본 단위인 세포로 구성되어 있다.

(2) 물질대사와 에너지대사

생물체 내에서 일어나는 모든 화학반응을 물질대사라고 한다. 이 과정에서 에너지의 흡수나 방출이 함께 일어난다.

　예 녹색식물은 H_2O와 CO_2를 이용하여 포도당을 합성한다.

(3) 자극에 대한 반응

물체에 작용하여 특정한 반응을 일으킬 수 있는 요인을 자극이라고 하며 생물은 이러한 자극에 대해 적절한 반응을 한다.

　예 식물의 줄기가 빛이 비치는 쪽으로 굽는다.
　　 고양이의 눈에 빛을 비추면 눈동자가 작아진다.

(4) 항상성 유지

여러 가지 자극에 반응하고 신경계와 내분비계의 작용을 통해 체내의 내부 환경을 일정하게 유지하려는 성질을 항상성이라고 한다.

> 예 날씨가 더워지면 몸에서 땀이 난다.
> 혈당량이 증가하면 간에서 글리코젠의 합성이 촉진된다.

(5) 발생과 생장

① **발생**: 하나의 수정란이 세포분열과 분화를 통해 완전한 개체가 되는 과정이다.

> 예 개구리의 수정란이 올챙이를 거쳐서 개구리가 된다.

② **생장**: 어린 개체의 세포분열 결과 세포의 수가 증가하여 개체의 크기가 커지는 과정이다.

> 예 어린 개구리가 큰 개구리로 자란다.

(6) 생식과 유전

① **생식**: 종족을 유지하기 위해 자신과 닮은 자손을 남긴다.

> 예 정자와 난자의 수정으로 새로운 개체가 태어난다.

② **유전**: 부모의 형질이 유전물질을 통해 자손에게 전달되는 현상이다.

> 예 얼룩소끼리 교배하면 얼룩송아지가 태어난다.

(7) 적응과 진화

① **적응**: 생물이 환경의 자극을 받고 오랫동안 살아가면서 몸의 형태나 기능이 변하는 현상이다.

> 예 북극여우는 사막여우보다 몸집이 크다.

② **진화**: 생물이 환경에 적응하면서 여러 형질의 변화가 나타나 새로운 종으로 분화되는 현상으로, 진화의 결과 현재와 같이 생물종이 다양해졌다.

> 예 갈라파고스 군도의 핀치새 부리의 모양

❖ • 개체유지의 특성: (1)~(5)
   • 종족유지의 특성: (6)~(7)

04 세포의 특성

1 세포설

(1) 모든 생물은 세포로 구성되어 있다(구조적 단위).

(2) 세포는 생명현상의 기본단위이다(기능적 단위).

(3) 모든 세포는 이미 존재하고 있는 세포로부터 나온다(세포 분열).

❖ 세포설
 • **동물세포설**: 슈반
 • **식물세포설**: 슐라이덴

2 세포의 구조와 기능

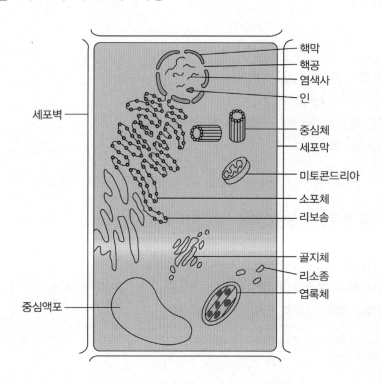

세포벽

중심액포

핵막
핵공
염색사
인

중심체
세포막

미토콘드리아

소포체
리보솜

골지체
리소좀
엽록체

➢ 핵과 세포막

(1) 핵(nucleus)

① 핵막(nuclear envelope): 단백질과 인지질로 구성된 2중막으로 핵공을 통해 핵과 세포질의 물질이 출입한다.

② 염색사(chromonema): 핵 속에 있는 실 모양의 구조물로 세포분열 때 염색체로 되어 유전에 관여한다(성분: 단백질＋DNA).

③ 인(nucleolus): 핵 속의 공 모양으로 **리보솜 생성**. 세포분열기에는 볼 수 없고 간기에만 볼 수 있으며 막으로 싸여있지 않다(성분: 단백질＋RNA).

(2) 세포막(원형질막, cell membrane): 세포질을 싸고 있는 선택적 투과성의 이중층으로 된 단일막이며 단백질과 인지질로 구성되어 있다(인지질: 중성 지방에서 지방산 1개가 인산으로 치환된 형태).

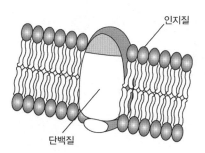

❖ 유동 모자이크막 구조설(fluid mosaic model): 단백질은 인지질층 속에서 자유롭게 떠다닐 수 있다는 막 구조 가설(지질 분자는 **친수성인 머리 부분**과 물과 친화력이 없는 **소수성인 꼬리 부분**으로 되어 있다)로 단백질이 이중층 속에 파묻혀 있거나 인지질층 표면에 붙어 있다.

❖ 적혈구 세포의 인지질 막을 추출하여 수면에 한 층으로 만든 후 길이를 측정한 결과 추출한 적혈구 표면적 길이의 약 두 배인 것으로 보아 세포막은 인지질이 2중층으로 되어 있다는 것을 알 수 있다.

❖ 인지질의 이동성
인지질은 막 내에서 주로 수평으로 이동하지만 상하 뒤집기를 하는 경우는 아주 드물다.

➤ 에너지 전환을 담당하는 세포 소기관

(1) 미토콘드리아(mitochondria)

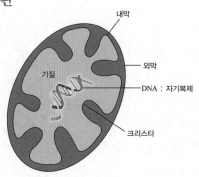

① 둥근 막대 모양으로 세포 호흡을 하며 에너지(ATP) 생성 장소

② 자체 DNA와 리보솜 함유해서 자기증식을 한다.

③ 2중막 구조이며 내막은 주름진 크리스타(crista) 구조

▲ 미토콘드리아의 구조

(2) 엽록체(chloroplast): 광합성 장소로서 자체 DNA와 리보솜을 함유해서 자기증식을 하며, 2중막 구조이다. 녹색 부분인 그라나와 무색 부분인 스트로마라는 기질로 되어 있다.

① 색소 ┌ 엽록소: 녹색
      └ 카로티노이드 ┌ 카로틴(carotene): 적황색
        (carotenoid) └ 잔토필(xanthophyll): 황색

■ 용어 개정

크산토필 → 잔토필

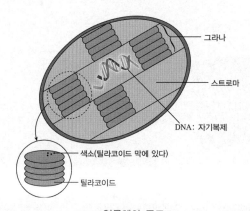

▲ 엽록체의 구조

② 기타 색소체

백색체	빛이 쬐지 않는 식물의 뿌리나 무의 세포에 있음, 빛을 쬐면 엽록체로 되어 저장 녹말 형성
잡색체	카로티노이드 포함 예 홍당무: 카로틴 함유, 황색의 잎: 잔토필 함유

➤ 물질을 합성하고 수송과 분해를 담당하는 세포 소기관

(1) **리보솜(ribosome)**: 소포체에 붙거나 세포질에 흩어져 있으며 단백질 합성 장소로서 막으로 싸여 있지 않다(성분: 단백질+RNA).

(2) **소포체(endoplasmic reticulum, ER)**: 관상, 망상 구조로서 단일막으로 된 주머니 모양으로 물질 운반이나 분비물·노폐물의 배출 통로

　① 거친면 소포체(조면 소포체, rough ER, rER): 리보솜이 부착된 소포체
　② 매끈면 소포체(활면 소포체, smooth ER, sER): 리보솜이 없는 소포체로서 Ca^{2+}을 **저장, 지질 합성**(부신겉질, 생식샘에 많음)

(3) **골지체(golgi apparatus)**: 단일막으로 둘러싸인 둥근주머니 모양으로 소포체로부터 기원하고 물질의 **분비·저장 작용**을 한다. 골지 주머니(시스터나)가 여러 층으로 포개져 있는 모양의 구조로서 분비 작용이 활발한 세포에 특히 발달되어 있다.

(4) **리소좀(lysosome)**: 주로 동물세포에 있고 단일막으로 둘러싸인 구형의 구조로 골지체로부터 기원하며, 가수분해효소가 있어서 세포 내 **소화작용**(세포 내 노폐물이나 손상된 세포 내 기관 분해하는 자가소화작용)과 **식세포작용에 의해 형성된 식포와 융합하여 리소좀 효소들이 이들을 소화하는 작용을 한다.** 올챙이가 개구리로 될 때 꼬리세포를 분해한다.

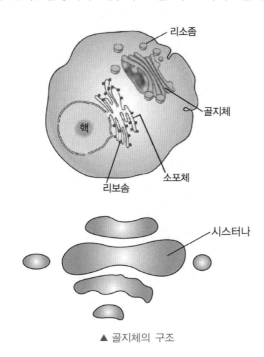

▲ 골지체의 구조

예제 | 1

세포를 현미경으로 관찰하였더니 조면소포체가 많이 보였다. 이 세포에서 활발하게 일어나고 있는 현상은?
(국가직 7급)

① 단백질 합성
② 염색체 복제
③ 식세포 작용
④ 중성지방 대사

|정답| ①
조면소포체는 리보솜이 부착되어 있어서 리보솜에서 단백질 합성이 일어난다.

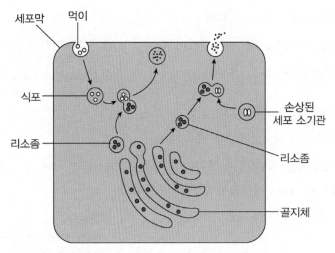

▲ 리소좀이 세포 내에서 형성되는 과정과 움직이는 경로

(5) **중심 액포(central vacuole)**: 막으로 싸여 있는 주머니 모양으로 주로 성숙한 식물세포에 발달되어 있으며 내부에 유기산, 당분, 안토시안 (화청소), 탄닌 등이 물에 녹아 있는데 이를 세포액이라고도 한다.

➤ 세포의 이동과 지지를 담당하는 세포 구조물

(1) **중심체(centrosome)**: 주로 동물세포에 있고 막으로 싸여있지 않다. 2개의 중심립이 직각으로 배열되어 있으며 각각의 중심립은 3개의 미세소관이 한 단위로 구성된 9개의 단위가 환상으로 배열되어 있고 중앙이 비어 있는 9+0 구조이다.

① 세포분열 때 양극으로 이동 → 방추사(spindle fiber) 형성

② 섬모와 편모 형성에 관여

| 편모(flagellum) | 일종의 운동 기관으로 길이가 길고 1개~몇 개 정도 된다. |
| 섬모(cilium) | 일종의 운동 기관으로 길이가 짧지만 수가 많다. |

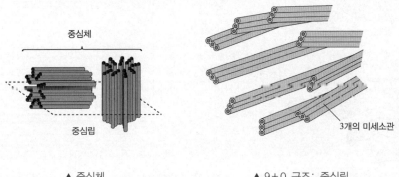

▲ 중심체   ▲ 9+0 구조: 중심립

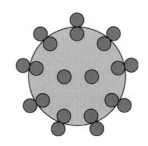

▲ 9+2 구조: 섬모, 편모

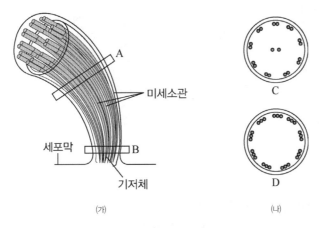

▲ 섬모와 편모의 단면

» ⑺의 기저체 B 부분의 단면을 관찰하면 ⑻의 D와 같은 중심립 구조가 관찰되고, A 부분의 단면을 관찰하면 C와 같은 편모의 구조가 관찰되는 것으로 보아 중심립이 편모 형성에 관여한다는 것을 알 수 있다(기저체: 편모나 섬모를 형성하는 기본이 되는 것으로 9+0 구조이다).

(2) 세포벽(cell wall)

식물세포에 있으며 **셀룰로스**가 주성분이다.

① **구조**: 3층막 구조

중층	펙틴(pectin)(점성이 있는 다당류로 이웃하는 세포를 붙여준다)
1차벽	셀룰로스
2차벽	리그닌(lignin) → 목질화 수베린(suberin) → 코르크화 큐틴(cutin) → 각질화(큐티클화)

② **성질**: 전 투과성

❖ 균류의 세포벽은 키틴이 주성분이며 3층막 구조를 갖지 않는다.

① 주로 식물세포에서 관찰되는 것: 엽록체, 세포벽, 중심 액포
② 주로 동물세포에서 관찰되는 것: 리소좀, 중심체
③ DNA를 함유해서 자기증식이 가능한 것: 핵(염색사), 미토콘드리아, 엽록체
④ 인 → 리보솜 생성
⑤ 소포체 → 골지체 → 리소좀
⑥ 생체막(단위막)
  • 이중층의 2중막: 핵막, 미토콘드리아, 엽록체
  • 이중층의 단일막: 세포막, 소포체, 골지체, 리소좀, 액포막
⑦ 동화(합성) 작용하는 기관: 엽록체, 리보솜
⑧ 이화(분해) 작용하는 기관: 미토콘드리아, 리소좀

예제 | 2

진핵세포에서 막(membrane)으로 둘러싸이지 않은 세포 소기관은?

(국가직 7급)

① 핵(nucleus)
② 리보솜(ribosome)
③ 액포(vacuole)
④ 미토콘드리아(mitochondria)

|정답| ②
① 핵(nucleus): 이중막
③ 액포(vacuole): 단일막
④ 미토콘드리아(mitochondria): 이중막

---

3 세포의 연구법

(1) 원심분리법(centrifugation)

원심분리기의 회전속도와 회전시간을 달리하여 무게와 크기에 따라 세포 소기관을 분리하는 방법으로 무거운 것은 아래쪽으로, 가벼운 것은 위쪽으로 분리된다. 세포 소기관의 구조와 화학적 조성을 연구하는 데 이용한다.

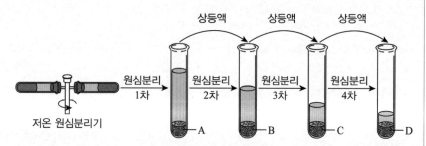

» A 핵, B 미토콘드리아, C 마이크로솜(소포체 파편과 세포질 속에 들어있는 아주 작은 알갱이들), D 리보솜 순서로 분리되며 원심력은 질량과 속도에 비례한다. 따라서 **뒤의 단계로 갈수록** 질량이 가벼워지므로 원심력이 커지려면 **속도를 빨리**해야 한다. 또한 삼투 현상으로 인한 세포 소기관의 변형을 방지하기 위해 **등장액**에 넣고 해야 하며, 원심분리기가 회전할 때 **열이 발생하므로 냉각**시켜야 한다. 효소의 활동을 억제하기 위해서 시험관은 0℃ 정도로 유지해야 세포 소기관이 손상되지 않는다.

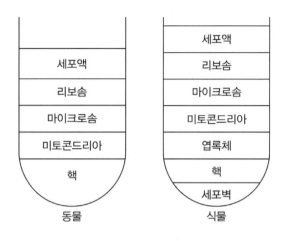

세포액
리보솜
마이크로솜
미토콘드리아
핵

동물

세포액
리보솜
마이크로솜
미토콘드리아
엽록체
핵
세포벽

식물

(2) 조직배양법(tissue culture)

생물체 내에서 떼어낸 세포 또는 조직을 인공 배지에 넣어 무균 상태로 배양, 증식하는 방법으로 유전적으로 동일한 개체를 양산할 수 있다.

(3) 자기방사법(autoradiography)

방사성 동위원소(^{14}C, ^{32}P, ^{35}S)를 이용하여 물질의 이동이나 변화를 연구하는 방법이다.

4 원핵세포와 진핵세포

(1) 원핵세포(prokaryote)

① 막으로 둘러싸인 뚜렷한 핵이 없다.
② 미토콘드리아 골지체, 리소좀, 소포체와 같은 막 구조물도 없다.
③ **세포벽**, **세포막**, **리보솜**, **핵산**은 가지고 있다.

예 세균계, 고세균계

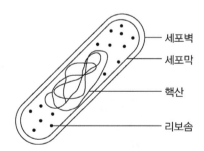

세포벽
세포막
핵산
리보솜

(2) 진핵세포(eukaryote)

막으로 둘러싸인 뚜렷한 핵이 존재한다.

예 원생생물계, 식물계, 균계, 동물계

5 현미경

(1) 현미경의 이용

① 광학현미경(light microscope): 가시광선을 이용하여 물체를 관찰(해상력: 0.2μm)

위상차 현미경	굴절률 차이가 명암으로 나타나므로 세포를 염색하지 않고 관찰
해부 현미경	두 눈으로 생물을 해부하면서 입체적으로 관찰
형광 현미경	형광염색약으로 특정 분자를 표시해서 분자의 세포 내 위치 확인
공초점 현미경	레이저 광원을 이용하여 특정 초점거리에서 얻어진 광학 신호만을 통과시키므로 형광현미경보다 높은 해상도를 얻을 수 있다.

② 전자현미경(electron microscope): 전자선을 이용하여 물체를 수십만 배까지 확대하여 관찰

　㉠ 주사전자현미경(scanning electron microscope, SEM): 표본을 자르지 않고 표면에 전자선을 쬐어 **반사시킨 상**을 얻기 때문에 **입체 상태**로 관찰하는 데 주로 이용(해상력: 0.005μm)

　㉡ 투과전자현미경(transmission electron microscope, TEM): 표본을 얇게 자른 후 전자선을 **투과**시켜 맺힌 상을 관찰하기 때문에 **세포의 단면**을 관찰하는 데 주로 이용(해상력: 0.0002μm)

❖ 해상력
　두 점을 식별할 수 있는 능력. 해상력은 투과전자현미경이 가장 높다. 즉, 투과전자현미경 > 주사전자현미경 > 광학현미경

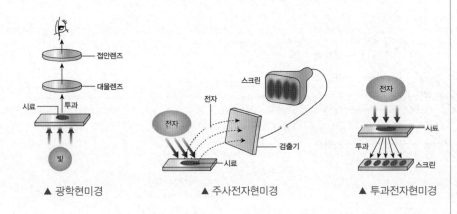

▲ 광학현미경　　　　　▲ 주사전자현미경　　　　　▲ 투과전자현미경

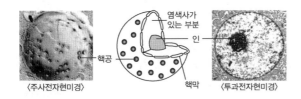

〈주사전자현미경〉 〈투과전자현미경〉

염색사가
있는 부분
인
핵공
핵막

(2) 현미경 배율

① **저배율**: 넓은 범위가 관찰되며 밝다. 반사경은 평면경을 사용하며 작동 거리가 길다.

② **고배율**: 좁은 범위가 관찰되며 어둡다. 반사경은 오목경을 사용하며 작동 거리가 짧다.

(3) 마이크로미터 측정

① 측정 단위: $1\mu m = 1/1{,}000mm$

② 종류

　㉠ 접안 마이크로미터: 여러 종류

　㉡ 대물 마이크로미터: 1눈금 $= 10\mu m$

③ 실험과정

　㉠ 현미경에 접안 마이크로미터를 끼우고 대물 마이크로미터를 재물대 위에 놓는다.

　㉡ 접안 마이크로미터의 눈금이 대물 마이크로미터의 눈금과 겹치게 한다.

　㉢ 두 눈금이 겹쳐진 부분의 눈금 수를 세어 접안 마이크로미터 한 눈금의 길이를 구한다.

　㉣ 접안 마이크로미터 1눈금의 길이

$$= \frac{\text{대물 마이크로미터의 눈금 수} \times 10\mu m}{\text{접안 마이크로미터의 눈금 수}}$$

　㉤ 접안 마이크로미터의 눈금을 이용하여 세포의 크기를 측정한다.

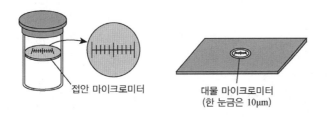

접안 마이크로미터

대물 마이크로미터
(한 눈금은 10μm)

❖ 작동 거리
대물렌즈와 프레파라트 사이의 거리(대물렌즈는 길수록 고배율이므로 고배율일수록 작동 거리가 짧아진다)

예제 | 3

1. 100배로 관찰했을 때 40개의 세포가 보였다.
200배로 관찰한다면 몇 개의 세포가 보이겠는가?

2. 100배로 관찰했을 때 일직선상에 8개의 점이 보였다. 200배로 관찰한다면 몇 개의 점이 보이겠는가?

| 정답 |

1. 면적으로 보아야 하므로
$40 \times \dfrac{1}{2^2} = 10$개가 관찰된다.

2. 일직선상의 점은 길이로 보아야 하므로 $8 \times \dfrac{1}{2} = 4$개가 관찰된다.

예제 | 4

접안렌즈(×10)와 대물렌즈(×10)를 사용해서 접안 마이크로미터와 대물 마이크로미터를 끼우고 관찰한 결과 그림 A와 같이 보였다. 대물 마이크로미터는 빼고 세포를 관찰한 결과 그림 B와 같이 보였다. 세포의 길이는?

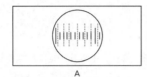
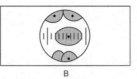

A   B

| 정답 | 40μm

그림 B는 대물 마이크로미터는 빼고 세포를 관찰한 결과이므로 그림 B에 있는 실선이 접안 마이크로미터이고, 그림 A에 있는 점선이 대물 마이크로미터이다. 접안 마이크로미터 7눈금과 대물 마이크로미터 4눈금이 일치했으므로 접안 마이크로미터 1눈금의 길이는 40μm/70이다. 세포는 접안 마이크로미터의 7눈금에 해당하므로 세포의 길이는 40μm/7×7눈금＝40μm이다.

예제 | 5

위 문제에서 대물렌즈의 배율을 20배로 바꾸면

① 접안 마이크로미터 1눈금의 길이는?

② 대물 마이크로미터 1눈금의 길이는?

③ 세포의 길이는?

| 정답 | ① 20μm/7 ② 10μm ③ 40μm

대물렌즈의 배율을 2배로 확대했으므로 접안 마이크로미터는 그대로 있고 대물 마이크로미터(1눈금＝10μm)만 2배로 크게 보이게 되기 때문에 대물 마이크로미터 한 눈금에 2배의 접안 마이크로미터 눈금이 들어갈 수 있게 된다. 따라서 접안 마이크로미터 1눈금의 길이만 1/2로 줄어들게 되고 대물 마이크로미터 1눈금의 길이와 세포의 길이는 변함이 없다.

---

6 세포의 크기

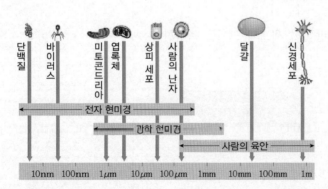

≫ 대부분의 식물과 동물세포의 크기는 10~100μm정도이고, 대부분의 세균은 1~10μm 정도이다.

예제 | 6

대부분의 동물세포의 크기는 어느 정도인가?   (경기)

① 약 0.1~1μm

② 약 1~10μm

③ 약 10~100μm

④ 약 100~1mm

| 정답 | ③

더 큰 세포도 있지만 세포의 평균 크기는 약 10~100μm 정도이다.

세포막을 통한 물질의 이동

1 확산(diffusion)

물질분자가 농도경사에 의해 높은 농도에서 낮은 농도로 스스로 퍼져나가는 현상으로 에너지(ATP)가 소모되지 않으며 온도가 높을수록, 농도 차이가 클수록 확산 속도가 빠르다.

(1) 단순 확산(simple diffusion)

물질이 인지질 이중층을 통과해 직접 이동되는 확산으로 운반체 없이 일어난다. 지용성 물질과 탄화수소, 이산화탄소, 산소 등과 같은 무극성분자는 단순 확산으로 이동된다. 극성분자는 극성이 약할수록 분자의 크기가 작을수록 지질이중층을 잘 통과한다.

(2) 촉진 확산(facilitated diffusion)

물질이 세포막에 존재하는 수송단백질을 통해 확산되는 현상으로 세포막을 직접 통과하지 못하는 수용성 물질(포도당이나 아미노산, 무기이온 등)이 촉진 확산으로 이동된다. 촉진 확산도 단순 확산과 이동방향이 같으며 에너지를 소모하지 않는다. 초기의 이동 속도는 단순 확산보다 매우 빠르다가 이동시키려는 물질의 농도가 높으면 어느 최대 속도에서 포화되는 운동곡선을 그린다.

물 분자는 작아서 인지질 이중층을 통과하기에 충분하지만 물 분자의 극성 때문에 비교적 느린 편이고, 물의 통로 단백질인 **아쿠아포린**(aquaporin)을 통한 촉진 확산은 물의 대량 확산을 촉진시킨다.

예를 들어 적혈구의 세포막에 있는 포도당 운반체 단백질을 통하면 포도당이 자체적으로 세포막을 통과하는 것보다 약 50,000배 빠르게 막을 통과시켜 포도당을 운반한다. 포도당 운반체 단백질은 모양을 미묘하게 변화시켜 포도당 결합부분을 자리바꿈 시켜 촉진 확산하는 것으로 생각되며 포도당과 구조이성질체인 과당도 통과시키지 않는 매우 선택적인 운반체 단백질이다.

❖ 아쿠아포린
1초에 30억 개까지의 물 분자를 확산시킬 수 있다.

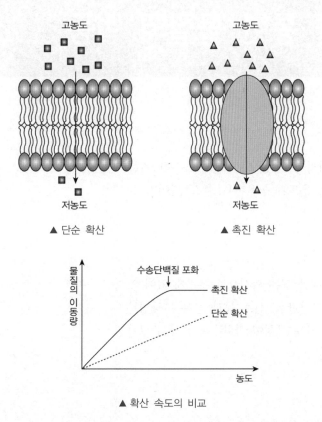

고농도　　　　　　　　　고농도

저농도　　　　　　　　　저농도

▲ 단순 확산　　　　　　▲ 촉진 확산

수송단백질 포화

촉진 확산

단순 확산

▲ 확산 속도의 비교

(3) 촉진 확산을 수행하는 두 가지 유형의 수송 단백질

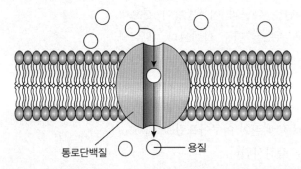

통로단백질　　　　　　용질

≫ 통로단백질(채널단백질)은 열리거나 닫혀서 물질이나 이온이 막을 통과할 수 있게 한다.

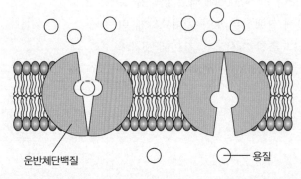

운반체단백질　　　　　　용질

≫ 운반체단백질은 모양을 변화시켜서 물질이나 이온이 막을 통과할 수 있게 한다.

2 삼투(osmosis)

용매가 반투막을 통해 확산하는 현상으로 에너지(ATP)가 소모되지 않는다.

(1) 삼투압(osmotic pressure)

① 삼투로 인해서 반투막이 받는 압력이다.
② 용매는 **저장액에서 고장액으로 삼투**한다.

(2) 삼투압의 크기

삼투압은 농도가 높을수록, 온도가 높을수록 크다.

$$P = C \times R \times T$$

- P: 삼투압(기압)
- C: 농도(mol)
- R: 기체상수(0.082)
- T: 절대온도(273+t℃)

기
본
편
Ⅰ

예제 | 1

27℃에서 0.2몰 포도당 용액의 삼투압은?

| 정답 |
$P = C \times R \times T$
   $= 0.2mol \times 0.082 \times (273+27℃)$
   $= 4.92기압$

예제 | 2

27℃에서 0.2몰 소금물의 삼투압은?

| 정답 |
소금물(NaCl)은 Na^+과 Cl^-으로 해리되므로 농도를 2배로 해준다.
$P = C \times R \times T$
   $= 0.2mol \times 2 \times 0.082 \times (273+27℃) = 9.84기압$

예제 | 3

10%의 설탕 용액이 들어 있는 반투막 주머니를 그림과 같이 농도가 다른 설탕 용액에 담그고, 삼투 현상이 일어났을 때 주머니 속의 설탕 용액의 농도와 부피를 부등호로 나타내시오.

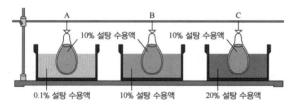

| 정답 |
- 농도 비교: C>B>A
- 부피 비교: A>B>C

예제 | 4

다음 그림과 같이 U자관에 셀로판 막을 장치하고 A에는 0.8몰 포도당 용액을, B에는 1몰 포도당 용액을 같은 양씩 넣고 양쪽 수면의 높이를 같게 유지하려고 한다. 이때 용액의 온도가 27℃라면 어느 쪽에 몇 기압의 압력을 가해야 하는가? (단, 기체상수 R=0.08)

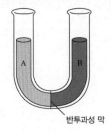

반투과성 막

| 정답 |

• A의 삼투압: P=0.8mol × 0.08 × (273+27℃)=19.2기압
• B의 삼투압: P=1mol × 0.08 × (273+27℃)=24기압
• A와 B의 삼투압의 차이=4.8기압
• A(저장액)에서 B(고장액)로 4.8기압만큼 삼투하게 되므로 양쪽 수면의 높이를 같게 유지하기 위해서는 B 쪽에 4.8기압의 압력을 가해야 한다.

(3) 식물세포와 삼투 현상

① 식물세포를 고장액에 넣으면 물이 세포 밖으로 빠져나와 세포막과 세포벽이 떨어지는 **원형질 분리**가 일어난다.

② 식물세포를 등장액에 넣으면 물이 세포 안으로 삼투하는 양과 물이 세포 밖으로 빠져나오는 양이 같아서 변화가 일어나지 않는다.

③ 식물세포를 저장액에 넣으면 물이 세포 안으로 삼투하여 세포막이 세포벽을 밀게 되어 팽압이 최대가 되는 **팽윤 상태**가 된다(액포의 크기가 가장 크다).

④ **팽압**: 세포막이 세포벽을 밀 때 생기는 압력

⑤ 흡수력=삼투압−팽압

❖ 등장액에서 물의 순 이동은 없다. 즉, 물 분자의 이동은 있으나 세포 안으로 들어오는 물의 양과 세포 밖으로 빠져나가는 물의 양이 같기 때문에 순 이동이 없다는 것이다.

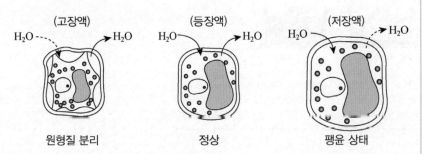

원형질 분리   정상   팽윤 상태

❖ 고장액 = 고삼투액
  등장액 = 등삼투액
  저장액 = 저삼투액

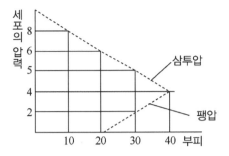

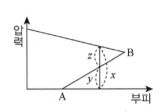

x: 삼투압   y: 팽압   z: 흡수력
A(한계 원형질 분리): 팽압=0   ∴흡수력=삼투압
B(팽윤): 삼투압=팽압   ∴흡수력=0

기
본
편
Ⅰ

❖ 한계 원형질 분리
원형질 분리가 막 일어나려는 순간을 말한다.

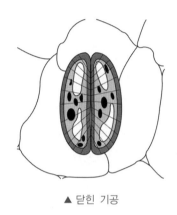

▲ 닫힌 기공

▲ 열린 기공

방사상 방향의
셀룰로스 미세 섬유
세포벽
액포
공변세포

》 **기공의 개폐**: 공변세포는 바깥쪽이 얇고 안쪽이 두꺼워서 팽압이 커지면 기공이 열린다. 따라서 팽압이 가장 큰 팽윤 상태일 때 기공이 가장 크게 열린다.

(4) 동물세포와 삼투 현상

① **고장액(hypertonic solution)**: 동물세포를 고장액에 넣으면 물이 빠져나와 쭈그러드는 **수축현상**이 일어난다.

② **등장액(isotonic solution)**: 변화 없다.

③ **저장액(hypotonic solution)**: 동물세포를 저장액에 넣으면 물이 세포 안으로 삼투하여 세포막이 터지는 **용혈현상**이 일어난다.

❖ 생리적 식염수
동물세포와 등장액인 NaCl 용액
• 개구리의 혈구: 0.6%의 NaCl 용액
• 사람의 혈구: 0.9%의 NaCl 용액

> **관찰** 짚신벌레의 수축포(짚신벌레의 배설기): 원생생물의 액포
>
> (가) 수조에 개울물을 떠다 넣어 짚신벌레를 기른다.
>
> (나) 0.25%, 0.50%, 0.75%, 1.00%의 소금물을 각각 만든다.
>
> (다) 짚신벌레 배양액을 슬라이드글라스에 조금 떨어뜨리고 커버글라스를 덮은 후 현미경으로 관찰한다.
>
> (라) 수축포를 찾아 5분 동안 몇 번 수축하는지 관찰한다.
>
> (마) 슬라이드글라스에 0.25%의 소금물 한 방울을 떨어뜨린다.
>
> (바) 0.5%, 0.75%, 1.0%의 소금물에서 수축포의 수축횟수를 조사해 보자.

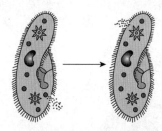

> **결과** **수축포의 수축횟수**: 저장액에서는 물이 세포 안으로 삼투해 들어가 세포 속의 물이 많아지므로 수축포가 물을 퍼내기 위해서 수축포의 수축횟수가 많아지고, 용액의 농도가 높아질수록 수축포의 수축횟수는 줄어들게 된다. 따라서 용액의 농도가 0.25%의 소금물에서 0.5%, 0.75%, 1.0%의 소금물로 높아질수록 수축포의 수축횟수는 감소하고 수축주기는 길어진다.

3 능동수송(active transport)

세포막이 농도경사를 역행해서 낮은 농도에서 높은 농도로 물질을 이동시키는 것으로 반드시 ATP와 같은 에너지를 이용한다. 농도기울기를 거슬러 용질을 이동시키는 수송단백질은 통로단백질이 아니고 모두 운반체 단백질이다.

① 소장의 융털 돌기에서 양분의 흡수

② 세뇨관에서의 재흡수 분비

③ 나트륨–칼륨 펌프

④ 양성자(H^+)펌프

⑤ 뿌리털에서 무기양분의 흡수

예제 | 5

촉진확산(facilitated diffusion)과 능동수송(active transport)의 공통점은? (지방직 7급)

① ATP를 필요로 한다.

② 수송단백질을 이용한다.

③ 농도의 구배를 거슬러 용질을 이동시킨다.

④ 지질에 대한 해당물질의 용해도에 의존한다.

|정답| ②

① ATP를 필요로 한다. – 능동수송

③ 농도의 구배를 거슬러 용질을 이동시킨다. – 능동수송

④ 지질에 대한 해당물질용해도에 의존한다. – 단순확산

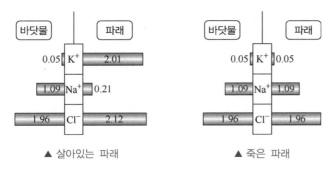

▲ 살아있는 파래	▲ 죽은 파래

기
본
편

I

❖ • 능동수송: 농도 차이를 유지
 • 확산: 농도가 같아지므로 농도 차이를 유지하지 않음

≫ 살아있는 파래에서는 K^+, Cl^-은 파래 안쪽으로 Na^+은 바닷물 쪽으로 능동수송이 일어나고 있으므로 바닷물과 농도 차이가 생긴다. 죽은 파래에서는 에너지가 공급되지 않아 확산이 일어나기 때문에 농도가 같아지게 된 것이다.

4 2차 능동수송(막 단백질에 의한 동시 수송)

세포막이 1차 능동수송으로 농축된 이온농도 기울기를 사용하여 동시에 다른 물질을 수송하는 현상으로 직접적으로 ATP를 사용하지 않는다.

(1) 공동수송(동방향수송, symport)

① 식물세포는 광합성에 의해 생성된 설탕과 같은 여러 가지 양분을 잎맥 내의 특정 세포로 능동수송 시키기 위하여 양성자 펌프에 의해 세포 바깥에 수소 이온을 농축시킴으로써 생성되는 수소 이온의 기울기를 사용한다. 공동수송 단백질은 수소 이온이 되돌아갈 때 세포 내로 설탕이 같이 수송되도록 해준다. 따라서 ATP는 공동수송에 필요한 에너지를 간접적으로 제공한다.

② 대장균의 경우는 젖당투과효소에 의한 젖당과 H^+의 공동수송 등이 있다.

③ 소장에서는 $Na^+ - K^+$펌프에 의해 Na^+농도 기울기가 확립되면 Na^+이 세포 내부로 확산되는데 이때 포도당이나 아미노산과 같은 분자의 수송을 연계하여 세포의 성장과 유지의 필수 원료인 포도당과 아미노산의 흡수를 돕는다.

(2) 교환수송(역방향수송)

① 적혈구에서 염소 이온과 중탄산 이온이 역방향수송에 의해서 교환되므로 전체적인 전하의 변화 및 막전위의 변화는 일어나지 않는다.

② 나트륨-칼슘 교환기도 마찬가지로 역수송체 막단백질이다. 나트륨 이온을 전기화학적인 농도 구배에 순행하여 수송함으로써 얻은 에너

지를 이용하여, 칼슘 이온을 농도 구배에 역행하여 수송할 수 있게
한다. 이를 통해 세포에서 칼슘을 제거하게 된다.

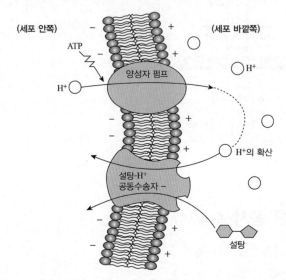

≫ **공동수송**: 광합성에 의해 생성된 설탕을 잎맥 내의 특정 세포로 보내기 위해서 설탕 – 수소 이
온의 공동수송 기작을 이용한다.

5 집단수송(세포 외 배출, 세포 내 섭취 작용)

세포막을 통과하여 이동하기 어려운 분자량이 큰 물질들을 주머니를 만들어
대량으로 이동시키는 방식으로 에너지(ATP)가 이용된다.

(1) 세포 외 배출 작용(exocytosis, 외포 작용)

세포에서 합성된 여러 가지 물질들을 세포 밖으로 분비하는 작용이다.

> 예 내분비샘에서 만들어지는 수용성 호르몬, 소화샘에서 만들어지는 소화효소,
> 젖샘에서 만들어지는 젖, 뉴런에서 신경전달물질 분비

(2) 세포 내 섭취 작용(endocytosis, 내포 작용)

세포막의 일부가 외부에 있는 물질을 둘러싼 후 세포 안으로 받아들이는
작용이다.

① **식세포 작용**(phagocytosis): 고형물질 흡수

> 예 아메바의 식세포 작용, 백혈구의 식세포 작용

② **음세포 작용**(pinocytosis): 액체성 물질 흡수

> 예 혈장 단백질, 항체

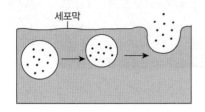

▲ 세포 외 배출 작용

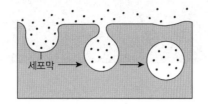

▲ 세포 내 섭취 작용

» 세포 외 배출 작용이 일어나면 세포의 크기가 커지고 세포 내 섭취 작용이 일어나면 세포의 크기가 작아지는데 세포는 세포 외 배출 작용과 세포 내 섭취 작용이 계속 일어나므로 결과적으로 세포의 크기는 일정하게 유지된다.

③ **수용체매개 세포 내 섭취 작용**(receptor–mediated endocytosis): 물질들이 세포 밖에 많이 농축되어 있지 않아도 세포가 특정 분자들을 얻을 수 있도록 하는 섭취 작용이다. 받아들이고자 하는 분자는 세포표면 외부에 있는 수용체 단백질과 결합한다. 수용체 단백질은 피막소와(coated pit)라고 불리는 막 부위에 모여 있어서 표적분자(리간드)와 결합한 후, 구덩이는 깊어지고 피막소와 리간드분자들을 함유한 피막소낭(coated vesicle)을 형성한다.

포유류 세포는 수용체 매개 세포 내 섭취 작용을 이용하여 스테로이드 합성을 위한 콜레스테롤을 섭취한다. 콜레스테롤은 지질과 단백질 복합체인 저밀도 지질단백질(low–density lipoprotein, LDL)이라 불리는 입자의 형태로 혈액 속을 돌아다닌다. 이들 입자들은 다른 분자의 수용체 부위에 특이적으로 붙는 모든 분자들을 총칭하는 리간드(ligand)로 작용하는데, LDL이 막에서 수용체와 결합한 후 세포 내 섭취 작용에 의해 세포로 들어가서 소낭을 형성한다. 이 소낭은 이후 리소좀(lysosome)과 융합되고 리소좀에서 콜레스테롤 에스터를 가수분해한다. 콜레스테롤은 세포막에 지장을 주지 않기 위해 이후 새로운 세포막 생합성을 위해 사용되거나 에스터화되어 세포 내에 저장되기도 한다. 콜레스테롤이 풍부한 세포는 자신의 LDL 수용체 합성을 낮추고 LDL 분자 내의 새로운 콜레스테롤이 흡수되는 것을 막는다. 반대로 세포에 콜레스테롤이 부족할 경우에는 LDL 수용체 합성은 계속 진행된다.

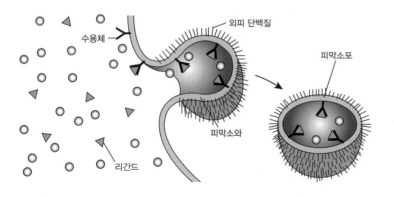

❖ 리간드
특정 수용체에 특이적으로 결합하는 비교적 저분자의 화합물

❖ 콜레스테롤을 운반하는 지질단백질
• **저밀도 지질단백질**(low–density lipoprotein, LDL): 간의 콜레스테롤을 말초조직으로 운반하는 기능을 가진 지질단백질로서 LDL의 증가는 동맥경화 발생과 관계가 높다.

• **초저밀도 지질단백질**(very low density lipoprotein, VLDL): 초저밀도 지질단백질은 간에서 유래한 콜레스테롤과 중성지방(트라이글리세리드)을 운반하여 근육과 지방조직 등의 말초조직으로 수송하는 기능을 수행한다. VLDL에서 중성지방(트라이글리세리드)을 제거하면 LDL이 된다.

• **고밀도 지질단백질**(high–density lipoprotein, HDL): 말초조직에 축적된 콜레스테롤을 세포 밖으로 배출을 촉진하고, 이 콜레스테롤을 받아 간으로 수송하는 작용을 한다.

06 효소

1 에너지 변화의 법칙

(1) 열역학 제1법칙(에너지 보존의 법칙)

열역학 제1법칙(first law of thermodynamics)에 따르면 **우주의 에너지는 불변**한다. 즉 에너지는 이전되고 변형될 수는 있으나 창조되거나 멸할 수는 없다.

예 광합성: 빛에너지 → 화학에너지

(2) 열역학 제2법칙(엔트로피 증가의 법칙)

열역학 제2법칙(second law of thermodynamics)은 다음과 같이 말할 수 있다. **"이전되거나 변환되는 모든 에너지는 우주의 엔트로피를 증가시킨다."** 에너지 이전이나 변환 동안 유용 에너지 손실의 결과는 그러한 일이 우주를 더 무질서하게 만든다는 것이다. 과학자들은 무질서 혹은 무작위성의 척도로서 엔트로피(entropy)라고 불리는 양을 사용한다. 더 무작위로 배열된 물질 더미는 그 엔트로피가 훨씬 크다.

예 세포호흡 결과 발생된 열에너지 → 무질서한 에너지의 형태

2 자유에너지 변화

(1) **자유에너지(G)**: 일을 하기 위해 사용 가능한 에너지

(2) **자유에너지 변화($\triangle$G)**

$\triangle$G는 마지막 상태의 자유에너지와 최초 상태의 자유에너지 간의 차이를 나타낸다.

$$\triangle G = G_{\text{마지막 상태}} - G_{\text{처음 상태}}$$

(3) 물질대사에서의 발열반응과 흡열반응

① **발열반응(exergonic reaction)**: 자유에너지의 순 방출을 계속한다.

화학적 혼합물은 자유에너지를 잃기 때문에(G 감소됨), 발열반응에서 ΔG는 음의 값이다. 자발성에 대한 기준으로 ΔG를 사용하면 발열반응은 자발적으로 발생하는 반응이며, ΔG의 크기는 그 반응이 수행할 수 있는 일의 최대량을 나타낸다.

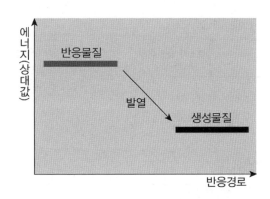

② **흡열반응(endergonic reaction)**: 주변 환경으로부터 자유에너지를 흡수하는 반응이다. 본래 이러한 종류의 반응은 분자에 자유에너지를 저장하기 때문에(G 증가함), **ΔG는 양의 값**이다. 그러한 반응들은 **비자발적**이며, ΔG의 크기는 그 반응을 이끌어내는 데 요구되는 에너지의 양이다.

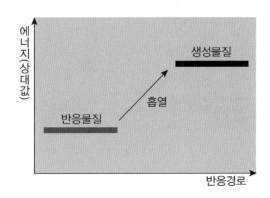

❖ 발열반응
- 이화작용
- 자유에너지(G): 감소
- 자발적 과정
- $\Delta G < 0$
- 엔트로피: 증가
- 계의 안정성

❖ 계(system)
보온병 속의 액체와 같이 주변 환경과 에너지와 물질을 교환할 수 없는 고립된 계(isolated system)와 주변 환경과 에너지와 물질을 교환할 수 있는 열린 계(open system)가 있는데 생물은 열린 계이다.

❖ 흡열반응
- 동화작용
- 자유에너지(G): 증가
- 비자발적 과정
- $\Delta G > 0$
- 엔트로피: 감소
- 계의 불안정성

❖ 세포 안팎으로 꾸준한 물질이동은 대사 경로가 평형에 이르지 않도록 막아주기 때문에 살아 있는 세포는 평형에 있지 않다. 세포들이 포도당과 산소를 계속 공급받고 이산화탄소와 노폐물을 주변 환경으로 배출하므로 평형에 도달하지 않으며 생명체는 일을 계속적으로 수행할 수 있다.

❖ 에너지 짝물림(energy coupling)
발열반응 과정을 이용하여 흡열반응의 과정을 추진하게 하는 것으로 ATP는 세포에서 대부분의 에너지 짝물림을 매개하는 역할을 담당한다.

3 활성화 에너지(activation energy)

화학반응이 일어날 수 있는 분자의 최소 운동에너지로, 효소가 작용하면 활
성화 에너지가 낮아지므로 반응이 쉽게 일어난다.

(1) 발열반응

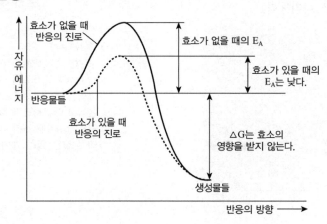

❖ 전이 상태
오르막 부분의 최고점에서 반응물
은 전이 상태(transition state)라고
알려진 불안정한 조건에 있게 된다.
효소는 전이 상태에 쉽게 도달하도
록 해준다.

(2) 흡열반응

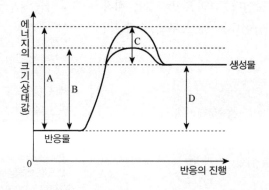

① 효소가 없을 때 활성화 에너지: A

② 효소가 있을 때 활성화 에너지: B

③ 반응열: D($\triangle$G)

❖ 효소는 반응의 $\triangle$G를 바꾸지는 못
하며 흡열반응을 발열반응으로 만
들 수도 없다. 즉, 효소의 유무와 관
계없이 $\triangle$G는 일정하다.

4 효소의 특성

(1) 기질 특이성(substrate specificity): 효소(enzyme)는 특정 기질에만
작용한다(효소 · 기질 복합체).

① 대부분의 효소는 단백질이 주성분인 생체 촉매이다.

② **활성부위**(active site): 효소가 반응물과 결합하는 특정 부분이며 활성부위를 만드는 아미노산의 곁가지(R기)는 기질이 생성물로 되는 것을 촉매한다.

③ 효소는 기질과 결합하여 효소·기질 복합체를 형성하며, 생성물이 만들어진 후 분리되어 새로운 기질과 결합하여 반응을 반복하므로, 적은 양으로도 많은 양의 기질과 반응할 수 있다. 즉 효소는 반응 후 자신은 변하지 않으면서 반응속도만 변화시킨다.

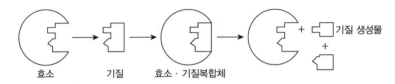

효소   기질   효소·기질복합체   기질 생성물

기 본 편 Ⅰ

(2) **최적 온도**: 효소가 작용하기에 가장 적당한 온도(35~40℃)

① 일반적으로 5~35℃ 사이에서는 온도 10℃ 상승함에 따라 반응속도가 거의 2배로 증가하며, 40℃ 이상에서는 반응속도가 갑자기 저하한다. 효소는 열에 약한 단백질로 구성되어 있어서 고온에서는 활성부위의 입체구조가 바뀌므로 변성된다.

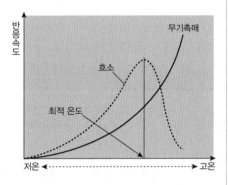

② 이산화망간과 같은 무기촉매가 관여하는 화학반응은 일반적으로 온도가 높을수록 반응속도가 빨라진다.

(3) **최적 pH**: 효소가 작용하기에 가장 적당한 pH

> **예** 펩신: pH=2, 아밀레이스: pH=7, 카탈레이스: pH=7, 트립신: pH=8

- **카탈레이스(간, 적혈구, 감자에 포함된 효소)**: 과산화수소 → 물+산소
- **MnO_2(무기촉매)**: 과산화수소 → 물+산소

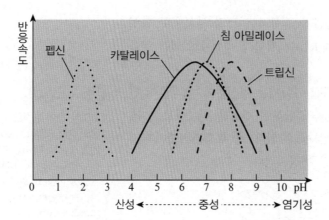

■ 용어 개정
- 아밀라아제 → 아밀레이스
- 카탈라아제 → 카탈레이스

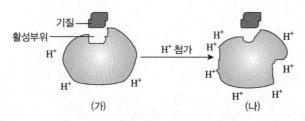

≫ 단백질의 입체구조는 pH에 따라 변하므로 ㈎에 H⁺을 첨가하면 pH가 달라져서 ㈏에서와 같이 효소는 변성된다.

예제 | 1

효소에 대한 설명으로 옳은 것은?
(전남)

① 효소는 활성화 에너지를 증가 시킨다.
② 효소는 소모되지 않고 반응 전 후에 변하지 않는다.
③ 효소는 pH, 온도의 영향을 받지 않는다.
④ 효소는 반응열을 감소시킨다.

| 정답 | ②

① 효소는 활성화 에너지를 감소시킨다.
③ 효소는 pH, 온도의 영향을 받는다.
④ 효소는 반응열을 변화시키지 않는다.

실험 다음은 무기 촉매인 이산화망간과 간에 포함된 생체 촉매인 카탈레이스의 작용을 알아보기 위한 실험이다. (단, 과산화수소는 물과 산소로 분해된다.)

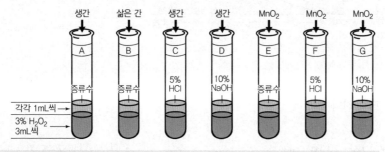

결과

시험관	A	B	C	D	E	F	G
기체 발생량	+++	−	+	+	++	++	++

(−: 기체 발생이 없음, +의 수가 많을수록 기체 발생량이 많음)

A가 기체 발생량이 가장 많은 것으로 보아 카탈레이스는 중성에서 가장 활성이 높다는 것을 알 수 있다. B는 효소가 고온에서 변성되었으므로 기체발생이 전혀 없고, C의 산성조건과 D의 염기성 조건에서는 기체발생이 적은 것으로 보아 생체촉매인 효소는 pH의 영향을 받는다는 것을 알 수 있다. 그러나 E, F, G에서 기체발생량이 같은 것으로 보아 무기촉매인 이산화망간(MnO_2)은 pH의 영향을 받지 않는다는 것을 알 수 있다.

5 기질 농도와 효소 농도에 따른 반응속도

(1) 효소의 농도와 그 외의 조건이 일정할 때, 기질의 농도가 증가할수록 반응속도는 어느 수준까지는 기질의 농도에 비례하여 증가하지만 기질이 일정 농도에 이르면 효소·기질 복합체가 포화 상태에 도달하여 반응속도는 일정 상태를 유지한다.(효소기질 복합체는 계속 생성된다.)

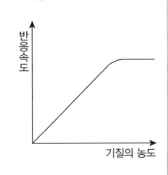

(2) 기질의 양이 충분하고 그 외의 조건이 일정할 때, 효소의 농도가 높아질수록 계속해서 효소·기질 복합체의 생성량이 많아지므로 반응속도는 계속 증가한다.

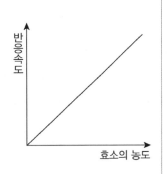

6 저해제(억제제)

효소와 기질이 결합하지 못하게 하여 효소의 작용을 방해하는 물질이다.

(1) **경쟁적 저해제(경쟁적 억제제, competitive inhibition)**

기질과 입체구조가 유사한 물질이 효소의 활성부위에 결합하여 효소의 작용을 방해하는 물질로서 기질의 농도가 높으면 저해제의 효과는 감소한다.

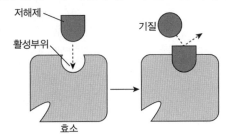

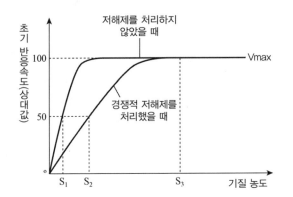

❖ 반응 속도(kinetics)는 활성부위가 기질을 생성물로 변화시키는 속도에 의해 결정된다. 효소가 포화되었을 때 생성물의 형성속도를 증가시키는 유일한 방법은 더 많은 효소를 추가하는 것이다.

❖ 최대반응속도(Vmax)
효소반응에서 기질농도가 높은 경우, 모든 효소가 효소−기질 복합체를 형성했을 때의 반응속도를 말하며 경쟁적 저해제를 처리해도 Vmax는 변함없다.

❖ Km(미카엘리스 상수)
최대반응속도(Vmax)의 1/2이 될 때의 기질농도를 말하며 그래프에서 초기반응속도 50에 해당될 때의 기질농도 S_1과 S_2가 된다.
경쟁적 저해제를 처리하지 않았을 때 Km은 S_1이고, 경쟁적 저해제를 처리했을 때 Km은 S_2이므로 경쟁적 저해제를 처리하면 Km은 증가한다. 따라서 Km의 값이 작다는 것은 효소의 기질에 대한 친화도가 높다는 것을 의미한다.

예 페니실린은 세균의 세포벽 형성에 관여하는 효소의 활성부위에 결합하여 효소의 작용을 비가역적으로 억제한다(경쟁적 저해제). 항생제의 작용 결과 세균은 세포벽 합성이 일어나지 않아 결국 죽게 된다.

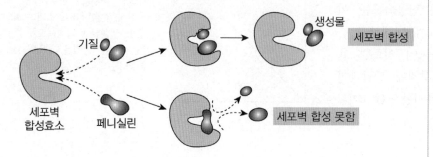

(2) 비경쟁적 저해제(비경쟁적 억제제, noncompetitive inhibition)

효소의 활성부위가 아닌 다른 부위에 결합하여 활성부위의 구조를 변화시켜 효소의 작용을 방해하는 물질이다(비경쟁적 저해제는 효소 자체에도 결합하지만 효소기질복합체가 형성된 효소에도 결합한다).

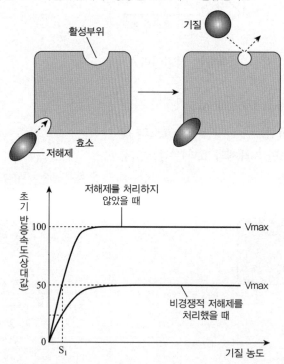

❖ 비경쟁적 저해제를 처리하면 Vmax는 감소하지만 Km은 변화 없다.

❖ 세포에서 자연적으로 생성되는 저해제는 가역적이며 물질대사를 조절한다. 그러나 독소와 독극물은 비가역적 저해제이다. 비가역적 저해제가 작용하면 효소가 영구적으로 불활성화되어 재활용할 수 없게 된다. 예를 들어 아세틸콜린에스터레이스(acetylcholineeterase)의 저해제인 말라티온은 포유류의 효소는 저해하지 않고 곤충의 아세틸콜린에스터레이스만을 저해하지만 화학무기로 개발된 신경가스의 한 종류인 사린은 사람에게도 작용하는 아세틸콜린에스터레이스 저해제이며 모두 비가역적 저해제이다. 또 다른 예로 신경계 핵심 효소의 저해제인 DDT나 파라티온도 비가역적 저해제이다. 또한 페니실린도 세균의 세포벽 합성효소의 비가역적 저해제이다. 따라서 비가역적 저해제는 세포가 효소의 기능을 조절하는 일반적인 방식이 아니다.

효소 반응에서 기질의 농도를 높이면 극복할 수 있는 것은? (지방직 7급)

① 효소의 단백질 변성
② 경쟁적 억제(competitive inhibition)
③ 비경쟁적 억제(noncompetitive inhibition)
④ 다른 자리 입체성 억제(allosteric inhibition)

|정답| ②
경쟁적 저해제를 처리했을 때 기질의 농도가 높으면 저해제의 억제효과는 감소한다.

7 효소의 물질대사 조절(다른 자리 입체성 조절, allosteric regulation)

알로스테릭 효소는 활성부위와는 별개로 알로스테릭 부위(조절 부위)를 갖고 있다.

(1) 알로스테릭 부위에 촉진제가 결합하면 활성부위를 변화시켜 기질이 결합할 수 있다(A: 촉진제).

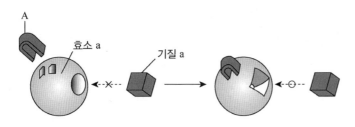

(2) 알로스테릭 부위에 억제제가 결합하면 활성부위를 변화시켜 기질이 결합할 수 없게 되므로 비경쟁적 저해제와 다소 비슷하게 작용한다(B: 억제제).

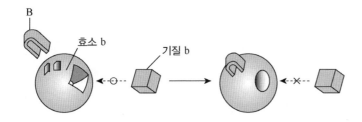

Tip

효소와 기질의 협동성
복합소단위효소에 있는 한 개의 활성부위에 결합한 기질이 모든 소단위의 모양을 바뀌게 하여 다른 활성부위의 촉매작용을 증가시키는 현상을 말하며 이러한 작용은 기질에 대한 효소반응을 증폭시킨다. 즉, 하나의 기질은 효소가 추가적인 기질분자들도 더 쉽게 받아들이도록 작용한다. 협동성은 한 활성부위에 기질이 결합하면 다른 활성부위의 촉매반응에 영향을 주기 때문에 "다른 자리 입체성조절"로 간주한다.

다음 중 효소에 대한 설명으로 옳은 것은?   (서울)

① 효소는 기질과 결합하여 반응물질의 자유에너지를 낮춘다.

② 효소의 특이성은 단백질의 2차 구조에 의해 결정된다.

③ 효소의 비경쟁적 억제제는 활성부위에 결합하여 효소의 구조변화를 유도한다.

④ 효소에 의해 촉매되는 반응의 속도는 효소억제제에 의하여 줄어들게 된다.

|정답| ④

① 효소는 기질과 결합하여 활성화에너지를 낮춘다.

② 효소의 특이성은 활성부위를 만드는 곁가지(R기)에 의해 기질이 생성물로 되는 것을 촉매한다.

③ 효소의 비경쟁적 억제제는 활성부위가 아닌 부위에 결합하여 효소의 구조변화를 유도한다.

④ 알로스테릭 부위에 억제제가 결합하면 활성부위를 변화시켜 기질이 결합할 수 없게 된다.

(3) 되먹임 억제(피드백 억제)

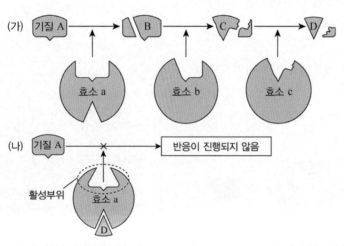

≫ 기질 A가 효소 a, 효소 b, 효소 c에 의해서 생성물 D가 되는데 생성물 D의 양이 너무 많아지면 생성물 D가 효소 a의 알로스테릭 부위에 결합해서 활성부위를 변화시켜 기질 A가 결합할 수 없게 된다. 되먹임 억제는 세포가 필요 이상의 물질을 생성하여 화학적 자원을 낭비하는 것을 막는다.

8 효소의 구성

(1) 단백질로만 구성된 효소

대부분의 가수분해효소(아밀레이스, 펩신, 라이페이스 등)

(2) 단백질과 보조 인자로 구성된 효소: 대부분의 산화환원효소

① 주효소(apoenzyme): 보조 인자의 도움을 필요로 하는 효소로 단백질로 구성되어 있으며 분자량이 크고 열에 약하며, 기질특이성이 있다.

용어 게임

리파아제 → 라이페이스

② **보조 인자(cofactor)**: 비단백질 부분으로 분자량이 아주 작고 열에 강하며 기질 특이성이 없다. 한 가지 조효소가 여러 가지 주효소의 작용에 관여한다.

보조효소 (조효소, coenzyme)	비타민으로 이루어져 있으며 반응이 끝나면 주효소로부터 분리되어 나온다.	예 NAD⁺(nicotinamide adenine di-nucleotide), NADP⁺, FAD(flavin adenine dinucleotide) * nicotinamide와 flavin은 모두 비타민B군에 속한다.
보결분자단 (보결족, prosthetic group)	금속원소로 이루어져 있으며 반응이 끝나도 주효소와 잘 분리되지 않는다.	예 Fe, Cu, Mg, Zn, Mn

❖ NAD⁺
두 개의 뉴클레오타이드 중 하나는 니코틴산아마이드를 갖고 또 하나는 아데닌 염기를 갖는다.

기 본 편 Ⅰ

실험
(가) 효모를 부수어 증류수에 녹여 효모액을 만든 후 포도당과 섞는다.
(나) 효모액을 반투막 주머니에 넣은 후, 물이 든 비커에서 투석시킨다.
(다) 반투막 주머니 속의 용액 A와 비커 속의 용액 B를 각각 포도당과 섞는다.
(라) A와 B를 포도당과 함께 섞는다.

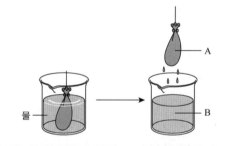

결과

구분	효모액+ 포도당	A+포도당	B+포도당	A+B+ 포도당	가열한 A+ B+포도당	A+ 가열한 B+ 포도당
발효 여부	○	×	×	○	×	○

① 반투막 주머니 속의 용액 A는 분자량이 큰 주효소이고 비커 속의 용액 B는 분자량이 작아 반투막을 빠져나온 조효소임을 알 수 있다.
② '가열한 A+B+포도당'에서는 반응이 일어나지 않았으나, 'A+가열한 B+포도당'에서는 반응이 일어난 것으로 보아 조효소는 열에 강하다는 것을 알 수 있다.

예제 | 4

효소에 관한 다음 설명 중 옳은 것은?   (부산)

① 조효소가 주효소보다 열에 약하다.

② 조효소는 무기질로 구성된다.

③ 주효소의 주성분은 단백질이다.

④ 조효소의 종류가 많고 한 가지 조효소가 여러 가지 주효소의 작용에 관여한다.

| 정답 | ③

① 조효소가 주효소보다 열에 강하다.

② 조효소는 비타민으로 구성된다.

④ 주효소의 종류가 많고 한 가지 조효소가 여러 가지 주효소의 작용에 관여한다.

9 효소의 종류(효소의 국제 분류법)

(1) 가수분해효소(hydrolase)

물을 첨가하여 물질을 분해하는 효소(대부분의 소화효소)

(2) 전이효소(전달효소, transferase)

기질의 작용기를 다른 분자에 옮겨 주는 효소($AB+C \rightarrow A+BC$)

예 크레아틴카이네이스: 크레아틴+ATP → 크레아틴인산+ADP

(3) 산화환원효소(oxidation – reductase)

H나 O의 원자 또는 전자를 다른 분자에 전달하여 산화환원 반응을 촉진하는 효소($AH_2+B \rightarrow A+BH_2$ 혹은 $AH_2+O \rightarrow A+H_2O$)

예 탈수소효소, 산화효소

(4) 이성질화 효소(isomerase)

기질의 원자구조를 바꾸어 성질이 다른 분자로 만드는 효소($AB \rightarrow BA$)

예 6탄당 인산 이성질화 효소: 과당 6인산 → 포도당 6인산

(5) 합성효소(연결효소, ligase)

ATP를 소모하여 두 개의 분사를 연결($A+B+ATP \rightarrow AB+ADP+P$)

예 DNA 연결효소(DNA ligase)

(6) 제거 부가효소(분해효소, lyase)

기질로부터 가수분해에 의하지 않고 어떤 기(카복시기, 알데하이드기)를 떼어 내거나 첨가해 주는 효소

> 예 카복실레이스, 디카복실레이스, 루비스코효소

예제 | 5

효소에 대한 설명으로 옳은 내용을 있는 대로 고른 것은? (경기 변형)

ㄱ. 효소는 활성화 에너지를 낮춰서 반응속도를 빠르게 한다.
ㄴ. 효소는 기질인식 기능이 있어서 기질과 선택적인 반응을 한다.
ㄷ. 라이아제(lyase)는 가수분해, 산화환원반응은 하지 않고, 화학기만 떼어내거나 첨가한다.
ㄹ. 효소-기질 복합체 형성을 위해 기질이 효소에 결합하는 부위를 조절부위라고 한다.

① ㄱ, ㄴ, ㄷ   ② ㄱ, ㄴ, ㄹ
③ ㄱ, ㄷ, ㄹ   ④ ㄱ, ㄴ, ㄷ, ㄹ

|정답| ①
ㄹ. 효소-기질 복합체 형성을 위해 기질이 효소에 결합하는 부위를 활성부위라고 한다.

생각해 보자!

1. 효소의 활성부위에 기질분자가 결합할 때 활성부위는 기질과 반응할 수 있도록 모양이 약간 변하게 된다. 이러한 상호작용을 무엇이라고 생각하는가?

① 열쇠 자물쇠   ② 기질특이성
③ 활성부위의 변화   ④ 유도 적합

2. 다음의 빈칸에 맞는 말을 순서대로 옳게 나열한 것은?

효소반응에서 경쟁적저해제가 작용하면 Km은 (   )하고, Vmax는 (   )하게 된다.

① 증가, 일정   ② 감소, 일정
③ 증가, 감소   ④ 일정, 증가

|정답| 1. ④ 2. ①

I 분자와 세포

001

다음 표시된 원자에 대한 설명으로 옳지 않은 것은?

$$^{14}_{7}N$$

① 원소기호 왼쪽 위의 14는 질량수를 표기한 것이다.
② 원소기호 왼쪽 아래의 7은 원자번호를 표기한 것이다.
③ 질소원자의 양성자 수와 전자수는 7이다.
④ 질소원자의 중성자 수는 14이다.

→ 질소원자의 중성자 수는 7이다(14 − 7 = 7).

002

극성 공유결합을 하는 두 원자 사이의 관계를 바르게 설명한 것은?

① 두 원자는 같은 원소로 되어 있다.
② 두 원자의 전기음성도는 같다.
③ 한 원자는 전자를 내놓고 다른 원자는 전자를 얻는다.
④ 한 원자의 전기음성도가 다른 원자의 전기음성도보다 크다.

→ 두 원자의 전기음성도 차이에 따라 극성의 정도가 달라진다. 전자가 두 원자에 의해서 동일하게 공유되지 않기 때문에 극성이 생긴다.

003

물의 특성으로 옳지 않은 것은?

① 비열이 작다.
② 기화열이 크다.
③ 물질을 용해시켜 각종 물질의 흡수와 이동을 돕는다.
④ 각종 화학 반응이 매개체가 된다.

→ 물은 수소결합을 하기 때문에 비열이 크다.

정답

001 ④ 002 ④ 003 ①

004

다음 중 pH가 7인 용액은?

① OH^- 이온으로만 되어 있는 용액

② H^+ 이온으로만 되어 있는 용액

③ OH^- 이온과 H^+ 이온의 양이 같은 용액

④ OH^- 이온보다 H^+ 이온이 많은 용액

005

유기물이 염기성을 띠게 하는 작용기는?

① 카복시기   ② 아미노기

③ 하이드록시기   ④ 카보닐기

006

유기분자 간의 에너지를 전달하는 작용기는?

① 아미노기   ② 인산기

③ 카복시기   ④ 하이드록시기

007

아미노산에 대한 설명으로 옳지 않은 것은?

① 아미노산은 아미노기와 카복시기를 갖는다.

② 모든 아미노산은 극성을 띠며 비전하분자이다.

③ 아미노산과 아미노산이 결합할 때는 물이 한 분자 빠지면서 펩타이드 결합이 형성된다.

④ 20종류의 아미노산이 있으며 일부는 체내에서 합성이 가능하지만 일부는 음식물을 통해 섭취해야 한다.

→ 중성인 물은 $H^+ = \dfrac{1}{10^7}$ 이고 $OH^- = \dfrac{1}{10^7}$ 로 같다.

→ 아미노기는 유기염기로 작용한다.

→ ATP에서 무기인산 1개가 분리되어 ADP가 되면서 에너지가 발생한다.

→ 아미노산에는 극성 아미노산과 무극성 아미노산이 있다.

정답

004 ③   005 ②   006 ②   007 ②

008

단백질 구조에 대한 설명으로 옳지 않은 것은?

① 단백질의 1차 구조는 타고난 유전정보에 의해 결정된다.
② 단백질의 2차 구조인 알파나선 구조와 베타병풍 구조 모두 수소결합에 의해서 유지된다.
③ 소수성 상호작용, 수소결합, 이온결합, 2황화물 다리라는 공유결합에 의해 단백질의 3차 구조가 형성된다.
④ 단백질이 변성되면 1차 구조가 파괴된다.

> → 단백질이 변성되면 2차 구조와 3차 구조를 형성하는 결합이 풀어진다.

009

단백질 구조에 관한 설명 중 옳지 않은 것은?

① 단백질의 1차 구조는 유전자에 의해 결정되는 아미노산의 배열순서이며 인슐린이 있다.
② 케라틴과 피브로인은 단백질의 2차 구조를 갖는다.
③ 콜라겐은 단백질의 3차 구조를 갖는다.
④ 단백질의 4차 구조는 둘 또는 그 이상의 폴리펩타이드 사슬이 모여서 기능적 단위를 이룬 것으로 헤모글로빈이 있다.

> → 콜라겐은 단백질의 4차 구조이다.

010

다음 중 β-포도당(1-4) 결합으로 이루어진 물질은?

① 키틴
② 글리코젠
③ 글리세롤
④ 아밀로스

> → 아밀로스와 글리코젠은 α-포도당(1-4) 결합으로 이루어져 있고 글리세롤은 지방이다.

011

지방산과 알코올이 결합된 지질로 지방보다 소수성이 더 강하며 사과나 배 등 과일 표면의 피막을 형성하는 화합물은?

① 중성 지방
② 인지질
③ 스테로이드
④ 왁스

> → 왁스는 지방산과 알코올이 결합된 지질로 지방보다 소수성이 더 강하다.

정답

008 ④   009 ③   010 ①   011 ④

012

핵산에 대한 설명 중 옳지 않은 것은?

① DNA가 갖는 당은 디옥시리보스이며 유전정보를 저장하는 역할을 한다.
② RNA가 갖는 당은 리보스이며 단백질을 합성하는 과정에 관여한다.
③ 핵산의 기본단위는 뉴클레오타이드이며 염기와 당과 인산으로 구성되어 있다.
④ DNA 염기와 염기 사이의 아데닌염기와 티민염기는 삼중 수소결합을 하고 구아닌염기와 사이토신염기는 이중 수소결합을 한다.

아데닌염기와 티민염기는 이중 수소결합을 하고 구아닌염기와 사이토신염기는 삼중 수소결합을 한다.

013

핵산에 관한 설명 중 잘못된 것은?

① DNA는 이중나선 구조이며 유전자의 본체이다.
② RNA는 단일사슬로 구성되어 있으며 단백질 합성에 관여한다.
③ 핵산이 갖는 염기의 종류는 모두 5종류이다.
④ 핵산이 갖는 뉴클레오타이드의 종류는 모두 5종류이다.

아데닌염기로 구성된 뉴클레오타이드라도 DNA는 디옥시리보스이고 RNA는 리보스이므로 각각 다른 뉴클레오타이드이다. 따라서 핵산을 갖는 뉴클레오타이드의 종류는 모두 8종류이다.

014

다음은 해수에서 일어나는 생명현상이다. 이러한 생명현상의 특성과 관련된 예를 모두 고른 것은?

- 해수의 농도가 체액의 농도보다 높아서 체내의 수분이 몸 밖으로 빠져 나간다.
- 수분 손실을 보충하기 위하여 해수를 많이 먹고 진한 오줌을 소량 배출하며, 해수를 통해 섭취한 과잉 염분은 아가미를 통해 배출한다.

ㄱ. 날씨가 더워지면 몸에서 땀이 난다.
ㄴ. 얼룩소끼리 교배하면 얼룩송아지가 태어난다.
ㄷ. 혈당량이 증가하면 간에서 글리코젠의 합성이 촉진된다.
ㄹ. 녹색 식물은 CO_2와 H_2O를 이용하여 포도당을 합성한다.
ㅁ. 북극여우는 사막여우보다 몸집이 크다.

① ㄱ, ㄴ   ② ㄱ, ㄷ
③ ㄴ, ㄷ   ④ ㄱ, ㄷ, ㅁ

항상성에 관한 내용이다.
ㄱ, ㄷ. 항상성
ㄴ. 생식과 유전
ㄹ. 물질대사
ㅁ. 적응

정답

012 ④   013 ④   014 ②

015

생명과학의 연역적 탐구과정을 순서대로 바르게 나열한 것은?

① 관찰 → 가설 설정 → 탐구설계 및 수행 → 자료 해석 → 결론 도출
② 관찰 → 가설 설정 → 자료 해석 → 탐구설계 및 수행 → 결론 도출
③ 가설 설정 → 자료 해석 → 관찰 → 탐구설계 및 수행 → 결론 도출
④ 가설 설정 → 탐구설계 및 수행 → 관찰 → 자료 해석 → 결론 도출

016

핵에 관한 설명으로 옳지 않은 것은?

① 단백질과 DNA로 구성된 염색사를 갖는다.
② 핵공을 통해서 물질 출입이 일어난다.
③ 인이 있어서 리보솜을 생성한다.
④ 단백질과 인지질로 구성된 이중층의 단일막 구조이다.

➡ 단백질과 인지질로 구성된 이중층의 이중막 구조이다.

017

세포막에 대한 설명으로 옳지 않은 것은?

① 세포막은 단백질과 인지질로 구성되어 있다.
② 세포막을 이루는 인지질은 친수성 부분과 소수성 부분으로 구성된 이중층 구조이다.
③ 세포막 안팎의 환경은 주로 물로 이루어져 있다.
④ 인지질 이중층을 양쪽에서 단백질이 감싸고 있는 구조이다.

➡ 단백질은 인지질 이중층 사이에 있는 모자이크 막 구조이다.

018

지질을 합성하고 칼슘을 저장하는 세포 소기관은?

① 리보솜   ② 골지체
③ 매끈면 소포체   ④ 거친면 소포체

➡ 매끈면 소포체에서 지질합성이 일어난다.

정답

015 ①   016 ④   017 ④   018 ③

019

골지체가 특히 발달되어 있는 조직은?

① 신경 조직　　　　　　② 샘 조직
③ 근육 조직　　　　　　④ 결합 조직

020

내부에 가수분해효소가 있는 세포 소기관은?

① 소포체　　　　　　② 리보솜
③ 리소좀　　　　　　④ 골지체

021

세포 소기관과 기능을 잘못 연결한 것은?

① 엽록체 – 광합성 장소
② 핵 – 유전정보 함유
③ 중심 액포 – 단백질 합성
④ 골지체 – 물질의 분비, 저장

022

이화작용에 관련된 기관들끼리 묶은 것은?

① 중심체와 골지체
② 미토콘드리아와 엽록체
③ 리보솜과 엽록체
④ 리소좀과 미토콘드리아

→ 젖샘이나 소화샘과 같은 샘 조직에 분비작용을 하는 골지체가 많이 발달되어 있다.

→ 단백질 합성장소는 리보솜이다.

→ 리소좀에서 일어나는 소화와 미토콘드리아에서 일어나는 호흡은 이화작용이다.

023

핵, 엽록체, 미토콘드리아의 공통점이 아닌 것은?

① 크리스타 구조를 갖는다.
② DNA를 가지고 있다.
③ 이중층의 인지질 막에 둘러 싸여 있다.
④ 스스로 복제한다.

→ 핵과 엽록체는 크리스타 구조를 갖지 않는다.

024

다음 중 식물의 세포벽을 구성하는 물질을 모두 고른 것은?

ㄱ. 단백질	ㄴ. 인지질	ㄷ. 핵산
ㄹ. 펙틴	ㅁ. 셀룰로스	

① ㄱ, ㄴ ② ㄱ, ㄹ
③ ㄷ, ㅁ ④ ㄹ, ㅁ

→ 세포벽의 중층은 펙틴, 1차벽은 셀룰로스로 구성된다.

025

다음 세포 소기관 중 이중층의 막 구조가 아닌 것은?

① 골지체 ② 소포체
③ 리소좀 ④ 리보솜

→ 리보솜은 막 구조가 아니다.

026

다음 중 주로 식물세포에서 관찰되는 것끼리 묶은 것은?

ㄱ. 리소좀	ㄴ. 중심체	ㄷ. 중심 액포
ㄹ. 세포벽	ㅁ. 엽록체	ㅂ. 골지체

① ㄱ, ㄹ, ㅁ ② ㄴ, ㅁ, ㅂ
③ ㄷ, ㅁ, ㅂ ④ ㄷ, ㄹ, ㅁ

정답
023 ① 024 ④ 025 ④ 026 ④

027

미토콘드리아의 입체상태를 관찰하는 데 가장 적합한 현미경은?

① 위상차현미경
② 형광현미경
③ 투과전자현미경(TEM)
④ 주사전자현미경(SEM)

→ 입체구조를 관찰하는 데 사용하는 현미경은 주사전자현미경이다.

028

현미경에 대물 마이크로미터와 접안 마이크로미터를 장착한 후 배율을 100배로 관찰한 결과, 대물 마이크로미터 3눈금과 접안 마이크로미터 5눈금이 일치했다. 재물대에 세포를 올려놓고 관찰한 결과 접안 마이크로미터 4눈금에 해당되었다면 이 세포의 크기는 몇 μm인가?

① 6μm
② 12μm
③ 24μm
④ 48μm

→ 접안마이크로미터 1눈금은 30/5 =6μm이므로 세포의 길이는 6μm×4눈금=24μm이다.

029

원핵세포와 진핵세포가 공통으로 갖는 세포 소기관은?

① 리보솜
② 리소좀
③ 세포벽
④ 미토콘드리아

→ 원핵세포는 세포벽, 세포막, 리보솜, 핵산을 가지고 있다. 진핵세포인 동물세포에는 세포벽이 없다.

030

동물세포의 원심분리를 통한 분획과정에서 가장 먼저 침전되는 세포 소기관은?

① 소포체
② 리보솜
③ 미토콘드리아
④ 핵

031

27℃에서 0.5M 포도당용액의 삼투압은 얼마인가? (단, 기체상수 R은 0.080이다.)

① 6기압
② 10기압
③ 12기압
④ 18기압

→ P=C×R×T=
0.5M×0.08×(273+27)＝12기압

032

짚신벌레를 저장액에 넣었을 때 나타나는 현상으로 옳은 것은?

① 짚신벌레가 파열된다.
② 수축포의 수축횟수가 증가한다.
③ 수축포의 수축횟수가 감소한다.
④ 수축포의 수축주기가 길어진다.

→ 삼투현상으로 물이 들어가므로 수축포(배설기)의 수축횟수가 증가한다.

033

삼투현상에 대한 설명으로 옳지 않은 것은?

① 원형질 분리가 일어난 식물세포를 저장액에 넣으면 팽윤현상이 일어난다.
② 식물세포를 저장액에 넣으면 세포의 부피가 증가하다가 결국 파열된다.
③ 동물세포를 고장액에 넣으면 물이 빠져나와 세포가 수축된다.
④ 동물세포를 저장액에 넣으면 용혈현상이 일어난다.

→ 식물세포는 세포벽이 있으므로 저장액에 넣어도 파열되지 않고 팽윤현상이 일어난다.

034

ATP 에너지를 이용하는 생명활동이 아닌 것은?

① 폐포에서 산소와 이산화탄소의 이동
② 소장의 융털돌기에서 양분의 흡수
③ 세뇨관에서의 재흡수
④ 식물의 뿌리에서 무기양분의 흡수

→ 폐포에서 일어나는 산소와 이산화탄소의 이동은 단순 확산이다.

정답
031 ③ 032 ② 033 ② 034 ①

035

포유류 세포에서 콜레스테롤을 흡수하는 기작은?

① 촉진확산
② 능동수송
③ 식세포 작용
④ 수용체 매개 세포 내 섭취작용

→ 포유류 세포는 수용체 매개 세포 내 섭취작용을 이용해 스테로이드 합성을 위한 콜레스테롤을 흡수한다.

036

다음 중 식세포 작용(phagocytosis)에 해당하는 것은?

① 수동수송
② 능동수송
③ 세포 내 섭취작용
④ 세포 외 배출작용

→ 식세포 작용과 음세포 작용은 세포 내 섭취작용이다.

037

식물세포의 삼투에 대한 설명으로 옳지 않은 것은?

① 팽압이 삼투압보다 커지면 팽윤상태가 된다.
② 팽윤상태에서 액포의 크기가 가장 크다.
③ 팽윤상태일 때 기공이 가장 크게 열린다.
④ 한계원형질 분리에서는 흡수력과 삼투압이 같으므로 팽압은 0이 된다.

→ 팽압이 가장 클 때가 삼투압과 같아질 때이고 이때 팽윤상태가 된다.

038

다음 중 삼투현상과 관계있는 것을 모두 고르면?

ㄱ. 김장할 때 배추를 소금에 절인다.
ㄴ. 적혈구를 증류수에 넣으면 용혈현상이 일어난다.
ㄷ. 뿌리털에서 물을 흡수한다.
ㄹ. 뿌리털에서 무기양분을 흡수한다.

① ㄱ, ㄴ
② ㄴ, ㄷ
③ ㄱ, ㄴ, ㄷ
④ ㄱ, ㄴ, ㄹ

→ 뿌리털에서의 무기양분 흡수는 능동수송에 해당된다.

정답

035 ④ 036 ③ 037 ① 038 ③

039

막을 통한 물질수송에 대한 설명으로 옳지 않은 것은?

① 수동수송과 능동수송 시 단백질로 된 이동통로를 통해 물질이 통과한다.
② 단순확산과 촉진확산은 모두 에너지를 소모하지 않는다.
③ 능동수송에 비해서 세포 내 섭취작용과 세포 외 배출작용은 많은 양의 물질을 이동시킬 수 있다.
④ 공동수송은 간접적으로 에너지를 이용한다.

040

효소의 특성으로 옳지 않은 것은?

① 특정 효소는 단 한 종류의 기질과만 반응하는 기질 특이성이 있다.
② 온도가 높아지면 변성된다.
③ 온도가 낮아지면 변성된다.
④ pH가 달라지면 변성된다.

041

효소에 대한 설명으로 옳지 않은 것은?

① 생체촉매로 작용하며 주성분은 단백질로 구성되어 있다.
② 모든 효소는 보조인자를 필요로 한다.
③ 활성화 에너지를 낮추어 반응이 빨리 일어나도록 한다.
④ 효소는 반응이 끝나면 그대로 분리되므로 재사용할 수 있다.

042

발열반응에 대한 설명으로 옳은 것은?

① 비자발적으로 진행된다.
② 양의 ΔG값을 갖는다.
③ 에너지가 발생되어 ATP를 생성한다.
④ 생성물의 자유에너지가 반응물의 자유에너지보다 많다.

→ 수동수송 중 단순확산은 단백질로 된 이동통로를 통하지 않고 인지질 이중층을 직접 통과한다.
에너지를 이용하지 않는 확산과 삼투를 수동수송이라 한다.

→ 효소는 온도가 낮아져도 변성되지 않는다.

→ 보조인자를 필요로 하지 않고 단백질로만 구성된 효소(대부분의 소화효소)도 있다.

→ 발열반응에 의해서 발생된 에너지를 ATP에 저장한다.

정답

039 ①   040 ③   041 ②   042 ③

043

열역학 제1법칙에 대한 설명으로 옳은 것은?

① 우주의 에너지 총량은 보존되거나 일정하다.
② 모든 에너지의 전이는 무질서 또는 엔트로피의 증가를 일으킨다.
③ 에너지가 이전하거나 변환되는 동안 무질서도는 더 증가한다.
④ 모든 반응은 가역적으로 일어난다.

➡ 열역학 제1법칙에 따르면 우주의 에너지는 불변한다. 즉 에너지는 이전되고 변형될 수는 있으나 창조되거나 사라질 수는 없다.

044

효소에 대한 설명으로 옳지 않은 것은?

① 효소는 기질과 결합한 후 반응이 끝나면 변성되지 않고 그대로 분리된다.
② 기질과 결합한 효소는 화학적으로 변형될 수 있다.
③ 경쟁적 저해제는 효소의 활성부위에 결합하여 활성 부위의 구조를 변화시킨다.
④ 비경쟁적 저해제는 효소의 활성부위가 아닌 다른 부위에 결합하여 활성부위의 구조를 변화시킨다.

➡ 경쟁적 저해제는 효소 활성부위의 구조를 변화시키지 않는다.

045

효소반응에서 경쟁적 저해제가 작용했을 때 나타나는 결과는?

① Km 증가, Vmax 변함없음
② Km 감소, Vmax 변함없음
③ Km 변함없음, Vmax 증가
④ Km 변함없음, Vmax 감소

➡ 경쟁적 저해제가 작용하면 미카엘리스 상수(Km)는 증가하지만 최대반응속도(Vmax)는 변하지 않는다.

정답

043 ① 044 ③ 045 ①

생물의
神

PART

II

유전학

하이클래스 생물

07 세포분열과 염색체

기 본 편 Ⅱ

1 염색체

(1) 염색사(chromonema)

DNA와 단백질로 구성되어 있는 코일 모양으로, 염색사의 구성단위는 뉴클레오솜(DNA가 히스톤 단백질을 감고 있는 구조)이다.

(2) 염색체(chromosome)

세포분열 시 염색사가 꼬이고 응축되어 덩어리 모양의 형태를 갖춘 것으로 광학현미경으로도 관찰이 가능해진다.

(3) 염색분체(chromatid)

DNA가 2배로 복제되어 염색체는 동일한 염색체 가닥 2개로 되는데 이 가닥을 각각 염색분체 또는 자매 염색분체라고 한다.

(4) 동원체(centromere)

염색체의 잘록하게 보이는 부분을 동원체라 하며, 세포분열 시 방추사가 부착되는 곳이다.

(5) 상동 염색체(homologous chromosome)

모양과 크기가 같은 한 쌍의 염색체를 말하며, 하나는 부계에서 다른 하나는 모계로부터 물려받은 것이다.

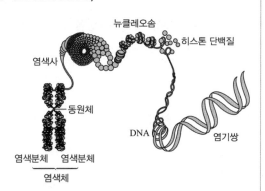

(6) 상염색체(autosome)

성 결정과 관련이 없는 암수가 공통적으로 가지는 염색체이다.

(7) 성염색체(sex chromosome)

성을 결정하는 한 쌍의 염색체로서 암수에 따라 각각 다르다.

예 사람의 경우 44개는 상염색체이고 남자의 경우 XY, 여자의 경우 XX를 성염색체라고 한다.

❖ 남자: 44＋XY＝46개
❖ 여자: 44＋XX＝46개

(8) 핵상과 핵형

① **핵상**(nuclear phases): 상동 염색체의 조합 상태를 나타낸 것이다.

복상(2n)	상동 염색체가 모두 쌍으로 존재하므로 체세포의 핵상은 2n 이다.
단상(n)	한 쌍의 상동 염색체가 한 개씩만 있는 것으로 생식세포(＝배우자)의 핵상은 n이다.

② **핵형**(karyotype): 세포 내에 들어 있는 염색체의 수, 모양, 크기는 생물의 종에 따라 다른데 이를 핵형이라고 한다. 모든 생물은 종마다 고유의 핵형을 갖기 때문에 핵형을 분석하면 염색체의 수나 구조의 이상에 의한 질환이나 생물들 사이의 유연관계를 알 수 있다.

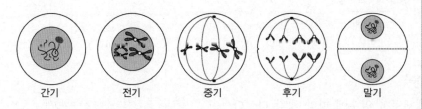

▲ 여자의 핵형 　　　　　▲ 남자의 핵형

❖ Y염색체는 X염색체보다 훨씬 작다.

2 체세포분열(유사분열, somatic cell division, mitosis)

체세포가 분열하여 세포의 수가 증가하는 과정으로, 체세포분열을 통해 생장을 하며 노화되었거나 손상된 세포의 재생이 일어난다.

❖ 유사분열은 진핵세포에서 일어나는 체세포분열을 말한다.

Tip

체세포분열이 일어나야 하는 이유 세포의 크기가 커지면 부피당 표면적의 비가 작아져 세포에 필요한 물질의 출입이 어려워진다. 따라서 세포분열하여 작은 크기의 세포를 여러 개 만든다.

(1) 체세포분열 과정

우선 핵이 둘로 나누어지는 핵분열이 먼저 일어난 후 세포질 분열이 일어난다.

간기　　전기　　중기　　후기　　말기

① **간기**(휴지기, interphase): 분열기와 분열기 사이의 기간으로, DNA 복제나 단백질 합성, 세포의 생장 등이 일어나는 시기이다.

② 전기(prophase)

　㉠ 인이 소실된다.

　㉡ 염색사가 염색체로 된다(2개의 자매염색분체가 연결된 모양의 염색체가 나타난다).

　㉢ 중심체가 양극으로 이동(성상체)하면서 방추사가 뻗어 나오기 시작한다.

③ 전중기(prometaphase): 핵막이 붕괴되고 방추사가 염색체의 한쪽 면에 있는 동원체에 부착된다.

④ 중기(metaphase): 염색체가 세포의 중앙 적도면에 배열되어 적도판을 형성하며 반대극에서 오는 방추사가 동원체에 결합한다. 중기는 염색체의 수나 모양이 가장 잘 관찰되는 시기이다.

⑤ 후기(anaphase): 세포분열 과정 중 가장 짧은 단계로 염색체가 이분되어(염색분체가 분리) 방추사에 끌려 양극으로 이동한다. 자매염색체가 분리되기 시작하면 이들은 각각 개별적인 염색체로 간주된다.

⑥ 말기(telophase)

　㉠ 핵막과 인이 출현하여 2개의 딸핵이 형성된다(핵분열).

　㉡ 염색체가 풀리면서 염색사로 된다.

　㉢ 방추사 소실

　㉣ 세포질 분열(2개의 딸세포 형성)

동물 세포	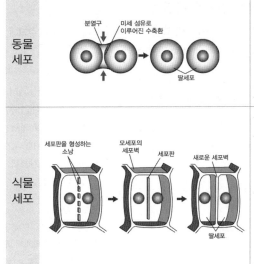	말기가 끝나갈 무렵 2개의 딸핵 사이에 수축환이라는 미세 섬유 다발이 세포막을 안쪽으로 함입시켜서 세포질이 나누어진다(세포질 만입).
식물 세포		골지체로부터 유래된 많은 수의 작은 주머니(소낭)들이 미세소관을 따라 세포의 중앙(적도면)으로 이동하여 합쳐지면서 세포판이 형성되고 이것이 세포벽과 연결되면서 세포질이 나누어진다(세포판 형성).

❖ 자매염색분체
DNA복제가 완료된 G_2기에 나타나고 전기에 완전한 염색체로 된다.

❖ 코헤신(cohesin)
자매염색분체를 결합시키는 단백질로 체세포분열 후기에서 세파레이스라는 효소에 의해서 분해되어 자매염색분체가 분리되도록 한다.

❖ 콘덴신(condensin)
각각의 자매염색분체에 있는 DNA 이중나선이 더 작고 촘촘한 구조로 응축하도록 도와준다.

기본편 II

(2) **세포분열 관찰 시 염색체 염색약**: 아세트산카민, 메틸렌블루

동물세포의 경우 붉은색의 세포가 많기 때문에 아세트산카민 용액보다는 푸른색으로 염색이 되는 메틸렌블루 용액을 주로 사용하며, 붉은색으로 염색이 되는 아세트산카민 용액은 녹색을 띠는 세포가 많은 식물세포에 주로 사용된다.

(3) **체세포분열과 DNA양의 변화**

간기의 S기에 DNA를 1회 복제한 후 딸세포에 똑같이 나누어져서 들어가기 때문에 딸세포와 모세포의 염색체 수와 DNA양은 변함없다.

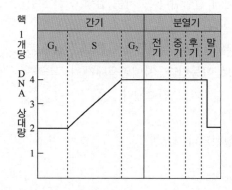

(4) **세포분열 주기**(cell cycle)

① G_1기(G_1 phase): 간기 중에 DNA 복제가 시작되기 전으로 분열을 막 끝낸 세포가 가장 많이 생장하는 시기이며 미토콘드리아, 리보솜 등 세포 구조물이 많아진다(DNA복제에 관련된 효소, 세포의 생장에 필요한 효소와 세포를 구성하는 단백질 합성이 일어난다).

② S기(synthesis): DNA가 합성되어 복제되는 시기이며 중심체도 복제가 시작되는데, 중심체복제는 S기에 시작되어 G_2기에 완료된다.

③ G_2기(G_2 phase): DNA 복제 후 세포분열이 시작되기 전으로 세포분열에 필요한 단백질 합성이 일어난다.

④ M기(mitosis): 세포분열기(전기, 중기, 후기, 말기)로 소요시간이 세포주기 중 가장 짧은 시기이다.

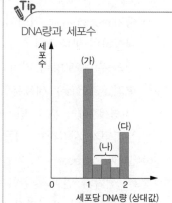
예제 | 1

체세포의 세포주기에 대한 설명으로 옳은 것은? (국가직 7급)

① G_1기에 DNA가 복제된다.

② G_2기에 세포에서 각 염색체는 두 개의 자매염색분체를 가진다.

③ M기의 전기에서 염색체가 중기판에 배열한다.

④ M기의 후기에서 분해된 핵막이 다시 형성된다.

|정답| ②

① S기에 DNA가 복제된다.

③ M기의 중기에서 염색체가 중기판에 배열한다.

④ M기의 말기에서 분해된 핵막이 다시 형성된다.

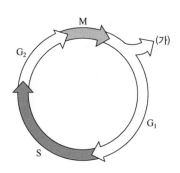

❖ 수정란의 초기 발생과정인 난할은
일종의 체세포분열로서 G_1기와 G_2
기가 거의 없어 세포의 생장이 일어
나지 않는 특징이 있다.

≫ 신경세포나 근육세포와 같이 완전히 분화된 세포는 그림의 (가)와 같이 G_1기에 머무르
며 더 이상 분열하지 않기 때문에 이 시기를 G_0기라고도 한다.

(5) 세포분열 소요시간

세포분열 각 시기에 해당하는 세포 수의 비는 각 시기에 소요되는 시간
의 비와 같다.

❖ G_1기
세포의 종류에 따라 소요시간의 변
화가 가장 많은 시기이다.

예제 | 2

세포주기가 12시간이고 세포분열 각 시기에 해당하는 소요시간이 다음과 같을 때 후기에
소요되는 시간은?

시기	간기	전기	중기	후기	말기
세포 수	320	25	6	4	5

|정답|
12시간＝720분이므로 후기의 소요
시간＝720분×4/360＝8분

3 감수분열(생식세포분열, meiosis)

생식세포를 형성하는 과정이며, 연속 2회 분열하여 4개의 생식세포(딸세포)가
생성된다.

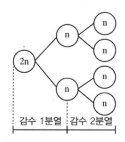

(1) 감수분열 과정

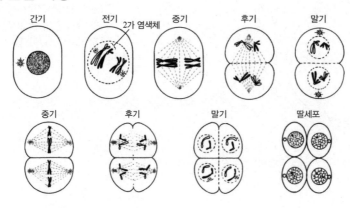

① 감수 1분열(이형분열, 2n → n)

분열 후 염색체의 수가 반으로 줄어든다.

㉠ 간기: 세포분열 준비기

㉡ 전기: 핵막과 인 소실, 염색사 → 염색체(2개의 염색분체를 가진 상동 염색체가 접착하여 2가 염색체로 됨)

㉢ 중기: 2가 염색체가 적도면에 배열

㉣ 후기: 2가 염색체의 접착면이 분리(상동 염색체가 분리)되어 양극으로 이동

㉤ 말기: 핵막과 인이 나타나고(핵분열) 염색체의 수가 반감(n)된 2개의 딸세포 형성(세포질분열)

② 감수 2분열(동형분열, n → n)

간기가 없어서 감수 1분열 후 DNA가 복제되지 않으므로 DNA양은 반감되고, 염색분체가 분리되므로 염색체 수는 변함이 없다.

㉠ 전기: 핵막과 인이 사라지고 방추사 형성

㉡ 중기: 염색체가 적도면에 배열

㉢ 후기: 염색분체는 분리되어 양극으로 이동한다. 이때 체세포분열과 같이 염색분체가 분리되므로 염색체 수는 변화 없다.

㉣ 말기: 염색체는 염색사로 되고 핵막과 인이 다시 나타나며(핵분열), 세포질 분열이 일어나 핵상이 n인 4개의 딸세포 생성(세포질분열)

(2) 감수분열과 DNA양의 변화

체세포분열과 같이 간기의 S기에 DNA를 1회 복제한다. 감수 1분열과 감수 2분열 사이에는 간기가 없어서 DNA 복제가 일어나지 않는다.

❖ 염색체의 응축이 일어날 때 지퍼와 같은 단백질 복합체인 접합복합체가 형성되어 상동염색체와 다른 상동염색체에 부착되고 완전히 응축되면 접합복합체는 해체된다.

❖ 감수1분열은 두 딸세포에 각 쌍 중 모계와 부계의 상동염색체를 하나씩 분리하며 이는 다른 모든 상동염색체 쌍의 분리와는 독립적으로 일어나는데 이를 독립적 분리라 한다.

❖ 코헤신(cohesin)은 감수분열과정에서도 자매염색분체를 결합시키고 두 상동염색체의 끝부분을 붙들어 이가염색체로 만든다. 감수 1분열 후기 상동염색체의 끝부분에 걸쳐 있던 코헤신이 분해되면서 두 상동염색체가 분리되지만, 동원체에 있는 코헤신은 슈고신(shugoshin)이라는 단백질로 보호되다 감수 2분열 후기에 분해되면서 자매염색분체가 분리된다.

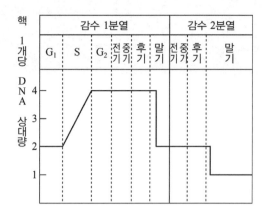

(3) 감수분열 장소와 시기

① 동물
- ♂: 정소(2n)에서 정자(n)가 만들어질 때
- ♀: 난소(2n)에서 난자(n)가 만들어질 때

② 종자식물
- 수술: 꽃밥(2n)에서 화분(n)이 만들어질 때
- 암술: 밑씨(2n)에서 배낭(n)이 만들어질 때

③ 비종자식물

포자낭(2n)에서 포자(n)가 만들어질 때

(4) 체세포분열과 감수분열의 비교

구분	체세포분열	감수분열
분열횟수	1회	2회
딸세포의 수	2개	4개
염색체 수 변화	2n → 2n	2n → n
DNA복제	체세포분열 전 간기의 S기에 1회	감수 1분열 전 간기의 S기에 1회
상동 염색체의 접합	일어나지 않음	일어나서 2가 염색체 형성
기능	• 다세포 생물: 발생, 생장, 재생 • 단세포 진핵생물: 생식 (원핵생물은 체세포분열이라 고 하지 않는다)	생식세포(배우자) 형성
분열장소	• 동물: 몸의 각 부분 • 식물: 생장점, 형성층	• 동물: 정소, 난소 • 식물: 꽃밥, 밑씨, 포자낭

❖ 딸세포의 유전자형
- 체세포분열결과 생긴 딸세포의 유전자형은 모두 같다. (O)
- 감수분열결과 생긴 딸세포의 유전자형은 모두 같다. (×)

❖ 1개의 이가염색체(4분염색체)
= 2개의 염색체(2n)
= 4개의 염색분체

 Tip

감수분열의 의의
생식세포의 염색체 수와 DNA양은 체세포의 절반이므로 생식세포의 결합으로 형성된 수정란의 염색체 수와 DNA양은 체세포와 같아지게 되기 때문에 대를 거듭해도 개체가 갖는 염색체 수와 DNA양은 일정하게 유지되며, 유전적으로 다양한 생식세포가 형성되어 유전적 다양성이 증가한다.

❖ 양파의 뿌리 끝 세포분열 관찰
- 고정
- 해리(묽은 염산에 담가 세포벽을 제거하고 조직을 연하게 한다)
- 염색
- 관찰(커버글라스를 가볍게 두드려서 한 층으로 얇게 펴서 세포가 겹쳐 보이는 것을 방지)
- 저배율로 관찰한 후 고배율로 관찰한다.

❖ 꽃밥의 감수분열 관찰
활짝 핀 꽃은 감수분열이 끝나서 꽃가루가 이미 형성된 상태이므로 어린 꽃봉오리의 꽃밥을 사용한다.

08 멘델의 유전자 개념

1 유전에 관련된 용어

(1) 형질과 대립형질

① 형질(trait, character): 눈꺼풀, 미맹, 혀말기, 완두의 크기, 모양 등과 같이 생물에 나타나는 특징

② 대립형질(allelomorphic character): 서로 대립관계에 있는 형질

예 큰 완두와 작은 완두

(2) 대립 유전자(allele): 하나의 형질을 나타내는 2개의 유전자

예 T와 t

(3) 우성과 열성: 대립 형질을 가진 순종의 개체끼리 교배했을 때, 잡종1대에서 표현형으로 나타나는 형질을 우성(dominant), 잡종1대에서 표현형으로 나타나지 않는 형질을 열성(recessive)이라고 한다.

(4) 표현형과 유전자형: 겉으로 나타나는 형질을 표시한 것을 표현형, 형질을 나타내는 유전자를 기호로 표시한 것을 유전자형이라고 한다.

① 표현형(phenotype): 완두의 크기가 크다, 작다.

② 유전자형(genotype): TT, Tt, tt

(5) 동형접합과 이형접합

① 동형접합(Homo, 순종): 대립 유전자가 같은 유전자형(TT, tt)

② 이형접합(Hetero, 잡종): 대립 유전자가 다른 유전자형(Tt)

(6) 자가교배(self – fertilization)

같은 유전자형을 가진 개체 간의 교배(TT×TT)

(7) 검정교배(test cross)

열성 유전자를 가진 개체와 교배(TT×tt 또는 Tt×tt)

(8) 잡종(hybrid)

단성 잡종(monohybrid): Aa → 생식세포: A, a

양성 잡종(dihybrid): AaBb → 생식세포: AB, Ab, aB, ab

삼성 잡종(trihybrid): AaBbCc → 생식세포: ABC, AbC, aBC, abC

ABc, Abc, aBc, abc

❖ 단성 잡종: 한 쌍의 대립 유전자에 대해서 잡종인 경우

양성 잡종: 두 쌍의 대립 유전자에 대해서 잡종인 경우

삼성 잡종: 세 쌍의 대립 유전자에 대해서 잡종인 경우

2 염색체설과 유전자설

(1) 멘델의 가설

① 한 개체 내에는 하나의 형질을 결정하는 유전인자가 쌍으로 존재하는데, 두 유전인자는 양친으로부터 하나씩 물려받은 것이다.

② 두 유전인자는 생식세포가 만들어질 때 분리되어 각각의 생식세포로 들어가며, 수정을 통해 다시 쌍을 이룬다.

(2) 서턴의 염색체설

① 한 개체 내에는 상동 염색체가 쌍을 이루며, 상동 염색체는 감수분열할 때 분리되어 각각 생식세포로 들어가고, 분리된 상동 염색체는 수정을 통하여 다시 쌍을 이룬다.

② 서턴은 염색체 행동과 멘델이 주장한 유전자의 행동이 일치한다는 것을 발견한 후 "유전자는 염색체 위에 존재하는 작은 입자이며, 유전자는 염색체를 통해 자손에게 전달된다."라는 염색체설을 주장하였다.

한 개체에는 한 형질에 대한 유전인자가 쌍으로 존재한다.	하나의 체세포에는 상동 염색체가 쌍으로 들어 있다.
한 쌍의 대립 유전인자는 생식세포 형성 시 분리되어 각각 다른 생식세포로 들어간다.	한 쌍의 상동 염색체는 감수분열이 일어날 때 분리되어 각각 다른 생식세포로 들어간다.
분리되었던 대립 유전인자는 수정을 통해 다시 쌍을 이룬다.	분리되었던 상동 염색체는 수정을 통해 다시 하나의 세포(수정란)에서 쌍을 이룬다.

기
본
편
Ⅱ

예제 | 1

유성생식은 생식의 여러 과정을 통해 유전적 다양성을 높인다. 상동 염색체의 조합에 의한 유전적 다양성은 염색체의 수가 많을수록 더 커지는데, $2n = 12$인 세포가 감수분열을 통해 만들 수 있는 가능한 염색체의 조합은? *(국가직 7급)*

① 6

② 12

③ 32

④ 64

| 정답 | ④

$2n = 2(Aa)$에서 나올 수 있는 생식세포는 2가지(2^1) A, a이고, $2n = 4(AaBb)$에서 나올 수 있는 생식세포는 4가지(2^2) AB, Ab, aB, ab이고, $2n = 6$ (AaBbCc)에서 나올 수 있는 생식세포는 8가지(2^3) ABC, ABc, AbC, Abc, aBC, aBc, abC, abc가 되므로 생식세포의 종류는 2^n가지로 계산한다. 따라서 $2n = 12$인 세포는 $n = 6$이므로 가능한 염색체의 조합은 $2^6 = 64$가지이다.

(3) 모건의 유전자설

"유전자는 염색체의 일정한 위치에 존재하며, 대립 유전자는 상동 염색체의 같은 위치(상보적 위치)에 존재한다."라는 유전자설을 주장하였다.

3 멘델의 유전법칙

(1) 우열의 원리(principle of dominance)

우성 순종과 열성 순종을 교배하면 우성의 형질이 나타난다.

$$P \quad \cdots\cdots \quad TT \times tt$$
$$\downarrow$$
$$F_1 \quad \cdots\cdots \quad Tt$$

❖ 순종의 큰 완두와 작은 완두를 교배시키면, 잡종 제1대에서는 모두 큰 완두만 나타난다. 이때 큰 완두는 우성 형질이고, 작은 완두는 열성 형질이다.

(2) 분리의 법칙(멘델의 제1법칙, principle of segregation)

유전자는 생식세포를 형성할 때 분리되어 각각 다른 생식세포로 나뉘어 들어가며 수정을 통해 다시 쌍을 이룬다.

$$F_1 \quad \cdots\cdots \quad Tt \times Tt$$

$$F_2 \quad \cdots\cdots \quad TT \quad Tt \quad Tt \quad tt$$
$$\text{큰 완두 \quad 큰 완두 \quad 큰 완두 \quad 작은 완두}$$

❖ 잡종 제1대의 큰 완두를 자가 교배시키면 대립 유전자 T와 t가 분리되어 생식세포로 들어가고 수정에 의해 다시 만나기 때문에 큰 완두 : 작은 완두가 3 : 1로 나온다.

❖ 무성생식을 하는 생명체에는 분리의 법칙이 적용되지 않는다.

> • 표현형(phenotype)의 비=큰 완두 : 작은 완두=3 : 1
> • 유전자형(genotype)의 비=TT : Tt : tt=1 : 2 : 1

(3) 독립의 법칙(멘델의 제2법칙, principle of independent assortment)

서로 다른 두 가지 형질이상의 유전에서 각 형질에 대한 대립 유전자는 서로 독립적으로 우열 및 분리의 법칙에 따른다.

$$P \quad \cdots\cdots \quad TTRR \times ttrr$$
$$\downarrow$$
$$F_1 \quad \cdots\cdots \quad TtRr \times TtRr$$

$$F_2 \quad \cdots\cdots \quad T\_R\_ \qquad T\_rr \qquad ttR\_ \qquad ttrr$$
$$\text{크고 둥근 \quad : \quad 크고 주름 \quad . \quad 작고 둥근 \quad : \quad 작고 주름}$$
$$9 \qquad\qquad 3 \qquad\qquad 3 \qquad\qquad 1$$

서로 다른 유전자가 각각 다른 염색체에 위치하여 독립되어 있을 경우에는 한 쌍의 대립 유전자는 다른 대립 유전자와 관계없이 독립적으로 분리된다. T와 R이 독립되어 있을 경우는 다음과 같다.

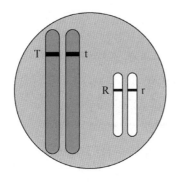

① TtRr에서 만들어지는 생식세포의 종류 → TR, Tr, tR, tr

② TtRr의 자가교배 결과 생긴 자손의 비 → TR : Tr : tR : tr = 9 : 3 : 3 : 1

③ TtRr의 검정교배 결과 생긴 자손의 비 → TR : Tr : tR : tr = 1 : 1 : 1 : 1

4 멘델의 법칙으로 설명되지 않는 유전 현상

(1) 공동 우성(codominance)

2개의 대립 유전자가 표현형에 각각 영향을 미치는 경우이다. 예를 들어 사람의 ABO식 혈액형은 적혈구의 두 특정한 분자인 A 분자와 B 분자는 공동우성이므로 A 분자와 B 분자를 모두 갖게 되면 AB형이 된다. 또한 사람의 MN식 혈액형은 적혈구 표면의 두 특정한 분자인 M분자와 N 분자도 공동우성이므로 M 분자와 N 분자를 모두 갖게 되면 MN형이 된다.

(2) 불완전 우성(중간유전, incomplete dominance)

어떤 특징에 대한 대립 유전자들은 우성 범위 중 중간에 해당한다. 이 경우 F₁ 잡종들의 표현형은 부모 표현형의 중간 정도를 갖는다. 예를 들어 붉은색 분꽃과 흰색 분꽃을 교배했을 때 F₁ 잡종들은 모두 분홍색 꽃을 갖는다.

(3) 치사유전(genetic death): 어떤 개체가 발생 도중에 죽는 현상

① 열성 치사유전자(recessive lethal gene): 동형접합체가 되었을 때 치사 효과를 나타내는 유전자

> **예** 황색 생쥐(Yy)끼리 교배하면 황색과 회색의 비가 3 : 1이 아닌 2 : 1로 나타난다. 그 이유는 생쥐의 경우 황색 유전자에 대해서 동형접합인 개체만 죽기 때문에 황색 생쥐가 YY가 되면 발생 도중에 치사하게 된다.

❖ TtRr의 자가교배

	TR	Tr	tR	tr
TR	TTRR	TTRr	TtRR	TtRr
Tr	TTRr	TTrr	TtRr	Ttrr
tR	TtRR	TtRr	ttRR	ttRr
tr	TtRr	Ttrr	ttRr	ttrr

- T_R_ : T_rr : ttR_ : ttrr = 9 : 3 : 3 : 1이라고 해야 하지만 이 책에서는 간단하게 줄여서 TR : Tr : tR : tr = 9 : 3 : 3 : 1로 쓰기로 한다.

- 순종의 크고 둥근 완두(TTRR)와 작고 주름진 완두(ttrr)를 교배할 경우 이들의 수정에 의해 얻은 잡종 제1대는 모두 크고 둥근 완두(TtRr)가 된다. 이것은 큰 완두가 작은 완두에 대해 우성이고, 둥근 모양이 주름진 모양에 대해 우성이기 때문이다. 즉 서로 독립적으로 우열의 원리를 따르기 때문이다. 잡종 제1대를 자가 교배시키면 잡종 제2대에서는 크고 둥근 완두 : 크고 주름진 완두 : 작고 둥근 완두 : 작고 주름진 완두가 약 9 : 3 : 3 : 1로 나타난다. 이 결과를 완두의 크기와 모양에 따라 구분해 보면 큰 완두와 작은 완두가 3 : 1, 둥근 모양과 주름진 모양이 3 : 1의 비율로 나타난다. 이것은 한 가지 대립형질이 유전될 때와 마찬가지로 서로 독립적으로 분리의 법칙이 적용되기 때문이다.

❖ TtRr의 검정교배

	tr
TR	TtRr
Tr	Ttrr
tR	ttRr
tr	ttrr

- 검정교배는 열성을 교배하는 것이므로 검정교배 결과 생긴 자손의 비는 어버이의 생식세포의 비와 같다.

- 검정교배를 통해서 어버이의 유전자형을 알 수 있다.

② **우성 치사유전자**(dominant lethal gene): 해당 유전자가 있는 개체는 전부 치사효과를 나타낸다. 따라서 그 유전자는 자손에게 전해지지 않고 곧 소멸하게 된다.

(4) 크세니아와 세포질 유전

① **크세니아**(부계 유전, xenia): 중복 수정하는 속씨식물에서 수컷의 형질이 암컷의 형질인 배젖에 나타나는 현상으로 배젖 형질이 눈에 잘 나타나는 벼·옥수수 등에서 볼 수 있다. 동물이나 대부분의 식물은 생식을 해도 그 서로의 유전자가 자손에만 영향이 있고 생식을 한 양친들에게는 영향이 없다. 그러나 중복 수정을 하는 식물체에서는 화분에 담겨 있는 부계의 유전자가 자손이 될 배에서뿐만 아니라 모계의 배젖을 만드는 극핵과도 수정을 하기 때문에 부계의 유전자가 우성이었을 경우 부계의 우성 형질이 보통의 형질보다 1대 빠르게 모계의 배젖에서도 나타나게 된다. 가장 흔한 예로 메벼와 찰벼의 경우가 있다. 메벼가 찰벼에 대해서 우성이므로 만약 논에 찰벼를 심었을 경우에 메벼의 화분이 수정된다면, 심었던 찰벼에서는 메벼가 나오게 된다.

> **예** 메벼(AA)의 꽃가루를 찰벼(aa)의 암술에 발라주면 배젖은 Aaa가 되어 찰벼그루에서 멥쌀이 열리게 된다(자손에게도 영향을 주지만 모계에도 영향을 주며 반대로 교배할 경우는 크세니아가 나타나지 않는다).

② **세포질 유전**(모계 유전, cytoplasmic inheritance): 유전자가 핵에 함유된 염색체와는 관계없이 세포질 중의 엽록체나 미토콘드리아에 있는 유전인자에 의하여 지배되는 형질의 유전이다.

　㉠ **엽록체의 유전자에 의한 형질**

　　제라늄의 잎(엽록체의 유전자에 의해서 잎의 색깔이 결정된다)

　㉡ **미토콘드리아의 유전자에 의한 유전병**

　　a. 사립체성 근육병증(mitochondrial myopathy): 미토콘드리아 DNA의 돌연변이에 의해 발생하며 쇠약, 근육 퇴화, 운동장애 같은 증상이 나타난다.

　　b. 레버씨 시신경병증(Leber's hereditary optic neuropathy): 미토콘드리아 DNA 돌연변이에 의해 발생하며 젊은 나이에 갑작스런 시력 상실이 나타난다)

❖ 수정 시 정자에 의해 제공된 극소수의 미토콘드리아는 자가소화작용에 의해 파괴되기 때문에 난자의 세포질에 있는 미토콘드리아가 자손에게 전달된다.

(5) **상위(epistasis):** 하나의 유전자가 다른 유전자의 표현형을 바꾸는 것

① **열성 상위:** 열성 대립 유전자가 다른 대립 유전자의 발현을 가리거나 억제하는 것을 말한다. 래브라도 리트리버의 털 색깔을 나타내는 유전자 B는 검은색, b는 갈색 색소를 암호화한다. 다른 좌위에 있는 대립 유전자 E는 색소 침착이 되게 하고, 열성 대립 유전자 e는 B와 b의 발현을 가리거나 억제해서 털색을 노란색으로 되게 하므로 e는 열성 상위 대립 유전자이다.

❖ BbEe×BbEe의 결과 생긴 자손 B_E_(검은색) : B_ee(노란색) : bbE_(갈색) : bbee(노란색)=9 : 3 : 3 : 1이므로 검은색 : 노란색 : 갈색의 비는 9 : 4 : 3이 된다.

❖ BbEe의 자가교배

	BE	Be	bE	be
BE	BBEE	BBEe	BbEE	BbEe
Be	BBEe	BBee	BbEe	Bbee
bE	BbEE	BbEe	bbEE	bbEe
be	BbEe	Bbee	bbEe	bbee

② **우성 상위:** 우성 대립 유전자가 다른 대립 유전자의 발현을 가리거나 억제하는 것을 말한다. 여름 호박의 열매 색깔을 나타내는 유전자 Y는 노란색, y는 녹색 색소를 암호화한다. 다른 좌위에 있는 우성 대립 유전자 H는 Y와 y의 발현을 가리거나 억제해서 열매의 색을 흰색으로 되게 하므로 H는 우성 상위 대립 유전자이다.

❖ YyHh × YyHh의 결과 생긴 자손 Y_H_(흰색) : Y_hh(노란색) : yyH_(흰색) : yyhh(녹색)=9 : 3 : 3 : 1이므로 흰색 : 노란색 : 녹색의 비는 12 : 3 : 1이 된다.

③ **중복열성 상위:** 두 개의 열성 대립 유전자가 각각 다른 대립 유전자의 발현을 가리거나 억제하는 것을 말한다. 스위트피의 꽃 색깔을 형성하는 A 또는 B는 보라색 색소 형성을 하지만 a는 B에 대해서 상위이고 b는 A에 대해서 상위이므로 aa 또는 bb가 있으면 색소형성을 하지 못해서 흰색을 나타나게 된다.

❖ AaBb × AaBb의 결과 생긴 자손 A_B_(보라색) : A_bb(흰색) : aaB_(흰색) : aabb(흰색)=9 : 3 : 3 : 1이므로 보라색 : 흰색의 비는 9 : 7이 된다.

④ **보족유전자:** 2개 이상의 유전자가 공존함으로써 단독인 경우와는 다른 유전형질이 나타나는 경우를 말한다. 닭의 볏 모양은 A와 B가 공존할 때는 호두 볏, A 단독으로는 장미 볏, B 단독으로는 완두 볏, 그리고 홑 볏으로 나타나게 된다.

❖ AaBb × AaBb의 결과 생긴 자손 A_B_(호두 볏) : A_bb(장미 볏) : aaB_(완두 볏) : aabb(홑 볏)=9 : 3 : 3 : 1이 된다.

❖ 중복 열성 상위도 단독일 때와는 다른 유전형질이 나타나므로 보족유전자에 해당된다.

09 연관과 교차

1 연관 유전(완전 연관)

동일한 염색체 위에 2개 이상의 유전자가 있어서 언제나 행동을 같이하는 현상이다.

(1) 상인 연관(coupling, cis)

서로 다른 형질을 나타내는 각각의 대립 유전자가 우성 유전자끼리 또는 열성 유전자끼리 연관되어 있는 경우로 T와 R이 연관되어 있을 경우는 다음과 같다.

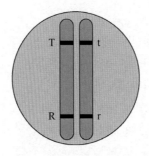

① TtRr에서 만들어지는 생식세포의 종류 → TR, tr

② TtRr의 자가교배 결과 생긴 자손의 비 → TR : Tr : tR : tr = 3 : 0 : 0 : 1

	TR	tr
TR	TTRR	TtRr
tr	TtRr	ttrr

③ TtRr의 검정교배 결과 생긴 자손의 비 → TR : Tr : tR : tr = 1 : 0 : 0 : 1

	tr
TR	TtRr
tr	ttrr

(2) 상반 연관(repulsion, trans)

서로 다른 형질을 나타내는 각각의 대립 유전자 중 우성 유전자와 열성 유전자가 연관되어 있는 경우로 T와 r이 연관되어 있을 경우는 다음과 같다.

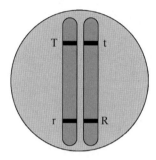

① TtRr에서 만들어지는 생식세포의 종류 → Tr, tR
② TtRr의 자가교배 결과 생긴 자손의 비 → TR : Tr : tR : tr = 2 : 1 : 1 : 0

	Tr	tR
Tr	TTrr	TtRr
tR	TtRr	ttRR

③ TtRr의 검정교배 결과 생긴 자손의 비 → TR : Tr : tR : tr = 0 : 1 : 1 : 0

	tr
Tr	Ttrr
tR	ttRr

구분	독립유전	상인 연관	상반 연관
생식세포의 종류	TR, Tr, tR, tr	TR, tr	Tr, tR
자가교배 결과 자손의 비	[TR]: [Tr]: [tR]: [tr] =9: 3: 3: 1	[TR]: [Tr]: [tR]: [tr] =3: 0: 0: 1	[TR]: [Tr]: [tR]: [tr] =2: 1: 1: 0
검정교배 결과 자손의 비	[TR]: [Tr]: [tR]: [tr] =1: 1: 1: 1	[TR]: [Tr]: [tR]: [tr] =1: 0: 0: 1	[TR]: [Tr]: [tR]: [tr] =0: 1: 1: 0

2 연관군(linkage group)

사람이 가지는 유전자는 약 3만~4만 개에 이르지만 사람의 염색체는 23쌍에 불과하다. 따라서 한 개의 염색체에는 여러 유전자가 함께 존재하는데 이를 연관이라 한다. 염색체 위에 연관된 유전자들을 하나의 연관군이라고 하며 **연관군의 수는 생식세포에 들어있는 염색체 수와 같으므로 n이 된다.**

3 교차(crossing over, 연관된 유전자의 일부가 서로 바뀌는 현상)

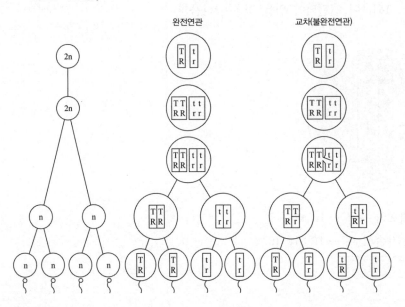

완전연관　　　교차(불완전연관)

❖ T와 R, t와 r이 연관
　• 교차가 일어나지 않았을 때 생식세포의 종류: TR, tr
　• 교차가 일어났을 때 생식세포의 종류: TR, Tr, tR, tr

❖ T와 r, t와 R이 연관
　• 교차가 일어나지 않았을 때 생식세포의 종류: Tr, tR
　• 교차가 일어났을 때 생식세포의 종류: TR, Tr, tR, tr

(1) 교차의 원인
감수분열 때 상동 염색체가 X자 모양으로 꼬였다가 그대로 분리되기 때문이다.

(2) 교차의 시기
감수 1분열 전기에 접합한 상동 염색체의 비자매 염색분체 일부가 교환되어 새로운 유전자 조합을 이루는 현상이다. 교차의 결과 다양한 형질을 갖는 생식세포가 형성되므로 유전적 다양성이 증가하게 된다.

(3) 교차되는 점: 키아즈마(Chiasma)

(4) 교차의 예
T와 R, t와 r이 연관되어 있을 때, TtRr에서 만들어지는 생식세포(배우자)의 종류와 비

$\begin{bmatrix} \text{생식세포의} \\ \text{비} \end{bmatrix}$ 　$\begin{bmatrix} \text{자가교배 결과} \\ \text{자손의 비} \end{bmatrix}$

① 교차율이 0%일 때 → TR : Tr : tR : tr = 1 : 0 : 0 : 1 ── 3 : 0 : 0 : 1
② 교차율이 50%일 때 → TR : Tr : tR : tr = 1 : 1 : 1 : 1 ── 9 : 3 : 3 : 1
③ 교차율이 20%일 때 → TR : Tr : tR : tr = 4 : 1 : 1 : 4 ── 66 : 9 : 9 : 16
④ 교차율이 25%일 때 → TR : Tr : tR : tr = 3 : 1 : 1 : 3 ── 41 : 7 : 7 : 9

Tip

유전적 다양성의 증가요인
① 감수 1분열 전기에 교차
② 감수 1분열 후기에 상동염색체의 무작위적 분리(독립적으로 분리되는 경우 가능한 조합의 수는 2^n이다)
③ 정자와 난자의 무작위적 수정 ($2^n \times 2^n$)

(5) 교차율(재조합 빈도)

$$\text{교차율} = \frac{\text{교차된 생식세포의 수}}{F_1\text{의 생식세포의 총수}} \times 100(\%)$$

$$= \frac{\text{교차된 자손의 수}}{\text{검정교배결과 생긴 자손의 총수}} \times 100(\%)$$

교차율(r)의 범위는 0% < r < 50%로, 교차율 0%는 완전연관 유전, 50%는 독립유전을 의미한다. 실제로는 생식세포의 수를 알기 어렵기 때문에 검정교배 결과 얻은 표현형 분리의 비는 어버이의 생식세포의 비와 같으므로 검정교배 결과 얻은 표현형 분리의 비를 이용한다.

❖ 교차율의 단위

1cM(centimorgan): 동일 염색체상에 있는 유전자의 거리를 나타내는 단위로 1센티모건은 유전자사이에 1%의 빈도로 교차가 일어나는 경우의 두 유전자간의 거리

예제 | 1

T와 R, t와 r이 연관되어 있을 때

① ♂ : TtRr이 50% 교차 ─ 수정 ─ 자손의 비 = TR : Tr : tR : tr
   ♀ : TtRr이 50% 교차   = 9 : 3 : 3 : 1

② ♂ : TtRr이 20% 교차 ─ 수정 ─ 자손의 비 = TR : Tr : tR : tr
   ♀ : TtRr이 20% 교차   = 66 : 9 : 9 : 16

|정답|

구분	4TR	1Tr	1tR	4tr
4TR	16TTRR	4TTRr	4TtRR	16TtRr
1Tr	4TTRr	1TTrr	1TtRr	4Ttrr
1tR	4TtRR	1TtRr	1ttRR	4ttRr
4tr	16TtRr	4Ttrr	4ttRr	16ttrr

예제 | 2

T와 R, t와 r이 연관되어 있고 암컷에서만 20%의 교차가 일어났을 때 TtRr×TtRr의 결과 나온 자손의 비는?

|정답|

구분	4TR	1Tr	1tR	4tr
1TR	4TTRR	1TTRr	1TtRR	4TtRr
0Tr	0TTRr	0TTrr	0TtRr	0Ttrr
0tR	0TtRR	0TtRr	0ttRR	0ttRr
1tr	4TtRr	1Ttrr	1ttRr	4ttrr

∴ TR : Tr : tR : tr = 14 : 1 : 1 : 4

예제 | 3

T와 r, t와 R이 연관되어 있고 교차율이 10%일 때 TtRr에서 만들어지는 생식세포 TR : Tr : tR : tr의 비는?

| 정답 |

이 문제는 상반 연관이므로 Tr이 tR과 연관되어 있고 TR과 tr이 교차가 일어난 것이다. 따라서 TR과 tr이 10%가 되어 생식세포 TR : Tr : tR : tr의 비는 1 : 9 : 9 : 10이다.

❖ • AaBb의 생식세포 AB : Ab : aB : ab가 n : 1 : 1 : n(n>1)이라면 상인 연관되어 있고 A와 B사이에서 교차가 일어난 것이다.

• AaBb의 생식세포 AB : Ab : aB : ab가 1 : n : n : 1(n>1)이라면 상반 연관되어 있고 A와 b사이에서 교차가 일어난 것이다.

4 염색체 지도와 침샘 염색체

(1) 염색체 지도(chromosome map)

염색체 위에 연관되어 있는 유전자의 배열 순서를 나타낸 그림으로 '모건'이 초파리의 침샘 염색체를 재료로 완성했으며 유전자 사이의 거리가 멀수록 교차율이 커진다. 따라서 교차율을 구하면 염색체 상의 두 유전자 사이의 상대적인 위치와 거리를 알 수 있다.

❖ 교차율은 유전자 사이의 거리에 비례하고 연관에 반비례한다.

(2) 3점 검정법(three-point test)

연관된 세 유전자의 교차율을 비교하여 유전자의 순서와 상대적 거리를 결정하는 방법이다.

예제 | 5

유전자 A~B 사이의 교차율이 8%, 유전자 B~C 사이의 교차율이 5%, 유전자 A~C 사이의 교차율이 3%일 때, 유전자 ABC의 배열순서는?

| 정답 |

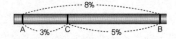

예제 | 4

RrYy에서 형성된 꽃가루의 비율이 각각 RY : Ry : rY : ry = 9 : 1 : 1 : 9로 나타났다. 이에 대한 설명으로 옳은 것은? (국가직 7급)

① 유전자 R와 r는 연관되어 있다.
② 유전자 R와 Y 사이에서 교차가 발생하였다.
③ 유전자 R와 Y의 관계는 완전 연관에 해당한다.
④ 꽃가루 형성 시 나타난 재조합 빈도는 20%이다.

| 정답 | ②

① 유전자 R와 r는 대립유전자이므로 항상 상동염색체의 상보적 위치에 존재한다.
③ 유전자 R와 Y의 관계는 불완전 연관에 해당한다.
④ 꽃가루 형성 시 나타난 재조합 빈도는 10%이다

(3) 침샘 염색체(salivary chromosome)

'페인터'가 초파리의 유충에 있는 침샘에서 발견한 거대 염색체로 특징은 다음과 같다.
① 보통 염색체보다 크다.
② 가로 무늬가 일정하게 배열되어 있다.
③ 간기에서도 관찰된다.
④ 염색체 수가 적다(2n=8).
⑤ 체세포이면서도 2가 염색체로 되어 있다.

예제 | 6

세균의 형질을 지배하는 세 가지 유전자 A, B, C가 서로 연관되어 있다. 한 과학자가 이 세균의 유전현상을 연구하기 위하여 검정교배시켰더니 그 자손에서 나타나는 표현형의 분리비는 다음과 같았다.

어버이(P)	자손의 표현형의 분리비
AaBb × aabb	AB : Ab : aB : ab = 11 : 9 : 9 : 11
BbCc × bbcc	BC : Bc : bC : bc = 3 : 1 : 1 : 3
AaCc × aacc	AC : Ac : aC : ac = 4 : 1 : 1 : 4

유전자 A, B, C는 염색체상에 어떤 순서로 배열되겠는가?

① A−B−C   ② A−C−B
③ B−A−C   ④ C−A−B
⑤ C−B−A

| 정답 | ②

A~B : 45%, B~C : 25%, A~C : 20%이므로 정답은 ②이다.

예제 | 7

유전자 A~B 사이의 교차율이 12%, 유전자 C~D 사이의 교차율이 4%, 유전자 B~C 사이의 교차율이 2%, 유전자 A~D 사이의 교차율이 6%, 유전자 A~C 사이의 교차율이 10%일 때 유전자 ABCD의 배열순서는?

① B−C−D−A   ② B−A−D−C
③ A−C−D−B   ④ A−D−B−C
⑤ A−B−C−D

| 정답 | ①

A−D−C−B와 B−C−D−A는 같은 것이므로 정답은 ①이다.

예제 | 8

초파리의 염색체에 존재하는 3종의 유전자 A, B, C가 있다. 이들 유전자의 염색체상의 위치를 알아보기 위하여 검정교배한 결과 다음과 같았다.

가) AaBb × aabb → AB : Ab : aB : ab = 1 : 1 : 1 : 1
나) BbCc × bbcc → BC : Bc : bC : bc = 9 : 1 : 1 : 9
다) AaCc × aacc → AC : Ac : aC : ac = 1 : 1 : 1 : 1

유전자 A, B, C의 염색체 지도를 그려보시오.

| 정답 |

교차율이 50%인 것은 독립유전이므로 A와 B는 독립되어 있고, A와 C도 독립되어 있으며, B와 C는 연관되어 있다.

B C		b c		A		a

예제 | 9

초파리의 유전자 A, B, C는 각각 a, b, c에 대해 완전 우성이고 같은 염색체에 연관되어 있다. 유전자형이 AaBbCc인 초파리를 검정 교배하여 얻은 자손(F₁) 100마리의 유전자형과 개체 수는 표와 같을 때 A, B, C의 배열순서는?

유전자형	개체 수
AaBbCc	34
Aabbcc	10
aaBbCc	10
AaBbcc	6
aabbCc	6
aabbcc	34

① A−C−B ② B−C−A
③ B−A−C ④ C−B−A

| 정답 | ④

• AB : Ab : aB : ab = 40 : 10 : 10 : 40이므로 A~B : 20%
• BC : Bc : bC : bc = 44 : 6 : 6 : 44이므로 B~C : 12%
• AC : Ac : aC : ac = 34 : 16 : 16 : 34이므로 A~C : 32%

예제 | 10

표는 유전자형이 DdEeFf인 어떤 식물 P를 자가 교배시켜 얻은 자손(F₁) 1,600 개체의 표현형에 따른 개체수를 나타낸 것이다. 대립 유전자 D, E, F는 대립 유전자 d, e, f에 대해 각각 완전 우성이다.

표현형	개체수	표현형	개체수
D_E_F_	600	D_eeF_	200
D_E_ff	300	D_eeff	100
ddE_F_	300	ddeeFf	100
ddE_ff	0	ddeeff	0

이에 대한 설명으로 옳은 내용을 있는 대로 고른 것은? (단, 교차는 고려하지 않는다.) (경북)

ㄱ. D와 f는 연관되어 있다.
ㄴ. D와 E는 독립되어 있다.
ㄷ. P 에서 형성된 생식세포 중 DeF의 유전자형을 가지는 생식세포가 있다.

① ㄱ ② ㄴ
③ ㄷ ④ ㄱ, ㄴ

| 정답 | ④

DE : De : dE : de = 9 : 3 : 3 : 1이므로 D와 E는 독립되어 있고, EF : Ef : eF : ef = 9 : 3 : 3 : 1이므로 E와 F도 독립되어 있다. DF : Df : dF : df = 2 : 1 : 1 : 0이므로 D와 F는 상반 연관되어 있다.
ㄷ. D와 F가 상반 연관되어 있으므로 DeF의 유전자형을 가지는 생식세포는 나올 수 없다.

10 염색체와 유전 현상

1 사람의 유전연구

(1) 사람의 유전연구가 어려운 이유

① 한 세대가 길어서 여러 세대에 걸친 유전 현상을 연구하기 어렵다.
② 자유로운 교배가 불가능하므로 특정 형질에 대한 유전 현상을 연구하기 어렵다.
③ 자손의 수가 적어서 통계 결과에 대한 신뢰성이 낮다.
④ 형질의 종류가 많고, 유전자 수가 많아서 결과를 분석하기 어렵다.
⑤ 형질발현은 환경의 영향을 많이 받으므로 유전에 의한 것과 구별하기 어렵다.

(2) 사람의 유전연구 방법

① **가계도 조사**: 특정 형질을 가진 집안의 가계도 조사를 통해 유전형질의 전달 경로 등을 알아낼 수 있다.
② **통계 조사**: 어느 한 집단이 가진 유전자 빈도를 조사하여 집단 전체의 유전현상을 연구하는 방법이다. 예를 들어 낭포성 섬유증은 유럽에서는 2,500명당 1명꼴로 나타나지만 다른 지역에서는 희귀하게 발생한다.
③ **쌍생아 연구**: 일란성 쌍생아와 이란성 쌍생아의 성장 환경과 형질의 일치율을 조사하여 형질의 차이가 유전자 때문인지, 환경의 영향을 받았기 때문인지를 구별할 수 있다.

일란성 쌍생아	유전자 구성이 동일하므로 일란성 쌍생아가 나타내는 차이는 환경의 영향에 의한 것이다.
이란성 쌍생아	유전자 구성이 서로 다르므로 이란성 쌍생아가 나타내는 차이는 유전과 환경의 영향이 함께 작용한 것이다.

④ **핵형 분석**: 염색체 수와 모양, 크기 등을 분석하여 염색체 이상에 따른 유전병 여부를 분석한다.

❖ 완두의 일곱 가지 형질
- 꽃 색깔(보라색 – 흰색)
- 꽃 위치(축 방향 – 말단)
- 줄기 길이(큰 – 작은)
- 종자 색깔(황색 – 녹색)
- 종자 모양(둥근 – 주름진)
- 콩깍지 색깔(녹색 – 황색)
- 콩깍지 모양(부푼 – 수축된)

예제 | 1

멘델이 완두의 변종을 교배하여 품종 간 차이가 어떻게 유전되었는지를 연구하였을 때 사용한 7가지 형질에 해당하지 않는 것은? (서울)

① 종자 색
② 종자 모양
③ 꽃 색
④ 꽃 모양

| 정답 | ④
꽃 모양은 완두의 7가지 형질에 해당하지 않는다.

2 사람의 염색체

남자: 44 + XY
여자: 44 + XX

3 상염색체 위에 있는 유전(autosome)

남자와 여자가 공통적으로 갖고 있는 상염색체에 유전자가 존재하므로 남녀에 따라 표현되는 비율이 같다.

(1) 단일인자 유전

한 쌍의 대립 유전자에 의해 하나의 형질이 결정된다.

① 미맹 유전: 정상보다 열성으로 유전된다(정상 > 미맹).
정상 유전자를 A, 미맹 유전자를 a라 할 경우 다음과 같이 나타낸다.

• 정상: AA, Aa	• 미맹: aa

② 단지증 유전: 정상보다 우성으로 유전된다(정상 < 단지증).
단지증 유전자를 B, 정상 유전자를 b라 할 경우 다음과 같이 나타낸다.

• 정상: bb	• 단지증: BB, Bb

예제 | 2

미맹은 정상보다 열성으로 유전한다. 다음 중 미맹이 나올 확률이 1/2인 것은?

① AA×Aa   ② AA×aa
③ Aa×Aa   ④ Aa×aa
⑤ aa×aa

| 정답 | ④

> ❖ 미맹
> 정상인이 느낄 수 있는 맛을 느끼지 못하거나 다른 맛으로 느끼는 사람
>
> ❖ 보인자(이형접합)
> 표현형과 다른 대립 유전자를 갖는 유전자형
>
> ❖ 단지증
> 짧은 손가락 또는 발가락을 갖는 유전병
>
> ❖ 가변성 발현도
> 단지증이나 다지증인 사람이라도 양쪽 손, 양쪽 발에 모두 발현되지 않고 한쪽 손이나 한쪽 발에만 발현될 수도 있는데 이와 같은 현상을 가변성 발현도라고 한다.

기
본
편
II

Check Point

다음의 가계도 I (1~6)은 AA, Aa, aa를 사용하여 유전자형을 표기하고 가계도 II (7~12)는 BB, Bb, bb를 사용하여 유전자형을 표기해 보자.

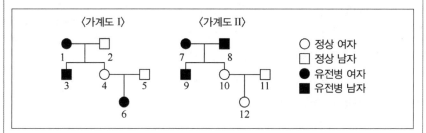

〈가계도 I〉　　〈가계도 II〉

○ 정상 여자
□ 정상 남자
● 유전병 여자
■ 유전병 남자

[가계도 I] 우성 형질끼리 교배하면 자손은 우성과 열성이 모두 나오지만, 열성 형질끼리 교배하면 자손은 열성만 나온다. 정상 여자 4와 정상 남자 5 사이에서 유전병 6이 나왔으므로 정상이 우성이고 유전병이 열성 형질이다(열성 유전). 우성 형질끼리 교배해서 열성인 자손이 나오면 양친은 모두 이형접합이어야 한다. 따라서 정상 유전자를 A, 유전병 유전자를 a라 하면 4와 5는 Aa이고 6은 aa가 된다. 1과 3이 aa이므로 2는 Aa가 되어야 한다.

[가계도 II] 유전병 여자 7과 유전병 남자 8 사이에서 정상 10이 나왔으므로 정상이 열성이고 유전병이 우성 형질이다(우성 유전). 따라서 정상 유전자를 b, 유전병 유전자를 B라 하면 7과 8은 Bb이고 10은 bb가 된다. 11과 12도 bb이고 9는 BB이거나 Bb가 된다.

③ **혀 말기 유전**: 혀를 말 수 있는 사람 > 혀를 말 수 없는 사람

혀를 U자형으로 말 수 있는 유전자를 R, 말 수 없는 유전자를 r이라 할 경우

- 말 수 있는 사람: RR, Rr
- 말 수 없는 사람: rr

④ **Rh 혈액형 유전**: $Rh^+ > Rh^-$

Rh^+ 유전자를 D, Rh^- 유전자를 d라 할 경우

- Rh^+: DD, Dd
- Rh^-: dd

⑤ **ABO식 혈액형 유전**: 한 가지 유전형질이 발현되는데 대립 유전자가 우성과 열성 2가지로 되어 있지 않고 3개 이상의 대립 유전자가 관여하는 유전현상을 복대립 유전이라고 한다. ABO식 혈액형은 A, B, O 3개의 대립 유전자에 의해 형질이 결정되며, 표현형은 한 쌍의 대립 유전자에 의해 결정된다.

❖ 불완전 침투도
혀를 말 수 있는 유전자를 가지고 있지만 혀를 말지 못하는 경우도 있는데 이와 같은 현상을 불완전 침투도라고 한다.

⊙ 우열관계: 유전자 A(I^A)와 B(I^B) 사이에는 우열관계가 없지만, A와 B 유전자는 모두 O에 대해 우성이다. 즉, A(I^A)=B(I^B)> O(i)의 관계가 성립한다.

⊙ 표현형과 유전자형: 표현형이 A형인 사람은 유전자형이 AA나 AO이고, 표현형이 B형인 사람은 유전자형이 BB나 BO이며, 표현형이 AB형인 사람은 유전자형이 AB, 표현형이 O형인 사람은 유전자형이 OO이다. 따라서 ABO식 혈액형의 표현형은 4종류(A형, B형, AB형, O형)이고, 유전자형은 6종류(AA, AO, BB, BO, AB, OO)가 된다.

❖ A형: $I^A I^A$, $I^A i$
  B형: $I^B I^B$, $I^B i$
  AB형: $I^A I^B$
  O형: ii

❖ I: 적혈구에 당단백질인 A 또는 B를 부착시키는 효소합성 유전자

(2) 다면 발현(pleiotropy, pleiotropism)

한 개의 유전자가 여러 가지 표현형에 영향을 미치는 것이다. 예를 들어 사람의 유전 질환인 낭포성 섬유증이나 낫모양 적혈구 빈혈증은 복합적인 이상 증세를 나타내는데 이것은 다면 발현 대립 유전자에 의하여 생긴다.

① 낫모양 적혈구 빈혈증: 빈혈, 심장 이상, 뇌 이상, 지라 이상

② 낭포성 섬유증: 염화 이온의 수송을 담당하는 막 단백질 이상으로 점액이 두꺼워지고 끈적끈적해져서 소장에서 영양소 흡수장애, 기관지염, 재발성 세균감염으로 대부분 어릴 때 사망한다.

(3) 다인자 유전(polygenic inheritance)

여러 개의 유전자가 한 가지 형질을 나타내는 데 작용하는 것이다(피부색, 키, 몸무게). 이는 하나의 유전자가 여러 개의 표현형 특징에 작용하는 다면 발현과 반대라고 할 수 있다.

예제 | 3

사람의 피부색은 여러 유전자가 관여하는 다인자 유전현상이다. A, B는 피부색을 짙게 하는 유전자이고, a, b는 피부색을 옅게 하는 유전자이며, 피부색을 짙게 하는 유전자의 개수에 따라 피부색이 결정된다고 가정한다. 매우 검은색 피부(AABB)를 가진 남자와 매우 흰색 피부(aabb)를 가진 여자가 결혼하여 제1대에서 중간형질인 갈색 피부(AaBb)를 가진 아들이 태어났으며, 이 아들이 똑같은 유전자형을 가진 여성과 결혼하면 제2대에서 태어나는 자녀들의 피부색은 몇 종류가 되겠는가? (단, A와 B는 서로 다른 염색체 위에 존재한다.)

| 정답 |

AaBb × AaBb
↓

구분	AB	Ab	aB	ab
AB	AABB	AABb	AaBB	AaBb
Ab	AABb	AAbb	AaBb	Aabb
aB	AaBB	AaBb	aaBB	aaBb
ab	AaBb	Aabb	aaBb	aabb

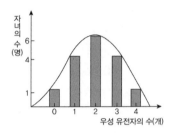

피부색을 짙게 하는 유전자(A, B)의 개수에 따라 피부색이 결정되므로 AaBb × AaBb의 사이에서 태어나는 자녀들 중 대문자를 가장 많이 갖는 AABB(대문자 4개)가 가장 짙은 피부색이고 다음으로 3개, 2개, 1개이며 대문자를 갖지 않는 aabb(대문자 0개)가 가장 옅은 피부색이 되므로 피부색은 총 5종류가 된다.

(4) 다인성 질환

심장 질환이나 당뇨병, 암, 알코올중독과 같은 질환은 유전요인과 환경요인의 영향을 받는데 이와 같은 질환을 다인성 질환이라 한다.

4 상염색체 열성 유전질환

(1) 테이 – 삭스(Tay – Sachs)병

지질분해효소가 제대로 작동하지 않기 때문에 뇌세포는 특정 지질을 대사하지 못한다. 따라서 지질이 뇌세포에 축적되면서 유아는 경련을 일으키고 시력 상실 그리고 지적 능력의 퇴화를 겪게 되어 이 질환에 걸린 아이는 출생 후 몇 년 이내에 사망한다. 테이–삭스 대립 유전자를 둘 다 물려받은 열성 동형접합자 아이만 이 질환에 걸리므로 생물체수준에서는 테이–삭스 대립 유전자는 열성으로 분류된다. 그러나 이형접합자는 정상적인 효소와 비정상적인 효소를 둘 다 만들기 때문에 분자적 수준에서는 공동우성으로 볼 수 있다.

또한 이형접합체의 지질대사효소의 활성 수준은 정상 대립유전자를 둘 다 갖고 있는 개인과 테이–삭스 유전병을 앓는 개인의 중간이다. 이와 같이 생화학적 수준에서 관찰되는 중간적인 표현형은 불완전 우성의 특

Tip

다인자 유전의 특징

• 정규 분포 곡선으로 나타난다(중간 형질이 가장 많다).

• 많은 특징들이 연속적으로 다양하게 나타나는 양적특징(정량적)을 갖는다(단일인자의 유전은 불연속적).

• 환경의 영향을 받는다(유전자형이 같은 사람도 피부색이 다를 수 있다).

• 대립형질의 우열관계가 뚜렷하게 구분되지 않는다(불완전 우성).

기본편 Ⅱ

예제 | 4

네 쌍의 유전자가 식물의 키에 관여하고 있고, 유전자형이 aabbccdd인 식물의 키는 10cm이며 유전자형이 AABBCCDD인 식물의 키는 50cm이다. AABBCCDD와 aabbccdd인 식물을 교배해서 생긴 자손(F_1)의 키는?

① 15cm
② 25cm
③ 30cm
④ 40cm

| 정답 | ③

대문자 하나가 5cm를 크게 하므로 AABBCCDD와 aabbccdd인 식물을 교배해서 생긴 자손(F_1) AaBbCcDd는 대문자가 네 개이므로 10cm인 aabbccdd보다 20cm가 더 크게 된다.

징이다. 다행히 이형접합자의 상태는 유전병증상으로 이어지지 않는데 그 이유는 50% 정도 존재하는 정상적인 효소의 활성도가 뇌에서의 지질 축적을 방지하기에 충분하기 때문이다.

(2) 낭포성 섬유증(cystic fibrosis)

낭포성 섬유증에 대한 열성 대립 유전자 쌍을 물려받은 아이들은 염화이온의 수송을 담당하는 막 단백질 이상으로 점액이 두꺼워지고 끈적끈적해져서 이자와 같은 소화기관이나 폐에 축적되어 소장에서 영양소 흡수장애, 기관지염 등으로 대부분 어릴 때 사망한다. 이형접합자는 정상 단백질과 비정상 단백질을 모두 생산하므로 분자적 수준에서는 공동우성으로 볼 수 있으나 하나의 정상 대립유전자가 정상적인 염소 이온수송이 일어나기에 충분한 양의 단백질을 생산하기 때문에 이형접합은 어떤 질병증세도 나타내지 않으므로 생물체 수준에서는 열성으로 분류된다.

❖ 낭포성 섬유증은 낭포성 섬유증 유발 세포막 단백질(CFTR, cystic fibrosis transmembrane conductance regulator) 이상으로 나타난다

(3) 백색증(알비노, albinism)

멜라닌 색소를 만드는 유전자가 돌연변이를 일으켜 색소 생성능력이 없어져서 피부나 머리카락 색 등이 백색으로 되는 유전병이다.

(4) 페닐케톤뇨증(phenylketonuria)

페닐알라닌을 타이로신으로 전환시키는 효소를 생성하는 유전자에 이상이 생겨서 페닐알라닌이 체내에 축적되어 일부가 검은색의 오줌으로 나오며 경련 및 발달 장애를 일으키는 유전병이다.

(5) 알캅톤뇨증(alkaptonuria)

페닐알라닌과 타이로신의 분해과정에서 생긴 중간 대사물인 알캅톤(호모겐티신산)을 분해하는 효소가 결핍되어 생기는 유전병이다. 오줌에 섞여 나온 알캅톤은 공기나 알카리에 접촉되면 검은색으로 변하는 현상을 보고 쉽게 알 수 있으며 성인이 된 후에는 관절이상 등이 일어난다.

❖ 근친 결혼
악성 열성 유전자의 출현 빈도가 높다.

5 상염색체 우성 유전질환

(1) 연골 발육 부전증(연골무형성증, achondroplasia)

이형접합자인 사람도 왜소증으로 나타난다. 우성동형접합자는 치사, 이형접합자는 왜소증, 열성동형접합자는 정상이므로 불완전우성치사유전이다(만일 열성치사인자라면 이형접합자는 정상이어야 한다).

(2) 헌팅턴 무도병(Huntington's disease)

신경계의 퇴행성 질환으로 성인이 될 때까지 별다른 표현형적 효과를 보이지 않는 치사 질환을 일으키는 우성 대립 유전자이다. 신경계의 퇴행이 시작되면 결국 죽음에 이르게 된다.

(3) 다지증(polydactyly)과 단지증(brachydactyly)

(4) 마르판 증후군(Marfan's syndrome)

결합조직에 영향을 미치는 상염색체 우성 유전질환으로 특정 증상은 환자마다 다양하게 나타난다.

(5) 가족성 아밀로이드 다발신경병증(amyloid neuroparthy)

아밀로이드 단백질이 신경조직에 축적되어 신경병증을 나타내는 상염색체 우성질환이다.

❖ 아밀로이드(amyloid)는 여러 개의 단백질들이 뭉쳐 섬유 모양을 형성할 수 있는 단백질들의 응집체를 말하며 헌팅턴 무도증이나 알츠하이머병의 원인이 되기도 한다.

(6) 가족성 고콜레스테롤 혈증(familial hypercholesterolemia)

LDL 수용체의 이상으로 고 LDL 콜레스테롤혈증을 나타내는 상염색체 우성 유전질환이다.

6 염색체에 의한 성 결정

성 결정형		어버이의 체세포(2n)	생식세포(n)	생물의 예
♂ 이형접합 ♀ 동형접합	XY형	♂ 2A+XY	A+X A+Y	포유류, 초파리
		♀ 2A+XX	A+X	
	XO형	♂ 2A+X	A+X A	메뚜기, 여치
		♀ 2A+XX	A+X	
♂ 동형접합 ♀ 이형접합	ZW형	♂ 2A+ZZ	A+Z	누에, 나비, 파충류, 조류
		♀ 2A+ZW	A+Z A+W	
	ZO형	♂ 2A+ZZ	A+Z	일부 파충류, 일부 조류
		♀ 2A+Z	A+Z A	
반수체-이배체형		♀ 이배체 ♂ 반수체 (성염색체는 없다)		벌, 개미

7 X-연관 유전과 Y-연관 유전

(1) X-연관 유전

유전자가 X염색체 위에 있어서 암수에 따라 다르게 나타나는 현상으로 반성유전이라고도 한다.

① **색맹 유전**(inheritance of color blindness): 유전자가 X염색체 위에 있으며 정상보다 열성으로 유전된다(정상>색맹). 정상 유전자를 X, 색맹 유전자를 X^0라고 할 경우, 유전자형과 표현형은 다음과 같다.

> - XX: 정상 여자
> - X^0X: 정상 여자(보인자)
> - X^0X^0: 색맹 여자
> - XY: 정상 남자
> - X^0Y: 색맹 남자

② **혈우병**(hemophilia) **유전**: 혈액응고 인자가 결핍되어 상처가 났을 때 혈액이 응고되지 않는 유전병으로 유전자가 X염색체 위에 있으며 정상보다 열성으로 유전된다(정상>혈우병). 정상 유전자를 X, 혈우병 유전자를 X^0라고 할 경우, 유전자형과 표현형은 다음과 같다.

> - XX: 정상 여자
> - X^0X: 정상 여자(보인자)
> - X^0X^0: 혈우병 여자 → 치사(혈우병인 여성은 태어나지 않음)
> - XY: 정상 남자
> - X^0Y: 혈우병 남자

③ **뒤셴 근위축증**(Duchnne muscular dystrophy): 서서히 근육이 약해지는 병으로 20대 초반 이상까지 생존하는 경우가 드물다. X 염색체에 존재하며 열성 유전이다.

④ **초파리의 흰 눈 유전**: 붉은 눈에 대해서 열성으로 유전된다(붉은 눈>흰 눈). 붉은 눈 유전자를 X^A, 흰 눈 유전자를 X^a라고 할 경우, 유전자형과 표현형은 다음과 같다.

> - X^AX^A: 붉은 눈 암컷
> - X^AX^a: 붉은 눈 암컷(보인자)
> - X^aX^a: 흰 눈 암컷
> - X^AY: 붉은 눈 수컷
> - X^aY: 흰 눈 수컷

예제 | 5

어머니는 보인자(잠재)이고, 아버지는 색맹일 때 다음의 확률을 구하시오.
① 색맹인 아들이 태어날 확률은?
② 아들이 색맹일 확률은?

|정답|
보인자인 어머니(X^0X)와 색맹인 아버지(X^0Y) 사이에서 태어나는 자녀는 X^0X^0, X^0Y, X^0X, XY이다.
① 자녀 중(4명) 색맹인 아들(1명) 이므로 1/4
② 아들 중(2명) 색맹(1명)이므로 1/2

❖ **확률 계산**
- **곱셈 확률**: 독립적인 두 사건이 함께 일어나는 경우는 각각의 사건이 일어날 확률을 곱한 값이 된다(and).
- **덧셈 확률**: 독립적인 두 사건이 서로 다른 방식으로 일어나는 경우는 하나의 확률에 다른 사건의 확률을 더한 값이 된다(or).

예제 | 6

다음 가계도에서 철수의 색맹 유전자는 누구에서부터 내려온 것인가?

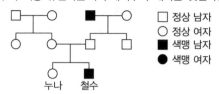

□ 정상 남자
○ 정상 여자
■ 색맹 남자
● 색맹 여자

누나 철수

| 정답 |

색맹 유전은 열성으로 유전되는 X연관 유전이다. 철수($X^{o}Y$)의 Y 유전자는 부계에서 왔으므로 X^{o} 유전자는 외할머니($X^{o}X$)에서 어머니($X^{o}X$)를 거쳐서 철수에게 내려온 것이다.

예제 | 7

피부 얼룩증인 남자와 정상인 여자 사이에서 태어나는 딸은 모두 유전병을 가지며, 아들은 모두 정상이다. 이에 대한 다음 가계도의 설명으로 옳지 않은 것은?

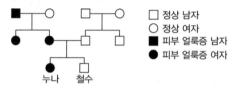

□ 정상 남자
○ 정상 여자
■ 피부 얼룩증 남자
● 피부 얼룩증 여자

누나 철수

① 이 유전병은 X연관 유전이다.
② 이 유전병은 우성 형질이다.
③ 딸이 유전병이면 어머니는 반드시 유전병 대립 유전자를 가지고 있다.
④ 누나의 유전자형은 이형접합이다.
⑤ 철수의 정상 유전자는 외할머니에게서 어머니를 거쳐 내려왔다.

| 정답 | ③

사람의 유전에는 상염색체 유전, X연관 유전, Y연관 유전이 있는데 '아버지가 유전병이면 딸도 반드시 유전병'이라고 나오면 성과 무관한 것이 아니므로 X연관 유전이다.

그런데 색맹 유전과 같이 피부 얼룩증이 열성이라면 아버지가 피부 얼룩증이라도 어머니로부터 우성인 정상 유전자를 물려받을 경우 피부 얼룩증이 나타나지 않을 것이다. 따라서 아버지가 피부 얼룩증일 때 딸이 반드시 피부 얼룩증이라면 피부 얼룩증은 정상보다 우성으로 유전됨을 알 수 있다. 이렇게 우성으로 유전되는 X연관 유전 문제가 나오면 열성인 정상 유전자를 X^{a}, 우성인 피부 얼룩증 유전자를 X^{A}라고 하면 표현형과 유전자형은 다음과 같다.

• 정상 여자: $X^{a}X^{a}$
• 정상 남자: $X^{a}Y$
• 피부 얼룩증 여자: $X^{A}X^{A}$, $X^{A}X^{a}$
• 피부 얼룩증 남자: $X^{A}Y$

그렇다면 철수($X^{a}Y$)의 Y 유전자는 부계에서 왔으므로 X^{a} 유전자는 외할머니($X^{a}X^{a}$)에서 어머니($X^{A}X^{a}$)를 거쳐서 철수에게 내려온 것이다.

❖ 열성반성유전(예 색맹)
• 어머니가 유전병이면 아들은 반드시 유전병이다.
• 딸이 유전병이면 아버지는 반드시 유전병이다.

❖ 우성반성유전(예 피부얼룩증)
• 아버지가 유전병이면 딸은 반드시 유전병이다.
• 아들이 유전병이면 어머니는 반드시 유전병이다.

예제 | 8

초파리 수컷 염색체는 XY이고 암컷 염색체는 XX이며 눈 색깔 조절 유전자는 X염색체 위에 있다. 붉은 눈은 우성이고, 흰 눈은 열성일 경우 붉은 눈 수컷과 흰 눈 암컷을 교배했을 때 나타나는 자손의 눈 색깔은? (서울)

① 수컷만 흰색   ② 수컷만 붉은색

③ 암컷만 흰색   ④ 암수 모두 흰색

⑤ 암수 모두 붉은색

|정답| ①

• $X^A Y - X^a X^a \rightarrow X^A X^a$, $X^A X^a$, $X^a Y$, $X^a Y$

따라서 암컷은 모두 붉은 눈, 수컷은 모두 흰 눈으로 된다.

(2) Y - 연관 유전

유전자가 Y염색체 위에 있어서 남자에게만 나타난다(귓속털 과다증).

8   종성유전과 한성유전

유전자가 상염색체위에 있지만 암수에 따라 다르게 나타나는 것

(1) 종성유전(sex - controlled inheritance)

유전자가 상염색체 위에 있고 멘델의 유전의 법칙에 따라 유전되지만 암컷과 수컷에서 서로 다르게 발현된다.

예   염소의 턱수염: 상염색체 유전자(B^b)에 의해 결정되는데 수컷에서는 우성, 암컷에서는 열성이다.

• $B^b B^+$와 $B^b B^+$ 사이에서 생긴 F_1에서 나타나는 염소의 턱수염

유전자형	수컷의 표현형	유전자형	암컷의 표현형
$B^b B^b$	턱수염 있음	$B^b B^b$	턱수염 있음
$B^b B^+$	턱수염 있음	$B^b B^+$	턱수염 없음
$B^b B^+$	턱수염 있음	$B^b B^+$	턱수염 없음
$B^+ B^+$	턱수염 없음	$B^+ B^+$	턱수염 없음

(2) 한성유전(sex - limited inheritance)

종성유전의 극단적인 형태로 상염색체 유전자에 의해 결정되지만 멘델의 유전의 법칙에 따르지 않고 하나의 성에서만 제한적으로 발현되며 다른 쪽 성에서는 침투도가 0이다.

❖ X염색체와 Y염색체도 감수분열 시 접합이 일어났다가 분리되므로 상동염색체이지만 대립유전자는 들어 있지 않다.

❖ *SRY* 유전자(sex region Y) Y염색체의 성 결정영역으로 돌연변이가 생기면 정소발달이 저해되어 남성호르몬이 생성되지 않는다.

예 **장닭(수탉)의 꼬리**: 한 쌍의 대립유전자에 의해서 조절되는데 성호르몬의 영향을 받기 때문에 수컷에만 제한되어 나타나는 상염색체 열성형질이다.

• Hh와 Hh사이에서 생긴 F$_1$에서 나타나는 닭의 꼬리

유전자형	수컷의 표현형	유전자형	암컷의 표현형
HH	일반 꼬리	HH	일반 꼬리
Hh	일반 꼬리	Hh	일반 꼬리
Hh	일반 꼬리	Hh	일반 꼬리
hh	장닭 꼬리	hh	일반 꼬리

9 포유류의 암컷에서 X 염색체 불활성화(X-inactivation, lyonization)

포유류의 암컷은 수컷보다 2배의 X 염색체를 갖고 있지만 각 세포마다 X 염색체 하나는 무작위로 거의 완전히 불활성화된다. 따라서 암컷과 수컷의 세포는 X 염색체상의 유전자에 대해 동일하게 작용한다. 암컷의 각 세포에 있는 2개의 X 염색체 중 하나가 배아 발생 초기에 접히고 뭉쳐서 단단히 감긴 상태로 응축되는데 이렇게 응축된 X 염색체를 바소체(barr body)라고 한다. 바소체가 되는 X 염색체의 유전자는 대부분 발현되지 않는다. 난소에서 난자가 될 세포에서는 바소체 염색체가 재활성화되므로 모든 암컷 배우자(난자)는 활성화된 X 염색체를 갖게 된다.

예를 들어 거북무늬 고양이털의 유전자는 X 염색체에 있으며 거북무늬 표현형이 나타나려면 각각 주황색 털과 검은색 털을 암호화하는 2개의 대립 유전자가 모두 존재해야 한다. 두 대립 유전자 중 오직 하나만 가지고 있는 수컷은 검은색 털 또는 주황색 털만을 갖는다. 하지만 암컷은 2개의 X 염색체가 있기 때문에 2개의 대립 유전자를 모두 가질 수 있다. 따라서 거북무늬 유전자에 대하여 이형접합성인 암컷은 거북무늬 고양이가 된다. 주황색 부분의 세포들은 주황색 대립 유전자가 위치한 X 염색체가 활성화되어 있고, 검은색 부분은 검은색 대립 유전자를 지닌 X 염색체가 활성화된 세포 집단에 의한 것이다.

사람에게서 이와 같은 모자이크 현상은 땀샘의 발달을 억제하는 열성 돌연변이에서 볼 수 있다. 이 형질에 대해서 이형인 여성은 정상적인 피부와 땀샘이 없는 피부를 군데군데 가지고 있다.

❖ *XIST* 유전자(X-inactive specific transcript)
X염색체에 위치한 *XIST* 유전자는 X 염색체를 불활성화하는 특수 RNA를 합성하는 유전자로서 바소체 염색체에서만 활성화된다. 이 유전자로부터 생산되는 RNA분자들은 그것들을 만들어내는 X염색체에 결합하여 응축시킨다.

❖ X^A: 검은색 털, X^a: 주황색 털
[수컷]
• X^{A}Y: 검은색 털
• X^{a}Y: 주황색 털
[암컷]
• X^{A}X^A: 검은색 털
• X^{A}X^a: 거북무늬
• X^{a}X^a: 주황색 털

예제 │ 9

인체의 조직세포 활동성을 검사하는 중이다. 46개의 염색체 중 45개는 정상적인 활동을
보이지만 1개의 염색체가 비활성화되어 활동하지 않는 경우는 어떤 경우인가? (서울)

① 휴지기로 되려는 체세포이다.

② 여성에게서 채취한 세포이다.

③ 적혈구이다.

④ 암세포이다.

│정답│ ②

암컷의 각 세포에 있는 2개의 X 염색체 중 하나가 접히고 뭉쳐서 단단히 감긴 상태로 응축되
는데 이렇게 응축된 X 염색체를 바소체(barr body)라고 한다.

10 돌연변이(mutation)

양친에 없던 형질이 자손에 돌연히 나타나는 것으로, **유전자나 염색체에 이
상**이 생겨 자손에게 유전된다.

(1) 유전자 돌연변이(gene mutation)

DNA에 이상이 생겨 잘못된 유전정보에 의해 새로운 단백질이 합성되면
양친에 없었던 유전형질이 발현되는 돌연변이이다.

① 백색증(알비노, albinism): 멜라닌 색소를 만드는 유전자가 돌연변이를
일으켜 색소 생성능력이 없어져서 피부나 머리카락 색 등이 백색으로
되는 유전병이다.

② 낫모양 적혈구 빈혈증(겸형 적혈구 빈혈증): 산소를 운반하는 적혈구 헤
모글로빈 분자 사슬의 6번째 아미노산인 글루탐산이 발린으로 바뀌
어 일어나는 유전자 돌연변이이다. 적혈구의 모양이 낫처럼 변하여
산소의 운반 능력이 떨어져 빈혈을 일으킨다. 최악의 낫모양 적혈구
빈혈증이 나타나려면 두 개의 열성 대립유전자를 가져야 하지만, 열
성유전자를 하나만 가져도 표현형에 영향을 줄 수 있다. 따라서 생물
체 수준에서 정상 대립유전자는 열성 대립유전자에 대해 불완전 우성
이고, 분자 수준에서 두 대립유전자는 공동우성이다.

③ 페닐케톤뇨증(phenylketonuria): 페닐알라닌을 타이로신으로 전환시키
는 효소를 생성히는 유전자에 이상이 생겨서 페닐알라닌이 체내에 축
적되어 일부가 검은색의 오줌으로 나오며 경련 및 발달 장애를 일으
키는 상염색체성 유전 대사 질환이다.

④ 헌팅턴 무도병(Huntington's disease): 신경계의 퇴행성 질환으로 성인이 될 때까지 별다른 표현형적 효과를 보이지 않는 치사질환을 일으키는 우성 대립 유전자이다. 신경계의 퇴행이 시작되면 치매증상이 나타나며 결국 죽음에 이르게 된다.

⑤ 낭포성 섬유증(cystic fibrosis): 염화 이온의 수송을 담당하는 막 단백질 이상으로 점액이 두꺼워지고 끈적끈적해져서 이자와 같은 소화기관이나 폐에 축적되어 소장에서 영양소 흡수장애, 기관지염 등으로 대부분 어릴 때 사망한다.

❖ 정상인의 경우 헌팅턴 유전자의 CAG반복 부위의 반복 횟수는 10번에서 35번 정도이나, 헌팅턴병 환자의 경우 이 반복 횟수가 40번 이상이 된다.

(2) 염색체 돌연변이(chromosomal abnormality)

염색체의 구조 변화나 염색체 숫자에 이상이 생겨서 나타나는 돌연변이로, 핵형 분석을 통해서 찾아낼 수 있다.

① 구조 이상(structural abnormalities)

　㉠ 결실(deletions): 염색체의 일부가 없어진 경우

　㉡ 중복(duplications): 염색체의 동일한 부분이 중복된 경우

　㉢ 역위(inversions): 염색체의 일부가 잘려서 거꾸로 붙는 경우

　㉣ 전좌(translocations): 염색체의 일부가 잘려서 다른 염색체에 붙는 경우

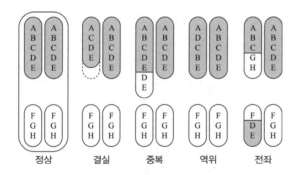

정상　　결실　　중복　　역위　　전좌

구조 이상에 의한 유전병

• **고양이 울음 증후군(묘성 증후군, cri-du-chat syndrome):** 5번 염색체의 단완(동원체를 기준으로 짧은 부분) 일부가 결실되면 고양이 울음 증후군이 되는데, 이 병에 걸린 아기들은 후두 발육이 불완전해지기 때문에 고양이 울음소리를 내며 넓은 미간, 짧은 목, 선천적 심장질환, 심한 지적 장애 증상도 함께 나타난다.

• **윌리암스 증후군(Williams syndrome):** 7번 염색체의 장완 근위부가 결실되어 뇌 손상을 유발하고 심장기형, 콩팥 손상, 근육 약화 등의 장애를 수반한다.

• **만성 골수성 백혈병(chronic myeloid leukemia):** 체세포 분열 동안 9번과 22번 염색체 사이에서 전좌가 일어나기 때문에 그 결과 정상세포는 암세포로 변한다. (필라델피아 염색체, philadelphia chromosome: 전좌에 의해서 짧아진 22번 염색체)

예제 | 10

염색체 절편이 비상동염색체로 이동하는 것을 뜻하는 용어는?

(국가직 7급)

① 교차(recombination)

② 결실(deletion)

③ 전좌(translocation)

④ 비분리(non-disjunction)

| 정답 | ③

교차는 상동염색체의 비자매 염색분체의 일부가 교환되어 새로운 유전자 조합을 이루는 현상이다.

② 숫자 이상(numerical disorders)

   ㉠ 배수성(polyplodiy): 염색체의 수가 배로 되는 것으로, 방추사의 소실이 원인

      예 씨 없는 수박(♀3n × ♂2n)

   ㉡ 이수성(aneuplodiy): 염색체의 수가 정상보다 많거나 적은 것으로, 감수분열 때 염색체 비분리(nondisjunction)가 원인

    • 상동 염색체 비분리: 감수 1분열에서 비분리
    • 염색분체 비분리: 감수 2분열에서 비분리

이수성에 의한 유전병

• 다운 증후군: 대부분 감수1분열에서 비분리에 의해 21번째 염색체 1개 과다 → 지적 장애, 심장기형, 양 눈 사이가 멀다. 다운증후군의 빈도는 어머니의 나이에 따라 증가한다.
  – 남자 = 45 + XY = 47
  – 여자 = 45 + XX = 47

• 에드워드 증후군: 18번째 염색체 1개가 과다 → 지적 장애, 심장기형, 입과 코가 작다.
  – 남자 = 45 + XY = 47
  – 여자 = 45 + XX = 47

• 파타우 증후군: 13번째 염색체 1개 과다 → 선천성 기형이 심하게 나타난다. 대부분 임신 기간 중에 자연 유산되며 출생하는 경우 생존 기간이 매우 짧다.
  – 남자 = 45 + XY = 47
  – 여자 = 45 + XX = 47

• 클라인펠터 증후군: X 염색체 1개 과다 → 외관상 남자이고, 가슴이 발달되며 불임이며 대부분 정상범위의 지능을 보이지만, 언어를 학습하거나 읽기 및 듣기 학습에서 장애를 겪는 경우가 많다.
  – 44 + XXY = 47 (XXYY, XXXY와 같이 2개 이상의 X염색체와 1개 이상의 Y염색체를 갖는 경우도 클라인펠터 증후군이라 한다)

• 야콥 증후군: Y 염색체 1개 과다 → 거의 정상이며 추가된 1개의 Y 염색체는 정자발생과정동안 소실되므로 정상적인 정자를 만들고 생식능력도 있다. – 44 + XYY = 47

• 터너 증후군: X 염색체 1개 부족 → 외관상 여자이고, 키가 작으며 불임이지만 대부분의 경우 지능은 정상이다.
  – 44 + X = 45

❖ 3염색체성
다운증후군과 같이 21번 염색체가 3개인 경우는 21번 3염색체성이다. 성염색체인 X염색체 3염색체성(XXX)인 여성은 건강하고 평균 키가 좀 더 큰 것을 제외하고는 정상인 여성과 구분할 수 없고, 학습능력이 떨어질 수 있으나 수정 능력은 있다.

❖ X염색체가 많이 존재해도 X염색체 하나만 제외한 나머지 모든 X염색체들은 불활성화된다. 예를 들어 터너증후군인 여성은 바소체가 없고 XXY인 남성은 1개의 바소체, XXX인 여성은 2개의 바소체, XXXX인 여성은 3개의 바소체가 나타난다. (터너증인 여성이 완전한 정상이 아닌 이유로는 두 가지 가설이 있다. 하나는 생식샘을 형성하는 세포들은 매우 초기 발생 단계에서 불활성화가 일어나지 않는다는 것이고, 또 하나의 가설은 X염색체 전체가 불활성화 되지 않는다는 것이다.)

❖ 1염색체성
터너증후군과 같이 X염색체 1염색체성은 인간에서 유일하게 생존 가능한 1염색체성으로 알려져 있다.

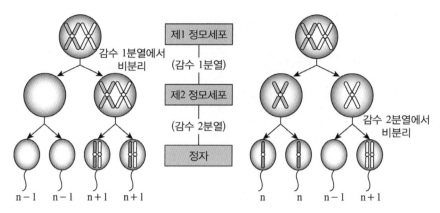

▲ 염색체 비분리

11 태아와 신생아의 유전병의 진단(genetic analysis)

(1) **보인자(carrier) 검사**: 부모가 열성유전자를 보유하고 있는지의 여부를 알아보는 것

(2) **태아 검사**

① 초음파 검사(ultrasonography): 초음파를 이용하여 태아의 영상을 촬영하여 검사하는 방법이다.

② 양수(liquor amnii) 검사: 임신 후 15주부터 할 수 있는 양수 검사는 양수의 일부를 채취하여 생화학적 검사를 하거나 태아 세포를 채취하여 실험실에서 배양한 후 핵형 분석을 통해 염색체를 조사하는 방법이다. 양수에는 태아의 피부와 구강에서 떨어져 나온 세포가 존재하므로, 양수 검사를 통해 핵형 분석을 하면 태아 염색체의 구조적·수적이상을 진단할 수 있다.

③ 융모막(chorion) 검사: 태반이 생성되는 부위에서 태반의 융모막 돌기의 어린 태반 조직의 일부를 채취한 후 생화학적 검사를 하거나 핵형 분석을 통해 염색체를 조사하는 방법이다. 융모막 세포는 태아로부터 발생된 것이므로 융모막 검사를 통해 핵형 분석을 하면 태아 염색체의 구조적·수적이상을 진단할 수 있다. 양수 검사는 세포배양 기간이 길어 핵형 분석하기에 수 주가 걸리는 데 비해, 태반의 융모막 돌기를 이루는 세포들은 빠른 속도로 분열하므로 핵형 분석에 더 유리하다. 또 다른 장점은 임신 후 10주에 시행할 수 있다는 것이다. 그러나 양수를 필요로 하는 검사에는 적합하지 않으므로 양수검사보다 이용도가 낮다.

❖ 융모막
임신 중에 태아와 양수를 싸고 있는 막

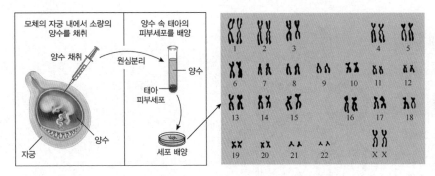

▲ 양수검사에 의한 핵형 분석

(3) 신생아 검사

특정한 일부 유전병은 태어난 후 생화학 검사를 통해 알 수 있어서 신생아 검사를 시행해야 할 필요성이 있다. 예를 들어 신생아가 페닐알라닌을 분해하지 못하는 페닐케톤뇨증으로 판명될 경우 페닐알라닌 섭취를 제한하는 특별 식이요법을 함으로서 정상적으로 성장하고 지적장애를 예방할 수 있기 때문이다.

예제 | 11

그림은 어떤 태아의 핵형 분석 과정을 나타낸 것이다.

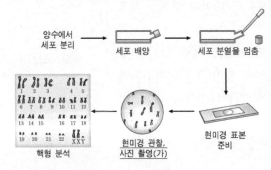

이에 대한 설명으로 옳은 것만을 있는 대로 고른 것은?

ㄱ. (가) 단계에 가장 적합한 시기는 세포분열 중기이다.
ㄴ. 이 태아는 클라인펠터 증후군인 남자아이이다.
ㄷ. 핵형 분석을 통해 태아의 적록 색맹 여부를 알 수 있다.
ㄹ. 핵형 분석을 통해 태아의 고양이 울음 증후군 여부를 알 수 있다.

① ㄴ, ㄹ   ② ㄷ
③ ㄱ, ㄴ, ㄹ   ④ ㄱ, ㄷ
⑤ ㄱ, ㄴ, ㄷ, ㄹ

|정답| ③
핵형 분석을 통해서 유전자에 의해서 나타나는 적록 색맹 여부는 알 수 없고 염색체 돌연변이(구조 이상과 숫자 이상)를 알 수 있다.

유전학

001

염색체를 구성하는 기본단위는?

① 뉴클레오사이드
② 뉴클레오타이드
③ 뉴클레오솜
④ 센트로미어

➡ 염색체의 구성단위는 뉴클레오솜 (DNA가 히스톤 단백질을 감고 있는 구조)이다.

002

사람의 염색체에 대한 설명으로 옳지 않은 것은?

① 22쌍의 상염색체를 가지고 있다.
② 23쌍의 대립유전자를 가지고 있다.
③ 상동 염색체는 부모로부터 각각 하나씩 물려받은 것이다.
④ 염색분체에는 항상 똑같은 유전자가 들어 있다.

➡ 상동 염색체는 23쌍이지만 한 쌍의 염색체에는 많은 대립유전자가 있다.

003

세포분열과정 중 핵형분석을 하기 적합한 시기는?

① 전기
② 중기
③ 후기
④ 말기

➡ 중기는 염색체의 수나 모양이 가장 잘 관찰되는 시기이다.

004

사람의 체세포 염색체 수는 총 46개이다. 감수 1분열 시 관찰되는 이가염색체와 염색분체의 개수를 순서대로 나타낸 것은?

① 23개, 46개
② 23개, 92개
③ 46개, 46개
④ 46개, 92개

➡ 상동 염색체가 접착하여 이가염색체가 되고 한 개의 이가염색체에는 4개의 염색분체가 있다.

정답
001 ③ 002 ② 003 ② 004 ②

005

동물의 피부세포를 관찰할 때 사용하는 염색약은?

① 뷰렛 용액   ② 베네딕트 용액

③ 아세트산카민 용액   ④ 메틸렌블루 용액

→ 동물세포의 경우 붉은색의 세포가 많기 때문에 아세트산카민 용액보다는 푸른색으로 염색되는 메틸렌블루 용액을 주로 사용한다.

006

체세포분열에 대한 설명으로 옳지 않은 것은?

① 간기에는 DNA가 복제되고 자매염색분체가 완성된다.
② 전기 동안 핵막과 인이 없어지고 중심체에서 방추사가 나타나기 시작한다.
③ 중기 동안 염색체는 방추사의 두 극 사이 중간에 배열된다.
④ 후기가 시작되면 자매염색분체는 분리되어 반대 극으로 이동하기 시작한다.

→ 자매염색분체는 간기(G_2기)에 나타나고 전기에 완전한 염색체로 완성된다.

007

감수분열에 대한 설명으로 옳지 않은 것은?

① 상동 염색체는 감수 1분열에서 분리된다.
② 자매염색분체는 감수 2분열에서 분리된다.
③ 염색체는 감수분열 전 간기 때와 감수 1분열과 감수 2분열 사이에서 복제된다.
④ 감수 1분열에서 교차가 일어난다.

→ 염색체는 감수분열 전 간기 때 한 번만 복제된다.

정답

005 ④   006 ①   007 ③

008

감수분열에 관한 설명 중 옳지 않은 것은?

① 모세포와 딸세포의 유전자는 동일하다.
② 딸세포의 유전자형은 다양하다.
③ 하나의 모세포에서 4개의 딸세포가 형성된다.
④ 상동 염색체 분리와 염색분체 분리가 모두 일어난다.

➡ 체세포분열 결과 생긴 딸세포의 유전자형은 동일하지만 감수분열 결과 생긴 딸세포의 유전자형은 다양하다.

009

어떤 동물의 정자의 염색체 수가 10개, 정자 DNA 상대량이 2라고 가정하면 체세포분열 중기 염색분체의 수와 DNA의 상대량은?

① 20, 4
② 20, 8
③ 40, 4
④ 40, 8

➡ 정자(n)＝10이므로 체세포분열 중기(2n)＝20이고 염색분체의 수는 40개이다. 체세포분열 중기의 DNA양은 정자의 DNA양의 4배이다.

010

다음 중 세포분열이 일어나지 않는 세포는?

① 피부세포
② 소장의 상피세포
③ 정원세포
④ 근육세포

➡ 신경세포나 근육세포와 같이 완전히 분화된 세포는 더 이상 분열하지 않고 G_1기에 멈춰 있다.

011

감수분열을 하는 이유에 대한 설명으로 옳지 않은 것은?

① 대를 거듭해도 염색체 수가 일정하게 유지된다.
② 대를 거듭해도 DNA양이 일정하게 유지된다.
③ 대를 거듭해도 유전자 구성은 변하지 않는다.
④ 유전적으로 다양한 생식세포가 형성된다.

➡ 감수분열 결과 유전적으로 다양한 생식세포가 형성되어 유전적 다양성이 증가한다.

정답

008 ① 009 ④ 010 ④ 011 ③

012

다음 그림은 염색체의 구조를 나타낸 것이다. 이에 대한 설명으로 옳지 않은 것은?

→ 자매염색분체는 전기에 완성된다.

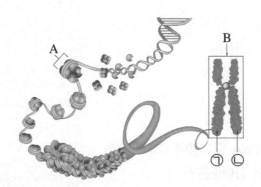

① A는 뉴클레오솜이다.
② B는 간기에서 관찰할 수 있다.
③ ㉠과 ㉡은 자매염색분체로서 동일한 유전자를 갖는다.
④ 염색사가 염색체로 응축되는 이유는 유전정보가 손상되거나 상실되는 것을 방지하고, 유전정보가 딸세포에 정확한 양으로 나뉘어 들어가기 위해서이다.

013

다음 그래프는 어떤 생물의 감수분열 과정에서 DNA 상대량 변화를 나타낸 것이다. Ⅰ~Ⅴ 중 염색분체의 분리가 일어나는 시기는?

→ 염색분체의 분리는 감수 2분열 후기에 일어난다.

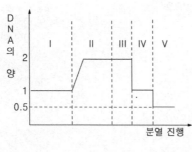

① Ⅱ   ② Ⅲ
③ Ⅳ   ④ Ⅴ

정답

012 ②   013 ③

014

어떤 개체의 유전자형이 AaBbCc라고 할 때, 이 개체로부터 만들어질 수 있는 생식세포는 몇 가지인가? (단, 세 쌍의 유전자는 서로 독립되어 있으며 돌연변이는 없다.)

① 2가지　　　　　　　② 4가지
③ 8가지　　　　　　　④ 16가지

015

염색체 수가 2n=8인 세포의 감수분열을 통해 만들어질 수 있는 염색체의 조합은 몇 가지인가? (단, 교차와 염색체 비분리는 일어나지 않는 것으로 가정한다.)

① 4가지　　　　　　　② 8가지
③ 16가지　　　　　　　④ 32가지

016

멘델의 독립의 법칙에 대한 설명으로 옳지 않은 것은?

① 각각의 대립형질이 서로 다른 염색체 상에 있을 때만 성립된다.
② 각각의 대립형질은 서로 간섭하지 않는다.
③ 각각의 대립형질이 같은 염색체 상에 있을 때도 항상 성립된다.
④ 두 쌍 이상의 대립형질을 대상으로 한 유전이다.

➡ $2 \times 2 \times 2 = 8$가지(2^3)

➡ $n=4$이므로 가능한 염색체의 조합은 $2^4 = 16$가지이다.

➡ 연관은 동일한 염색체 위에 2개 이상의 유전자가 행동을 같이하므로 독립의 법칙으로 설명할 수 없다.

정답

014 ③　015 ③　016 ③

017

다음은 생쥐의 털 색깔을 결정하는 유전자에 대한 자료이다. AaBb인 생쥐끼리 교배했을 때 검정색 털을 가진 생쥐가 태어날 확률은? (단, A와 B는 서로 다른 염색체 위에 존재한다.)

- 유전자 A는 털에 색소가 침착될 것인지를 결정하는 유전자(상위)로서 대립유전자 a에 대하여 우성이다. (유전자형이 aa인 경우 색소침착이 일어나지 않아서 흰색이 된다.)
- 유전자 B는 검정색 색소를 생성하는 유전자로서 갈색 색소를 생성하는 대립유전자 b에 대하여 우성이다.

① $\frac{1}{16}$ ② $\frac{3}{16}$

③ $\frac{4}{16}$ ④ $\frac{9}{16}$

018

A와 B, a와 b가 독립되어 있을 때 AaBb의 자가교배 결과 생기는 자손 A_B_ : A_bb : aaB_ : aabb의 비는?

① 9 : 3 : 3 : 1   ② 3 : 0 : 0 : 1
③ 2 : 1 : 1 : 0   ④ 3 : 3 : 1 : 1

019

A와 B, a와 b가 독립되어 있을 때 AaBb의 검정교배 결과 생기는 자손 A_B_ : A_bb : aaB_ : aabb의 비는?

① 1 : 1 : 1 : 1   ② 1 : 0 : 0 : 1
③ 0 : 1 : 1 : 0   ④ 0 : 0 : 1 : 1

➡ A_B_(검은색) : A_bb(갈색) : aaB_(흰색) : aabb(흰색) = 9 : 3 : 3 : 1이므로 검은색 털을 가질 확률은 $\frac{9}{16}$이다.

➡ 독립되어 있을 경우 AaBb의 자가교배 결과 생기는 자손의 비는 9 : 3 : 3 : 1이다.

➡ 독립되어 있을 경우 AaBb의 검정교배 결과 생기는 자손의 비는 1 : 1 : 1 : 1이다.

정답
017 ④ 018 ① 019 ①

020

A와 B, a와 b가 연관되어 있을 때 AaBb의 자가교배 결과 생기는 자손
A_B_ : A_bb : aaB_ : aabb의 비는?

① 9 : 3 : 3 : 1　　　　② 3 : 0 : 0 : 1
③ 2 : 1 : 1 : 0　　　　④ 3 : 3 : 1 : 1

→ 상인 연관되어 있을 경우 AaBb의
자가교배 결과 생기는 자손의 비는
3 : 0 : 0 : 1이다.

021

A와 B, a와 b가 연관되어 있을 때 AaBb의 검정교배 결과 생기는 자손
A_B_ : A_bb : aaB_ : aabb의 비는?

① 1 : 1 : 1 : 1　　　　② 1 : 0 : 0 : 1
③ 0 : 1 : 1 : 0　　　　④ 0 : 0 : 1 : 1

→ 상인 연관되어 있을 경우 AaBb의
검정교배 결과 생기는 자손의 비는
1 : 0 : 0 : 1이다.

022

A와 b, a와 B가 연관되어 있을 때 AaBb의 자가교배 결과 생기는 자손
A_B_ : A_bb : aaB_ : aabb의 비는?

① 9 : 3 : 3 : 1　　　　② 3 : 0 : 0 : 1
③ 2 : 1 : 1 : 0　　　　④ 3 : 3 : 1 : 1

→ 상반 연관되어 있을 경우 AaBb의
자가교배 결과 생기는 자손의 비는
2 : 1 : 1 : 00이다.

023

A와 b, a와 B가 연관되어 있을 때 AaBb의 검정교배 결과 생기는 자손
A_B_ : A_bb : aaB_ : aabb의 비는?

① 1 : 1 : 1 : 1　　　　② 1 : 0 : 0 : 1
③ 0 : 1 : 1 : 0　　　　④ 0 : 0 : 1 : 1

→ 상반 연관되어 있을 경우 AaBb의
검정교배 결과 생기는 자손의 비는
0 : 1 : 1 : 00이다.

정답

020 ②　021 ②　022 ③　023 ③

024

다음 그림은 염색체 구성이 서로 다른 2가지 세포를 나타낸 것이다. 감수분열 결과 ⑺와 ⑷에서 생성되는 생식세포에 대한 설명으로 옳은 것은? (단, 교차와 돌연변이는 일어나지 않는다.)

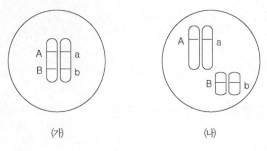

(가)   (나)

① ⑺에서 A와 B는 독립적으로 이동한다.
② ⑺로부터 4종류의 생식세포가 형성된다.
③ ⑷로부터 2종류의 생식세포가 형성된다.
④ ⑷에서 a와 B가 같은 생식세포로 이동할 수 있다.

025

다음 그림은 염색체에 존재하는 유전자의 위치를 나타낸 것이다. 여기서 만들어지는 생식세포가 아닌 것은? (단, 교차는 일어나지 않는다.)

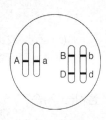

① ABD   ② Abd
③ abD   ④ abd

026

사람의 염색체 수는 2n = 46이다. 연관군의 수는 몇 개인가?

① 16개   ② 23개
③ 46개   ④ 92개

⟶ ⑺에서 A와 B는 연관되어 있고 2종류의 생식세포가 형성된다. ⑷에서 A와 B는 독립되어 있으며 4종류의 생식세포가 형성된다.

⟶ abD가 만들어지려면 B와 D 사이에서 교차가 일어나야 한다.

⟶ 연관군의 수는 생식세포의 염색체 수와 같다.

정답

024 ④ 025 ③ 026 ②

027

다음 표는 유전자형이 AaBbDd인 식물 X를 자가교배시켜 얻은 자손의 표현형과 개체수를 나타낸 것이다. 유전자 A, B, D의 염색체상 위치로 옳은 것은? (단, A, B, D는 대립 유전자 a, b, d에 대해 각각 우성이고, 교차는 일어나지 않았다.)

표현형	개체수	표현형	개체수
A_B_D_	300	A_bbD_	100
A_B_dd	150	A_bbdd	50
aaB_D_	150	aabbD_	50
aaB_dd	0	aabbdd	0

①

②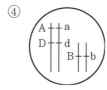

③

④

➡ AB : Ab : aB : ab = 9 : 3 : 3 : 1이므로 A와 B는 독립, BD : Bd : bD : bd = 9 : 3 : 3 : 1이므로 B와 D는 독립, AD : Ad : aD : ad = 2 : 1 : 1 : 0이므로 A와 d는 상반 연관이다.

028

A와 B, a와 b가 연관되어 있을 때 AaBb의 교배 시 수컷은 25% 교차가 일어나고 암컷은 완전 연관된다. 이들 사이에서 태어난 개체 중 유전자형이 aabb일 확률은?

① 1/16
② 3/16
③ 5/16
④ 9/16

➡ 수컷은 25% 교차가 일어났으므로 생식세포는 AB : Ab : aB : ab = 3 : 1 : 1 : 3, 암컷은 완전 연관되어 있으므로 생식세포는 AB : Ab : aB : ab = 1 : 0 : 0 : 1이다. 이들 사이에서 태어난 자손 A_B_ : A_bb : aaB_ : aabb의 비는 11 : 1 : 1 : 3이므로 유전자형이 aabb인 것은 3/16이다.

정답

027 ② 028 ②

029

A와 b는 연관되어 있고 두 유전자 간 교차율은 30%이다. 유전자형이 AaBb인 개체를 검정교배하여 자손의 유전자형을 조사했을 때 AaBb : Aabb : aaBb : aabb의 비는?

① 7 : 3 : 3 : 7   ② 3 : 7 : 7 : 3

③ 5 : 7 : 7 : 5   ④ 7 : 5 : 5 : 7

> 검정교배 결과 생긴 자손의 비는 생식세포의 비와 같으므로 상반 연관이고 교차율이 30%이면 AaBb : Aabb : aaBb : aabb = 3 : 7 : 7 : 30이다.

030

세 유전자 ABC가 순서대로 배열되어 있고 A~B 간 교차율이 20%, B~C 간 교차율이 25%라면 A~C 간의 교차율은?

① 5%   ② 20%

③ 25%   ④ 45%

> ABC가 순서대로 배열되어 있으므로 A~C 간의 교차율은 45%이다.

031

다음 그림은 어떤 유전병에 대한 가계도이다. 이에 대한 해석으로 옳지 않은 것은? (단, 우성 유전자는 A, 열성 유전자는 a로 표시한다.)

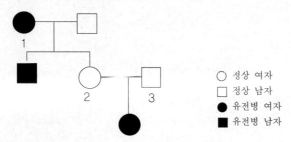

○ 정상 여자
□ 정상 남자
● 유전병 여자
■ 유전병 남자

① 1의 유전자형은 aa이다.
② 2의 유전자형은 Aa이다.
③ 이 유전병은 우성 형질이다.
④ 2와 3 사이에서 정상인 아이가 태어날 확률은 75%이다.

> 2와 3 사이에 유전병이 태어났으므로 이 유전병은 열성 형질이다.

정답

029 ② 030 ④ 031 ③

032

다음 그림은 왜소체구증에 대한 어느 집안의 가계도이다. 이에 대한 설명으로 옳은 것을 모두 고르면?

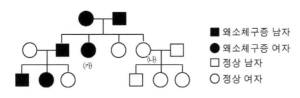

- ■ 왜소체구증 남자
- ● 왜소체구증 여자
- □ 정상 남자
- ○ 정상 여자

ㄱ. 왜소체구증 유전자는 정상에 대해 열성이다.

ㄴ. (가) 부모의 유전자형은 모두 이형접합이다.

ㄷ. (나)의 유전자형은 동형접합이다.

① ㄱ

② ㄱ, ㄴ

③ ㄱ, ㄷ

④ ㄴ, ㄷ

033

다음은 대방이가 집안 식구들의 유전적 특징을 조사한 자료이다. 이에 대한 설명으로 옳지 않은 것은?

- 할아버지는 혀를 말 수 있으며, 유전자를 순종으로 가지고 있다.
- 할머니는 혀를 말 수 없다.
- 어머니와 아버지의 혀 말기 유전자형은 같다.
- 혀를 마는 유전자는 혀를 말지 못하는 유전자에 대해 우성이다.
- 혀 말기 유전은 멘델의 법칙을 따른다.

① 아버지와 삼촌, 고모들은 모두 혀를 말 수 있다.

② 대방이의 동생이 태어난다면 혀를 말지 못할 확률은 25%이다.

③ 어머니와 아버지 사이에서 태어난 자식은 모두 혀를 말 수 있다.

④ 이 유전 현상을 나타내는 유전자는 상염색체 상에 존재한다.

➡ 왜소체구증 사이에서 정상이 태어났으므로 왜소체구증은 정상에 대해 우성 형질이다. 따라서 (가) 부모의 유전자형은 모두 이형접합이고 (나)는 열성이므로 동형접합이다.

➡ 혀를 마는 유전자는 혀를 말지 못하는 유전자에 대해 우성이므로 어머니와 아버지는 이형접합(Rr)이다. 따라서 어머니와 아버지 사이에서 태어난 자녀 중 혀를 말 수 없는 자녀가 태어날 수 있다.

정답

032 ④ 033 ③

034

할아버지와 외할아버지가 미맹이고 부모는 모두 정상인 가정에서 미맹인 아들이 태어날 확률은? (단, 미맹유전자는 상염색체 위에 있고 열성으로 유전된다.)

① 12.5%
② 20%
③ 25%
④ 50%

부모는 모두 Aa가 되므로 Aa×Aa 사이에서 미맹이 태어날 확률은 1/4이고 아들이 태어날 확률은 1/2이므로 미맹인 아들이 태어날 확률은 1/8이다.

035

외할아버지가 색맹이고 부모는 모두 정상인 가정에서 색맹인 아들이 태어날 확률은?

① 12.5%
② 20%
③ 25%
④ 50%

외할아버지가 색맹이고 부모는 모두 정상이므로 X^CX와 XY이며, 이 부모 사이에서 색맹인 아들이 태어날 확률은 1/4이다.

036

초파리 수컷 염색체는 XY이고 암컷 염색체는 XX이며 눈 색깔 조절 유전자는 X염색체 위에 있다. 붉은 눈이 흰 눈에 대해서 우성일 경우 흰 눈 수컷과 이형접합인 붉은 눈 암컷을 교배했을 때 나타나는 자손의 붉은 눈과 흰 눈의 비는?

① 붉은 눈 : 흰 눈 = 1 : 1
② 붉은 눈 : 흰 눈 = 4 : 0
③ 붉은 눈 : 흰 눈 = 0 : 4
④ 붉은 눈 : 흰 눈 = 3 : 1

흰 눈 수컷(X^aY)과 이형접합인 붉은 눈 암컷(X^AX^a)을 교배하면 자손은 X^A X^a, X^AX, X^AY, X^aY이므로 붉은 눈(X^A X, X^AY) : 흰 눈(X^aX^a, X^aY) = 1 : 1이다.

037

혈액형이 O형이고 색맹이 아닌 아버지와 혈액형이 AB형이며 색맹인 어머니 사이에서 태어난 아이가 B형이고 색맹일 확률은?

① 0
② $\dfrac{1}{2}$
③ $\dfrac{1}{4}$
④ $\dfrac{1}{8}$

O형(OO)와 AB형(AB) 사이에서 B형인 아이가 태어날 확률은 1/2이고 색맹이 아닌 아버지(XY)와 색맹인 어머니(X^cX^c) 사이에서 태어난 아이가 색맹일 확률은 1/2이므로 이를 곱하면 1/4이다.

정답

034 ①   035 ③   036 ①   037 ③

038

그림은 어떤 유전병에 대한 가계도이다. 이 유전병이 반성 유전이 아님을 확인할 수 있는 증거 (ㄱ)과, 정상으로 표현된 C가 이 유전병에 대해 어머니와 같은 유전자형을 가질 확률 (ㄴ)으로 옳은 것은?

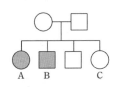

	(ㄱ)	(ㄴ)
①	A가 태어난 것	1/4
②	A가 태어난 것	2/3
③	A가 태어난 것	1/2
④	B가 태어난 것	1/2

039

다음 그래프는 어떤 집단에서 사람의 피부색과 미맹 분포를 조사한 것이다. 이에 대한 설명으로 옳지 않은 것은?

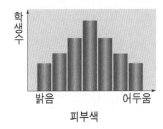
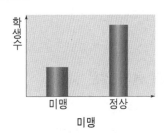

① 사람의 피부색을 결정하는 유전자는 두 쌍 이상이다.
② 사람의 피부색과 같은 방식으로 유전되는 형질에는 ABO식 혈액형이 있다.
③ 다인자유전은 연속적으로 나타나고 미맹유전은 불연속적으로 나타난다.
④ 다인자유전은 정규분포곡선으로 나타난다.

➡ 아버지가 정상이면 색맹인 딸이 태어날 수 없으므로 반성유전이라면 A가 태어날 수 없다. 따라서 상염색체유전이 되어야 하고 어머니와 아버지는 Aa이다. 따라서 C는 AA, Aa, Aa 중 하나이고 어머니와 같은 유전자형(Aa)이 될 확률은 2/3이다.

➡ 사람의 피부색은 다인자유전이고 ABO식 혈액형과 미맹은 단일인자유전이다.

040

하나의 유전자가 여러 형질에 영향을 주는 현상은?

① 완전우성   ② 불완전우성
③ 다인자유전   ④ 다면발현

→ 낫모양 적혈구 빈혈증과 같이 하나의 유전자가 빈혈, 심장 이상, 뇌 이상, 지라 이상 등 다양한 형질에 영향을 주는 현상을 다면발현이라 한다.

041

성 결정형이 ZO형인 파충류 암컷의 체세포 염색체 수가 31개라고 가정하면 수컷의 정자에 들어 있는 상염색체 수는?

① 14개   ② 15개
③ 16개   ④ 30개

→ 성 결정형이 ZO형인 암컷의 체세포 염색체 수가 31개라면 수컷의 염색체 수는 32개이므로 정자에 들어 있는 염색체 수는 16개이고 성 염색체 1개를 빼면 상염색체 수는 15개이다.

042

염색체 비분리에 의한 돌연변이가 아닌 것은?

① 윌리암스 증후군   ② 에드워드 증후군
③ 클라인펠터 증후군   ④ 터너 증후군

→ 윌리암스 증후군은 7번 염색체 특정 부위가 결실된 구조 이상에 의한 돌연변이이다.

043

돌연변이로 인한 유전질환에 대한 설명으로 옳지 않은 것은?

① 씨 없는 수박은 배수체 돌연변이에 의한 것이다.
② 낫모양 적혈구 빈혈증은 유전자 돌연변이에 의해 나타난다.
③ 정상 난자가 성염색체가 없는 정자와 수정하면 터너 증후군이 태어날 수 있다.
④ 클라인펠터 증후군은 남녀 모두에게 나타날 수 있다.

→ 클라인펠터 증후군은 44+XXY이므로 남자에게만 나타난다.

정답
040 ④   041 ②   042 ①   043 ④

044

다음 중 핵형분석으로 알 수 없는 유전질환은?

① 고양이 울음 증후군

② 윌리암스 증후군

③ 낫모양 적혈구 빈혈증

④ 터너 증후군

045

그림 ㈎는 사람의 정자 형성과정에서 성염색체의 비분리 현상을, ㈏는 사람의 난자 형성과정에서 성염색체가 정상적으로 분리된 것을 나타낸다.

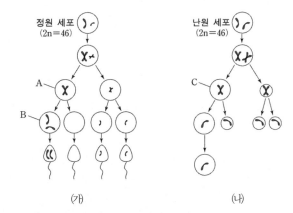

(㈎)　　　　　　(㈏)

이에 대한 설명으로 옳은 것을 모두 고르면? (단, 그림에는 성염색체만을 표시하였고 상염색체는 정상적으로 분리되었다.)

ㄱ. A와 B의 DNA양은 같다.

ㄴ. B와 C의 염색체 수는 같다.

ㄷ. ㈎의 정자와 정상인 난자가 수정되면 염색체 수가 다른 3종류의 수정란이 만들어진다.

① ㄱ

② ㄴ

③ ㄷ

④ ㄱ, ㄷ

낫모양 적혈구 빈혈증은 유전자 돌연변이이므로 핵형분석을 통해서 알아낼 수 없다.

A에서 B가 될 때 한 쌍만 비분리되었으므로 B의 DNA양은 A의 DNA양의 1/2보다 비분리된 1개의 염색체가 갖는 DNA양만큼만 많다. B의 염색체 수는 n+1이고 C의 염색체 수는 n이다.

정답

044 ③ 045 ③

생물의 神

PART

V

동물생리학

하이클래스 생물

11 동물의 체계와 생리

1 동물의 구성 체계

세포 → 조직 → 기관 → 기관계 → 개체

2 동물의 조직

같은 구조와 기능을 갖는 세포들의 그룹으로 상피조직, 결합조직, 근육조직, 신경조직 이렇게 4개의 조직으로 분류한다.

(1) 상피조직(epithelium tissue)

덮개 상피(covering epithelium)와 샘 상피(glandular epithelium)로 나눌 수 있다. 덮개 상피는 몸의 외부 표면이나 기관의 안쪽 벽을 덮어서 보호하며, 샘 상피는 여러 물질을 분비하는 세포로 구성되어 있어 분비 상피라고도 하며 외분비샘과 내분비샘이 있다. 상피조직은 세포층의 수나 세포의 모양에 따라 이름을 붙인다.

① 세포층의 수에 따라

단층상피 (simple epithelium)	한 층의 세포로 구성
다층상피 (stratified epithelium)	여러 층의 세포로 구성

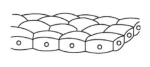

▲ 단층상피

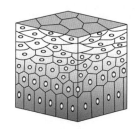

▲ 다층상피

② 세포의 모양에 따라

편평상피 (바닥 타일 모양) (squamous epithelium)	단층 편평상피 (simple squamous epithelium)	확산에 의한 물질교환에 중요한 모세혈관이나 폐포의 벽에서 볼 수 있다.
	중층 편평상피 (다층 편평상피) (stratified squamous epithelium)	마모가 되기 쉬운 피부의 표피, 식도, 항문 질 등의 내벽으로 기저막 근처의 세포들이 분열함으로써 빠르게 재생
입방상피 (cuboidal epithelium)		주사위 모양으로 세뇨관, 갑상샘, 침샘 등과 같은 샘들의 상피조직에서 볼 수 있다.
원주상피 (columnar epithelium)	단층 원주상피 (simple columnar epithelium)	세워져 있는 벽돌 모양으로 소장의 내벽을 둘러싸고 있으면서 소화액을 분비하고 영양물질을 흡수한다.
	거짓중층 원주상피 (pseudostratified columnar epithelium)	다양한 높이를 가지는 한 층의 세포들로 구성된다. 섬모를 가지며 호흡기 점막을 형성한다.

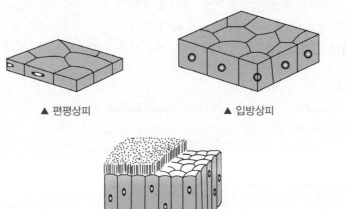

▲ 편평상피   ▲ 입방상피

▲ 섬모를 갖는 원주상피

❖ 피부
  표피(각질층 – 투명층 – 과립층 – 유극층 – 기저층으로 구성된 다층 편평상피)와 진피로 구성된다.

예제 | 1

다세포 생물은 공통적인 구조와 기능을 가진 세포 들이 모여 조직을 이루어 특수한 기능을 수행한다. 동물의 상피조직에 대한 설명으로 옳은 것을 모두 고른 것은? (경기)

ㄱ. 근섬유라고 부르는 세포들로 구성되어 있다.
ㄴ. 일반적으로 외부 환경으로부터 보호 기능 및 분비, 흡수 등의 기능이 있다.
ㄷ. 표면을 덮고 있는 조밀하게 밀집된 세포들로 되어 있다.
ㄹ. 상피조직을 구성하는 세포들은 형태와 기능에 따라 분류되어 있다.

① ㄴ, ㄷ
② ㄱ, ㄴ, ㄷ
③ ㄱ, ㄷ, ㄹ
④ ㄴ, ㄷ, ㄹ

|정답| ④
ㄱ. 근섬유는 근육조직이다.

(2) 결합조직(connective tissue)

다세포 동물의 몸을 구성하는 조직의 일종으로 세포 성분보다 세포외 기질(바탕질)이 차지하는 쪽이 많고, 여러 가지 조직·기관 사이의 틈을 메우거나 이들을 연결하고 지지하는 역할을 담당한다. 다당류인 콘드로이틴황산과 당단백질로 구성된 콘드로이틴황산 프로테오글리칸은 연골, 혈관벽, 힘줄 등의 결합조직에 분포하고 있다.

① 결합조직을 구성하는 섬유

    ㉠ **아교질 섬유**(교원섬유, collagenous fiber): 콜라겐이라는 단백질로 구성되어 있으며 탄력성이 없고 잘 찢어지지 않는다.

        예 피부를 잡아당겼을 때 살점이 떨어지지 않는 것

    ㉡ **탄력성 섬유**(elastic fiber): 엘라스틴이라는 단백질로 구성되어 있고 신축성이 있게 해준다.

        예 피부를 잡아당겼다 놓았을 때 원래의 모양으로 돌아가게 하는 것

    ㉢ **세망 섬유**(reticular fiber): 콜라겐으로 구성되어 있고 결합조직을 인접한 결합조직과 단단하게 결합시키는 기능을 한다.

② 결합조직의 종류

    ㉠ **성긴 결합조직**(loose connective tissue): 피부를 아래에 있는 조직과 결합시키고, 장간막과 같이 복부기관들을 한 장소에 고정되어 있도록 한다. 공간을 채워서 몸이 움직일 때 인접한 구조들 사이에서 마찰이 생기지 않도록 한다.

    ㉡ **섬유성 결합조직**(fibrillar connective tissue): 힘줄(근육을 뼈에 결합), 인대(뼈와 뼈를 서로 연결), 진피

    ㉢ **연골**(물렁뼈)조직(cartilage tissue): 콜라겐 섬유가 많고 완충 작용을 한다.

    ㉣ **뼈 조직**(bone tissue): 콜라겐 섬유가 칼슘염에 묻혀 있는 기질을 갖고 있어 단단하다. 골의 치밀질에는 뼈를 통과하는 혈관과 신경의 통로로서 2계통의 소관이 있다. 하나는 볼크만관, 또 하나는 하버스관이다. 볼크만관이 횡으로 연결된데 대해서 하버스관은 골의 장축방향으로 연결된다. 하버스관 내에 1~2개의 모세혈관이 들어 있다.

    ㉤ **지방조직**(adipose tissue): 신체를 덮는 단열층을 형성한다.

    ㉥ **혈액**(blood): 혈구(세포)가 혈장과 같은 기질로 둘러싸여 있다.

❖ 콘드로이틴황산
두 개의 당을 구성단위로 하여 연결되어 있는 다당류이며 두 개의 당마다 한 개의 황산기를 가지므로 콘드로이틴황산이라 한다.

❖ 세망 섬유는 아교질 섬유에 포함시키기도 한다.

❖ 장간막
창자 사이의 막으로 창자를 매달아 유지한다.

❖ 볼크만관은 골수와 하버스관 사이를 연결한다.

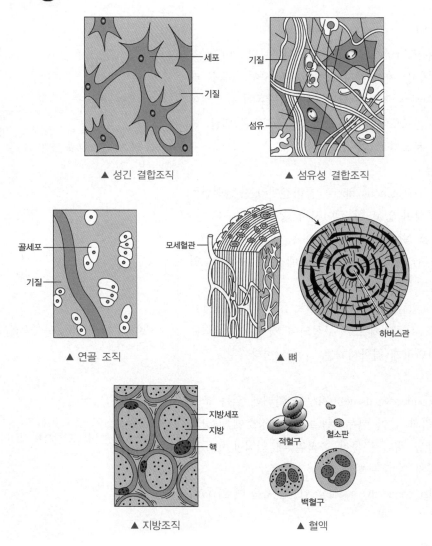

▲ 성긴 결합조직   ▲ 섬유성 결합조직

▲ 연골 조직   ▲ 뼈

▲ 지방조직   ▲ 혈액

(3) 근육조직(muscular tissue)

① 골격근(횡문근, 가로무늬근, 수의근, skeletal muscle): 뼈에 부착되어 있는 근육으로 **수의적**(의식적) 운동을 일으키고 **빠르고 강력한 수축**을 일으키며 쉽게 피로해진다. 다 자란 동물은 고정된 숫자의 근육세포를 갖기 때문에 근육을 만드는 것은 세포의 숫자를 증가시키는 것이 아니라 이미 존재하고 있는 세포를 크게 하는 것이다.

② 내장근(평활근, 민무늬근, 불수의근, smooth muscle): 줄무늬가 없고 방추형이며 소화관, 방광, 동맥의 내벽, 내장기관들의 벽에서 볼 수 있다. **불수의적**(무의식적)인 활동에 관여하고 완만한 수축을 하지만 골격근보다 **오랫동안 지속적으로 수축**할 수 있으며 쉽게 피로해지지 않는다.

③ 심장근(cardiac muscle): 골격근과 유사한 가로무늬(줄무늬)로, **빠른 수축**을 하지만 **불수의적**(무의식적)인 심장 수축을 수행하며 강한 수축을

지속적으로 한다. 심장근의 특징은 **가지를 쳐서** 서로 견고하게 맞붙어 연결되어 있어 수축 신호를 빠르게 전달할 수 있다.

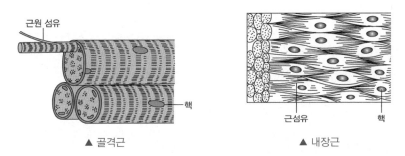

▲ 골격근   ▲ 내장근

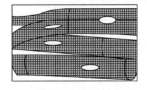

▲ 심장근

(4) 신경조직(nerve tissue)

신경계를 구성하는 조직으로 주로 신경세포나 지지세포(신경아교세포, glia cell) 등의 세포요소로 이루어지며 자극에 감응하여 이를 다른 세포에 전달하는 작용을 한다.

3 동물의 기관과 기관계

2개 또는 그 이상의 서로 다른 조직이 하나의 특수한 기능을 수행하도록 통합된 것을 기관이라 하며 수행하는 기능이 유사한 기관을 묶어서 기관계라고 한다.

① **소화계**: 입, 식도, 위, 간, 소장, 이자(췌장), 쓸개, 대장, 항문
② **면역계**: 골수, 림프관, 가슴샘, 지라(비장)
③ **순환계**: 심장, 혈관
④ **호흡계**: 후두, 기관, 기관지, 폐
⑤ **배설계**: 콩팥, 오줌관, 방광, 요도
⑥ **신경계**: 뇌, 척수, 감각기관들
⑦ **내분비계**: 뇌하수체, 갑상샘, 이자(췌장) 등 호르몬 분비샘
⑧ **생식계**: 정소, 난소
⑨ **피부계**: 피부와 피부유도체들(털, 손톱, 발톱)
⑩ **근육계**: 골격근, 평활근
⑪ **골격계**: 골격(뼈, 인대, 힘줄, 연골)

기본편 Ⓥ

예제 | 2

동물의 4대 조직 중 분비샘(gland)이 분포하고 있는 조직은?

(지방직 7급)

① 상피조직
② 결합조직
③ 근육조직
④ 신경조직

|정답| ①
외분비샘과 내분비샘은 모두 상피조직에 속한다.

4 동물의 생리

(1) 열 조절을 위한 동물의 적응

① 외온 동물과 내온 동물

    ㉠ 외온 동물: 열을 외부 원천으로부터 얻는 동물

    ㉡ 내온 동물: 물질대사에 의해서 생성된 열에 의해서 체온을 유지하는 동물

② 변온 동물과 항온 동물

    ㉠ 변온 동물: 체온이 환경에 따라서 변하는 동물

    ㉡ 항온 동물(정온 동물): 비교적 일정한 내부온도를 가지는 동물

❖ 이온 동물(heterotherm)
어떨 때는 외온 동물처럼, 다른 때는 내온 동물처럼 행동하는 동물을 지칭하는 것으로 소형의 조류나 포유류가 휴식할 때 체온이 정상체온보다 수 도씩 내려가는 경우

(2) 비 떨림 열 생성: 어떤 포유류들은 빠른 열 생산을 위해서 미토콘드리아가 많은 특수화된 갈색지방이라는 조직을 목 안쪽과 어깨 사이에 가지고 있어서 미토콘드리아에서 물질대사 활성을 증가시키고 ATP대신에 열을 생산하도록 한다.

❖ 인간의 유아는 몸무게의 약 5%가 갈색 지방이며 동면하는 동물의 성체에서뿐만 아니라 최근에는 인간 어른에게서도 발견되었다.

(3) 최소 물질대사율

① 표준대사율(standard metabolic rate, SMR): 외온 동물의 물질대사율

② 기초대사율(basal metabolic rate, BMR): 내온 동물의 물질대사율

    ㉠ 기초대사율은 식전 비어있는 위장을 가지며 스트레스를 받지 않은 상태에서 측정한다.

    ㉡ 일반적으로 내온 동물은 외온 동물에 비해 단위 몸무게 당 더 높은 물질대사율을 가진다. 즉, 같은 몸집을 가진 동물에서 기초대사율(BMR)은 표준대사율(SMR)보다 높다.

    ㉢ 포유류에서 단위 몸무게당(1g당) BMR은 몸크기에 반비례한다. 즉, 쥐는 사람에 비해서 몸집이 작기 때문에 단위체중당 더 높은 물질대사율을 나타낸다. 몸집이 작을수록 단위체중당 대사율이 높은 이유는 몸집이 작을수록 부피당 체표면적이 넓어서 열손실이 많기 때문이다.

③ 활동 대사량: 각종 활동에 필요한 에너지양

④ 1일 총대사량: 기초대사량과 활동대사량을 더한 값으로 기초대사량의 2~4배 정도이며 신진국 사람은 1.5배 정도에 불과하다.

⑤ 외온동물이 내온동물보다 성장을 위한 에너지 수지의 %가 높다. (내온동물은 체온유지에 에너지를 사용하기 때문)

❖ 최소 물질대사율
생명 유지에 필요한 최소한의 에너지양. 1kg에 1시간당 1kcal 필요하며, 여성은 남성보다 5~10% 낮다. 기초대사량은 개인차가 크며 성별·연령 등 여러 요인의 영향을 받는다. 60kg인 성인 남자의 1일 기초대사량은 약 1,440kcal 정도이다. (60kg×24시간＝1,440kcal)

12 소화와 흡수

1 영양소(nutrients)

① 주영양소(macronutrients): 탄수화물, 지방, 단백질
② 부영양소(micronutrients): 물, 무기질, 비타민
③ 에너지원(energy source): 탄수화물, 지방, 단백질
④ 체 구성 물질: 물＞단백질＞지방＞무기질＞탄수화물

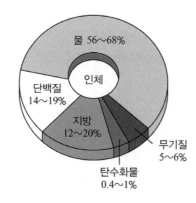

2 영양소의 기능

(1) 탄수화물(carbohydrate)

① 인체 내의 주된 에너지원으로 1g당 약 4kcal의 에너지가 방출되며, 몸의 구성 성분이다.
② 에너지원으로 이용되고 남은 것은 간과 근육에 글리코젠(glycogen)으로 저장된다.

(2) 지방(fat)

① 에너지원으로 사용되며 1g당 약 9kcal의 에너지가 방출되고, 피하 또는 장간막 등에 저장된다.
② 물에 잘 녹지 않고 알코올과 같은 유기 용매(organic solvent)에 잘 녹으며, 주영양소 중 1g당 가장 많은 열량을 낸다.

❖ 지방의 주된 기능은 단열효과와 에너지 저장이다. 탄수화물이나 단백질 1g에 비해서 2배 이상의 에너지를 저장한다.

❖ 유기용매
기름이나 지방을 잘 녹이며 휘발성이 강한 알코올, 아세톤과 같은 물질

(3) 단백질(protein)

① 에너지원으로 사용되며 1g당 약 4kcal의 에너지가 방출된다.

② 체 구성 물질 중에서 가장 많은 양을 차지하는 유기물이다.

③ 동물성 식품에 존재하는 단백질은 대부분 필수아미노산이 모두 포함되어 있으므로 "완전"하다고 하고 식물성 식품에 존재하는 단백질은 하나이상의 필수아미노산이 부족하기 때문에 "불완전"하다고 한다.

> 예 옥수수에는 라이신과 트립토판이 빠져있고, 콩에는 메싸이오닌이 빠져있다.

> ❖ 유기물(유기화합물)
> C와 H를 포함하는 화합물(H_2CO_3, HCO_3^- 등 제외)로 탄수화물, 지방, 단백질, 핵산, 비타민, 요소 등외 다수

(4) 물(water)

① 에너지원은 아니지만 몸을 구성하는 주요 성분(약 66% 차지)

② 탈수축합(분자 간에 결합을 할 때 물이 빠지는 경우)이나, 가수분해(영양소 등의 물질을 분해할 때 물이 첨가되는 경우)와 같은 여러 화학반응의 매개체로 기능한다.

(5) 무기질(무기염류, mineral)

① 에너지원은 아니고 몸의 구성 성분이 되거나 체액의 삼투압과 pH 조절, 보결족으로 작용하여 효소의 활성화 등 체내의 생리적 기능 조절에 관여한다.

② 체내에서 염이나 이온의 형태로 존재하며 음식물을 통해 섭취해야 하고 부족 시 결핍증이 나타나며 오줌과 땀에 의해 체내 무기질의 양이 조절된다.

③ 종류 및 작용

종류	작용	음식물
칼슘	뼈·이의 성분, 혈액응고, 근수축에 관여	우유, 생선, 시금치
나트륨	신경세포의 기능 조절, 체액의 성분	소금, 색소
칼륨	신경세포의 기능 조절, 세포 내의 삼투압·pH 조절	녹황색 채소, 감자
철	헤모글로빈·사이토크롬의 성분	시금치, 간, 육류
황	단백질의 성분	단백질을 포함하는 식품
마그네슘	뼈, 이의 성분, 보조인자	각종 식품, 참깨, 콩
아이오딘	갑상샘 호르몬(티록신)의 성분	바닷말류
구리	헤모글로빈 형성에 필요	간, 굴
인	뼈·이·핵산의 성분	우유, 달걀, 치즈
염소	혈장·위액의 성분	소금

(6) 비타민(vitamin)

① 에너지원은 아니지만 미량으로도 조효소 작용을 하여 효소의 활성화 등 물질대사와 생리적 기능을 조절한다.

② 유기물이지만 몸의 구성 성분은 아니다.

③ 종류

　　㉠ 지용성 비타민(fat soluble vitamin): 비타민 A, D, E, K

　　㉡ 수용성 비타민(water soluble vitamin): 비타민 B군, C

④ 결핍증

　　㉠ 비타민 A(레티놀, retinol): 야맹증

　　㉡ 비타민 B: 각기병

　　㉢ 비타민 C(아스코르브산, ascorbic acid): 괴혈병

　　㉣ 비타민 D(칼시페롤, calciferol): 구루병
　　　(비타민 D는 소장에서 Ca^{2+}의 흡수를 촉진한다.)

　　㉤ 비타민 E(토코페롤, tocopherol): 불임증

　　㉥ 비타민 K(필로퀴논, phylloquinone): 혈액응고 이상

⑤ 일부 비타민은 체내에서 생성된다.

　　㉠ 프로비타민(provitamin): 음식물로 섭취될 때는 비타민이 아니지만 체내에서 비타민으로 전환되는 물질

　　　• 카로틴(carotene) → 비타민 A
　　　• 에르고스테롤(ergosterol) → 비타민 D

　　㉡ 인간과 장내 미생물의 공존은 두 종 모두에게 이점을 주는 상리공생의 예이다. 장에 서식하는 미생물은 바이오틴(비타민B_7) 엽산(비타민B_9), 비타민K와 같은 비타민을 생산하여 영양소를 보충해 준다.

3　영양소의 분해효소

(1) 탄수화물 분해효소(carbohydrase)

① 아밀레이스(amylase): 녹말 → 엿당 + 덱스트린

② 말테이스(maltase): 엿당 → 포도당 + 포도당

③ 락테이스(lactase): 젖당 → 포도당 + 갈락토스

④ 수크레이스(sucrase): 설탕 → 포도당 + 과당

(2) 단백질 분해효소(protase)

① 펩신(pepsin), 트립신(trypsin), 카이모트립신(chymotrypsin): 단백질 → 폴리펩타이드(polypeptide)

② 펩티데이스(peptidase): 폴리펩타이드 → 아미노산

(3) 지방 분해효소

• 라이페이스(lipase): 지방 → 모노글리세리드(monoglyceride) + 지방산(fatty acid)

4 영양소의 검출반응

(1) 아이오딘 반응

녹말이 아이오딘-아이오딘화칼륨 용액과 반응하면 아이오딘-아이오딘화칼륨 용액의 색(연한 갈색)이 청람색으로 변한다.

(2) 베네딕트 반응

① 단당류와 이당류(설탕 제외)가 베네딕트 용액과 반응하면 베네딕트 용액의 색(청색)이 황적색으로 변한다(베네딕트 반응은 가열해 주어야 한다).

② 베네딕트반응에서 황적색으로 나타나는 당은 환원당에 속하므로 자신은 산화된다(베네딕트 용액은 반응 전에 Cu^{2+}이 포함되어 있으므로 보통 청색을 보이는데 환원력을 가진 당은 Cu^{2+}을 환원시켜 Cu^+을 만들어 내며 그 결과 용액의 색깔이 황적색으로 바뀐다.).

(3) 뷰렛 반응

단백질이 뷰렛 용액($NaOH+CuSO_4$)과 반응하면 뷰렛 용액의 색(청색)이 보라색으로 변한다.

(4) 수단 Ⅲ 반응

지방이 수단 Ⅲ 용액과 반응하면 수단 Ⅲ 용액의 색(적색)이 선홍색으로 변한다.

Tip

지방은 글리세롤 1분자에 3분자의 지방산이 결합되었기 때문에 트라이글리세리드(triglyceride) 또는 트라이아실글리세롤(triacylglycerol)이라고 한다. 일반적으로 지방은 라이페이스에 의해서 2분자의 지방산으로 분해되고, 1분자의 지방산은 글리세롤에 결합되어 있는 상태인 모노글리세리드로 되어 융털의 상피세포로 흡수된 후 상피세포 내에서 지방으로 재합성된다.

용어 개정

요오드 → 아이오딘

예제 | 1

아밀레이스의 역할로 옳은 것은?

(경기)

① 녹말 → 이당류
② 녹말 → 포도당
③ 이당류 → 단당류
④ 단백질 → 폴리펩타이드

| 정답 | ①

아밀레이스는 녹말을 이당류인 엿당으로 분해한다.

5 소화(digestion)

(1) 소화의 필요성

녹말이나 단백질, 지방 등의 영양소는 고분자 물질이므로 분자의 크기가 커서 소장의 융털 상피세포막을 통과하여 흡수되기 어렵다. 따라서 영양소가 흡수되기 쉽도록 하기 위해서는 분자의 크기가 작은 단당류나 아미노산, 지방산과 글리세롤 등 저분자 물질로 작게 분해하는 소화과정이 필요하다.

(2) 소화의 종류

① 기계적 소화(mechanical digestion): 음식물을 소화액과 섞고 음식물의 크기를 작게 하여 소화효소가 음식물에 잘 작용할 수 있도록 해주는 물리적 소화과정이다. 영양소의 화학적 성질은 변하지 않으며 음식물의 표면적을 증가시켜 소화효소의 작용 면적을 넓혀 준다.

씹는 운동(저작 운동) (mastication, chewing)	음식물을 이와 턱을 이용하여 잘게 부수는 것이다.
꿈틀 운동(연동 운동) (peristalsis)	식도, 위, 소장, 대장에서 일어나는 근육 운동으로 소화관을 통해 음식물을 이동시킨다.
혼합 운동(분절 운동) (segmentation)	주로 소장에서 일어나며, 소화관 벽이 일정한 간격을 두고 수축, 이완하여 음식물과 소화액을 고루 섞어준다.

② 화학적 소화(chemical digestion): 소화효소에 의해 음식물 속의 영양소가 최종적으로 분해되어 소장의 상피세포에서 흡수될 수 있는 상태가 되는 과정이다.

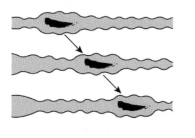
꿈틀 운동(연동 운동)

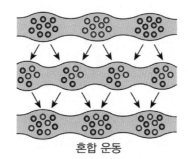
혼합 운동

▲ 기계적 소화

(3) 소화의 장소

① 세포 내 소화(intracellular digestion): 먹이를 세포 안으로 끌어 들여서 소화(해면동물)

② 세포 내외 소화: 자포동물

③ 세포 외 소화(extracellular digestion): 소화관에서 소화(대부분의 동물)

6 사람의 소화기관과 소화 작용

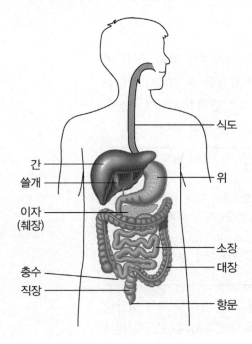

(1) 입(pH = 7)

① 소화액: 침(침샘에서 분비)

② 침샘: 귀밑샘, 턱밑샘, 혀밑샘

③ 소화효소: 아밀레이스(프티알린, ptyalin)에 의해 녹말 → 엿당 + 덱스트린으로 분해

④ 식도: 음식물을 삼킬 때 목젖이 콧구멍으로 통하는 구멍을 막고 후두개가 기관의 입구를 덮어 주기 때문에 음식물은 식도로만 이동하게 된다.

❖ 후두개
음식물이 기도로 들어가지 못하도록 막아주는 기관의 입구로 후두의 뚜껑 역할을 하는 연골 부분

(2) 위(pH = 2)

① 위의 구조: 가로막 바로 아래쪽에 있으며 많은 주름이 있어서 약 2L 정도의 물과 음식물이 들어갈 정도로 늘어난다.

② 소화액: 위액(위샘에서 분비)

③ 위액의 성분과 기능

    ㉠ **펩시노젠(pepsinogen)**: 주세포(chief cell)에서 분비되며, 염산에 의해 펩신으로 활성화되어 단백질을 분해한다.

    ㉡ **염산(HCl)**: 부세포(벽세포, parietal cell)에서 수소이온과 염화이온으로 분비하여 염산을 형성하며, 비활성 상태인 **펩시노젠**을 펩신으로 활성화시키는 역할을 하고 음식물에 섞여 들어온 각종 세균을 죽이는 살균 작용을 한다. 염산이 펩시노젠을 펩신으로 바꾸면 펩신 스스로 나머지 펩시노젠이 활성화되는 것을 돕는다. 이는 더 많은 펩신을 만들게 되는 양성되먹임의 한 예이다.

    ㉢ **뮤신(mucin)**: 점액 분비 세포에서 분비되는 점액에는 뮤신이라는 당단백질(탄수화물과 단백질의 복합체)이 포함되어 있는데 뮤신은 펩신에 의해 분해되지 않으므로 염산과 펩신으로부터 위벽을 보호한다. 또한 위벽의 상피세포는 지속적으로 벗겨지고 세포분열이 일어나 3일마다 위벽 세포를 완전히 교체하게 된다.

    예 **헬리코박터 파일로리균(Helicobacter pylori)**: 산성에 저항성이 있는 박테리아로 위벽에 상처를 내어 위궤양을 일으킨다.

> ❖ 벽세포는 ATP펌프를 이용해서 H^+를 위 내강으로 배출시키고, 이때 K^+는 세포내로 들어온다. 동시에 Cl^-는 막통로를 통해 위 내강으로 확산된다.
>
> ❖ HCl은 펩시노젠의 작은 부분을 잘라(펩시노젠의 활성부위를 가리고 있는 아미노산 서열을 제거) 효소의 활성부위를 노출시킴으로써 활성 펩신으로 전환시킨다. HCl처럼 펩신도 펩시노젠을 잘라 효소의 활성부위를 노출시킬 수 있다.

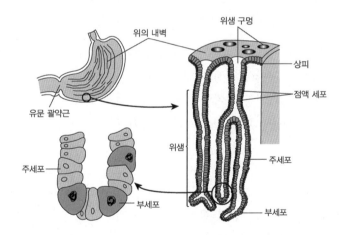

$$염산(HCl)$$
$$펩시노젠 \rightarrow 펩신$$
$$\downarrow$$
$$단백질 \rightarrow 폴리펩타이드$$

④ **위액 분비의 자극**: 부교감 신경과 가스트린(gastrin)이라는 호르몬에 의해서 위액 분비가 촉진된다.

    ㉠ **신경에 의한 자극**: 음식물을 보거나 냄새를 맡거나 맛있는 음식을 먹는 생각만 해도 위액이 분비되며, 입에서 음식물을 씹어도 신경 자극에 의해 위액의 분비가 시작된다. 이와 같은 현상은 부교감 신경의 자극으로 위액 분비가 촉진되기 때문이다.

> ❖ 긴장했을 때는 교감 신경이 작용하고 휴식하고 있을 때는 부교감 신경이 작용한다. 따라서 교감 신경은 소화액 분비를 억제하고 부교감 신경은 소화액 분비를 촉진한다.

ⓒ 호르몬에 의한 자극: 음식물이 위 점막을 자극하면 위에서 가스트린이라는 호르몬이 분비되어 혈관을 따라 이동하는데 이때 위샘의 주세포와 부세포를 자극하면 위액 분비가 촉진된다.

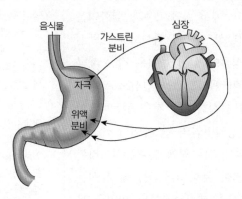

⑤ 십이지장으로의 이동: 위에서 섞임과 효소의 작용으로 소화된 음식물은 산성 유미즙(chyme)이라고 알려진 영양분이 많은 죽으로 변해서 꿈틀 운동에 의해 위와 십이지장 사이에 있는 유문을 통해 십이지장으로 내려간다. 식도와 연결된 위의 입구를 분문부라 하며 위와 십이지장 사이에 있는 위의 출구를 유문부라 한다. 분문부의 괄약근(식도의 하부식도 괄약근)은 산성 유미즙의 역류를 방지하고 유문부의 괄약근은 십이지장 내부가 산성일 때 닫히고 염기성일 때 열려서 산성 유미즙이 십이지장으로 한 번에 조금씩 이동하도록 조절한다.

(3) 소장(pH = 8)

① 소장의 구조: 길이가 6m 이상으로 길며, 소장의 처음 25cm 정도를 십이지장(샘창자)이라고 부르며 다음으로 공장(빈창자)과 회장(돌창자)으로 구분된다. 꿈틀 운동을 통해 위와 십이지장 사이의 유문이 열려 산성 유미즙이 십이지장으로 넘어오면 유문이 닫히고, 호르몬에 의해 이자액과 쓸개즙의 분비가 촉진된다.

② 소화액: 이자액, 쓸개즙, 장효소

ⓒ 이자액(이자에서 분비): 3대 영양소의 소화효소와 탄산수소나트륨($NaHCO_3$)이 포함되어 있어 위에서 넘어온 산성 음식물을 중화시킨다. 십이지장 내부가 약염기가 되면 다시 유문이 열려 산성 음식물이 넘어올 수 있도록 한다.

❖ 위의 점막에 존재하는 G세포에서 가스트린이 분비되어 위액 분비를 촉진하는데 위 내용물의 pH가 3 이하로 떨어지면 가스트린의 분비는 억제되기 시작한다. 이는 음성되먹임의 한 예이다.

❖ 인두
코와 입을 통해 공기와 음식물의 공통된 통로인 인두는 2개의 관으로 나누어지는데 음식물이 위로 이동하는 식도와 기도의 일부인 후두이다. 인두 바로 밑의 식도를 둘러싸고 있는 상부식도 괄약근이 있고 식도의 말단에 있는 하부식도 괄약근(분문 괄약근)에 의해서 위와 식도의 경계를 구분한다.

❖ 탄산수소나트륨(중탄산염: $NaHCO_3$)
위에서 내려온 산성 음식물을 중화시켜 소장 내부를 약염기성(pH = 8) 상태로 만들어준다.

- 아밀레이스(amylase): 녹말 → 엿당
- 트립시노젠(trypsinogen): 단백질 → 폴리펩타이드
- 카이모트립시노젠(chymotrypsinogen): 단백질 → 폴리펩타이드
- 프로카복시펩티데이스(procarboxypeptidase): 폴리펩타이드 → 저분 자인 펩타이드와 아미노산(C말단의 아미노산 잔기를 가수분해)
- 라이페이스(lipase): 지방 → 모노글리세리드(monoglyceride) + 지방산 (fatty acid)

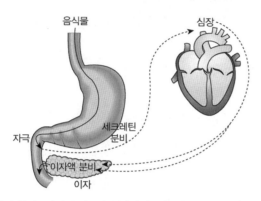

>> **이자액 분비 촉진**: 산성 유미즙이 십이지장 벽을 자극하면 십이지장 벽의 내분비 세포인 S세포는 낮은 pH를 감지해서 세크레틴(secretin)이라는 호르몬을 분비하 여 이자액(NaHCO₃) 분비를 촉진한다. NaHCO₃는 소장의 pH를 높여 자극을 없 애며 음성되먹임으로 세크레틴의 분비를 멈추게 한다.

ⓛ 쓸개즙(담즙, bile): 간에서 생성되어 쓸개(담낭)에 저장되었다가 십이지장으로 분비되며 소화효소는 없다. 큰 지방 덩어리를 작 은 지방 입자로 만들어 라이페이스가 작용할 수 있는 표면적을 넓혀주어 지방의 소화를 돕는 유화 작용과 음식물의 부패를 방 지하는 방부 작용을 한다.

지방 덩어리 — 쓸개즙(유화) → 유화된 지방 — 라이페이스(분해) → 지방산 모노글리세리드

▲ 쓸개즙의 작용

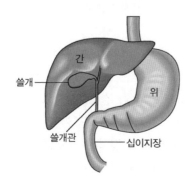

❖ **세크레틴(secretin)**
소장의 산도를 중성으로 유지하 기 위해 세크레틴은 2가지 기능을 한다. 하나는 췌장에서 이자액(중탄 산염, NaHCO₃)의 분비를 촉진하 고. 또 하나는 위의 부세포에 작용 하여 직접 위산의 분비를 억제하는 작용을 한다.

❖ **콜레시스토키닌 = 판크레오지민** (cholecystokinin = pancreozymin)
위에서 넘어온 음식물에 포함된 지 방과 단백질의 자극으로 십이지장 벽의 내분비세포인 I세포에서 분비 되어 쓸개즙과 이자액(이자효소, 소 화효소) 분비를 촉진한다.
약자로 CCK 또는 CCK–PZ라고도 한다.

❖ 유미즙에 지방이 많으면 세크레틴 과 CCK가 다량 분비되어 위에서의 연동운동을 억제한다. 이는 유미즙 의 운동을 느리게 하고 지방의 소화 가 소장에서 더 많은 시간 동안 일 어나게 해준다.

ⓒ 장 효소(십이지장의 상피세포 외벽): 이당류 소화효소와 단백질을 최종 산물로 분해하는 소화효소가 있다. 일부 효소는 십이지장 내강으로 분비되고 다른 효소는 상피세포 표면에 붙어 있다.

> • 말테이스(maltase): 엿당(maltose) → 포도당(glucose) + 포도당
> • 락테이스(lactase): 젖당(lactose) → 포도당 + 갈락토스(galactose)
> • 수크레이스(sucrase): 설탕 → 포도당 + 과당
> • 펩티데이스(peptidase): 폴리펩타이드(polypeptide) → 아미노산
> • 엔테로카이네이스(enterokinase): 트립시노젠(trypsinogen) → 트립신(trypsin)

③ 소장과 소화액 분비샘의 보호
　ⓐ 위에서와 같이 뮤신 단백질을 가진 점액이 분비되어 소장 벽을 보호한다.
　ⓑ 선구물질의 활성화: 이자액의 소화효소는 비활성 상태로 분비되므로 분비관을 지나는 동안 분비샘이 보호되며 소장에서 활성화된다.

> • 엔테로카이네이스: 트립시노젠 → 트립신
> • 트립신: 카이모트립시노젠(chymotrypsinogen) → 카이모트립신(chymotrypsin)
> • 트립신: 프로카복시펩티데이스(procarboxypeptidase) → 카복시펩티데이스(carboxypeptidase)

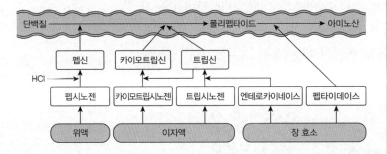

④ 엔테로가스트론(enterogastrone): 소장 내면의 세포에서 분비되는 소화관호르몬으로 위산 분비를 억제하고 위 활동을 억제하는 호르몬의 총칭, 가스트린 억제 폴리펩타이드(gastric inhibitory polypeptide, GIP), 세크레틴, 콜레시스토키닌 등이 포함된다.

(4) 대장

① 대장의 구조: 소장보다 굵고 길이가 1.5m 정도로 맹장, 결장, 직장으로 구분된다. 대장은 T자 형태의 접합부에서 소장과 연결되고 이 부분의 괄약근은 음식의 이동을 조절한다. T자 형태의 접합부에서 한 쪽은 결장과 연결되고 다른 한 쪽은 맹장으로 이루어져 있다.

❖ 장효소의 펩티데이스(에렙신)
• 아미노펩티데이스
• 카복시펩티데이스
• 다이펩티데이스

❖ 엔도펩티데이스
펩신, 트립신, 카이모트립신

❖ 엑소펩티데이스
아미노펩티데이스, 카복시펩티데이스, 다이펩티데이스

❖ 회맹괄약근
회장과 맹장사이의 괄약근

⊙ **맹장(caecum)**: 대장이 시작되는 첫 부위로 맹장(막창자)의 끝에 충수(막창자꼬리)라는 림프조직의 돌기가 있다.

⊙ **결장(colon)**: 상행결장(오름창자), 횡행결장(가로창자), 하행결장(내림창자), S상 결장(구불창자)의 네 부분으로 이루어져 있고, 이 네 부분은 각각 길이와 형태가 다르다.

⊙ **직장(rectum)**: 대장의 최하부 즉 S상 결장 끝에서부터 항문까지의 부분을 말하는데 이 부분은 배설물이 배설될 때까지 저장되는 곳이다. 위가 음식물로 채워지면 결장에서 강력한 수축이 일어나 대변을 보고 싶은 욕구를 일으키게 된다. 항문 괄약근에는 수의적 괄약근과 불수의적 괄약근으로 이루어진 2개의 괄약근이 있다.

② 주로 수분을 흡수하며, 남은 찌꺼기는 꿈틀 운동에 의해 항문으로 이동한다.

③ 비타민 B, K가 박테리아에 의해 생산되고 흡수된다.

〈소화기관과 소화효소〉

소화기관	소화액	소화효소	작용
입(pH＝7)	침	아밀레이스	녹말 → 엿당
위(pH＝2)	위액	펩신	단백질 → 폴리펩타이드
소장(pH＝8)	이자액	아밀레이스	녹말 → 엿당
		트립신	단백질 → 폴리펩타이드
		카이모트립신	단백질 → 폴리펩타이드
		카복시펩티데이스	폴리펩타이드 → 작은 폴리펩타이드
		라이페이스	지방 → 지방산 + 모노글리세리드
	쓸개즙	없음	
	장 효소	말테이스	엿당 → 포도당 + 포도당
		락테이스	젖당 → 포도당 + 갈락토스
		수크레이스	설탕 → 포도당 + 과당
		펩티데이스	폴리펩타이드 → 아미노산

» **핵산 가수분해효소(nuclease)**: 이자(췌장)와 소장에서 분비되는 뉴클레이스에 의해 핵산의 분해가 이루어진다.

❖ 장내 세균은 흡수되지 않은 유기물을 이용해 살아간다. 많은 결장 세균은 물질대사 부산물로 메테인과 황화수소를 포함하는 독한 냄새를 갖는 기체를 만들며, 이러한 가스들은 항문을 통해 배출된다.

❖ 항문괄약근
평활근으로 구성된 내항문괄약근은 불수의적으로 조절되며 골격근으로 이루어진 외항문괄약근은 수의적 조절을 받는다.

Tip

대부분의 동물은 셀룰로스β결합을 분해하는 효소를 갖고 있지 않으므로 변으로 빠져나오지만 셀룰로스가 소화관 벽을 건드려서 점액을 분비하도록 자극하면 분비된 점액은 음식물이 소화관을 부드럽게 통과할 수 있도록 돕는다. 소는 위에 셀룰로스를 분해하는 미생물이 있고, 나무를 먹고 사는 흰개미도 창자에 셀룰로스를 분해하는 미생물이 서식하고 있다. 어떤 곰팡이는 토양 및 여러 곳에서 셀룰로스를 분해할 수 있어서 화학순환을 돕는다.

❖ 소와 같은 반추동물의 소화
입 → 식도 → 혹위 → 벌집위 → 식도 → 입 → 겹주름위 → 주름위 → 소장 → 대장 → 항문

7 간의 작용

① 혈당량 조절: 포도당을 글리코젠으로 합성하여 저장하거나 글리코젠을 포도당으로 분해하여 혈당량을 일정하게 조절한다(혈당량을 0.1%로 유지).

② 쓸개즙 생성

③ 해독 작용: 알코올, 니코틴, 약물의 독성을 제거한다.

④ 요소 생성: 단백질의 분해 결과로 생성된 유독한 암모니아를 무독한 요소로 합성한다.

⑤ 체온 유지: 열을 발생하여 체온을 유지한다.

⑥ 비타민 A, D 저장: 프로비타민 A, D를 저장한다.

⑦ 적혈구 파괴: 오래된 적혈구의 헤모글로빈 분해산물인 빌리루빈 색소가 쓸개즙에 함유되어 있다.

⑧ 혈장 단백질 합성: 프로트롬빈(prothrombin)과 피브리노젠(fibrinogen, 혈액응고 단백질), 알부민(albumin, 혈장 삼투압 조절 단백질), 헤파린(heparin, 혈액응고 방지 단백질)을 합성한다.

❖ 쓸개즙(담즙)은 간에서 콜레스테롤로부터 합성되며 담즙산염, 담즙색소(빌리루빈), 레시틴(인지질의 하나), HCO_3^- 등을 포함한다.

❖ 빌리루빈
담즙(쓸개즙)에 존재하는 황갈색 물질로, 수명이 다한 적혈구가 분해될 때 적혈구의 구성성분인 헤모글로빈이 분해되면서 생성되는 산물이다. 빌리루빈의 혈장 내 농도가 너무 높아지면 피부나 눈의 흰자위가 누렇게 되는 황달 증상이 나타난다.

8 양분의 흡수와 이동

(1) 흡수 장소: 소장의 융털 돌기

소장의 안쪽 벽에는 많은 주름이 있고, 이 주름에는 수많은 융털(villus)이나 있다. 융털 상피세포에 무수히 많은 미세 융털(microvillus)이 있어 흡수 표면적을 넓게 하여 영양소를 효과적으로 흡수할 수 있다.

❖ 일반적으로 초식동물과 잡식동물은 육식동물과 비교해 볼 때 몸길이에 비해 긴 소화기관을 가지고 있다. 식물 성분은 세포벽을 가지고 있어 고기보다 소화가 어렵기 때문이다. 긴 소화관은 소화가 오랫동안 될 수 있게 해주고 더 넓은 표면은 영양분의 흡수가 더 많이 일어나게 해준다.

(2) 융털 돌기의 단면도

융털(융모)의 상피세포에는 미세섬유다발로 구성된 미세융모들(털연변부)을 갖고 있어서 흡수표면적을 넓게 한다. 이들 미세섬유는 중간섬유망에 고정되어 있다. 융털 내부의 중앙에는 림프관의 일종인 암죽관(lacteal)이 있으며 이 암죽관 주위를 모세혈관(capillary)이 둘러싸고 있다.

❖ 양분의 흡수 원리
과당은 촉진확산으로 상피세포로 이동하고 촉진확산으로 상피세포를 빠져나와 모세혈관으로 확산된다. 일단 과당이 상피세포 내부로 들어오면 포도당으로 전환되므로 세포 내 과당농도는 항상 낮아져 농도기울기는 유지된다. 포도당과 갈락토스, 그리고 아미노산은 Na^+과 공동수송으로 상피세포로 이동하고 촉진확산으로 상피세포를 빠져나와 모세혈관으로 확산된다. 공동수송을 위해 필요한 에너지는 Na^+-K^+펌프에 의해서 공급된다.

(3) 흡수 원리: 확산(diffusion, 에너지를 이용하지 않고 이동)과 능동수송(active transport, ATP 에너지 이용)

(4) 양분의 흡수

① 수용성 양분: 단당류, 아미노산, 무기질, 수용성 비타민(B, C) 등은 물과 함께 소장 융털의 상피세포로 흡수된 후 모세혈관으로 이동된다.

② **지용성 양분**: 지방산과 모노글리세리드는 융털의 상피세포로 흡수된 후 융털의 상피세포에서 다시 지방으로 재합성되어 지용성 비타민(A, D, E, K)과 함께 암죽관(유미관)으로 이동된다.

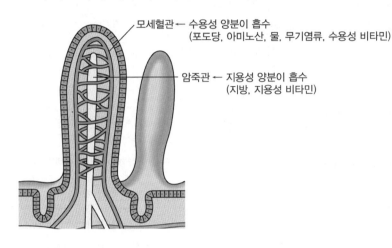

모세혈관 ← 수용성 양분이 흡수
(포도당, 아미노산, 물, 무기염류, 수용성 비타민)

암죽관 ← 지용성 양분이 흡수
(지방, 지용성 비타민)

(5) 양분의 이동경로

① 수용성 양분 → 융털의 모세혈관 → 간문맥 → 간 → 간정맥 → 하대정맥 → 심장 → 온몸

② 지용성 양분 → 융털의 암죽관 → 림프관 → 가슴관 → 빗장밑정맥(쇄골하정맥) → 상대정맥 → 심장 → 온몸

③ 심장으로 들어온 수용성 양분과 지용성 양분은 혈관을 통해 온몸으로 운반되어 몸을 구성하거나 에너지원 등으로 사용된다.

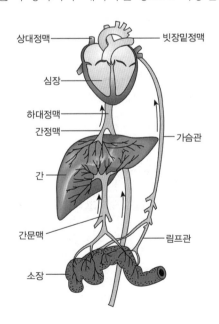

상대정맥 ── 빗장밑정맥

심장

하대정맥

간정맥

간 ── 가슴관

간문맥 ── 림프관

소장

❖ 지방산과 모노글리세리드는 지용성 이기 때문에 상피세포막을 그대로 통과할 수 있다. 상피세포에서 지방 으로 재합성된 후 융털의 상피세포 에서 인지질, 콜레스테롤, 단백질로 포장된 "킬로미크론(chylomicron)" 이라는 둥근 수용성 입자를 형성하 여 세포외 배출작용에 의해 암죽관 으로 들어가서 순환계를 따라 운반 된다. 킬로미크론은 표면의 인지질 과 단백질로 인해 수용성이다.

예제 | 2

소화에 관련된 설명으로 옳지 않은 것은? (서울)

① 이자액에서는 트립시노젠이 분비되어 단백질을 분해한다.

② 쓸개즙에는 라이페이스가 들어있어 지방을 소화한다.

③ 대부분의 영양소는 소장에서 흡수된다.

④ 포도당은 모세혈관으로 흡수되어 간문맥을 지나서 간으로 이동된다.

⑤ 수용성 양분은 모세혈관으로 흡수된다.

| 정답 | ②
쓸개즙에는 소화효소는 없고 지방의 소화를 돕는다.

9 음주와 건강: 알코올의 흡수와 분해

섭취한 알코올의 약 20%는 위에서 흡수되고, 나머지는 소장의 모세혈관을 통해 분해되지 않고 그대로 흡수된다. 체내로 흡수된 알코올은 혈액을 통해 간으로 운반된 후 간에서 알코올 분해효소에 의해 아세트알데하이드(acetaldehyde)와 아세트산(acetate) 등으로 분해된 후 조직세포에서 이산화탄소와 물로 완전히 분해된다.

$$\text{알코올} \xrightarrow[\text{(alcohol dehydrogenase)}]{\substack{\uparrow \\ \text{알코올 탈수소효소}}} \text{아세트알데하이드(acetaldehyde)} \xrightarrow[\text{(acetaldehyde dehydrogenase)}]{\substack{\uparrow \\ \text{아세트알데하이드 탈수소효소}}} \text{아세트산(acetate)} \longrightarrow CO_2 + H_2O$$

예제 | 3

알코올의 흡수와 분해과정에 대한 설명으로 옳지 않은 것은?

① 알코올은 분해되지 않고 그대로 흡수된다.
② 알코올의 일부는 위에서도 흡수된다.
③ 체내로 흡수된 알코올은 간에서 완전히 분해된다.
④ 알코올의 분해과정에서 생성된 아세트알데하이드는 숙취의 원인이 되는 물질이다.

| 정답 | ③
체내로 흡수된 알코올은 간에서 아세트알데하이드와 아세트산으로 분해된 후 조직세포에서 이산화탄소와 물로 완전히 분해된다.

Check Point

❖ **식욕 촉진 호르몬**
그렐린(ghrelin): 위벽에서 분비되어 식사시간이 다가올 때 허기짐을 느끼도록 하는 내분비물로 공복 호르몬(hunger hormone)이라고도 한다. 식사 전에 수치가 올라가고 식사 후에는 수치가 내려가는 성질이 있어 식욕과 음식섭취량을 조절하는 역할을 한다.

❖ **식욕 억제 호르몬**
① 렙틴(leptin): 지방조직에서 분비되어 체지방을 일정하게 유지하는 식욕억제호르몬이다. 렙틴이 분비되어 뇌에 이르면 물질대사를 증가시켜 체지방률을 감소시키고 음식섭취량을 저하시킨다.
② 인슐린(insulin): 췌장에서 분비되어 뇌에 작용해서 식욕을 억제하는 기능을 가지고 있다.
③ PYY(Peptide YY): 소장에서 분비되는 식욕 억제 호르몬이다.

Tip

소화와 관련된 병
• **크론병(Crohn's disease)**: 입에서 항문까지 소화관 전체에 걸쳐 어느 부위에서든지 발생할 수 있는 만성 염증성 장 질환이다. 소화관 내에 정상적으로 존재하는 장내 세균에 대한 우리 몸의 과도한 면역반응이 발병 원인으로 추정된다.
• **폭식증(bulimia nervosa)**: 단시간에 많은 양의 음식을 섭취하고 구토 등을 통해 체중 증가를 막으려는 비정상적인 행위를 반복하는 증상이다.
• **거식증(anorexia nervosa)**: 음식을 거부하는 증세로 섭식 장애로 불리는데 음식 섭취를 극단적으로 피하는 증상이다, 체중 감소를 위한 비정상적인 행동을 보이는 대표적인 섭식 장애로 장기간 심각할 정도로 음식을 멀리함으로써 나타나는 질병이다.

1 혈액의 조성과 기능

혈액의 pH는 약 7.4이고, 적혈구·백혈구·혈소판과 같은 고형 성분(45%)인 혈구와 액체 성분(55%)인 혈장으로 구분된다.

구분	적혈구 (red blood cell)	백혈구 (white blood cell)	혈소판 (platelet)
작용	산소 운반	식세포 작용, 항체 형성	혈액 응고
생성 장소	골수(bone marrow)	골수, 지라, 림프샘	골수
파괴 장소	지라, 간	지라, 골수	지라
개수(1mm^{3}당)	450만~500만 개	6,000~8,000개	20만~40만 개
수명	약 120일	약 15일	약 4~5일
크기	7μm	14μm	3μm
핵의 유무	무핵(포유류의 경우)	유핵	무핵

(1) 적혈구(red blood cell, RBC)

① 혈구의 대부분을 차지하며 가운데가 오목한 원반형이고 생성 초기에는 핵이 뚜렷하지만 성숙함에 따라 핵이 퇴화되어 없어진다.

② 철(Fe)을 함유한 헤모글로빈을 가지고 있기 때문에 붉게 보이며, 헤모글로빈은 산소를 운반하는 역할을 한다. 따라서 철분이 부족하면 빈혈 현상이 나타난다.

③ 적혈구의 수가 부족하면 빈혈 증세를 보이며 고산 지대와 같이 산소가 부족한 환경에서 오래 생활할 경우에는 적혈구의 수가 증가한다.

(2) 백혈구(white blood cell, WBC)

① 핵이 있으며 크기와 모양이 일정하지 않고, 아메바 운동을 하여 이동하므로 모세혈관 밖으로 빠져 나갈 수 있다(백혈구는 핵이 있어서 김자액에 보라색으로 염색된다).

② 체내에 들어온 세균을 식세포 작용으로 제거하고 림프구는 항체를 생산한다. 따라서 몸에 염증이 생기면 백혈구의 수가 증가한다.

❖ 혈구를 생성하는 조혈세포가 많은 골수는 적색골수이며 황색골수는 조혈세포가 감소하고 지방 세포(fat cell)가 증가하여 황색으로 보인다.

❖ 지라(비장, spleen)
가로막 아래, 위의 등 쪽 부분 좌측에 있는 길이 12cm 정도의 암적색 기관으로 백혈구를 생성하고 적혈구, 백혈구, 혈소판을 파괴하며 혈액을 저장하여 혈액량을 조절하는 기관이다.

❖ 헤모글로빈
미성숙 적혈구가 골수에 머무는 동안 분열하면서 헤모글로빈을 형성한다. 헤모글로빈이 일정 수준에 도달하면 핵, 미토콘드리아, 소포체, 골지체 등이 분해되기 시작한다. 적혈구에는 미토콘드리아가 없으므로 적혈구에서는 무산소 대사과정인 해당과정을 통해 ATP를 생성한다.

❖ EPO(erythropoietin)
적혈구 조혈 자극 호르몬이다. 체내에 적혈구가 부족하면 혈액의 산소량이 감소해 산소가 부족해진다. 이때 신장에서 생산되는 당단백질 호르몬인 에리트로포이에틴이 분비되어 골수에서 조혈을 촉진해 혈액 속으로 방출량을 증가시킨다.

❖ 김자액(giemsa solution)
에오신과 메틸렌블루가 화합된 염색약

③ 종류

　　⊙ **과립형 백혈구**(granulocyte): 핵이 2개 이상의 엽(둥근 돌출부)으로 나뉘고 세포질에는 매우 작은 알갱이(과립)가 있다. 과립의 염색성에 따라 중성 백혈구(호중구), 염기성 백혈구(호염기구), 산성 백혈구(호산구)로 구분된다.

　　ⓒ **무과립형 백혈구**(agranulocyte): 세포질에는 과립이 없으며 단핵구와 림프구 등으로 구분된다.

종류		작용
과립형 백혈구 (granulocyte)	중성 백혈구 (호중구, neutrophil)	식세포 작용, 백혈구의 70%
	산성 백혈구 (호산구, eosinophil)	식세포 작용, 기생충을 죽이는 물질 분비
	염기성 백혈구 (호염기구, basophil)	히스타민(histamine)방출
무과립형 백혈구 (agranulocyte)	단핵구 (monocyte)	항원 감염 시 염증조직으로 이동하면 형태가 변하여 대식세포와 수지상세포로 되어 식세포 작용
	림프구 (lymphocyte)	NK세포, 세포성 면역과 체액성 면역

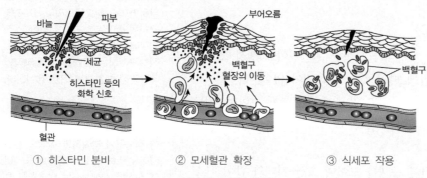

① 히스타민 분비　　　② 모세혈관 확장　　　③ 식세포 작용

▲ 백혈구의 식세포 작용

≫ ① 병원체에 의해 조직이 손상되면 손상된 조직에서 분비되는 히스타민(화학물질)은 모세혈관을 확장시켜 손상 부위의 혈류량을 증진시킨다.
　② 모세혈관의 투과성이 증가되고 백혈구가 아메바 운동을 하여 상처 부위로 이동한다.
　③ 세균은 백혈구의 식세포 작용에 의해 분해된다. 이러한 과정에서 상처 부위에 열이 나고 붉게 부풀어 오르는 염증 현상이 발생한다.

❖ 혈액에 있던 호염기구가 조직으로 나오면 비만세포로 되어 히스타민을 방출한다.

(3) 혈소판(platelet)

① 골수세포의 작은 조각들로서 핵이 없으며 모양은 일정하지 않다.
② 혈액응고에 관여하는 효소(트롬보카이네이스, thrombokinase)를 가지고 있어 과도한 출혈을 막는다.

실험 혈구의 관찰 순서

① **혈액 채취**: 손가락 끝을 소독용 알코올을 묻힌 탈지면으로 닦은 다음 채혈 침으로 찔러 혈액을 채취한다.

② **혈액 도말**: 혈액 한 방울을 슬라이드글라스에 떨어뜨리고 커버글라스로 혈 액을 얇게 편다.(혈액이 없는 쪽으로 밀어서 얇게 편다)

③ **혈구 고정**: 슬라이드글라스를 메탄올에 5분간 담가 혈액을 고정시킨 후 꺼 내어 말린다.

④ **혈구 염색**: 혈액 위에 김자액을 한 방울 떨어뜨린 다음 1분 후에 남은 김자 액을 물로 씻어내고 커버글라스를 덮는다.

⑤ **혈액 관찰**: 프레파라트를 현미경으로 관찰한다.

(4) 혈장(plasma)

① 엷은 황색의 끈기 있는 액체로 약 90%가 물이고 나머지는 혈장 단백 질, 무기질, 포도당, 아미노산 등으로 구성되어 있다.

② 혈장 단백질에는 혈액의 점성을 유지하고 완충작용(사람의 경우 pH 7.4를 유지) 및 삼투압 조절에 관여하는 알부민, 혈액응고 과정에 관여 하는 프로트롬빈, 피브리노젠(fibrinogen), 항체를 구성하는 글로불린 (globulin), 지질을 운반하는 아포지질 단백질 등이 있다.

❖ 아포지질 단백질(apolipoprotein) 아포지질단백질 입자의 구성을 살펴보면, 그 중심에는 소수성의 지질이 모여 있고, 표면에는 친수성의 단백질 곁사슬과 지질의 머리 부분이 모여 구형의 응집체를 이루고 있다. 이때 지질과 단백질이 결합하는 비율에 따라 밀도가 서로 다른 입자를 만들게 되는데, 밀도에 따라 암죽미립(chylomicron)<초저밀도 지질단백질(VLDL)<저밀도 지질단백질(LDL)<고밀도 지질단백질(HDL)로 나눌 수 있다.

〈혈액의 작용〉

작용	예	담당
운반 작용	산소 운반	적혈구의 헤모글로빈
	이산화탄소 운반	혈장
	양분, 노폐물, 호르몬 운반	혈장
조절 작용	삼투압 조절, pH 유지	혈장
보호 작용	혈액 응고	혈구와 혈장
	항체 형성, 식세포 작용	백혈구

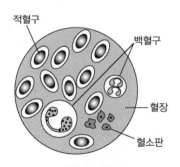

▲ 혈액의 성분

2 혈액응고

(1) 혈액응고 과정

① 혈액이 공기에 노출되면 혈소판이 파괴되어 트롬보카이네이스(트롬보플라스틴, thromboplastin)가 분비된다.

② 트롬보카이네이스(thrombokinase)는 혈장 속의 Ca^{2+}과 함께 프로트롬빈(prothrombin)을 트롬빈(thrombin)으로 활성화시킨다.

③ 트롬빈은 피브리노젠(fibrinogen)을 활성화시켜 실 모양의 피브린(fibrin)을 만든다.

④ 피브린은 혈구와 함께 덩어리(혈병)를 만들어 출혈을 막는다.

❖ 프로트롬빈
간에서 비타민K의 작용으로 형성된다.

❖ 트롬빈 자체가 효소 연쇄반응을 촉진하여 더 많은 프로트롬빈을 트롬빈으로 전환시키는 양성되먹임 작용을 한다.

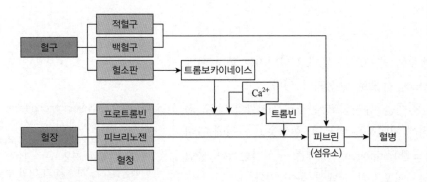

❖ 혈장(plasma)에서 프로트롬빈, 피브리노젠과 같은 응고인자들이 제거된 것을 혈청(serum)이라 한다.

(2) 혈액응고 방지법

① 저온 처리: 효소(트롬보카이네이스, 트롬빈)의 작용 억제

② 시트르산(citric acid) Na이나 옥살산(oxalic acid) Na 처리: Ca^{2+}의 작용 억제

> 시트르산 Na+Ca^{2+}
> → 시트르산 Ca^{2+}+Na^{+}(시트르산 또는 옥살산이 Ca^{2+}작용 억제)

③ 헤파린(heparin, 간에서 생성), 히루딘(hirudin, 거머리나 모기의 침샘에서 생성, 현재는 유전자 재조합에 의해 대량생산이 가능하다) 처리
  ㉠ 헤파린 : 프로트롬빈이 트롬빈으로 전환되는 작용을 억제
  ㉡ 히루딘 : 트롬빈의 활성을 억제

④ 유리 막대로 젓기: 피브린 제거

> ❖ 플라스민(plasmin): 혈액 속에 있는 단백질의 분해효소로 섬유소용해효소라고도 한다. 보통 체내에서는 플라스미노젠(plasminogen)이라는 불활성 단백질로서 존재하다가 플라스미노젠 활성화인자가 작용하면, 강한 피브린(섬유소) 분해능을 보이는 플라스민이 된다. 생체 내에서 피브린이 생성되어 혈관을 막는 경우(혈전이라 한다)에는 플라스민이 작용해 혈류의 재개에 도움이 된다.

❖ 시트르산
포노낭이 분해되는 과정에서 생긴 유기산의 일종으로 신맛을 내는 과실에 존재하며 상쾌한 신맛을 내므로 청량음료의 제조에도 사용한다.

❖ 옥살산
포도당이 분해되는 과정에서 생긴 유기산의 일종

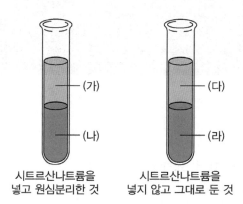

시트르산나트륨을　　　　　시트르산나트륨을
넣고 원심분리한 것　　　　넣지 않고 그대로 둔 것

» 시트르산나트륨을 넣고 원심분리하면 혈액이 응고되지 않으므로 (가)에는 혈장이 떠 있고 (나)에는 혈구가 가라앉는다. 시트르산나트륨을 넣지 않고 그대로 두면 혈액이 응고되어 혈병과 혈청으로 분리되는데 (다)에는 혈청이 떠 있고 (라)에는 혈병이 가라앉는다.

예제 | 1

혈액응고 과정을 옳은 순서로 배열한 것은?

ㄱ. 프로트롬빈이 트롬빈으로 된다.
ㄴ. Ca^{2+}이 작용한다.
ㄷ. 피브리노젠이 피브린으로 된다.
ㄹ. 혈소판이 파괴되어 트롬보카이네이스가 분비된다.

① ㄱ - ㄴ - ㄷ - ㄹ
② ㄹ - ㄴ - ㄱ - ㄷ
③ ㄹ - ㄱ - ㄴ - ㄷ
④ ㄴ - ㄹ - ㄱ - ㄷ

| 정답 | ②
혈소판에서 분비된 트롬보카이네이스와 Ca^{2+}이 작용하여 프로트롬빈을 트롬빈으로 만들면 트롬빈에 의해서 피브리노젠이 피브린으로 된다.

🔦 **생각해 보자!**

다음 중 혈병을 용해하는 효소는 무엇이라고 생각하는가?

① 알부민　　　　　　　　② 플라스민
③ 헤파린　　　　　　　　④ 피브린

| 정답 | ②

14 면역계

1 질병(disease)

(1) **비감염성 질병**: 고혈압, 당뇨병과 같이 인체 내부 요인에 의해 나타나는 질병으로, 다른 사람에게 전염되지 않는다.

(2) **감염성 질병**: 외부에서 침입한 세균(식중독), 원생동물(말라리아), 곰팡이(무좀), 바이러스(독감) 등의 병원체가 인체 내에 침입한 것이 원인이 되어 나타나는 질병으로, 병원체가 다른 사람에게 옮겨감으로써 전염될 수 있다.

2 병원체(pathogen)

(1) **바이러스(virus)**

여과성 병원체(세균보다 작은 입자로 세균 여과기를 통과)

① 바이러스의 발견: 러시아의 이바노브스키가 담배 잎의 수액을 세균여과기에 통과시켜 담배의 모자이크 바이러스(TMV)를 발견

② 바이러스의 종류

　㉠ 숙주에 따른 분류

동물성 바이러스	천연두, 포진, 홍역, 소아마비, 인플루엔자, 간염, 에이즈
식물성 바이러스	담배의 모자이크성 바이러스(TMV)
세균성 바이러스	박테리오파지(T_2파지)

　㉡ 핵산에 따른 분류

DNA 바이러스 질환	천연두, 포진(단순포진, 수두, 생식기포진), 아데노바이러스, 박테리오파지
RNA 바이러스 질환	소아마비, 간염(B형간염 제외), 코로나, 리노바이러스(일반감기), 뮝바이러스, 구세역바이러스, 홍역, 인플루엔자, 에볼라(유행성 출혈 증세), 유행성이하선염(볼거리), 광견병, 에이즈, 담배의 모자이크성 바이러스

③ 바이러스의 특징: 무생물과 생물의 중간

　㉠ 무생물적인 특징

　　• 세포의 형태를 갖추지 못한다(단백질의 결정체로 추출된다).

- 대사 효소가 없어서 스스로 물질대사를 하지 못한다(숙주 밖에서는 증식할 수 없다).
  ⓒ 생물적인 특징(숙주 내에서)
  - 숙주의 효소와 물질대사 기구를 이용하여 물질대사가 일어난다.
  - 핵산(DNA 또는 RNA)이 있어서 자기증식이 가능하다.
  - 돌연변이가 나타나며 다양한 환경 변화에 적응한다.

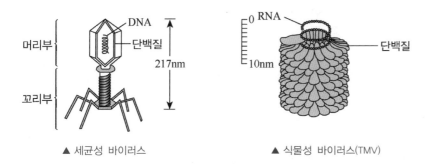

▲ 세균성 바이러스   ▲ 식물성 바이러스(TMV)

④ 바이러스를 최초의 생명체로 볼 수 없는 이유
  바이러스는 살아 있는 숙주세포에서만 기생(활물 기생)하여 살아갈 수 있다. 따라서 바이러스는 숙주세포가 존재한 이후에 나타난 것으로 보아야 하므로 지구에 나타난 최초의 생명체로 볼 수 없다.

(2) 세균(bacteria)

① 특징
  ㉠ 핵을 가지고 있지 않은 단세포 원핵생물로 스스로 물질대사를 한다.
  ㉡ 대부분 펩티도글리칸이라는 성분으로 이루어진 세포벽을 가지고 있다.

② 질병: 결핵, 패혈증, 인두염, 보툴리누스 중독, 세균성 식중독, 괴저, 클라미디아, 임질, 매독 등

❖ 펩티도글리칸
  다당사슬이 짧은 펩타이드에 결합한 화합물

Check Point

바이러스와 세균의 비교

	바이러스	세균
세포 구조	비세포 단계이다	세포 구조를 갖추고 있다
크기	작다	크다
물질대사	숙주 없이는 할 수 없다	숙주 없어도 할 수 있다
유전 물질	DNA 또는 RNA를 갖는다	DNA와 RNA를 갖는다
치료제	돌연변이 속도가 빨라서 항바이러스제 개발이 어렵다	항생제 개발이 비교적 용이하다

3 무척추 동물의 선천성 면역

(1) **다당류성 키틴(chitin)으로 구성된 외골격**

(2) **라이소자임(lysozyme):** 세균의 세포벽을 분해하는 효소

(3) **헤모구(hemocyte):** 식세포작용하거나 화학물질을 분비하는 곤충의 면역세포

(4) **초파리의 Toll 수용체:** 항미생물 펩타이드의 합성을 유도

4 척추동물의 선천성 면역(비특이적 방어): 1차 방어

(1) **외부 방어(피부, 점막, 분비물)**

① **피부:** 우리 몸의 1차적 방어벽은 피부이다. 건강한 피부의 바깥층에는 죽은 세포들로 이루어진 각질층이 단단한 방어벽을 형성하고 있어서 병원체가 안으로 침입하기 어렵다.

② **점막:** 눈, 콧속, 호흡기, 소화기 등과 같이 피부로 덮여 있지 않은 부위의 상피 세포층은 점액으로 덮여 보호된다. 점막에서 분비되는 점액에는 라이소자임이라는 효소가 포함되어 있어서 세균을 분해할 수 있다.

③ **분비물:** 피부의 피지샘에서 분비되는 지방이나 땀샘에서 분비되는 땀의 약한 산성성분은 미생물의 생장을 억제하며 눈물이나 침에도 라이소자임이 들어 있어 병원체가 눈이나 입을 통해 침입하는 것을 막는다. 또, 음식물과 함께 들어온 병원체는 위에서 분비되는 위산과 단백질 분해효소에 의해 제거된다.

> ❖ **라이소자임(lysozyme)**
> 세균의 세포벽 성분인 펩티도글리칸(peptidoglycan)의 특정 부위를 가수분해하는 효소(항미생물 단백질)

(2) **내부 방어**

① **톨 유사 수용체(Toll–like Receptor, TLR):** 세포 표면이나 소낭내부에 있으며 미생물 단백질 감지기 역할을 하여 다양한 종류의 병원균에 특이적인 분자의 조각(병원체관련 분자 구조, pathogen–associated molecular pattern, PAMP)을 인식해서 대식세포가 병원체를 제거하고 염증반응을 일으키도록 하는 수용체로서 선천성 면역계가 작동하도록 유도한다.

㉠ TLR3: 세포 내부의 소낭을 통해 바이러스의 이중나선 RNA(dsRNA) 인식

㉡ TLR4: 세포막을 통해 세균 표면의 지질 다당체(lipopolysaccharide)를 인식

㉢ TLR5: 세포막을 통해 세균 편모의 주성분인 플라젤린(flagellin)을 인식

> ❖ **TLR**
> 선천적 면역에서 중요한 역할을 하는 막단백질이다.

ⓔ TLR9: 세포 내부의 소낭을 통해 죽어가는 세균에서 방출된 DNA
  에 존재하는 CpG DNA를 인식

② **식세포**: 호중구, 호산구, 대식세포(macrophage), 수지상세포(dendritic
  cell)

③ **항미생물 단백질**

  ㉠ **보체**(complement): 미생물 감염이 없는 상태에서 보체는 불활성
    화 상태이지만 감염되면 미생물 표면에 있는 물질이 일련의 연
    쇄 반응을 일으켜 보체가 활성화되어 침입한 미생물을 터뜨린다.

  ㉡ **인터페론**(interferon): 바이러스 감염에 대한 선천성 방어를 수행한
    다. 바이러스에 감염된 체세포에서 분비되며, 주변의 감염되지 않
    은 세포에 작용하여 바이러스 증식을 억제하는 물질(항바이러스 단
    백질)의 발현을 유도하여 항바이러스의 상태로 만들어 세포와 세
    포 사이에 바이러스가 확산되는 것을 막아준다. 이들은 숙주세포
    에 있는 RNA 가수분해효소인 리보뉴클레이스의 활성을 도모하거
    나 특정 단백질의 불활성화를 유발하여 감염세포에서 단백질 합성
    이 일어나지 않도록 하여 바이러스의 복제를 막는다. 또한 바이러
    스에 감염된 세포를 죽이기 위해서 NK세포를 활성화시킨다. (인터
    페론 α: 단백질로 구성, 인터페론 β, γ: 단백질과 당으로 구성)

  ㉢ **디펜신**(defensin): 활성화된 대식세포에서 분비되는 항미생물 단
    백질로 체세포에 해를 주지 않으면서 여러 기작에 의해 다양한
    종류의 병원균을 파괴한다.

④ **염증 반응**

  ㉠ **히스타민**(histamine): 병원균의 침입으로 세포 조직이 손상되면
    감염된 부위에 열이 나고 벌겋게 부어오르는 염증 반응이 일어
    난다. 상처가 나면 결합 조직에 존재하고 있는 비만세포(mast
    cell)들이 활성화되어 히스타민을 분비한다. 히스타민이 대식세포
    에서 분비된 사이토카인과 함께 감염 주변의 모세혈관을 확장시
    키면 그 벽을 이루고 있는 세포 사이의 틈이 넓어져서 혈관투
    과성을 증진시켜 식세포가 쉽게 혈관 밖으로 빠져나갈 수 있다.
    이러한 혈류의 증가로 주위가 붉게 되고 열이 나는 염증현상이
    나타나게 된다.

  ㉡ **프로스타글란딘**(prostaglandin): 활성화된 대식세포에서 분비되는
    프로스타글란딘도 상처 부위로 향하는 혈류의 흐름을 증진시켜 열
    이 나며 상처 부위가 붉게 부풀어 오르는 염증 현상이 나타나게 된
    다. 고열은 식세포의 작용을 증진시키고 세균의 성장을 억제한다.

❖ 식세포와 병원체 간의 접촉
  식세포의 세포막 수용체와 미생물
  의 세포벽(탄수화물, 지질)과 상호
  작용이 식세포작용을 위해 가장 중
  요하다.

❖ 보체
  혈청에 떠다니는 단백질로 침입한
  세균의 세포막 또는 바이러스 단백
  질의 외피에 구멍을 내어 터뜨린다.

❖ 비만세포
  백혈구의 일종으로 피부, 소화관 점
  막, 기관지 점막 등 외부 물질이 침
  입하기 쉬운 곳에 분포되어 있다.

ⓒ 케모카인(chemokine): 상처 부위 또는 감염 부위 근처에 있는 다양한 세포에서 분비되는 케모카인은 식세포를 상처 부위로 유인하고 그들에게 미생물 살상 화합물을 생산하도록 자극한다.

⑤ **자연살해세포**(NK cells, natural killer cells): 림프구의 일종으로 혈액을 순환하면서 바이러스에 감염된 세포나 암세포를 파괴한다. 바이러스에 감염된 세포와 암세포의 막에 있는 비정상적 단백질을 NK세포막에 있는 수용체가 인식하여 결합하면 NK세포는 화학물질을 분비하여 붙어 있는 바이러스 감염세포나 암세포를 세포예정사(아폽토시스, apoptosis)라고 부르는 사멸 과정을 통하여 죽인다.

❖ 호중구, 대식세포가 병원균과 그 외 세포 잔재를 섭취하고 조직이 복구된다.

Check Point

프로스타글란딘은 대부분의 세포막의 지질에서 유도되어 여러 가지 생리적 반응에 관여할 수 있다. 프로스타글란딘은 호르몬은 아니지만 전령자 분자로 국지적인 반응에 참여한다.
① 활성화된 대식세포에서 분비되는 프로스타글란딘은 혈관확장, 혈압저하, 혈관투과성의 증진시켜 염증현상을 나타나도록 한다.
② 신경 세포가 자극에 민감하게 반응하도록 하여 고통에 대한 감각 증대(몸이 방어할 수 있도록)
③ 정낭 분비물인 정액에 있는 프로스타글란딘은 자궁근의 평활근을 수축하도록 자극하여 정자가 난자에게 쉽게 도달하도록 한다.
④ 분만 시 태반에서 분비되는 프로스타글란딘은 자궁 근육을 더 수축시켜 분만 과정을 돕는다.
⑤ 혈액응고의 초기과정에 관여하는 혈소판의 응집을 조절한다.

❖ 아스피린과 이부프로펜은 프로스타글란딘의 합성을 억제하기 때문에 항염, 해열, 진통 작용을 나타낸다.

---

5 후천성 면역(적응 면역, 특이적 방어): 2차 방어

(1) 후천성 면역 반응의 특징

척추동물만이 후천적 면역체계를 가지고 있다. 자기 물질과 비자기 물질을 구별하고, 특이성이 있으며, 항원을 기억하는 능력이 있다.

(2) 항원항체 반응

① 항원(antigen): 림프구에 의해서 특이적으로 인식되고 면역반응을 유발하는 외래 분자들이다. 항체는 **항원결정기**(epitope)라고 하는 항원의 작은 일부분을 인식한다. 하나의 항원에는 여러 개의 항원결정기가 있을 수 있다.

② 항체(antibody): 항원에 대항하는 물질로 혈청 속에 존재하며 성분은 글로불린이라는 단백질이다. 항체는 항원과 결합하여 항원의 기능을 약화시키거나 백혈구의 식세포 작용을 촉진시킨다.

③ **항원항체 반응의 특이성**: 한 종류의 항체는 반드시 자신을 만들게 한 항원하고만 화학적으로 결합하는 특이성이 있다.

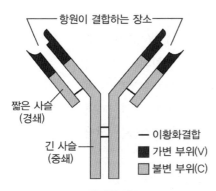

▲ 항체의 구조

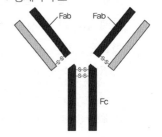
❖ 항체의 구조

❖ • 항원결합절편(Fragment antigen binding, Fab)
  • 결정화 절편(Fragment crystallizable, Fc)

≫ ① 항체 분자는 Y자 모양의 분자로서 4개의 폴리펩타이드로 구성되는데 이는 이황화결합으로 연결된 2개의 동일한 긴 사슬인 중쇄(heavy chain)와 2개의 동일한 짧은 사슬인 경쇄(light chain)로 되어 있다.

② 항체 분자는 항체마다 다른 구조를 갖는 가변 부위와 모든 항체에 공통적인 불변 부위가 있다. 중쇄와 경쇄의 Y자형의 양 끝 부분은 가변 부위인 변이(variable, V) 영역이라 하는데, 변이 영역은 아미노산 서열이 항체마다 각각 다르며 중쇄와 경쇄의 V영역이 합쳐 비대칭적인 항원 부착부위를 형성한다. 이와 같이 V영역은 독특한 입체구조를 형성하므로 특이적으로 인식되어 항원결정기와 결합하는 곳이며 2개의 항원결합 부위를 가지고 있다. 항체 분자의 나머지 영역은 항체가 거의 공통적인 아미노산 서열을 갖고 있기 때문에 불변(constant, C) 영역이라 하며, 중쇄의 C영역끼리도 이황화결합으로 연결되어 있다.

예제 | 1

그림은 체내에 침입하여 항체가 생성된 어느 항원의 구조이다.

위 항원과 결합할 수 있는 항체 구조로 옳은 것은?

ㄱ.	ㄴ.	ㄷ.

① ㄱ   ② ㄴ   ③ ㄷ
④ ㄱ, ㄴ   ⑤ ㄴ, ㄷ

| 정답 | ④
이 항원에는 항원결정기가 두 곳이 있으므로 항원결정기에 결합하는 항체는 ㄱ과 ㄴ이 결합할 수 있다.

(3) 유전자 재배열과 돌연변이에 의한 항체의 다양성

① 항체 유전자 구성이 림프구 다양성 형성의 기반이 된다.

② 경쇄유전자는 세 개의 조각, 즉 변이(V)조각, 연결(J, joining)조각, 불변(C)조각으로 구성된다. V 유전자 조각($V_1 \sim V_{40}$), J 유전자 조각($J_1 \sim J_5$), C 유전자 조각이 유전자 내에 일렬로 배치되어 있으며 B세포 발달 초기에 재조합효소(recombinase)가 V 유전자 조각 중의 하나와 J 유전자 조각 중의 하나를 무작위로 선택하여 연결시키면 $V-J$ 조합으로 재구성되고 그 사이에 있는 유전자 조각들은 제거된다.

③ 중쇄유전자는 네 개의 조각, 즉 변이(V)조각, 다양성(D, diversity)조각, 연결(J)조각, 불변(C)조각으로 구성된다. V 유전자 조각($V_1 \sim V_{51}$), D 유전자조각($D_1 \sim D_{27}$), J 유전자 조각($J_1 \sim J_6$), C 유전자 조각이 유전자 내에 일렬로 배치되어 있고 유전자 재배열이 일어나 $V-D-J$ 조합으로 재구성된다.

④ 경쇄와 중쇄유전자의 임의 결합 결과 수백만 가지의 가능한 조합이 생기게 되며, 경쇄와 중쇄유전자의 재배열은 영구적인 것으로 림프구가 분열할 때 딸세포로 전달된다.

(4) 면역계의 구조

① 림프구(lymphocyte)

B 세포(B림프구)	골수에서 생성되어 골수(bone marrow)에서 성숙한다.
T 세포(T림프구)	골수에서 생성되어 흉선(thymus, 가슴샘)에서 성숙한다.

❖ 흉선(=가슴샘)
가슴뼈의 뒤쪽, 심장 앞쪽에 있는 편평한 삼각 모양의 분비샘

② 림프계(lymphatic system): 림프, 림프관, 림프절 등으로 이루어진 순환계를 림프계라고 한다. 병원체가 침입하면 림프관을 흐르는 림프에 의해 가까운 림프절로 운반되어 제거된다. 림프절에서는 새로운 림프구를 생성하기도 하고 몸속에 들어온 병원체나 이물질을 식세포 작용으로 제거하기도 한다. 림프절은 목, 겨드랑이, 사타구니 부위에 특히 많이 분포한다.

(5) 항체에 의한 항원 제거

① 중화: 항체가 바이러스 표면에 존재하는 단백질에 부착하여 숙주세포로 침투하지 못하게 한다. 또는 항체가 세균에 결합하여 세균 표면 전체를 감싼다.

② **응집**: 서로 다른 세균의 동일한 항원 결정 부위에 결합하여 연결시킨다.

③ **침전**: 체액에 녹아있는 수용성 항원 분자를 연결시킨다.

④ **보체의 활성화**: 정상적일 때는 불활성화 상태이지만 병원체 표면에 있는 물질에 의해 활성화되면 막공격복합체(membrane attack complex, MAC)를 형성하여 침입한 세포의 세포막 또는 바이러스 단백질 외피에 구멍을 내어 각종 이온이나 물이 세포 내로 들어가 부풀게 하여 터뜨린다. 또한 병원체의 표면에 붙어서 옵소닌 작용을 한다(보체는 선천적 면역과 후천적 면역 반응에 모두 관여한다).

❖ 옵소닌(opsonin) 작용
세균에 작용해서 대식세포에게 먹히기 쉽게 하는 작용

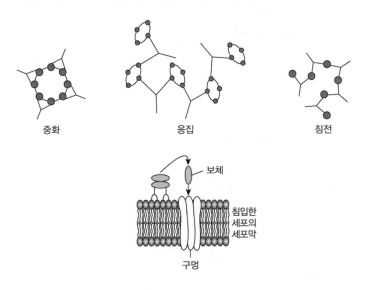

중화   응집   침전

보체

침입한 세포의 세포막

구멍

(6) B 세포 항원 수용체(B cell receptor, BCR)

B 세포 표면에 있으며 항원을 인식한다.

① B 세포 항원 수용체는 항체와 구조적으로 같다.

② B 세포 항원 수용체의 중쇄 끝 부분에 세포막 관통부분과 세포막 내부에 위치하는 작은 부분이 있다는 것이 항체와 다른 점이다.

(7) T 세포 항원 수용체(T cell receptor, TCR)

T 세포 표면에 있으며 항원을 인식한다.

① T 세포 수용체는 2개의 다른 폴리펩타이드 사슬, α 및 β 사슬이 이황화결합으로 연결된 단백질이다.

② T 세포 항원 수용체는 I 자 모양이며 B 세포 항원 수용체와 마찬가지로 변이 영역과 불변 영역으로 구성되어 있다.

❖ B세포 및 T세포의 증식
우리 몸은 항원 수용체의 유전자 재배열에 의해 엄청난 항원 수용체 가짓수를 보유하고 있기 때문에 특정 항원결정기에 특이적인 수용체는 매우 적은 분량으로 존재한다. 그런데 하나의 항원이 그 항원에 특이적인 수용체를 가진 림프구를 만날 수 있는 이유는 항원이 림프절에 있는 림프구에 지속적으로 전시되기 때문에 항원과 림프구의 성공적인 만남이 이루어지게 되는 것이다.

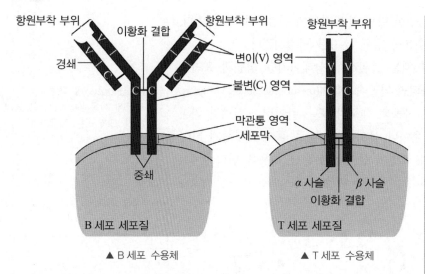

❖ 하나의 B세포 또는 T세포에는 수 만개의 동일한 항원 수용체가 있다.

▲ B 세포 수용체　　　　▲ T 세포 수용체

(8) T 세포 항원 수용체와 MHC의 역할

① T 세포 수용체는 MHC이라 불리는 정상세포 표면에 존재하는 분자와 결합한 항원 조각을 인식한다.

② MHC 분자는 세포 내부에서 항원 펩타이드 조각과 결합하여 항원 조각을 세포 표면에 노출시킨다. 이러한 과정을 항원제시(antigen presentation)라고 한다.

③ MHC 단백질은 주조직적합 복합체(major histocompatibility complex, MHC)라고 불리는 유전자에서 발현되는 단백질에서 유래된 이름이다.

④ MHC 분자는 I형 MHC 분자와 II형 MHC 분자가 있다.

　㉠ I형 MHC 분자(Class I MHC molecules): 핵을 가진 모든 세포에서 발견되는 것으로 외래에서 침입한 항원에서 유래된 펩타이드와 결합한다. I형 MHC 분자가 분해된 펩타이드 항원 조각과 결합한 후 항원 조각을 세포 표면에 전시하면 항원 조각은 **세포독성 T 세포**(cytotoxic T cell)**라고 불리는 T 세포에 의해 인식**된다.

　㉡ II형 MHC 분자(Class II MHC molecules): 주로 수지상세포, 대식세포, B 세포 등에서 발견되는 것으로 외래 항원은 세포 내 섭취(endocytosis) 작용으로 유입되어 펩타이드 조각으로 분쇄된 후 II형 MHC 분자에 결합된다. II형 MHC 분자가 펩타이드 항원 조각과 결합한 후 항원 조각을 세포 표면에 전시하면 항원 조각은 **도움 T 세포**(helper T cell)**에 의해 인식**된다. 따라서 대식세포, 수지상세포 및 B 세포는 전문적으로 외래 항원을 내부로 유입하여 도움 T 세포에 의해 인식되도록 세포 표면에 전시하기 때문에 항원제시세포(antigen presenting cell, APC)라 부른다.

⑤ 대부분의 세포는 Ⅰ형 MHC분자만을 가지고 있지만 항원제시세포는 Ⅰ형 및 Ⅱ형 MHC분자를 모두 가지고 있다.

항원제시세포	역할
대식세포 수지상세포	세포내 섭취작용(식세포 작용)으로 섭취한 항원을 분해한 후 항원 조각을 도움 T세포에 제시한다.(다양한 항원으로부터 나온 조각을 도움T세포에 제시)
B세포	수용체 매개 세포내 섭취작용으로 섭취한 항원을 분해한 후 항원 조각을 이미 활성화된 도움 T세포에 제시한다.(항원수용체에 특이적으로 결합하여 내부로 섭취된 항원만을 처리하여 도움 T세포에 제시)

⑥ 장기나 조직 이식 시, 거부 반응이 일어나는 것은 이러한 MHC 분자 때문이다(사람의 얼굴모양이 다르듯 사람마다 다양한 종류의 MHC 분자를 갖기 때문에 자신의 세포를 자기로 표시할 수 있는 생화학적 지문이다).

(9) 세포독성 T세포와 도움 T세포

① 세포독성 T세포(cytotoxic T cell, T_C): 항원에 감염된 세포나 암세포를 파괴한다. 세포독성 T세포가 항원에 감염된 세포의 Ⅰ형 MHC항원 복합체를 인식하고 항원에 감염된 세포를 공격하여 파괴한다. 세포독성 T세포 표면에는 CD8(cluster of differentiation)이라는 표면 단백질이 있으며, 이들은 Ⅰ형 MHC 분자와 결합하여 세포독성 T세포와 항원에 감염된 세포 사이의 결합을 강화한다.

② 도움 T세포(helper T cell, T_H): 거의 모든 항원에 대한 반응에 관여한다. 도움 T세포가 항원제시세포의 Ⅱ형 MHC항원 복합체를 인식하면 도움 T세포는 활성화되어 기억 도움 T세포로 된다. 도움 T세포 표면에는 CD4라는 표면 단백질이 있으며, 이들은 Ⅱ형 MHC 분자와 결합하여 도움 T세포와 항원제시세포 사이의 결합을 강화한다.

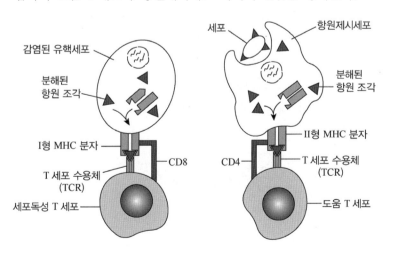

6 세포성 면역과 체액성 면역

(1) 세포성 면역(cell-mediated immunity, 세포독성 T세포의 세포매개성 면역반응)

항원에 감염된 세포나 암세포를 파괴한다.

① 세포독성 T세포는 세포성 면역반응에 관여하는 세포로서 바이러스나 세균에 감염된 세포, 암세포 및 이식된 세포를 제거한다.

　㉠ 항원이 침입하면 항원제시세포가 잡아먹는다.

　㉡ 항원을 잡아먹은 항원제시세포는 항원 펩타이드 조각을 II형 MHC 분자에 붙여 세포 표면에 제시한다.

　㉢ 항원제시세포 표면에 제시된 II형 MHC 분자는 도움 T세포 수용체와 결합한다.

　㉣ 항원제시세포가 사이토카인(cytokine)을 분비하여 도움 T세포를 활성화시킨다.

　㉤ 활성화된 도움 T세포는 사이토카인을 분비하여 세포독성 T세포를 활성화시키며, 자기 자신도 증식을 한다(클론선택).

　㉥ 활성화된 세포독성 T세포는 I형 MHC 분자와 항원 펩타이드 조각을 가지고 있는 세포나 암세포를 직접 공격하여 파괴한다.

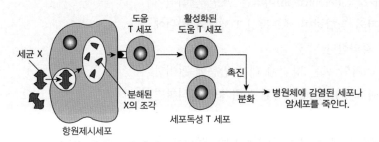

▲ 세포성 면역: 세포독성 T세포에 의한 면역

② 활성화된 세포독성 T세포에 있는 CD8이라는 표면 단백질이 감염된 유핵세포의 I형 MHC 분자 측면에 결합함으로써 두 세포 사이의 접촉을 더욱 강화한다.

③

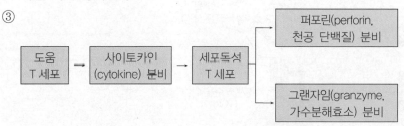

(2) **체액성 면역**(humoral immunity, B 세포의 항체매개성 면역반응)

세포 바깥쪽인 체액에 존재하는 항원에 대한 반응에 관여한다.

① B 세포에 의한 면역으로 항체를 생성하며 생성된 항체가 체액을 따라 순환하면서 항원의 기능을 약화시키거나 백혈구의 식세포작용을 촉진한다.

㉠ 항원이 침입하면 항원제시세포가 잡아먹는다.

㉡ 항원을 잡아먹은 항원제시세포는 항원 펩타이드 조각을 II형 MHC 분자에 붙여 세포 표면에 제시한다.

㉢ 항원제시세포의 표면에 제시된 II형 MHC 분자는 도움 T 세포 수용체와 결합한다.

㉣ 항원제시세포가 사이토카인을 분비하여 도움 T 세포를 활성화시킨다.

㉤ B 세포 수용체에 항원이 결합하여 수용체매개 세포 내 섭취 작용으로 항원을 B 세포 내부로 들어오게 한 후 B 세포가 항원 펩타이드 조각을 II형 MHC 분자에 붙여 활성화된 도움 T 세포에 제시하면 도움 T 세포에서 분비된 사이토카인에 의해서 B 세포가 활성화된 후 클론선택이 일어난다.

㉥ 활성화된 B 세포는 항체를 분비하는 형질세포와 기억 B 세포 클론으로 분화한다.

㉦ 형질세포는 항체를 생성하며 생성된 항체는 항원과 결합한다.

㉧ 같은 종류의 항원이 2차 침입하면 기억 B 세포는 더 많은 형질 세포로 분화되어 항체를 생성하고 일부는 기억 B 세포로 분화된다.

❖ 클론 선택
  활성화된 특정 림프구가 수 천 개의 세포클론으로 증식하는 것(림프구의 클론화 과정)

❖ B세포 항원 수용체는 체액을 순환하는 항원 본연의 모양에 노출되어 있는 특정 에피톱에 결합하지만 T세포 항원 수용체는 숙주세포 표면에 제시된 항원 조각에만 결합한다.

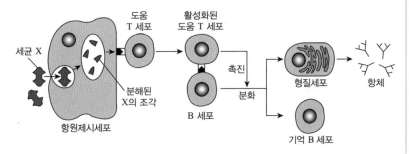

▲ 체액성 면역: B 세포에 의한 면역

② 활성화된 도움 T 세포에 있는 CD4라는 표면 단백질이 B 세포의 II형 MHC 분자 측면에 결합함으로써 두 세포 사이의 접촉을 더욱 강화한다. 그러므로 I형 MHC와 CD8의 기능은 II형 MHC와 CD4의 기능과 아주 유사하다.

③
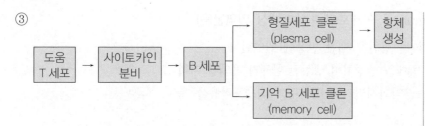

(3) 면역계의 1차 면역반응과 2차 면역반응

① 1차 면역반응: 항원이 처음 침입하여 일어나는 반응이다. 항원이 침입한 후 어느 정도의 잠복기가 지난 다음 형질세포로부터 소량의 항체가 서서히 만들어지며 B 세포 중 일부는 기억 B 세포를 생성한다.

② 2차 면역반응: 동일한 항원이 다시 침입하였을 때 일어나는 반응이다. 1차 면역반응보다 더욱 신속하게 다량의 항체를 만들어 항원을 제거하며 지속 시간도 1차 면역반응보다 길다.

❖ T 비의존성 항원에 대한 반응
어떤 항원은 도움 T 세포의 보조 없이 항체생성을 유발할 수 있다. 이를 T 비의존성 항원이라 하며 T 의존성반응보다 훨씬 약하고 기억 B 세포를 만들지도 못한다.

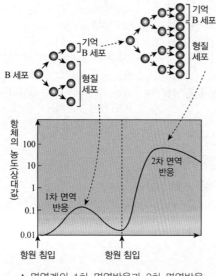

》 면역계는 항원과 처음 만나 1차 반응을 한 뒤에 다시 동일한 항원을 만나면 1차 반응보다 더욱 빠르고 강력한 2차 반응을 나타낸다.

❖ 체액성 세포성 면역반응 모두 1차 면역반응과 2차 면역반응을 유발한다. 체액이 같은 병원균에 다시 감염되었을 때 각 형태의 기억세포(도움 T 세포, B 세포, 세포독성 T 세포)들이 2차 면역반응을 매개한다.

▲ 면역계의 1차 면역반응과 2차 면역반응

Check Point

• 사이토카인(Cytokine): 신체의 방어체제를 제어하고 자극하는 신호물질의 총칭(당단백질)
  ① 인터페론(interferon): 바이러스에 감염된 동물의 세포에서 생산되는 항바이러스 단백질
  ② 인터류킨(interleukin): 항원제시세포, 도움 T 세포에서 분비
    ㉠ 인터류킨 I : 대식세포, 수지상세포와 같은 항원제시세포에서 분비되어 도움 T 세포를 활성화 시키는 사이토카인
    ㉡ 인터류킨 II : 도움 T 세포에서 분비되어 세포독성 T 세포와 B 세포를 활성화 시키는 사이토카인으로 이 과정에 다른 사이토카인(인터류킨IV)도 관여한다.

③ 종양괴사인자(tumor necrosis factor, TNF): 대식세포에서 만들어지며 제암 효과를 갖는다.
- 효과기 세포(작동세포, effector cell): B 세포, 도움 T 세포, 세포독성 T 세포
- 기억 세포(memory cell): 기억 B 세포, 기억도움 T 세포, 기억세포독성 T 세포

❖ 효과기 세포(작동세포, effector cell)의 분화는 1차 항원에 노출된 후 약 2주 후에 최고치에 도달하고 난 뒤 95% 정도의 작동세포가 사라지게 되고 기억 세포(memory cell)가 그 기능을 수행하게 된다.

7 항체의 종류

항체(Immunoglobulin, Ig, 면역 글로불린)는 C영역에 따라 IgG, IgA, IgM, IgD, IgE의 5종류가 있으며 각각의 항체는 체내에서 분포하는 장소와 역할이 서로 다르다.

(1) IgG(단량체)

① 사람의 경우 전체 항체의 70~75%를 차지하며 많은 바이러스, 박테리아에 저항할 뿐만 아니라 박테리아가 내는 독소에도 저항한다.
② 태반을 통과할 수 있는 유일한 항체로서 **태아의 초기 수동 면역**에 관여한다.
③ 대식세포의 식세포 작용을 보조하며 IgM보다는 미약하지만 항원의 옵소닌 작용(opsonization)을 하고 중화 및 응집반응을 촉진시키며 보체를 활성화시킨다.

(2) IgA(2합체)

① 전체 항체의 15~20%를 차지하며 사람의 모유 중에서 초유(colostrum)에 특히 많이 들어 있으며 **유아의 수동 면역**에 관여한다.
② 호흡기의 점액, 침, 눈물, 소화관 벽에 존재하며 항원의 중화(숙주세포에 병원체가 붙는 것을 방해하는 작용) 및 응집반응을 촉진시킨다.

(3) IgM(5중합체)

① 전체 항체의 10% 정도를 차지하며 항원이 침투했을 때 **1차 반응에서 B 세포로부터 가장 먼저 분비되는 항체**이지만 나중에 IgG가 출현하면서 IgM의 농도는 줄어든다. IgG가 해결하지 못하는 박테리아를 공격하기도 한다.
② 항원의 중화 및 응집반응을 촉진시키며 보체를 활성화시킨다.

(4) IgD(단량체)

전체 항체의 1% 정도를 차지하며 역시 항원에 노출된 적이 없는 성숙된 **미경험 B 세포막**에 존재하면서 항원에 대한 수용체 기능을 수행한다.

(5) IgE(단량체)

미량만이 존재하며 호염기구(basophil)나 비만세포의 세포막에 결합되어 있어 특정 항원이 IgE에 결합하면 그 반응으로 비만세포에서 히스타민과 같은 물질을 방출하게 하여 **염증 반응이나 알레르기**(allergy) **반응**을 일으키도록 한다.

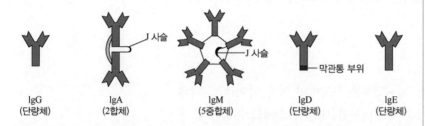

➤ 항체는 Y자 모양으로 되어 있고 중쇄의 불변 영역에는 다섯 종류가 있으며 이에 따라 다섯 종류의 항체 분자로 분류할 수 있다. 하나의 미생물에 노출되어 만들어진 항체들은 여러 종류의 특이적인 B 세포 클론 산물이므로 다클론성 항체라고 한다.

예제 | 2

수용성 항체 단백질로 혈액에 들어있는 면역 글로불린 중에서 80%를 차지하는 항체에 대한 설명으로 옳은 것을 고르면? (서울)

① IgD 성숙한 미경험 B 세포의 세포 표면 수용체로서 B 세포의 활성에 중요하다.
② IgA 점막 표면을 보호하며, 상피세포에 병원체가 붙는 것을 방해한다.
③ IgM 1차 반응에서 B 세포로부터 배출되는 항체의 첫 클래스이다.
④ IgG 태반을 통과하여 태아에게 수동적 면역화를 제공한다.
⑤ IgE 비만세포와 호염기성 백혈구에서 발견되며 항원과 결합하면 비만세포와 호염기성 백혈구로부터 히스타민을 분비한다.

| 정답 | ④
면역 글로불린 중에서 가장 많은 양을 차지하는 항체는 IgG이다.

---

8 능동면역과 수동면역

(1) 능동면역(active immunity)

감염 물질에 의해 자연적으로 형성되는 면역이다.
> 예 백신에 의한 면역, 우두 바이러스에 의한 천연두 면역

❖ 백신
독성을 약화시켰거나 죽인 항원을 말하며 예방 주사는 질병을 일으키지 않을 정도의 약한 항원이나 항원의 일부를 주사하는 것으로, 체내에 기억 세포가 형성되게 함으로써 실제 항원이 침입했을 때 즉시 항체를 생산하여 병에 걸리지 않도록 한다.

(2) 수동면역(passive immunity)

특정 감염균에 대한 항체가 전달됨으로써 형성되는 면역으로, 전달된 항체가 존재할 때까지만 유효하다.

> 예 IgG 항체가 태반을 통과하여 태아에게 전달, IgA 항체가 모유를 통해 태아에게 전달, 면역 혈청

9 면역 관련 질병

(1) 후천성 면역 결핍증(acquired immune deficiency syndrome, AIDS):

에이즈 바이러스(human immunodeficiency virus, HIV)가 인체에 감염되면 세포독성 T 세포와 B 세포를 활성화시키는 기능이 있는 도움 T 세포를 파괴함으로써 세포성 면역은 물론 체액성 면역도 약화되어 면역 체계가 무너지고 결국에는 면역 기능을 상실하게 되어 생명을 잃게 된다. HIV바이러스는 도움T세포에 있는 CD4에 특이적으로 결합한다.

(2) 중증복합면역결핍증(severe combined immunodeficiency, SCID):

유전자 점돌연변이로 T세포와 B세포의 발생장애가 생겨 기능을 하는 림프구가 거의 없어서 체액성면역과 세포성면역이 결손 된 선천적 면역 결핍증으로 골수이식을 통해 치료될 수 있다.

(3) 호지킨병(hodgkin's disease): 몸에서 면역 기능을 담당하고 있는 림프계에 발생한 악성종양

(4) 이식 편대 숙주병(Graft Versus Host Disease, GVHD): 조혈모세포 이식(골수와 말초혈에서 얻어지는 조혈모세포를 주입하는 과정, 골수 이식)이나 수혈을 통해 수혈된 림프구가 면역 기능이 저하된 숙주(수혈 받은 환자의 신체)를 공격하면서 발생한다. 일반적으로 수혈된 림프구는 숙주의 면역 기전에 의해 파괴되지만, 환자의 면역 기능이 저하된 경우 몸에서 이를 남의 것으로 인식하여 면역 반응이 일어나는 질병이다.

(5) 알레르기(allergy)

보통 사람들에게는 아무 문제를 일으키지 않는 물질에 대해 신체가 과민하게 반응하여 눈물, 콧물, 가려움, 두드러기, 재채기, 기침 등과 같은 반응을 나타내는 것을 알레르기라고 한다.

❖ 면역 혈청(혈청 요법, immune serum)
동물에 항원을 주사해서 항체를 만든 뒤 이 항체를 다시 사람에게 주사하는 것으로 치료에 사용하며 기억세포를 형성시키지는 않는다.

❖ 항원변이
항원결정기 발현변화를 항원변이라 한다. 바이러스가 인체 내에서 복제함에 따라 그의 유전자에 돌연변이가 발생한다. 면역계의 감시에서 벗어날 수 있는 유전적 변이가 바이러스 유전자에 점진적으로 축적된다. 대표적인 예로 독감바이러스나 AIDS의 돌연변이를 들 수 있다.

기본편 Ⅴ

알레르기 반응을 유발하는 항원을 알레르젠(allergen)이라고 하며, 꽃가루, 먼지, 곰팡이, 집먼지진드기, 특정 음식물, 염색약 등이 있다.

알레르겐이 우리 몸에 최초로 들어오면 항체가 만들어져 비만세포에 결합한다. 이후 같은 알레르겐에 다시 노출되면 비만세포에 부착된 항체가 알레르겐을 인식하고, 비만세포(mast cell)에서 히스타민을 분비하여 알레르기 반응이 나타난다.

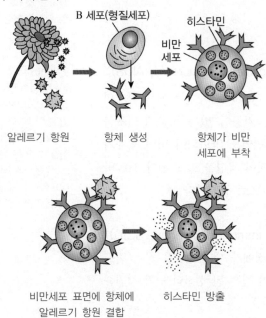

알레르기 항원   항체 생성   항체가 비만 세포에 부착

비만세포 표면에 항체에   히스타민 방출
알레르기 항원 결합

❖ 아나필락시스(anaphylaxis, 과민성 쇼크)
면역 반응을 일으켰던 알레르젠이 다시 몸속에 들어오게 되면 비만세포 표면에 붙어 있던 IgE와 결합하면서 화학물질이 분비된다. 이 화학물질에 의해 전신 알레르기 반응이 일어나는데, 심할 경우 호흡곤란, 의식저하, 쇼크 등이 발생할 수 있으며 적절한 치료를 시행하지 않으면 사망에 이르기도 한다.(무방어: 항원·항체 반응으로 일어나는 생체 내의 과민반응)

(6) 자가 면역 질환(autoimmune disease)

면역계가 자기 물질과 비자기 물질을 구분하지 못하여 자기 몸을 구성하는 조직이나 세포를 공격하여 질환이 나타나는 경우를 자가 면역 질환이라고 한다.

① 제1형 당뇨병(인슐린 의존성 당뇨병, type 1 diabetes): 세포 독성 T 세포가 이자섬의 β 세포를 파괴하여 인슐린이 부족해지는 경우

② 다발성 경화증(multiple sclerosis): 중추 신경계를 구성하는 신경세포의 말이집이 파괴되어 심각한 신경성 장애가 나타나는 경우

③ 길랭-바레 증후군(Guillain-Barre syndrome): 말초신경계를 구성하는 말이집이 파괴되어 마비를 일으키는 신경계 질병

④ 류미디스싱 관질염(rheumatoid arthritis): 외래 항원에 대해 만들어진 항체가 구조적으로 유사한 자기 조직을 공격하는 과정에서 관절 부위의 연골이나 뼈의 접합 조직에 심한 염증이 나타나는 질환

⑤ 루푸스(전신성 홍반성 루푸스, lupus): 피부, 관절, 콩팥, 폐, 신경 등 전신에서 염증 반응이 일어나게 된다.

⑥ 중증근무력증(Myasthenia gravis): 근육의 피로와 근력약화가 심해지는 것이 대표적인 증상이며, 발병원인은 신경근접합부의 시냅스후 부위에 위치하고 있는 아세틸콜린 수용체에 대한 항체매개성 자가면역공격에 의한 것이다.

⑦ 하시모토병(Hashimoto disease): 면역세포가 갑상샘을 공격하여 나타나는 자가면역질환

(7) 바이러스와 암

① 카포시 육종 헤르페스 바이러스(Kaposi's sarcoma herpes virus): 혈관의 내피세포에서 기원하여 피부 및 장기에 발생하는 악성종양으로 AIDS 환자나 면역 억제 치료 중인 환자는 바이러스 감염에 대한 저항력이 떨어져 카포시 육종에 더욱 취약한 것으로 생각된다.

② 엡스타인바 바이러스(Epstein–barr virus): 헤르페스바이러스과로, 감염성 단핵구증, 버킷 림프종 등의 원인

③ 사람 티세포 백혈병바이러스–1형(HTLV–1): T세포를 감염시켜 백혈병과 림프종을 유발

④ B형 간염 바이러스(hepatitis B virus): 간암을 일으킨다.

⑤ 인간 파필로마바이러스(인간 유두종바이러스: human papillomavirus, HPV): 자궁경부암, 고환암을 일으킨다.

❖ 내피세포
혈관의 내벽을 덮는 세포

❖ 버킷 림프종
B 세포에서 발생하는 혈액암

❖ 자궁경부암 백신은 인간의 특정 암을 예방하는 첫 번째 백신으로 기록된다.

10 조절 T세포(regulatory T cell)

(1) 조절 T세포(T_{reg})는 인터류킨10을 분비하여 자기항원에 대한 TCR을 갖는 T_H와 T_C의 세포자살을 유도하여 면역관용에 중요한 역할을 한다. (생쥐의 가슴샘에서 T_{reg}를 제거하면 자가 면역을 일으킨다.)

(2) **면역계의 자기관용(면역관용)**: 림프구들이 성숙과정을 거치면서 자기항원 반응성이 점검된다. 체내에 있는 자기분자에 대한 특이적인 수용체를 가진 B세포와 T세포들은 아폽토시스에 의해서 죽거나 무반응세포로 변한다. 따라서 외래 비자기 분자와 반응하는 림프구만 남게 되어 자기분자에는 반응하지 않는 것을 자기관용이라 한다.

(3) **IPEX 증후군(immunodysregulation polyendocrinopathy enteropathy X–linked syndrome)**: 사람에서 드물게 일어나는 X염색체 연관 유전병으로 T_{reg} 세포의 기능에 중요한 유전자에 돌연변이가 일어나서 이자와 갑상샘 및 창자를 공격하는 자가 면역질환을 일으킨다.

❖ 항원 수용체 유전자 재배열 결과 한 사람에서 B세포의 경우는 백만 종류 이상, T세포의 경우는 천만 종류 이상의 항원 수용체를 가진 세포가 있을 수 있다고 추정된다. 항원 수용체의 유전자 재배열은 무작위로 일어나기 때문에 발달과정에 있는 미성숙 림프구는 체내 자기 자신의 분자와 반응하는 수용체를 가질 수 있다. 그러나 자기관용으로 우리 체내에는 자기 구성 성분과 반응하는 성숙된 림프구는 대체로 없다고 할 수 있다.

❖ B세포는 조절 B세포(B_{reg})에 의해서 제거된다.

15 혈구의 응집과 혈액형

1 ABO식 혈액형의 응집반응

(1) 응집원과 응집소

① 응집원은 적혈구 표면에 A, B 2종류, 응집소는 혈장에 α, β 2종류이다.
② 혈액에 존재하는 응집원의 종류에 따라 A형, B형, AB형, O형으로 구분된다.
③ 응집원 A와 응집소 α가 만나거나, 응집원 B와 응집소 β가 만나면 응집반응이 일어난다.

❖ 응집원: 응집반응을 일으키는 항원
응집소: 응집원에 대한 항체

구분	A형	B형	AB형	O형
응집원(항원: 적혈구 표면에 있다, agglutinogen)	A	B	A, B	없다
응집소(항체: 혈청 속에 있다, agglutinin)	β	α	없다	α, β

(2) 혈액형 판정

① 혈액의 응집반응은 항원항체 반응이다.
② A형 표준혈청(항 B혈청) 속에는 응집소 β가 있고, B형 표준혈청(항 A혈청) 속에는 응집소 α가 있다.
③ 철수의 혈액을 A형 표준혈청(β: 항 B혈청)에 떨어뜨렸을 때 응집반응이 일어나면 철수의 혈액 속에는 응집소 β와 만나 응집반응이 일어나는 응집원 B가 있으므로 철수는 B형이고, B형 표준혈청(α: 항 A혈청)에서 응집반응이 일어나면 혈액 속에 응집소 α와 만나 응집반응이 일어나는 응집원 A가 있으므로 A형이다.
A형 표준혈청(항 B혈청)과 B형 표준혈청(항 A혈청)에서 모두 응집반응이 일어나면 혈액 속에 응집소 α, β와 만나 응집반응이 일어나는 응집원 A와 B가 모두 있으므로 AB형이고, 모두 응집반응이 일어나지 않으면 응집원이 없으므로 O형이다.

예제 | 1

ABO식 혈액형에 대한 다음 설명 중 옳지 않은 것은?   (경기)

① ABO식 혈액형의 응집원은 적혈구 표면에 있으며, 단백질에 다당류가 붙어 있는 당단백질이다.
② A형의 적혈구와 O형의 혈청을 섞으면 응집한다.
③ O형의 적혈구와 A형의 혈청을 섞으면 응집한다.
④ A형과 B형이 결혼하면 A형, B형, AB형, O형인 자녀가 태어날 수 있다.

|정답| ③
O형의 적혈구에는 응집원이 없으므로 응집되지 않는다.

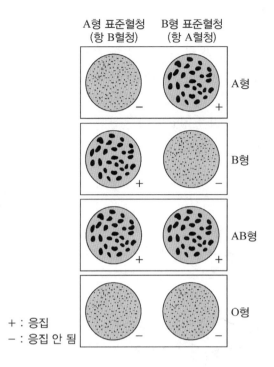

A형 표준혈청
(항 B혈청)

B형 표준혈청
(항 A혈청)

A형

B형

AB형

O형

+ : 응집
− : 응집 안 됨

(3) 수혈

소량 수혈하는 경우 주는 쪽의 응집원과 받는 쪽의 응집소 사이에서 응집반응이 나타나지 않으면 서로 다른 혈액형끼리도 수혈이 가능하다. 그러나 다량 수혈은 같은 혈액형끼리만 가능하다.

❖ 서로 다른 혈액형에게 소량 수혈이 가능한 것은 수혈 시 주는 쪽의 응집소와 받는 쪽의 응집원 사이에서 응집 반응이 일어나더라도 전체 혈액에 희석되어 큰 문제가 되지 않기 때문이다.

2 Rh식 혈액형의 응집반응

(1) 응집원과 응집소

① 적혈구 표면에 Rh 응집원이 있고, 혈장에 Rh 응집소가 후천적으로 생길 수 있다.

② Rh 응집원의 존재 유무에 따라 Rh 응집원이 있는 사람은 Rh^+형, 없는 사람은 Rh^-형으로 구분된다. Rh^+형과 Rh^-형 모두 Rh 응집소는 없고, Rh 응집원이 Rh^-형인 사람에게 들어가면 Rh^-형인 사람의 혈장에 Rh 응집소가 후천적으로 생긴다.

Tip
- A ← A, O
- B ← B, O
- AB ← A, B, AB, O
- O ← O

예제 | 2

학생 150명을 대상으로 ABO식 혈액형을 검사한 결과가 다음과 같을 때 O형의 혈액형을 갖는 학생은 몇 명인가?

- 항 A 혈청에 응집한 사람은 48명
- 항 B 혈청에 응집한 사람은 41명
- 항 A 혈청과 항 B 혈청에 모두 응집한 사람과 모두 응집하지 않은 사람을 합한 수는 87명

| 정답 | 74명

A+B+AB+O=150 ·············· ①
A+AB=48 ························· ②
B+AB=41 ························· ③
AB+O=87 ························· ④
②+③+④에서 ①을 빼면 2AB=26명이므로 AB형=13명이다. 따라서 A형=35명, B형=28명, O형=74명이다.

❖ Rh
붉은털원숭이의 학명인 'Rhesus monkey'에서 딴 것이다.

(2) 혈액형 판정

Rh 혈액의 응집반응도 항원항체 반응으로 Rh 응집원과 Rh 응집소가 만나면 응집반응이 일어난다. 토끼에 붉은털 원숭이의 혈액을 주사하면 토끼의 혈청 속에는 붉은털 원숭이의 혈구를 응집시키는 응집소가 생긴다. 이를 항 Rh 혈청이라 하며 이 항 Rh 혈청과 사람의 피를 섞었을 때 응집이 일어나는 사람을 Rh^+형, 응집이 일어나지 않는 사람을 Rh^-형이라 한다.

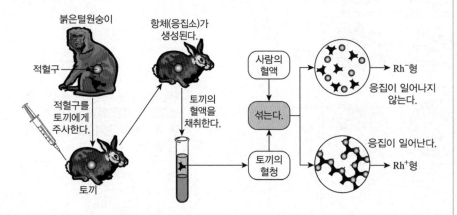

(3) 수혈

① 같은 혈액형끼리 수혈이 가능하며 Rh^-형은 Rh^+형에게 줄 수 있다.

② Rh^-인 사람이 Rh^+형의 혈액을 수혈 받으면 Rh^-형인 사람의 혈액에 Rh 응집원에 대응하는 Rh 응집소가 후천적으로 생성되어 나중에 다시 Rh^+형의 혈액을 수혈 받을 경우 응집반응이 일어나므로 Rh^+형은 Rh^-형에게 줄 수 없다.

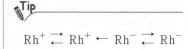

Tip

$$Rh^+ \rightleftarrows Rh^+ \leftarrow Rh^- \rightleftarrows Rh^-$$

예제 | 3

다음 그림은 어떤 사람의 혈액형 판정 결과를 나타낸 것이다. 이 사람이 수혈받을 수 있는 혈액형을 바르게 나타낸 것은?

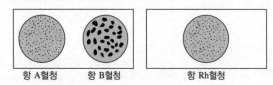

| 정답 |

Rh^- B형 또는 Rh^- O형의 혈액을 수혈받을 수 있다.
항 A혈청에는 응집하지 않았고 항 B혈청에 응집하였으므로 이 사람은 B형이며, 항 Rh혈청에 응집하지 않았으므로 Rh^-형이다.

(4) 적아세포증(erythroblastosis fetalis, 적혈 모구증)

① Rh^+ 형인 남자와 Rh^- 형인 여자 사이에서 생긴 태아(Rh^+)가 뱃속에서 피가 용혈 되어 죽는 현상이다.

② Rh^- 형인 여자가 Rh^+ 형인 아이를 임신했을 경우 첫아이 출산 시 아이의 Rh 응집원이 모체로 흘러 들어가서 모체에 Rh 응집소가 생긴다. 그리고 Rh^+ 형인 둘째 아이를 임신하게 되면 모체에서 생성된 Rh 응집소가 태반을 통해 태아의 혈액에 전해져 태아의 Rh 응집원과 반응하여 태아의 성숙한 적혈구가 파괴되고 미성숙한 적혈구들이 많이 보이는 적아세포증을 일으키게 된다. 그 결과 태아는 심한 산소 부족에 시달리게 되어 사산 또는 유산된다.

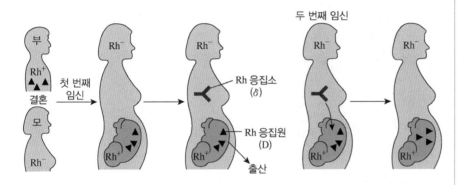

③ Rh 응집원은 적혈구 표면에 있으므로 태반을 통과하지 못하지만 Rh 응집소는 분자의 크기가 작아서 태반을 통과한다. Rh 혈액형과 달리 ABO식 혈액형의 응집소 α, β는 분자의 크기가 커서 태반을 통과하지 못하기 때문에 적아세포증을 일으키지 않는다.

④ **적아세포증의 예방**: 적아세포증을 예방하기 위해서는 Rh^- 형인 여성의 체내에 Rh 응집소가 생기지 못하도록 해야 한다. 즉, 아기의 몸에서 들어온 Rh 응집원을 모체의 면역계가 인식하여 Rh 응집소를 생성하기 전에 미리 외부에서 이에 대한 항체(응집소)를 주사하여 모체 내로 들어온 Rh 항원(응집원)을 제거하는 것이다.

이를 위해 첫째아이 출산 직전이나 직후에 Rh 응집소(Rh 면역 글로불린)를 산모에게 주사하면 태아의 Rh 응집원이 모체에 유입되어 모체의 면역 체계가 Rh 응집원에 대한 Rh 응집소를 만들기 전에 주사한 Rh 응집소가 Rh 응집원과 결합하여 제거되므로, 모체에서 Rh 응집소를 만들지 않게 되어 적아세포증을 예방할 수 있다.

16 혈액의 순환

1 심장의 구조

사람의 심장은 주먹 크기의 근육질 주머니로 2개의 심방(우심방, 좌심방)과 2개의 심실(우심실, 좌심실)로 되어 있다.

(1) 심방(atrium)

혈액이 들어오는 곳으로 정맥과 연결되어 있는데 좌심방은 폐정맥, 우심방은 대정맥과 연결되어 있다.

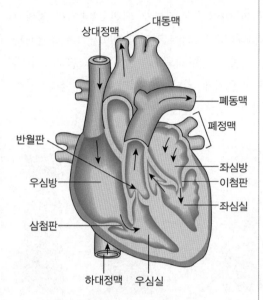

(2) 심실(ventricle)

혈액이 나가는 곳으로 근육층이 심방의 근육층보다 훨씬 두꺼우며 동맥과 연결되어 있는데 좌심실은 대동맥, 우심실은 폐동맥과 연결되어 있다. 특히 좌심실의 벽이 우심실의 벽보다 두꺼운 이유는 높은 압력으로 혈액을 대동맥을 통해서 온몸으로 내보내기 위해서이다. 좌심실이 더 강력하게 수축하지만 한 번 수축할 때 내보내는 혈액의 양은 우심실과 같다.

(3) 심장의 판막(valve)

판막은 여러 층의 얇은 결합조직으로 만들어졌으며 심장 내에서 혈액이 역류하는 것을 방지한다. 우심방과 우심실 사이에 있는 삼첨판(tricuspid vlave, 오른방실판막)과 좌심방과 좌심실 사이에 있는 이첨판(mitral valve, 왼방실판막)은 혈액이 심방에서 심실로만 이동하도록 하고, 심실과 동맥 사이에 있는 반월판(semilunar valve, 반달판막)은 혈액이 심실에서 동맥으로만 이동하도록 하여 혈액이 역류하지 않고 한쪽 방향으로만 흐르도록 한다.

❖ 방실판
삼첨판과 이첨판을 말하며 이 방실판막은 심실 수축동안 뒤집어지지 않도록 강한 섬유질에 의해 고정되어 있다.

❖ 승모판
이첨판이 모양이 천주교 주교기 착용하는 모자와 비슷하여 이점판을 승모판이라고도 한다.

2 혈액의 순환

(1) 동맥(artery): 심장에서 나가는 피가 흐르는 혈관

(2) 정맥(vein): 심장으로 들어오는 피가 흐르는 혈관

(3) 혈액의 순환 경로

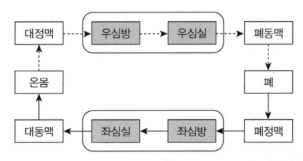

» 실선은 산소를 많이 함유한 동맥혈이고 점선은 이산화탄소를 많이 함유한 정맥혈이다. 우심방과 우심실에는 정맥혈이 들어 있고 좌심방과 좌심실에는 동맥혈이 들어 있다. 일반적으로 동맥에서는 동맥혈, 정맥에서는 정맥혈이 흐르지만 예외로 폐동맥에서는 정맥혈이 흐르고 폐정맥에서는 동맥혈이 흐른다.

(4) 체순환과 폐순환

① **체순환(systemic circulation):** 좌심실에서 나온 혈액이 온몸을 순환하고 우심방으로 들어오는 순환으로 동맥혈이 정맥혈로 된다. 좌심실이 수축하면 동맥혈이 대동맥을 통해 온몸의 모세혈관으로 이동하여 조직세포에 산소와 영양소를 공급하고, 조직세포에서 나온 이산화탄소와 노폐물을 받아 정맥혈로 되어 대정맥을 통해 우심방으로 들어온다.

② **폐순환(pulmonary circulation):** 우심실에서 나온 혈액이 폐를 순환하고 좌심방으로 들어오는 순환으로 정맥혈이 동맥혈로 된다. 우심실이 수축하면 정맥혈이 폐동맥을 통해 폐의 모세혈관으로 이동하여 폐포에 이산화탄소를 내보내고 산소를 받아 동맥혈로 되어 폐정맥을 통해 좌심방으로 들어온다.

Tip

태아의 혈액 순환
태아는 자신의 폐로 직접 호흡할 필요가 없어서 특별한 혈액 순환을 한다. 우심방 혈액의 절반은 난원공을 통해 좌심방으로 들어가고 좌심실을 거쳐 대동맥을 통해 온몸을 순환한다. 나머지 절반 혈액은 우심방에서 우심실을 거쳐 폐동맥으로 들어간다. 이때 대동맥 사이에 있는 동맥관(보탈로관)으로부터 대동맥 쪽으로 흘러서 폐에는 혈액이 거의 이동하지 않으며 심장의 좌우 모두 비슷한 혈액이 흐르도록 한다.

(5) 혈액의 순환도

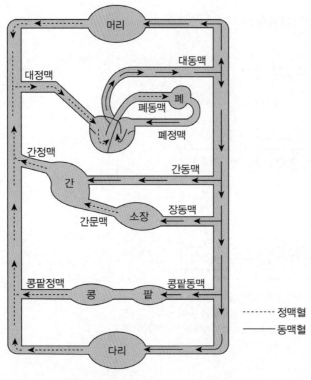

▲ 혈액의 순환도

① 산소포화도가 가장 높은 혈관: 폐정맥
② 이산화탄소 포화도가 가장 높은 혈관: 폐동맥
③ 혈당량 변화가 가장 큰 혈관: 간문맥(식전에는 혈당량이 낮고 식후에는 혈당량이 높으며, 간문맥은 소장에서 산소를 소모했으므로 정맥혈이다)
④ 요소의 농도가 가장 높은 혈관: 간정맥(간에서 암모니아를 요소로 합성하므로)
⑤ 요소의 농도가 가장 낮은 혈관: 콩팥정맥

3 심장의 박동

(1) 심장의 박동 주기

심장은 주기적으로 수축과 이완을 반복하는데 일반적으로 1분에 72~75회 정도 박동하며 1회 박동할 때 약 70mL 정도의 혈액을 내보낸다.
① 심방 수축기: 심방 수축·심실 이완기로서 심방에서 심실로 혈액이 이동하여 심실을 완전히 채우는 시기이다.

❖ 문맥(portal vein)
모세혈관망 사이를 연결하는 혈관을 말한다. 예를 들면 간문맥은 소화기의 모세혈관망의 혈액들을 간의 모세혈관망으로 운반한다.

② **심실 수축기**: 심방 이완·심실 수축기로서 정맥의 혈액이 심방으로 들어오고, 이첨판과 삼첨판이 닫히면서 반월판이 열려 심실의 혈액이 동맥으로 나간다.

③ **심실 이완기**: 심방·심실 이완기로서 정맥의 혈액이 심방으로 들어오면서 반월판이 닫히고 이첨판과 삼첨판이 열려 심방에서 심실로 혈액이 이동한다.

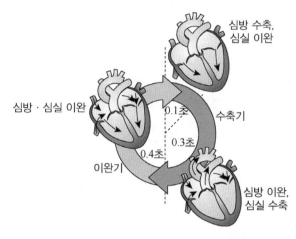

예제 | 1

옆의 그림과 같이 심장박동을 0.8초에 한 번씩 한다면 1분 동안 일어나는 심장박동 수는?

| 정답 | 75번

$$\frac{60초}{0.8초} = 75$$

❖ **심박출량**
심실이 1분 동안 내보내는 혈액의 양 (1회박출량×1분 동안 심장박동 수)

❖ 판막이 닫힐 때 나는 소리를 심음(심장박동음)이라고 하며 제1 심음은 이첨판과 삼첨판이 닫히면서 나는 소리이며, 제2 심음은 반월판이 닫히면서 나는 소리이다.

❖ 좌심실과 우심실은 거의 동시에 수축하므로 좌심실이 수축할 때 우심실도 수축하며 이첨판이 닫힐 때 삼첨판도 동시에 닫힌다.

❖ **심전도**(electrocardiogram, ECG): 심장박동에 따라 심근에서 발생하는 활동 전류를 체표면으로 유도하여 전류계로 기록한 것이다(P: 심방 수축기, QRS: 심실 수축기, T: 심실 이완기).

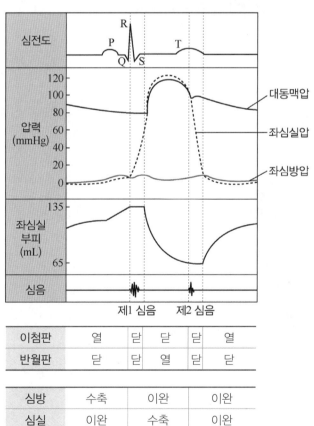

이첨판	열	닫	닫	닫	열
반월판	닫	닫	열	닫	닫

심방	수축	이완	이완
심실	이완	수축	이완

(2) 심장의 자동성

심장을 몸에서 떼어 놓아도 스스로 박동을 계속하는 것을 말한다.

① 심장의 자동성은 대정맥과 심장의 우심방 사이의 동방 결절(sinoatrial node, SA node)이라는 근육조직이 외부의 자극이 없어도 주기적으로 흥분을 일으키는 능력이 있기 때문에 나타나는데, 이 근육조직을 박동원이라 한다. 따라서 심장을 몸에서 떼어 놓아도 한동안 박동을 계속하는데 이를 심장박동의 자동성이라고 한다.

② **심장 수축의 진행순서:** 박동원인 동방 결절에서 시작된 흥분이 우심방을 수축시키고 곧이어 심방과 심실 사이에 있는 방실 결절(atrioventricular node, AV node)을 흥분시킨다. 이 흥분이 히스색(bundle of His)이라는 심근섬유를 거쳐서 흥분전달 섬유(푸르키네 섬유, Purkinje's fiber)를 통해 심장의 아래쪽에서 심실벽으로 전달되면 좌우 심실이 수축한다.

즉

❖ 방실결절에서 흥분이 심실벽으로 퍼지기 전까지 약 0.1초정도 지연되는데, 이러한 지연은 심실이 수축하기 전에 혈액이 심방에서 심실로 모두 이동할 수 있게 한다.

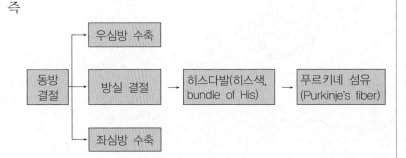

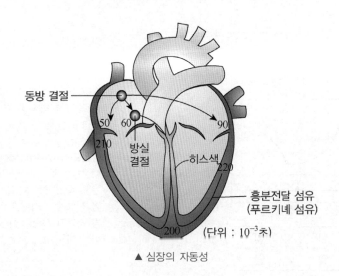

▲ 심장의 자동성

(3) 심장의 박동 중추: 연수(혈액의 이산화탄소의 농도가 연수 자극)

① 혈액의 이산화탄소 농도 증가 → 연수 → 교감 신경의 말단 → 아드레날린 분비 → 심장박동 촉진

② 혈액의 이산화탄소 농도 감소 → 연수 → 부교감 신경의 말단 → 아세틸콜린 분비 → 심장박동 억제

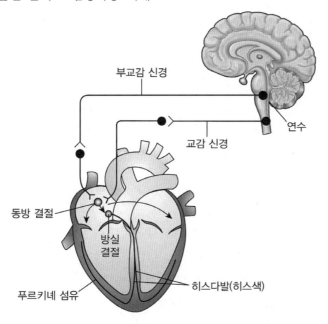

부교감 신경
연수
교감 신경
동방 결절
방실 결절
히스다발(히스색)
푸르키녜 섬유

(4) 척추동물의 심장

① **어류:** 1심방 1심실

② **양서류:** 2심방 1심실

③ **파충류:** 2심방 불완전 2심실

④ **조류, 포유류:** 2심방 2심실

4 혈관(blood vessel)

(1) 혈압(blood pressure)

혈액이 혈관 벽을 밀 때 생기는 압력을 혈압이라고 한다. 동맥의 경우 심실의 수축기에는 혈압이 높고(최고 혈압), 심실의 이완기에는 혈압이 낮다(최저 혈압). 심실이 수축할 때의 최고 혈압은 보통 120mmHg이고, 심실이 이완될 때의 최저 혈압은 보통 80mmHg을 나타내며 최고 혈압과 최저 혈압 차이를 맥압(40mmHg)이라 한다.

혈압은 대동맥에서 가장 높고 모세혈관으로 갈수록 점점 낮아져 대정맥

❖ 어류는 혈액이 전체를 순환하는 동안 단 한번 심장을 지나가는 단일 순환을 한다.
심방 → 심실 → 동맥 → 아가미 → 온몸 → 정맥 → 심방

❖ 양서류, 파충류, 조류, 포유류는 체순환과 폐순환이라는 두 개의 분리된 순환 고리를 가진 이중 순환구조를 가지고 있다.

❖ 심장에서 동맥혈과 정맥혈이 섞이는 동물: 양서류, 파충류

❖ 혈관벽에 가해지는 힘에 의해 동맥이 팽창했다가 다시 원상태로 회복되는 힘이 혈압을 유지하고 심장주기 동안 계속 혈액이 흐르도록 하는 데 중요한 역할을 한다.

에서는 음압으로 나타난다. 즉 **심장에서 혈액이 흘러간 거리가 멀어질수록 낮아진다.** (이유: 혈관의 저항에 의해 에너지가 손실되므로)

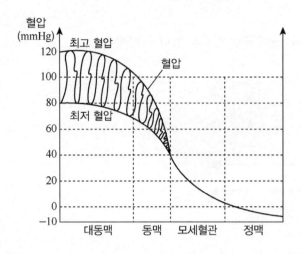

Tip

혈압의 조절
혈압의 항상성은 동맥의 지름을 조절하여 이루어진다.

• **혈관 수축**: 소동맥의 평활근이 수축하여 소동맥이 좁아진 결과 그 앞쪽은 높은 혈압이 걸리게 된다.(혈관 수축 유도 물질: 혈관 및 림프관의 내벽을 덮고 있는 세포인 내피세포에서 분비되는 엔도텔린, endothelin이라는 작은 펩타이드)

• **혈관 확장**: 소동맥의 평활근이 확장되어 소동맥이 넓어진 결과 직경이 커지고 혈압이 낮아진다.(혈관 확장 유도 물질: 내피세포에서 분비되는 일산화질소, NO)

(2) 혈압 측정의 원리

팔뚝 위에 압박대를 감고 압박대 밑에 청진기를 댄 다음 공기 펌프로 압박대를 부풀려 팔의 동맥이 막힐 정도로 압력을 높인다. 공기를 서서히 빼는 동안 처음으로 소리가 들릴 때의 압력을 수축기 혈압이라고 하고, 규칙적으로 들리던 소리가 더 이상 들리지 않을 때의 압력을 이완기 혈압이라고 한다.

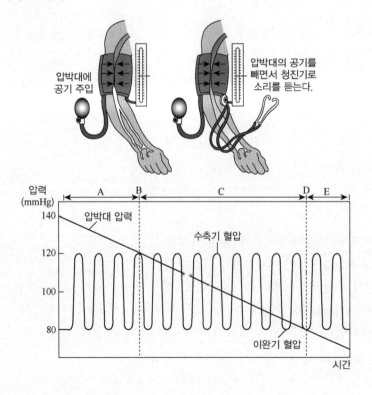

① 혈관음은 혈액의 흐름이 압박대의 영향을 받아 혈액이 흐를 때 들리는 소리이다.

② 압박대의 압력이 최고 혈압보다 높으면 혈액이 흐르지 않아 혈관음이 들리지 않는다. 압박대의 압력이 최저 혈압보다 낮으면 혈관을 누르는 힘이 없어 혈관음은 들리지 않는다.

③ 압박대 압력이 혈관의 최고 혈압과 최저 혈압 사이일 때만 혈관음을 들을 수 있다.

④ 각 구간별 혈관음

  ㉠ A 구간: 압박대의 압력 때문에 혈액이 흐르지 못하므로 혈관음이 들리지 않는다.

  ㉡ C 구간: 혈액이 간헐적(on and off)으로 흐르기 때문에 혈관음이 들린다.

  ㉢ E 구간: 혈액의 흐름이 압박대의 영향을 받지 않으므로 혈관음이 들리지 않는다.

  ㉣ B에서 처음으로 혈관음이 들리고(최고 혈압), D에서 마지막으로 혈관음이 들린다(최저 혈압).

(3) 혈관의 종류

① **동맥**: 심장에서 나가는 혈액이 흐르는 혈관으로 심실과 연결되어 있다. 동맥은 탄력성이 있어서 심실의 수축과 이완에 따라 심실에서 밀려나오는 혈액에 의해 혈관벽의 수축과 이완이 되풀이 되는데 이것을 맥박이라고 한다. 즉 심장의 박동에 따른 동맥의 박동을 맥박이라 한다. 또한 동맥은 높은 혈압에 견딜 수 있도록 혈관벽이 두껍고 탄력성이 큰 근육층이 발달되어 있으며 몸의 중심부에 위치한다.

② **정맥**: 심장으로 들어오는 혈액이 흐르는 혈관으로 심방과 연결되어 있으며 곳곳에 역류를 방지하는 판막이 있다. 또한 정맥은 혈압이 낮으므로 혈관벽이 얇고 탄력성이 작은 근육층으로 되어 있으며 몸의 표면부에 위치한다. 동맥에서 혈액의 이동은 심실의 수축과 이완에 의해서 일어나는데 비해 정맥에서 혈액의 이동은 정맥벽에 있는 평활근의 영향도 있지만 주된 원동력은 주로 **정맥 주변에 있는 근육의 수축과 이완**에 의해 혈관이 압력을 받아 흐르며 판막이 있어 혈액이 한쪽 방향으로만 흐른다. 정맥은 동맥보다 더 많은 수로 이루어져 있고 더 큰 지름으로 되어 있어서 정맥은 커다란 부피를 갖기 때문에 순환계의 반 이상의 혈액을 보유하는 혈액의 저장고 역할을 한다.

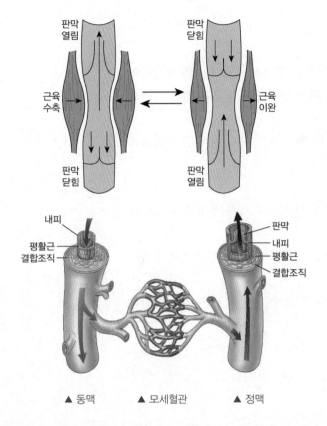

▲ 동맥   ▲ 모세혈관   ▲ 정맥

③ **모세혈관**: 동맥과 정맥을 이어 주는 혈관으로 온몸의 조직에 그물처럼 퍼져 있다. **한 겹의 세포층**으로 구성되어 있고 **혈류속도가 느리므로** 혈액과 조직세포 사이에서 물질교환이 효율적으로 일어난다. 즉 조직에 영양분과 산소를 공급하고 조직에서 생성된 노폐물과 이산화탄소를 받는다.

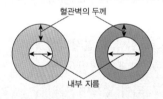

▲ 동맥   ▲ 정맥

구분	혈관벽의 두께	혈관의 내부 지름	탄력성	판막	분포
동맥	두껍다	정맥보다 가늘다	크다	없다	몸의 중심부
정맥	얇다	동맥보다 굵다	작다	있다	몸의 표면

(4) 혈관의 총단면적

모세혈관 하나의 단면적은 매우 가늘지만 온몸의 조직으로 구석구석까지 흩어져 있어서(약 70억 개 정도) 총단면적은 가장 넓고, 동맥의 총단면적이 가장 좁다.

❖ 혈관의 내벽을 형성하는 층을 내피층이라고 하며 동맥과 정맥 모두 내피층을 둘러싼 두 개의 층을 갖는다. 내피층 바로 바깥쪽에 평활근이 있고 평활근층 바깥쪽에 탄력섬유, 콜라겐을 포함한 결합조직층이 있다.

❖ 모세혈관에서 물질교환
• 내피세포의 세포내 섭취를 통해 내피층의 한쪽 면으로 들어온 후 소낭의 형태로 세포질을 가로질러 반대편 세포막으로 세포외 배출이 일어난다.
• 산소와 이산화탄소 같은 분자들은 확산으로 이동된다.
• 내피세포와 내피세포사이의 공간을 통해 이동된다.

❖ 관상동맥(coronary artery)
심방과 심실을 관상(冠狀)으로 둘러싸고 있는 데서 연유된 이름으로 대동맥의 밑뿌리에서 갈라져 한 쌍을 이루는데 각각 좌관상동맥, 우관상동맥이라고 하며 심장의 근육에 영양분과 산소를 공급하는 혈액이 흐른다. 관상동맥에 의해서 심장벽에 분포한 정맥혈이 최종적으로 모여서 관상정맥으로 들어가 우심방에 이른다.

(5) 혈류속도

혈류속도는 혈관의 총단면적에 반비례한다. 모세혈관의 총단면적이 가장 넓으므로 혈류속도는 가장 느리며 이것은 모세혈관과 조직세포 사이의 물질교환이 효율적으로 일어나게 한다. 동맥은 총단면적이 가장 좁아서 혈류속도가 가장 빠르다.

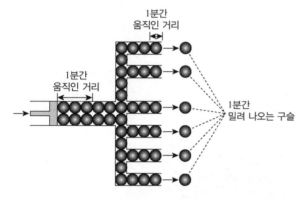

» 구슬 6개가 밀려 나오는 동안 가는 관이 여섯 갈래로 갈라져 총단면적이 넓은 관에서는 1개에 해당하는 거리를 이동했지만 총단면적이 좁은 굵은 관에서는 3개에 해당하는 거리를 이동한 것으로 보아 혈류속도는 혈관의 총단면적에 반비례한다는 것을 알 수 있다.

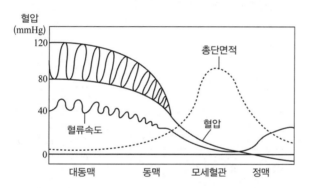

» 혈류속도 그래프에서 대동맥과 동맥에서 혈류속도가 파동을 나타내는 이유는 좌심실의 수축과 이완의 영향을 받아 대동맥과 동맥에서 혈압이 파동성을 보이기 때문이다.

(6) 혈관의 특성 비교

혈관의 특성	비교
혈압	동맥＞모세혈관＞정맥
혈관의 두께	동맥＞정맥＞모세혈관
혈관의 지름	정맥＞동맥＞모세혈관
혈관의 총단면적	모세혈관＞정맥＞동맥
혈류속도	동맥＞정맥＞모세혈관

예제 | 2

사람의 혈관에 대한 설명으로 옳지 않은 것은? (국가직 7급)

① 대동맥의 혈압은 대정맥의 혈압보다 높다.

② 모세혈관의 총단면적은 대정맥의 총단면적보다 넓다.

③ 모세혈관의 혈류 속도는 대동맥의 혈류 속도보다 느리다.

④ 세동맥에는 혈류의 역행을 방지하는 판막(valve)이 존재한다.

| 정답 | ④

세동맥에는 판막(valve)이 존재하지 않는다.

(7) 모세혈관을 흐르는 혈류 조절의 2가지 기작: 신경계와 호르몬에 의한 평활근 수축

① 첫 번째 기작: 소동맥을 둘러싼 근육이 수축하게 되면 단면적이 좁아져서 이곳을 흐르는 혈액의 양이 줄어들게 되고, 근육이 이완하게 되면 단면적이 넓어져서 이곳을 흐르는 혈액의 양이 늘어나게 되어 많은 양의 혈액을 공급받을 수 있다.

② 두 번째 기작: 전모세혈관괄약근의 수축과 이완에 의한 것으로 전모세혈관괄약근은 모세혈관망의 입구에 위치하므로 소동맥과 소정맥 사이의 혈류를 조절할 수 있다.

❖ 기작
생물의 생리적인 작용을 일으키는 기본원리

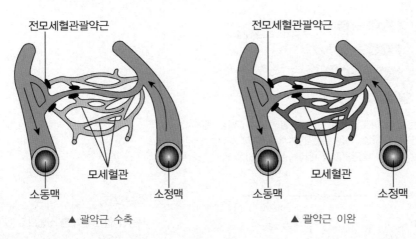

▲ 괄약근 수축   ▲ 괄약근 이완

예제 | 3

다음 표는 휴식할 때와 격렬한 운동을 할 때 온몸을 순환하는 혈액의 양을 나타낸 것이다.

(단위: mL/분)

구분 \ 부위	뇌	심장	A	피부	콩팥	B	기타	총량
휴식할 때	650	215	1,030	430	950	1,200	525	5,000
운동할 때	750	750	12,500	1,900	600	600	400	17,500

이에 대한 설명으로 옳지 않은 것은?

① A는 소화기관, B는 골격근에 해당한다.
② 운동을 하면 오줌의 양이 감소한다.
③ 운동을 하면 순환되는 혈액의 총량이 증가한다.
④ 운동을 하면 피부를 통한 열의 발산량이 증가한다.
⑤ 휴식할 때 심장이 1분당 72회 박동한다면, 1회 박동할 때 심장에서 빠져나가는 혈액의 양은 약 70mL이다.

Tip

역류열교환(countercurrent heat exchange)
정온 동물에서 서로 역방향으로 흐르는 동맥혈과 정맥혈의 사이에서 열의 교환이 이루어지는 현상으로 돌고래 등 바다동물의 지느러미나 꼬리에서는 동맥과 정맥이 접하고 있어 말초부에서 극도로 차가워진 정맥혈이 동맥혈에 의해 따뜻해져 심장으로 되돌아간다. 이것에 의해 말단부의 온도는 낮지만, 열을 체외로 잃어버리는 것을 막을 수 있다.

5 조직액과 림프

(1) 조직액(tissue liquid)

모세혈관을 흐르는 혈액 중에서 혈장의 일부가 모세혈관을 빠져나와 조직을 채우고 있는데 이를 '조직액(세포사이액)'이라 한다.

(2) 림프(lymph)

조직액의 일부는 림프관으로 들어가 림프관을 순환하다가 다시 정맥과 합쳐지는데 이와 같이 림프관을 흐르는 조직액을 '림프'라 한다. 림프관 군데군데에 있는 림프절(lymph node)은 림프구(lymphocyte)를 생성하며 세균이 침입했을 때에는 부어오른다. 림프절은 특히 겨드랑이나 사타구니에 많이 몰려 있다.

① **림프구**: 백혈구의 일종으로 면역 작용에 관여한다.

② **림프장**: 림프의 액체 성분인 림프장은 혈장과 성분이 비슷하지만 단백질 함량이 적다.

❖ 림프절=림프샘=림프선=임파선
림프관에 있는 둥글게 생긴 알 모양의 조직으로 림프구와 대식세포가 많이 분포한다.

(3) 림프관(lymphatic duct)

림프가 이동하는 관으로, 림프관은 한쪽 끝이 여러 개의 모세 림프관으로 갈라져 조직 사이에 흩어져 있고 다른 쪽은 정맥과 연결되어 있다. 림프관은 림프총관을 거쳐 빗장밑정맥과 연결되어 있어서 빗장밑정맥을 통해 혈액으로 들어가 심장으로 들어간다. 림프의 흐름은 림프관의 주기적인 수축도 영향을 주지만 주로 림프관 주위골격근의 수축과 이완에 의해 이루어지기 때문에 림프관에는 역류를 방지하는 **판막이 있다.**

❖ 우림프 총관은 우리 몸의 오른쪽 어깨 부분에 있는데 여기에 모인 림프는 다시 우쇄골하 정맥(오른쪽 어깨뼈 밑에 있는 정맥)으로 들어가 혈액으로 되돌아간다. 한편 가슴관에 모인 림프들은 왼쪽 어깨 부분에 있는 좌림프 총관으로 이동하여 좌쇄골하 정맥으로 들어가 혈액으로 돌아간다. 이렇게 혈액으로 되돌아간 림프들은 정맥을 타고 심장으로 들어가 혈액 순환을 통해 온몸을 돌게 된다.

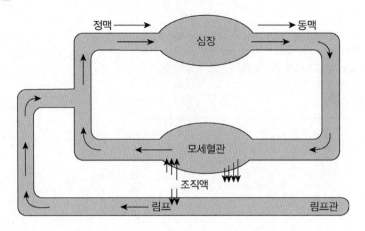

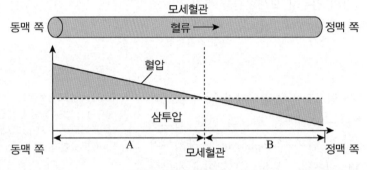

▲ 혈압과 혈장 삼투압과의 관계

❖ 순환계(혈관계)
  • 개방순환계(개방혈관계): 동맥과 정맥사이에 혈관으로 연결되어있지 않고 열려있어서 심장수축에 의해 체강으로 혈림프액을 밀어내면 혈림프액이 조직사이로 흐르고 몸의 움직임은 체강을 눌러주기 때문에 혈림프액이 다시 심장으로 들어간다. 혈림프액이 혈관 바깥의 조직사이로 흐르기 때문에 세포사이액은 혈액과 림프를 합친 것에 해당되므로, 특히 혈림프(hemolymph)라고 한다.
  • 폐쇄순환계(폐쇄혈관계): 혈액순환로가 조직으로 열려 있지 않고 혈액이 심장 → 동맥 → 모세혈관 → 정맥 → 심장이라는 닫혀진 혈관계 속을 순환하는 것

❖ 개방순환계는 낮은 유압을 유지해도 되므로 폐쇄순환계보다 에너지를 적게 쓸 수 있다. 폐쇄순환계는 혈액을 순환시키는 유압이 높아 몸이 크거나 운동성이 높은 생물들에게 산소와 영양분의 효과적인 전달이 가능하다.

① **동맥 쪽 모세혈관 A**: 혈장을 빠져 나가게 하는 압력으로 작용하는 혈압이 조직액을 흡수하는 압력으로 작용하는 혈장 삼투압보다 높으므로 혈장을 모세혈관에서 조직액 쪽으로 빠져 나가게 하는 방향으로 작용한다.

② **정맥 쪽 모세혈관 B**: 조직액을 흡수하는 압력으로 작용하는 혈장 삼투압이 혈장을 빠져 나가게 하는 압력으로 작용하는 혈압보다 높으므로 혈장을 조직액에서 모세혈관 쪽으로 들어오게 하는 방향으로 작용한다.

③ 모세혈관에서 조직으로 빠져 나온 혈장의 상대량은 조직액에서 모세혈관으로 들어간 조직액의 상대량과 조직액에서 림프관으로 들어간 조직액의 상대량을 합한 값과 같다.

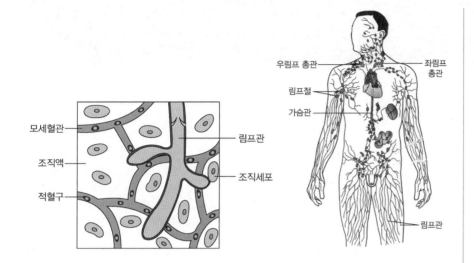

모세혈관
조직액
적혈구
림프관
조직세포

우림프 총관
좌림프 총관
림프절
가슴관
림프관

6 심혈관계 질환

(1) **부정맥(arrhythmia)**: 심장박동은 동방결절이란 조직에서 형성된 전기적 신호가 전달되어 일어나는데, 부정맥은 이러한 심박동이 불규칙하게 되는 것을 말한다.

(2) **동맥 경화(arteriosclerosis)**: 고밀도 지질단백질(HDL)에 대한 저밀도 지질단백질(LDL)의 비율이 높아지면 동맥경화 가능성이 높아진다. 동맥경화에서 동맥 내벽의 손상은 염증 반응을 일으키고 손상된 내벽에 백혈구가 붙어 콜레스테롤을 비롯한 지질 성분을 섭취하기 시작한다. 이 지방 침적물을 플라크(plaque)라 하고 혈소판이 플라크에 붙으면 동맥을 막을 수 있는 혈전(thrombus)이 형성되기 시작한다. 색전(embolus)이라고 하는 떨어져 나온 혈전 조각은 혈관을 따라 온몸을 돌다가 지름이 작은 혈관을 막아서 혈류를 방해하는 색전증(embolism)을 초래한다. 뇌의 동맥에 생긴 색전은 동맥을 통해 혈액을 공급받는 세포들을 산소 부족에 의해 죽게 하는데 이 현상이 뇌졸중(腦卒中, stroke)이다.

(3) **심장마비(심근경색, heart attack)**: 관상동맥이 막혀 심근조직이 손상되거나 파괴되면서 발생한다. 관상동맥이 부분적으로 막히면 가슴에 통증을 유발하기도 하는 협심증(angina pectoris)이라는 경고 신호를 보내기도 한다.

❖ 심혈관계
척추동물의 심장과 혈관을 심혈관계(cardiovascular system)라 한다.

❖ 혈관 성형술
동맥의 플라크(치석과 같이 혈관에 협착된 응고 덩어리를 압착하기 위해 카테터(2~3mm정도의 가느다란 관으로 풍선이 내장되어있다)를 주입하는데 후에 다시 좁아지지 않도록 스텐트(동맥에 넣는 와이어관)로 시술한다.

❖ 심폐소생술(cardiopulmonary resucitation, CPR)
심장과 폐의 활동이 멈추어 호흡이 정지되었을 경우에 실시하는 응급처치

❖ 자동심장충격기(automated external defibrillator, AED)
심장의 기능이 정지하거나 호흡이 멈추었을 때 사용하는 응급 처치 기기

17 호흡운동과 기체교환

1 호흡기관

(1) **수생동물의 아가미**: 어류 아가미의 모세혈관 분포는 혈액이 흐르는 방향이 물의 흐르는 방향과 반대인 역류교환이 일어나기 때문에 혈액은 언제나 인접한 물에 비해 O_2농도가 낮아서 효율적으로 기체교환이 일어난다.

(2) **곤충의 기관계**: 순환계의 도움을 받지 않고 호흡관계만을 이용해서 조직에 산소를 운반한다.

(3) **거미류의 폐서(책허파)**: 배의 아래쪽 앞의 몸 표면이 쑥 패어서 생긴 주머니 속에 많은 얇은 주름이 마치 낱장들이 포개져 만들어진 책처럼 판상의 층상구조를 이루고 있어서 표면적을 넓게 하여 원활한 호흡이 가능하다.

❖ 환기(ventilation)
호흡 매개체(산소를 공급해주는 원천인 물이나 공기)를 호흡 표면(기체 교환이 일어나는 동물의 신체 부위)으로 이동시키는 작용

❖ 어류의 호흡표면은 몸 표면의 일부가 밖으로 나와 물에 노출된 아가미이며, 대부분의 육상동물은 호흡 표면을 몸 안에 가지고 있다.

2 사람의 호흡기관

(1) **공기의 이동**

① 코로 들이마신 공기는 비강(코안)을 거치면서 따뜻하게 데워지고 습한 상태로 된 후 비강과 구강(입안)이 만나는 지점인 인두를 거쳐 기관 입구인 후두로 이동한다. 인두에는 연구개가 있고 후두에는 후두개가 있어서 음식물을 먹을 때는 연구개와 후두개가 닫히고 호흡을 할 때는 열린다.

연구개 (soft palate)	입천장의 근육질
후두개 (epiglottis)	음식물이 기도로 들어가지 못하도록 막아주는 기관의 입구인 후두의 뚜껑 역할을 하는 연골 부분

② 후두를 통과한 공기는 기관으로 들어가는데 기관은 좌우 폐의 연결된 2개의 기관지로 갈라지며, 기관지는 다시 나뭇가지 모양의 무수히 많은 가느다란 세기관지로 더 갈라진 후 그 끝이 폐포와 연결된다. 기관과 기관지의 안쪽 벽에서는 비강에서와 마찬가지로 점액이 분비되어 들이마신 공기에 포함된 먼지나 세균 등이 걸러지고 벽에 나 있는

섬모의 운동을 통해 구강 쪽으로 운반해 제거한다. 기관과 기관지에서는 기체교환이 일어나지 않고 폐포에 이르러 폐포와 모세혈관 사이에 기체교환이 일어난다.

③ 공기는 코(비강) ⇄ 인두 ⇄ 후두 ⇄ 기관 ⇄ 기관지 ⇄ 세기관지 ⇄ 폐포 ⇄ 모세혈관의 경로를 통해 이동한다.

(2) 폐(lung)

갈비뼈(늑골)와 가로막(횡격막)으로 둘러싸인 흉강 내에 있으며 좌우 1쌍으로 오른쪽은 3개, 왼쪽은 2개의 폐엽으로 되어 있다. 폐는 매우 작은 폐포 3~4억 개로 이루어져 공기와 접촉하는 표면적을 넓게 하므로 기체교환이 효율적으로 일어날 수 있다.

(3) 폐포(허파꽈리, alveola)

지름이 0.1~0.2mm 정도이며 벽이 한 층의 세포(단층편평상피)로 되어 있어 매우 얇다. 폐포 주변을 모세혈관이 둘러싸고 있어 폐포와 모세혈관 사이에 산소와 이산화탄소의 교환이 일어난다.

폐포 내부를 둘러싼 액상막은 액체의 표면적을 줄이려는 표면장력의 영향을 받는데 폐포가 표면장력에 의해 찌그러들지 않는 이유는 폐포에서 인지질과 단백질의 혼합물로 구성된 계면활성제를 생성하여 표면장력을 감소시키기 때문이다.

❖ 계면활성제
용액 속에서 계면에 흡착하여 그 표면장력을 감소시키는 물질이다. 한 분자에 친유기와 친수기를 가진 양쪽 친매성인 물질은 계면활성제가 될 수 있다.
쓸개즙도 계면활성제이다.

❖ 미셀(micelle)구조
단층의 인지질로 구성된 작은 방울 형태로 안쪽이 소수성 지방산 꼬리로 채워져 있다. 계면활성제의 지질 꼬리 일부분이 물과 분리되면서 소수성 효과를 이용하여 미셀을 형성하기 시작한다.

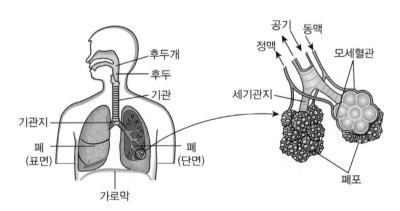

≫ 오른쪽에는 3개의 폐엽(상엽, 중엽, 하엽)이 있고 왼쪽에는 2개의 폐엽(상엽, 하엽)이 있다.

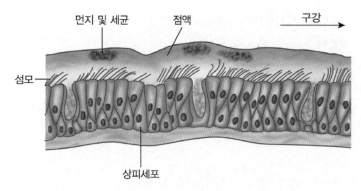

먼지 및 세균　점액　　　　　　　구강 →

섬모

상피세포

▲ 기관과 기관지의 안쪽 벽의 상피세포

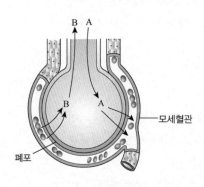

B A

B　　A

모세혈관

폐포

≫ A는 폐포에서 모세혈관으로 확산되는 산소이고, B는 모세혈관에서 폐포로 확산되는 이산화탄소이다.

❖ 산소분자는 폐에서 두 세포층을 지나 혈액에 도달한다.

3 호흡운동

(1) 호흡운동의 조절

대뇌의 작용으로 의식적으로 조절할 수도 있으나 주로 호흡중추인 연수에 의해 무의식적으로 조절된다. 연수는 혈액의 이산화탄소 농도와 산소 농도를 감지해 호흡속도를 조절하는데 산소의 농도보다는 이산화탄소의 농도가 호흡속도에 더 큰 영향을 미친다.

① 혈액의 이산화탄소 농도 증가 → 연수 → 교감 신경의 말단 → 아드레날린 분비 → 호흡 촉진

② 혈액의 이산화탄소 농도 감소 → 연수 → 부교감 신경의 말단 → 아세틸콜린 분비 → 호흡 억제

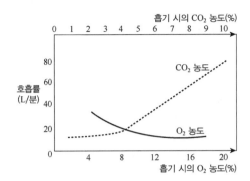

>> 산소 농도보다는 이산화탄소 농도가 호흡속도에 더 큰 영향을 미친다는 것을 알 수 있다. 이산화탄소에 의한 pH변화를 목동맥과 대동맥의 토리세포(공 모양의 덩어리를 뜻한다)가 감지하여 연수로 신호를 보내고, 또한 연수가 위치한 뇌척수액의 pH변화를 연수가 감지한다. $CO_2 + H_2O \rightleftharpoons H_2CO_3 \rightleftharpoons HCO_3^- + H^+$

산소의 농도는 호흡속도에 많은 영향을 주지 않지만 고산지대에서와 같이 산소의 농도가 지나치게 낮아진 경우에는 목동맥(경동맥)과 대동맥의 토리세포가 활성화하여 연수로 신호를 보내 호흡속도를 증가시킨다. 또한 호흡속도는 연수에 붙어있는 뇌교에 의해서도 호흡 조절이 조율된다.

❖ 목동맥(경동맥)
대동맥에서 분지되어 머리와 뇌에 혈액을 공급하는 동맥

(2) 호흡운동의 원리(음압 숨쉬기)

① 공기는 기압이 높은 곳에서 낮은 곳으로 이동하므로 폐(폐포) 내부의 압력을 대기압보다 높거나 낮게 변화시켜 공기가 이동할 수 있도록 한다.

② 폐 안으로 공기가 들어오게 하기 위해서는 폐 내부의 압력이 대기압보다 낮아야 하고, 폐 밖으로 공기가 빠져나가게 하기 위해서는 폐 내부의 압력이 대기압보다 높아야 한다.

③ 폐는 근육으로 이루어져 있지 않으므로 심장과 같이 스스로 수축·이완하지 못한다. 그러므로 흉강의 부피를 변화시킴으로써 폐의 부피를 변화시켜야 하는데 이때 흉강을 둘러싸고 있는 갈비뼈와 가로막을 움직여 흉강의 부피를 변화시킨다.

④ 갈비뼈는 늑간근의 수축·이완에 의해, 가로막은 자체 근육의 수축·이완에 의해 위아래로 움직인다.

❖ 흉강에서 폐를 둘러싼 이중막의 안쪽은 폐의 표면에 강하게 결합되어 있고, 바깥쪽의 막은 흉강에 강하게 결합되어있다. 가운데 얇은 공간은 액으로 채워져 있어 두 층을 나누고 있다. 액의 표면장력 때문에 마치 두 장의 유리를 붙여 놓은 것처럼 두 장이 서로 잘 미끄러지지만 떨어지지는 않는 것이다. 그 결과 흉강의 부피에 따라 폐의 부피도 같이 변한다.

(3) 호흡운동의 과정

① 흡기(들숨): 외늑간근이 수축(내늑간근 이완)하여 갈비뼈가 상승하고, 가로막이 수축하여 아래로 내려가면 흉강의 부피가 증가하고 내압은 감소한다. 그 결과 폐포 내압이 대기압보다 낮아지면 폐의 부피가 커지면서 공기가 폐로 들어온다.

- 갈비뼈(늑골): 올라간다(외늑간근 수축, 내늑간근 이완).
- 가로막(횡격막): 내려간다(가로막 수축).
- 흉강의 압력: 낮아진다.
- 흉강의 부피: 커진다.
- 폐포 내압: 대기압보다 낮아진다.
- 폐의 부피: 커진다.

② 호기(날숨): 외늑간근이 이완(내늑간근 수축)하여 갈비뼈가 하강하고, 가로막이 이완하여 위로 올라가면 흉강의 부피가 감소하고 내압은 증가한다. 그 결과 폐포 내압이 대기압보다 높아지면 폐의 부피가 작아지면서 공기가 외부로 나간다.

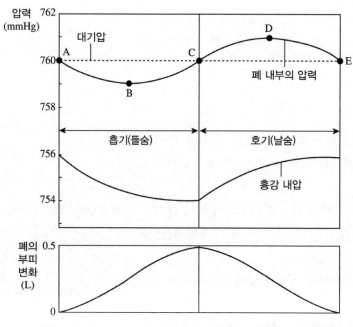

▲ 흡기와 호기 시 폐포 내압, 흉강 내압의 변화와 폐의 부피 변화

» ① 흉강 내압은 항상 대기압보다 낮고 폐포 내압보다 낮다.
  ② 폐포 내압은 흡기일 때는 대기압보다 낮고, 호기일 때는 대기압보다 높다.
  ③ 흡기 구간에서는 흉강 내압이 낮아지며, 폐포 내압이 대기압보다 낮다.
  ④ 호기 구간에서는 흉강 내압이 높아지며, 폐포 내압이 대기압보다 높다.
  ⑤ 호기에서 흡기로 전환될 때 폐포 내압은 대기압과 같으며, 흉강 내압은 최대이고 폐의 부피는 최소가 된다(A와 E).
  ⑥ 흡기에서 호기로 전환될 때 폐포 내압은 대기압과 같으며, 흉강 내압은 최소이고 폐의 부피는 최대가 된다(C).

(4) 총폐용량과 폐활량

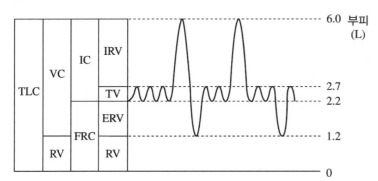

① 총폐용량(total lung capacity, TLC): 폐로 들어갈 수 있는 공기의 총량 (6L)

② 폐활량(vital capacity, VC): 최대로 숨을 들이쉬고 내쉬는 공기의 양 (4.8L)

③ 호흡량(tidal volume, TV): 평상시 숨을 들이쉬고 내쉬는 공기의 양 (0.5L)

④ 흡기 예비량(inspiratory reserve volume, IRV): 평상시 흡기 종료 후에 더 흡입할 수 있는 최대 공기량(3.3L)

⑤ 호기 예비량(expiratory reserve volume, ERV): 평상시 호기 종료 후에 더 내쉴 수 있는 공기의 최대량(1.0L)

⑥ 잔기량(residual volume, RV): 최대호기 후에도 폐에 남아있는 공기량 (1.2L)

⑦ 심흡기량(inspiratory capacity, IC): 흡기 예비량과 일회 호흡량을 합한 것(3.8L)

⑧ 기능적 잔기량(functional residual capacity, FRC): 평상시 호기 종료 후에 폐에 남아있는 공기량(2.2L)

예제 | 1

31세 백○○ 군은 총폐용량(TLC)이 6,000ml이고, 흡기용량(IC)이 3,600ml, 잔기용적(RV)이 1,200ml이고 일회호흡용적(Vt)은 500ml이다. 호기(날숨) 예비용적(ERV)은 몇 ml인가?

(서울)

① 700ml   ② 1,200ml
③ 1,400ml   ④ 1,700ml
⑤ 1,900ml

|정답| ②
호기(날숨) 예비용적(ERV)
= 6,000ml − 3,600ml − 1,200ml
= 1,200ml

4 기체교환

(1) 기체교환: 폐포(허파 꽈리)와 모세혈관 사이에서 교환

(2) 기체교환의 원리: 분압 차이에 의한 확산 현상

① 산소: O_2 분압이 높은 폐포 → O_2 분압이 낮은 모세혈관으로 확산

② 이산화탄소: CO_2 분압이 높은 모세혈관 → CO_2 분압이 낮은 폐포로 확산

> **❖ 분압**
> 여러 종류의 기체가 섞여 있는 혼합 기체에서 특정 기체가 차지하는 압력으로 기체는 분압이 높은 쪽에서 낮은 쪽으로 확산된다.

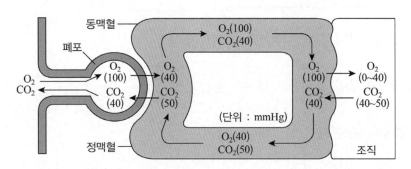

(3) 조직세포에서 기체교환

① 산소: O_2 분압이 높은 모세혈관 → O_2 분압이 낮은 조직세포로 확산

② 이산화탄소: CO_2 분압이 높은 조직세포 → CO_2 분압이 낮은 모세혈관

조류의 호흡

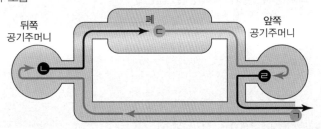

공기가 전체 호흡계를 거쳐 몸 밖으로 방출되기까지는 두 번의 들숨과 날숨 주기가 생긴다.

㉠ **첫 들숨**: 공기가 뒤쪽 공기주머니를 채운다.

㉡ **첫 날숨**: 뒤쪽 공기주머니가 수축하여 폐로 공기를 보낸다.

㉢ **둘째 들숨**: 폐를 빠져나와 앞쪽 공기주머니로 공기가 이동한다

㉣ **둘째 날숨**: 앞쪽 공기주머니가 수축하여 첫 들숨에 의해 몸으로 들어 왔던 공기를 내보낸다.

>
> • **양서류의 호흡**: 양압 숨쉬기
> 양서류의 경우 숨쉬기는 구강의 바닥을 밑으로 내려 공기가 콧구멍으로 들어오게 한 후, 입과 콧구멍을 닫은 채로 구강의 바닥을 올리면 공기가 기관 쪽으로 밀려 들어간다.
>
> • **조류의 호흡**: 폐 앞쪽과 뒤쪽에 공기주머니가 있는데 기체교환에는 직접 참여하지 않고 폐를 지나 공기가 계속 한 방향으로 흐르도록 만들어 준다. 공기가 한 방향으로 흐르기 때문에 새로 들어오는 신선한 공기는 이미 기체교환이 일어난 공기와 섞이지 않으므로 조류의 환기과정은 포유류에 비해 더 효과적이라 할 수 있다. 따라서 포유류의 폐에서 나타나는 최대 산소분압은 매번 숨 쉴 때마다 공기를 완전히 갈아치우는 조류에 비해 작을 수밖에 없다. 이러한 이유로 새들은 포유동물들에 비해 고산지역에서 잘 활동할 수 있다.

5 호흡의 종류

(1) 외호흡

폐순환 시 폐포와 모세혈관 사이에서 일어나는 산소와 이산화탄소의 교환이다.

(2) 내호흡

체순환 시 조직세포와 모세혈관 사이에서 일어나는 산소와 이산화탄소의 교환이다.

(3) 세포호흡

세포 내(미토콘드리아)에서 산소를 이용하여 영양소를 산화시켜 생활에너지를 얻는 과정이다.

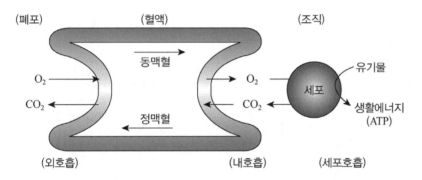

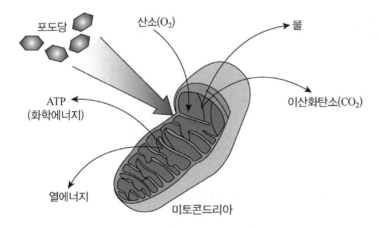

18 산소와 이산화탄소의 운반

1 산소 운반

폐에서 받아들인 산소는 호흡색소에 의해 조직으로 운반된다.

(1) 헤모글로빈(hemoglobin)

적혈구 속에 있는 색소 단백질로 4개의 글로빈 사슬(폴리펩타이드: α사슬 2개, β사슬 2개)과 각 사슬에 1개씩 결합된 4개의 헴(heme) 색소분자로 구성된 복합단백질이다. 각 헴 분자는 철(Fe)을 포함하고 있으며 1분자의 산소(O_2)와 결합하므로 헤모글로빈 1분자는 최대 4분자의 산소를 운반한다.

❖ 하나의 적혈구에는 약 2억 5,000만 개의 헤모글로빈 분자를 함유하고 있다. 따라서 하나의 적혈구가 운반할 수 있는 산소 분자의 수는 약 10억 개에 해당한다.

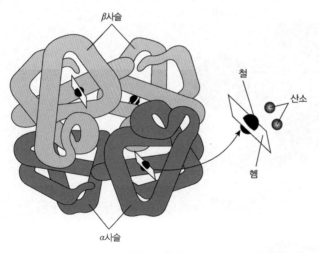

❖ 헤모시아닌(hemocyanin) 구리를 함유하는 파란색의 호흡색소로 연체동물과 절지동물에서 발견된다.

▲ 헤모글로빈의 구조

(2) 헤모글로빈의 산소 운반

혈액이 산소분압이 높은 폐포의 모세혈관을 흐를 때 헤모글로빈은 산소와 쉽게 결합하여 산소헤모글로빈(HbO_2)이 되어 조직으로 이동한다. 혈액이 산소분압이 낮은 조직의 모세혈관을 흐를 때 산소헤모글로빈은 산소와 쉽게 해리되어 다시 헤모글로빈(Hb)이 되어 폐로 이동한다.

① 폐포쪽 모세혈관(동맥혈): $Hb + 4O_2 \xrightarrow{\text{결합}} Hb(O_2)_4$
               (헤모글로빈)   (산소헤모글로빈)

② 조직쪽 모세혈관(정맥혈): $Hb + 4O_2 \xleftarrow{\text{해리}} Hb(O_2)_4$
               (헤모글로빈)   (산소헤모글로빈)

(3) 헤모글로빈의 산소결합과 해리에 영향을 미치는 요인

산소분압 이외에 이산화탄소 분압과 pH, 온도가 헤모글로빈과 산소의
결합과 해리에 영향을 미친다.

① 결합이 잘되는 조건: $Hb + 4O_2 \rightarrow Hb(O_2)_4$

ㄱ O_2 분압이 높을 때

ㄴ CO_2 분압이 낮을 때

ㄷ 중성일 때(pH가 높을 때)

ㄹ 저온일 때

② 해리가 잘되는 조건: $Hb(O_2)_4 \rightarrow Hb + 4O_2$

ㄱ O_2 분압이 낮을 때

ㄴ CO_2 분압이 높을 때

ㄷ 산성일 때(pH가 낮을 때)

ㄹ 고온일 때

$$Hb + 4O_2 \quad \xrightarrow{\text{결합(폐포): } O_2 \text{ 분압}(\uparrow), CO_2 \text{ 분압}(\downarrow), pH(\uparrow), \text{온도}(\downarrow)} \quad Hb(O_2)_4$$

(헤모글로빈) 해리(조직): O_2 분압($\downarrow$), CO_2 분압($\uparrow$), pH($\downarrow$), 온도($\uparrow$) (산소
헤모글로빈)

(4) 산소 해리 곡선

산소분압에 따른 헤모글로빈과 산소의 결합도를 나타낸 그래프로 S자형
곡선을 나타낸다.

① 헤모글로빈의 **산소포화도(결합도)**: 전체 헤모글로빈 중 산소헤모글로빈
의 비율(%)로 산소분압이 높을수록 증가한다.

② 헤모글로빈의 **산소해리도**: 전체 헤모글로빈 중 헤모글로빈의 산소포
화도를 뺀 값이 된다. 즉 산소해리도는 조직으로 공급된 산소의 비율
을 말하는 것으로 동맥혈과 정맥혈의 헤모글로빈 산소포화도 차이에
해당한다.

③ 산소해리곡선이 S자형으로 나타나는 이유: 협동성
한 단위체에서 O_2가 결합하면 다른 단위체의 구조까지도 조금씩
바뀌어 친화도가 높아지고, 네 분자의 O_2가 모두 결합되었다가 한
단위체에서 산소가 해리되면 나머지 세 개의 단위체의 구조도 산소
에 대한 친화도가 낮은 구조로 바뀌게 되는 알로스테릭 효과이다.

기
본
편

Ⅴ

예제 | 2

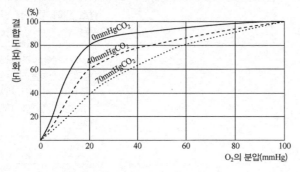

구분	폐포	조직
O_2 분압	100mmHg	20mmHg
CO_2 분압	40mmHg	70mmHg

① 폐포에서 Hb과 O_2의 결합도는? (포화도)

② 조직에서 Hb과 O_2의 결합도는? (포화도)

③ 폐포에서 결합한 산소의 몇 %가 조직에서 해리되었는가? (조직으로 공급된 산소의 비율을 말하는 것으로 이것이 조직에서 해리도이다.)

④ 휴식 중일 때보다 운동 중일 때 산소해리곡선은 어느 쪽으로 이동하겠는가?

| 정답 |

① 폐포에서 결합도이므로 O_2의 분압이 100mmHg인 곳에서 위로 올라가 CO_2 분압이 40mmHg인 곡선과 만난 점의 y축 값을 읽으면 100%이다.

② 조직에서 결합도이므로 O_2의 분압이 20mmHg인 곳에서 위로 올라가 CO_2 분압이 70mmHg인 곡선과 만난 점의 y축 값을 읽으면 40%이다.

③ 폐포에서 결합도가 100%이고 조직에서 결합도가 40%이므로 나머지 60%가 조직으로 공급된 산소의 비율, 즉 조직에서 해리도이다.

④ 휴식 중일 때보다 운동 중일 때 조직에서 더 많은 산소가 소비되어야 하므로 조직에서 결합도는 낮아지고 해리도가 높아져야 하므로 산소해리곡선은 아래쪽(또는 오른쪽)으로 이동해야 한다.

(5) 헤모글로빈의 산소해리곡선에 영향을 미치는 요인

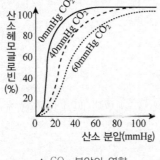

▲ CO_2 분압의 영향

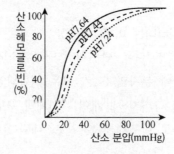

▲ pH의 영향

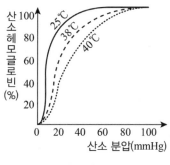

▲ 온도의 영향

>> 헤모글로빈의 산소해리도는 CO_2 분압이 높을수록, 온도가 높을수록, pH가 낮을수록 증가한다. CO_2의 분압이 높아지면 pH가 낮아지므로 헤모글로빈의 O_2에 대한 결합도를 떨어뜨린다. 이러한 효과를 보어효과라고 한다. 즉, CO_2가 많이 생성되는 조직세포에서 산소가 헤모글로빈에서 더 많이 해리되어야 세포호흡에 사용할 수 있기 때문이다.

(6) 산소분압이 낮아지면 무산소 대사과정인 해당과정의 대사속도를 증가시켜 헤모글로빈 기능의 중요한 조절자인 2,3-DPG를 더 많이 생성한다. DPG는 H^+처럼 Hb과 가역적으로 결합하여 O_2친화력을 낮추어주기 때문에 DPG는 산소해리곡선을 오른쪽으로 이동시켜 해리를 촉진한다.

❖ 2,3 – DPG(2,3 – 이인산글리세르산, 2,3 – diphosphoglycerate)
해당과정의 중간대사 산물로부터 만들어지는 화합물

(7) **헤모글로빈의 산소포화도 비교**

① 산소분압에 따른 태아의 헤모글로빈과 모체의 헤모글로빈의 산소포화도

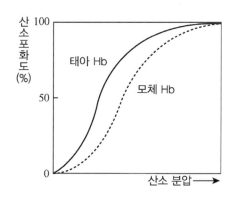

산소의 분압이 같은 경우 태아의 헤모글로빈이 모체의 헤모글로빈보다 산소포화도가 더 높기 때문에 태반에서 모체의 헤모글로빈에 결합되어 있던 산소가 태아의 헤모글로빈으로 전해진다. 태아의 Hb의 산소해리곡선이 왼쪽으로 치우친 이유도 헤모글로빈의 γ 사슬이 성인의 β 사슬보다 태아 2,3–DPG에 대한 친화도가 낮기 때문이다.

❖ 모체와 태아의 헤모글로빈
• 모체의 헤모글로빈: 2개의 α 소단위와 2개의 β 소단위를 갖는다.
• 태아의 헤모글로빈: 2개의 α 소단위와 2개의 γ 소단위를 갖는다.

② 산소분압에 따른 미오글로빈과 헤모글로빈의 산소포화도

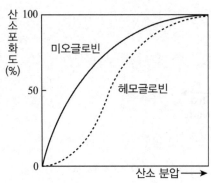

미오글로빈(myoglobin)은 근육에 있는 산소 저장헴단백질로 헤모글로빈과 입체구조가 매우 비슷하지만 산소의 분압이 같은 경우 미오글로빈이 헤모글로빈보다 산소포화도가 더 높기 때문에 헤모글로빈에 결합해서 운반되어 온 산소가 근육의 미오글로빈으로 전해져 저장된다.

❖ 미오글로빈은 1분자 당 한 개의 헴만을 가지며 산소해리곡선은 쌍곡선이 된다.

❖ 바다표범이나 다른 잠수 포유류들은 근육에 산소를 저장할 수 있는 미오글로빈의 농도가 높다.

예제 | 3

그림은 평상시 산소분압에 따른 헤모글로빈의 산소포화도를 나타낸 것이다.

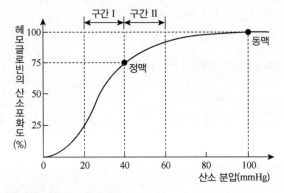

이와 관련된 설명으로 옳지 않은 것은?

① 체온이 높아지면 해리되는 산소의 양이 증가한다.
② 평상시 조직세포의 산소분압은 40mmHg 이상이다.
③ 운동 시 정맥에서 헤모글로빈의 산소포화도는 75%보다 낮다.
④ 운동 시 헤모글로빈은 운반한 산소의 25% 이상을 조직에 공급해 줄 수 있다.

| 정답 | ②
혈액에서 조직세포 쪽으로 산소가 헤리되기 위해서는 조직세포의 산소분압이 정맥의 산소분압인 40mmHg보다 낮아야 한다.

2 이산화탄소 운반

① 조직에서 생성된 CO_2의 약 7%는 혈장으로 확산된 후 혈장에 용해된 상태로 운반된다. 이 경우 CO_2는 효소의 관여 없이 H_2O와 결합하여 탄산(H_2CO_3)으로 되었다가 수소 이온(H^+)과 탄산수소 이온(중탄산 이온, HCO_3^-)으로 해리되어 운반된다.

② 조직에서 생성된 CO_2의 약 23%는 적혈구 속의 헤모글로빈(Hb)과 결합하여 카바미노헤모글로빈($HbCO_2$)의 형태로 적혈구에 의해 운반된다.

③ 조직에서 생성된 CO_2의 약 70%는 적혈구 속으로 들어가서 적혈구 속에 존재하는 탄산무수화효소(carbonic anhydrase)의 작용으로 H_2O와 결합하여 탄산(H_2CO_3)으로 되었다가 H^+과 HCO_3^-으로 해리된 후 HCO_3^-은 다시 혈장으로 나와 그대로 운반되거나 또는 Na^+과 결합하여 탄산수소나트륨($NaHCO_3$)의 형태로 운반된다. 이때 생성된 H^+은 헤모글로빈과 결합된 상태로 폐까지 운반되므로 혈장의 pH는 크게 변하지 않는다.

❖ 탄산무수화효소(탄산탈수효소)는 가역 반응(정반응과 역반응)에 모두 관여한다.

$$CO_2 + H_2O \xrightarrow{\text{탄산무수화효소}} \underset{\text{탄산무수화효소}}{\overset{}{\rightleftarrows}} H_2CO_3 \rightleftarrows H^+ + HCO_3^-$$

$$HCO_3^- + Na^+ \rightleftarrows NaHCO_3$$

④ $HbCO_2$, HCO_3^-, $NaHCO_3$의 형태로 폐까지 운반된 후 폐의 모세혈관에서는 조직의 모세혈관에서와 반대 방향으로 반응이 진행되어 CO_2를 생성한 다음 몸 밖으로 배출된다.

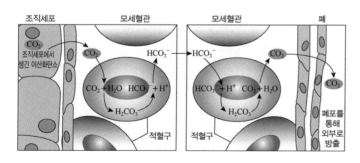

예제 | 4

다음은 혈액에 의해 CO_2가 운반되는 과정에서 일어나는 여러 가지 화학반응을 나타낸 것이다.

(가) $CO_2 + H_2O \rightleftharpoons H_2CO_3$

(나) $H_2CO_3 \rightleftharpoons H^+ + HCO_3^-$

(다) $HCO_3^- + Na^+ \rightleftharpoons NaHCO_3$

(라) $Hb + CO_2 \rightleftharpoons HbCO_2$

위 자료에 대한 설명으로 옳지 않은 것은?

① (가)에 주로 탄산무수화효소가 관여한다.

② (나)에서 생성된 HCO_3^-은 혈장을 통해 운반된다.

③ (다)는 혈장에서 일어나는 반응이다.

④ (라)는 적혈구 안에서 일어나는 반응이다.

⑤ 혈액에 의해 운반되는 CO_2의 약 70%가 (라)를 거쳐 폐로 운반된다.

| 정답 | ⑤

(라)를 거쳐 폐로 운반되는 CO_2는 약 23% 정도이다.

3 연소와 호흡

(1) 공통점

연소와 세포호흡은 모두 유기물이 산화되어 이산화탄소와 물이 되면서 에너지를 방출하는 발열반응으로 방출되는 총에너지량은 같다.

(2) 차이점

① 연소는 고온에서 매우 빠른 속도로 일어나므로 많은 에너지가 빛과 열의 형태로 일시에 방출된다.

② 세포호흡은 효소가 관여하는 반응으로 체온 범위의 낮은 온도에서 일어나며 소량의 에너지가 여러 단계에 걸쳐 천천히 방출된다. 또 방출된 에너지의 일부는 ATP에 저장되었다가 필요할 때 효율적으로 쓰인다.

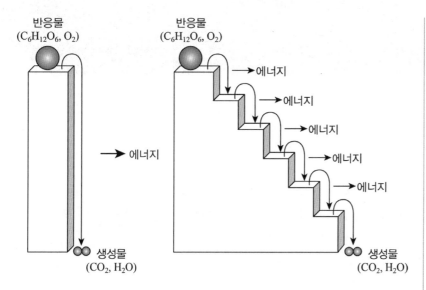

>> 연소는 다량의 에너지가 일시에 발생되고 호흡은 소량의 에너지가 여러 단계에 걸쳐 천천히 발생되지만 발생되는 총에너지량은 같다.

4 흡연과 건강

니코틴 (nicotine)	중추 신경 흥분제로 담배에 대한 습관성 중독을 일으킨다. 심장박동 촉진, 호흡장애, 혈압상승 등을 유발한다.
타르 (tar)	담배 연기에 포함된 미세한 입자가 농축된 물질로 흑갈색이며 벤조피렌 성분인 발암 물질을 다량 포함하고 있다. 기관지염이나 폐렴, 폐암의 원인이 된다.
일산화탄소 (CO)	헤모글로빈과 결합하는 능력이 산소보다 약 200배나 강하여 혈액의 산소 운반 능력을 크게 감소시킨다. 산소 부족으로 인한 두통과 호흡곤란의 원인이 된다(헤모시아닌은 일산화탄소와 결합하지 않는다).

❖ 폐기종(emphysema)
폐포가 파괴되어 불규칙적으로 확장된 것

❖ 담배 연기는 주류연과 부류연으로 구성되어 있다. 주류연은 흡연자가 들이마신 후 내뿜는 연기이고, 부류연은 타고 있는 담배 끝에서 나오는 생담배연기를 말한다. 부류연의 독성 화학물질의 농도는 주류연보다 높고 담배연기 입자가 더 작아서 폐의 더 깊은 부분에 침착될 수 있다.

🔦 생각해 보자!

숨을 끝까지 참았을 때 혈액 내 어느 기체 성분의 어떤 변화가 더 이상 숨을 참지 못하도록 한다고 생각하는가?

① O_2의 증가　　　　② CO_2의 증가
③ O_2의 감소　　　　④ CO_2의 감소

|정답| ②

삼투조절과 배설계

1 삼투조절

(1) 동물의 수분 균형 유지

① **삼투 순응형 동물**(osmoconformer): 외계의 염분 농도 변화에 견디며 생존하고 외부의 변화에 따라 체액농도를 변화시키는 동물로 해산의 홍합, 갯지네 등은 희석된 해수에서 순응형으로 생존한다. 이때 체액 삼투농도는 주위의 해수와 같고 삼투 순응형의 적응을 한다.

② **삼투 조절형 동물**(osmoregulator): 체액의 삼투농도를 환경의 삼투압에 직접 좌우되는 일이 없이 거의 일정하게 유지할 수 있다. 이것을 항삼투성이라 한다.

(2) 임시수에 사는 동물

임시수는 비가 올 때 잠시 생기는 웅덩이나 임시 호수를 말한다. 임시수에 사는 1mm이하의 작은 곰벌레는 건조한 상태에서 몸무게의 2% 정도까지 물의 함량이 떨어지며, 건조한 상태에서 먼지처럼 불활성화된 상태로 지낼 수 있다. 이렇게 무수생존의 경우 탈수되었을 때 다량의 탄수화물을 보유한다는 사실이 알려졌는데 특히 "트레할로스(trehalose)"라는 이당류가 세포막과 단백질을 보호하는 것으로 보인다.

(3) 수송상피(transport epithelium)

삼투조절에 의해 수분의 균형을 유지하고 노폐물을 제거하는 기능을 갖는 상피세포층을 말한다.

2 노폐물의 배출

(1) 노폐물의 생성

① 탄수화물(C, H, O) → CO_2, H_2O

② 지방(C, H, O) → CO_2, H_2O

③ 단백질(C, H, O, N) → CO_2, H_2O 외에 질소노폐물(암모니아, 요소, 요산)

❖ 협염성과 광염성
- **협염성**: 외부 삼투농도 변화에 취약한 생물
- **광염성**: 외부 삼투농도의 심한 변화에도 견딜 수 있는 생물로 광염성 삼투순응자인 하구의 따개비나 홍합 등은 민물과 해수에 교대로 노출되며, 광염성 삼투조절자로는 줄무늬 배스와 연어를 들 수 있다.

❖ 담수동물의 경우는 물을 거의 마시지 않고 아가미에서 염류를 섭취하고 콩팥에서 만들어진 희석된 묽은 오줌을 다량 배출하여 문제를 해결하고 있다. 해수와 담수를 오가는 연어는 강에서는 다른 담수어와 마찬가지로 희석된 묽은 오줌을 다량 배출하고 아가미를 통해서 염류를 섭취하여 삼투를 조절한다. 그리고 해수로 이동하면 다른 해수어와 마찬가지로 아가미를 통해 많은 양의 염류를 배출하고 콩팥에서 만들어진 농축된 오줌을 소량 배출한다.

❖ 바다에서만 서식하는 알바트로스(신천옹)의 코샘에 있는 수송상피는 해수에 비해 훨씬 고농도의 액을 배출한다. 그래서 해수를 마셨을 때 다량의 염분이 들어오기는 하지만 결과적으로 해수를 더 흡수하게 된다. 만약 사람이 해수를 마신다면 염분을 배출하기 위해서 마신 물보나 너 많은 양의 물이 사용되기 때문에 결과적으로 탈수현상이 일어나게 된다.

(2) 노폐물의 배출

① 이산화탄소: 혈액에 의해 조직에서 폐로 운반된 후 날숨으로 배출된다.

② 물: 콩팥과 땀샘을 통해 각각 오줌과 땀으로 배출되거나, 폐에서 날숨으로 수증기의 형태로 배출된다.

③ 암모니아: 독성이 강한 암모니아는 간에서 독성이 적은 요소로 합성된 후 오줌이나 땀으로 배출된다.

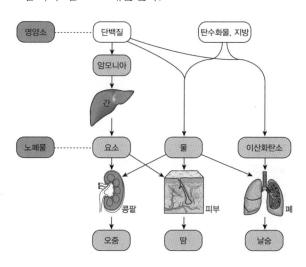

(3) 오르니틴 회로(ornithine cycle)

단백질과 핵산의 분해 결과 생성된 유독한 암모니아를 독성이 적은 요소로 합성(동화: ATP의 에너지 이용)하는 과정으로 간에서 일어나며 효소(아르지네이스, arginase)가 관여한다.

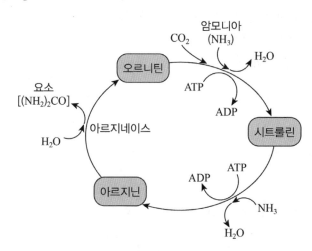

❖ 오르니틴과 시트룰린은 아미노산끼리 펩타이드 결합하지 않고 단독분자로 존재하는 유리 아미노산이다.

3 질소화합물(함질소 노폐물)의 배출

(1) **암모니아** NH_3(물에 녹고 독성이 많다): 붕어, 수생 무척추동물

(2) **요소** $(NH_2)_2CO$(물에 녹고 독성이 적다): 상어, 양서류, 수생 파충류, 포유류

(3) **요산** $C_5H_4N_4O_3$(물에 녹지 않고 독성이 아주 적다): 육생 파충류, 조류, 곤충류

〈질소성 노폐물 1g을 배설하는 데 필요한 물의 양〉

질소성 노폐물	물의 양(mL)
암모니아	500
요소	50
요산	10

〈여러 동물이 배설하는 질소성 노폐물의 성분 구성비(%)〉

구분	오징어	올챙이	개구리	사람	조류
암모니아	67.0	75.0	3.2	4.8	8.7
요소	1.7	10.0	91.4	86.9	–
요산	2.1	–	–	0.65	89.0

암모니아 1g을 배설하는 데 물이 가장 많이 필요하고 요산 1g을 배설하는 데 물이 가장 적게 필요하다. 그리고 암모니아로부터 요소와 요산이 합성되는데 이 과정에서 에너지(ATP)가 소모된다. 따라서 물이 풍부한 환경에 사는 동물은 암모니아를 그대로 배출하여 에너지 소모를 줄이는 것이 유리하다. 한편 물이 부족한 환경에 사는 동물은 요소나 요산으로 배출하여 수분 손실을 줄이는 방향으로 적응한 것이다.

올챙이나 개구리처럼 같은 동물이라도 발생 단계에 따라 질소성 노폐물의 배설 형태가 다를 수 있다.

4 사람의 배설기관

(1) **콩팥(신장, kidney)**

가로막 아래 등뼈의 양쪽에 각각 1개씩 있는 길이 10cm 정도의 강낭콩 모양으로 생긴 암적색 기관이다.

① 겉질: 콩팥의 바깥 부분으로, 사구체와 보먼주머니로 이루어진 말피기 소체 및 세뇨관의 일부가 분포한다.

② 속질: 세뇨관과 집합관이 주로 분포한다.

❖ 질소 노폐물은 단백질과 핵산이 분해되면서 생성된다.

❖ 상어도 다른 어류와 같이 해수에 비해 낮은 체내 염농도를 가지고 있다. 하지만 상어 조직에는 요소와 또 다른 유기물질인 트리메틸아민옥사이드(TMAO)의 농도가 높다. 그 결과 체내 총용질 농도는 해수보다 조금 높아 결과적으로 물이 유입되는 상황이다(상어는 물을 마시지는 않는다). TMAO는 요소에 의한 단백질의 변성을 막아준다.

❖ 새의 배설물인 구아노(guano)는 흰색의 요산과 갈색 대변이 섞인 것이다.

❖ 암모니아로부터 요산을 합성하기 위해서는 요소를 합성할 때보다도 더 많은 ATP의 에너지를 소모해야 한다.

❖ 조류나 육생 파충류에서는 요산이 질소대사의 최종산물이지만, 사람을 비롯한 많은 동물들이 퓨린기를 분해하면서 적은 양이나마 요산을 만들어낸다.

❖ 통풍(gout)
관절 조직에 요산(uric acid)의 결정이 침착되는 질환으로 관절의 염증을 유발하여 극심한 통증을 일으킨다.

③ 신우(콩팥 깔때기, renal pelvis): 콩팥 내부의 빈곳으로 오줌이 일단 저장되었다가 수뇨관(오줌관)을 통해서 방광으로 내려간다.

(2) 콩팥의 구조

① **사구체(glomerulus)**: 콩팥동맥에서 갈라진 혈관이 실타래처럼 뭉친 덩어리 모양의 모세혈관

② **보먼주머니(Bowman's capsule)**: 사구체를 감싸고 있는 주머니 모양

③ **세뇨관(renal tubule)**: 보먼주머니와 연결된 가늘고 긴 관으로 주위를 모세혈관이 감싸고 있다. 세뇨관은 보먼주머니 쪽에 연결된 근위 세뇨관, U자형으로 위치한 헨레고리(Henle's loop), 그리고 집합관 쪽으로 연결된 원위 세뇨관의 세 부분으로 나눌 수 있다.

④ **집합관(collection duct)**: 여러 개의 세뇨관이 모인 굵은 관으로 신우로 연결된다.

(3) 수뇨관(요관, 오줌관, ureter): 콩팥과 방광을 연결하는 통로

(4) 방광(urinary bladder): 오줌을 일시적으로 저장했다가 요도를 통해 체외로 배출시키는 주머니

❖ 콩팥동맥에서 가지쳐 나온 수입소동맥을 통해 사구체의 모세혈관으로 나뉘었다가 다시 모여 수출소동맥을 형성한다.

❖ 말피기 소체(Malpighian corpuscle) 사구체＋보먼주머니

❖ 네프론(신단위, nephron) 사구체＋보먼주머니＋세뇨관을 말하며 콩팥을 이루는 구조적·기능적 단위로서 콩팥 하나에 약 100만 개의 네프론이 있다.

(5) 오줌의 생성경로

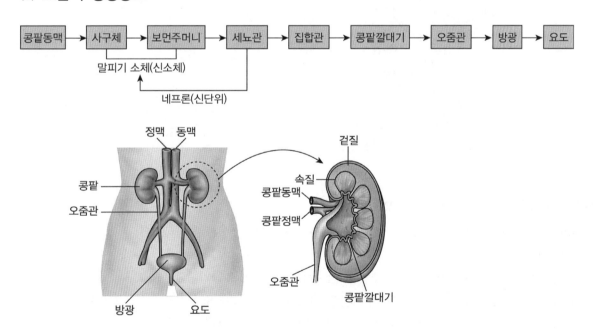

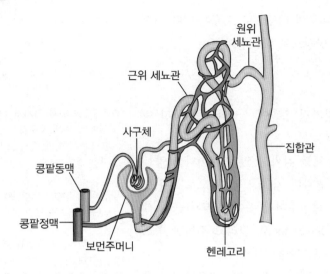

5 오줌의 생성과정

오줌은 콩팥의 네프론에서 여과, 재흡수, 분비 과정을 거쳐 생성된다.

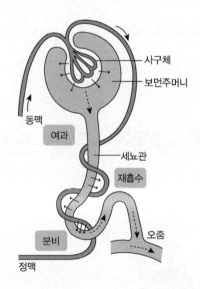

(1) **말피기 소체에서 여과(사구체 → 보먼주머니)**

① 원리: 압력 차이. 사구체로 들어가는 혈관이 사구체에서 나오는 혈관 보다 굵어서 사구체의 혈압이 높아진다.

② 순 여과 압력=사구체 혈압-(혈장 삼투압+보먼주머니 압력)

③ 여과되는 물질: 포도당, 아미노산, 물, 무기염류, 요소 등과 같이 크기가 작은 물질은 사구체에서 여과된다. 이렇게 여과된 물질을 원뇨(primary urine)라고 한다.

④ 사구체의 혈장과 원뇨의 농도가 같아질 때까지 여과가 일어난다.

⑤ 여과되지 않는 물질: 단백질, 지방, 혈구와 같이 분자량이 큰 물질은 사구체를 빠져나올 수 없기 때문에 여과되지 않는다.

예제 | 1

다음 그림은 콩팥의 사구체와 보먼주머니에 작용하여 여과 과정에 관여하는 압력들을 그림으로 나타낸 것이다. (단, 유체 정압은 용액이 주머니나 관의 벽에 미치는 압력이다.)

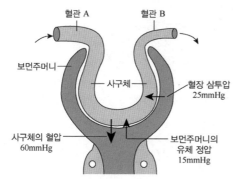

위 자료에 대한 설명으로 옳지 않은 것은?

① 사구체의 순 여과 압력은 약 20mmHg이다.

② 단백질, 적혈구는 사구체에서 보먼주머니로 빠져나가지 못한다.

③ 에너지가 없으면 여과 과정이 일어나지 못한다.

④ 원뇨에는 포도당과 아미노산이 포함된다.

⑤ 사구체 혈압이 높은 것은 혈관 A가 혈관 B보다 굵기 때문이다.

| 정답 | ③
압력 차이로 여과가 일어나므로 에너지는 이용되지 않는다.

---

(2) 세뇨관에서 모세혈관으로 재흡수

① 원리: 능동수송(포도당, 아미노산, 무기염류), 삼투(물), 확산(요소)

② 포도당, 아미노산은 100% 재흡수, 물은 99% 정도, 무기염류도 거의 대부분 재흡수되고 요소도 50% 정도가 재흡수된다.

예제 | 2

건강한 사람의 사구체에서 보먼주머니를 통과하지 않는 물질은?

(지방직 7급)

① 물

② 단백질

③ 포도당

④ 무기염류

| 정답 | ②
단백질, 지방, 혈구와 같이 분자량이 큰 물질은 사구체를 빠져나올 수 없기 때문에 여과되지 않는다.

❖ 무기염류(=무기질, mineral)
생물체를 구성하는 원소 중에서 탄소, 수소, 산소, 질소 등을 제외한 나머지 원소

(3) 모세혈관에서 세뇨관으로 분비(K^+, H^+, 크레아티닌 등이 능동 수송에 의해 분비)

❖ 크레아티닌(creatinine)
근육 내에 존재하는 크레아틴에서 형성되는 화합물

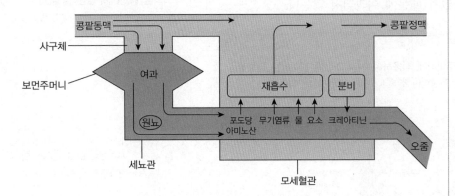

〈혈장, 원뇨, 오줌에서 관찰되는 물질의 농도〉

물질	혈장(%)	원뇨(%)	오줌(%)
단백질	8.00	0.00	0.00
포도당	0.10	0.10	0.00
아미노산	0.05	0.05	0.00
NaCl	0.9	0.9	0.9
요소	0.03	0.03	2.00

① 단백질은 여과되지 않으므로 혈장에는 존재하지만 원뇨와 오줌에는 존재하지 않는다.

② 포도당과 아미노산은 여과가 일어나 원뇨에는 존재하지만, 근위 세뇨 관에서 100% 재흡수되므로 오줌에는 존재하지 않는다.

③ NaCl은 원뇨와 오줌에 모두 존재하는데 농도가 변하지 않은 것은 물 과 재흡수율이 같기 때문이다.

④ 요소가 재흡수되는데도 상대적으로 원뇨에서보다 오줌에서의 농도가 더 높은 이유는 물의 재흡수율이 요소의 재흡수율보다 훨씬 더 높기 때문이다.

⑤ 이눌린(inulin)은 사구체에서 여과된 후 세뇨관에서 재흡수나 분비가 일어나지 않고 바로 오줌으로 배설되기 때문에 사람의 콩팥에서 여과 되는 혈액량을 조사하기 위해서는 이눌린(탄수화물의 다당류)이라는 물질을 사용한다. 따라서 원뇨에서 오줌으로 갈수록 이눌린이 농도는 요소보다 훨씬 더 높아진다.

❖ 이눌린(과당 중합체인 다당류)
• 천연 인슐린
• 유산균을 증가시키고 유해세균을 감소(변비에 효과)
• 체지방을 분해해서 다이어트에 효과

(4) 여과액에서 오줌이 되기까지의 과정

① 근위 세뇨관

  ㉠ 포도당과 아미노산은 100% 재흡수가 일어난다.

  ㉡ Na^+은 수송상피에서 세포사이액으로 능동수송이 일어난다.

  ㉢ K^+은 능동수송으로 재흡수가 일어난다.

  ㉣ H^+과 NH_3는 분비가 일어나고 HCO_3^-를 재흡수하여 체액의 pH를 조절하는 역할을 한다.

  ㉤ H_2O은 삼투현상으로 재흡수가 일어나며 소량의 요소도 확산에 의해 재흡수가 일어난다.

② 헨레고리 하행지

  ㉠ 아쿠아포린(aquaporin)이라는 통로를 통해 수송상피에서 물의 재흡수가 일어나지만 다른 이온의 통로는 없어서 NaCl의 재흡수는 거의 일어나지 않는다.

  ㉡ 물이 계속 빠져나가는 것으로 미루어 하행지 주위의 세포사이액이 고장액임을 알 수 있고 헨레고리 하행지의 속질로 갈수록 계속 물을 잃게 되어 여과액의 삼투농도는 계속 높아지게 된다.

③ 헨레고리 상행지

  ㉠ 헨레고리 상행지는 물에 대한 통로는 없기 때문에 물에 대한 투과성은 없다.

  ㉡ 상행지 아래쪽의 가는 부분에서는 농축된 NaCl이 확산으로 재흡수 된다.

  ㉢ 상행지 위쪽의 굵은 부분에서는 NaCl이 능동수송으로 재흡수 된다.

  ㉣ NaCl은 재흡수가 일어나고 물은 재흡수가 일어나지 못하기 때문에 상행지를 따라 올라갈수록 여과액은 희석된 상태가 된다.

④ 원위 세뇨관

  ㉠ 물과 NaCl의 재흡수가 일어난다.

  ㉡ K^+과 H^+분비가 일어나는데 HCO_3^-의 재흡수를 통해 pH를 조절한다.

  ㉢ H^+은 여과된 후 대부분 재흡수가 일어나지 않고 분비가 되며 최종적으로 오줌으로 배설된다.(H^+은 체액의 산성도에 따라 분비되는 정도가 달라진다)

⑤ 집합관

  ㉠ NaCl과 물이 재흡수되고 속질의 안쪽으로 들어가면 집합관이 요소에 대한 투과성을 띠게 되고 여과액내 요소의 농도가 매우 높기 때문에 요소가 세포사이액으로 재흡수된다.

❖ Na^+의 능동수송은 Cl^-의 수동수송을 초래한다.

❖ H^+과 NH_3는 분비하여 암모늄이온(NH_4^+)의 형태로 수소이온을 붙잡아 완충액의 효과를 보인다.

기
본
편
Ⅴ

예제 | 3

콩팥에서 물, NaCl, HCO_3^-를 재흡수하고 K^+과 H^+을 분비하는 곳은?

(제주)

① 근위 세뇨관
② 원위 세뇨관
③ 집합관
④ 보먼주머니

|정답| ②

K^+과 H^+을 분비하는 곳은 원위 세뇨관이다.

ⓛ 요소는 NaCl과 함께 콩팥 속질의 높은 삼투압을 유지하는데 기여한 결과 체액보다 높은 삼투압을 가진 오줌이 생성된다.

ⓒ 물의 재흡수에는 주로 아쿠아포린에 의한 물의 이동이 일어난다.

❖ 아쿠아포린
　물 분자를 수송하는 통로단백질

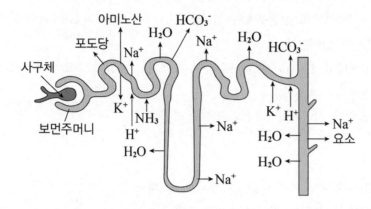

❖ 물이 부족한 사막에 서식하는 동물은 속질까지 길게 발달된 헨레고리를 가지고 있어서 수분의 재흡수가 많이 일어나므로 오줌이 농축되어 진한 오줌이 만들어진다.

(5) 콩팥 속질에서 농도 기울기 형성

포유류의 콩팥이 혈장보다 농축된 오줌을 생성할 수 있는 것은 헨레고리에서의 역류교환이다. 즉, 헨레고리의 경우 농도기울기를 유지하기 위해 NaCl의 능동수송에 에너지를 소모하게 되고 그 결과 여과액으로부터 물을 재흡수 하는데 사용되는 높은 삼투농도를 만들어낸다. 이와 같이 농도기울기를 만들기 위해 에너지를 소모하는 경우를 역류증폭계라고 한다. 헨레고리의 역류증폭계는 콩팥의 안쪽에 높은 NaCl농도를 유지하여 농축된 오줌을 만들 수 있게 해준다.

삼투농도에 가장 큰 영향을 주는 두 가지 용질은 NaCl과 요소이다. NaCl은 헨레고리의 속질에 축적되고, 요소는 집합관 말단 속질에 축적되므로 속질의 농도기울기는 더 커신다.

6 오줌 생성의 조절 호르몬

(1) 항이뇨 호르몬(AntiDiuretic Hormone, ADH / 바소프레신, vasopressin)

뇌하수체 후엽에서 분비되며 원위세뇨관과 집합관에서 수분의 재흡수를 촉진한다.

ADH가 콩팥의 수용체에 결합하면 수송상피 세포막 표면에 아쿠아포린의 양이 일시석으로 승가하다. 이렇게 증가된 통로에 의해 물의 재흡수가 더 일어나게 된다.

① 체내의 수분이 부족해져 혈액의 농도와 혈장 삼투압이 증가하면 ADH가 분비되어 수분의 재흡수를 촉진한다. 그 결과 소량의 진한 오줌이 배출된다.

② 체내 수분이 많아져 혈액의 농도와 혈장 삼투압이 감소하면 ADH의 분비가 억제되어 수분의 재흡수가 감소된다. 그 결과 다량의 묽은 오줌이 배출된다.

③ 알코올의 경우 ADH의 분비를 방해해서 오줌이 많이 만들어지게 하여 탈수현상을 유발한다.

(2) 무기질 코르티코이드(mineralocorticoid, 알도스테론, aldosterone)

부신 겉질에서 분비되며 원위 세뇨관에서 Na^+의 재흡수를 촉진하고 K^+의 분비를 촉진한다. 또한 혈압을 조절하는 역할도 담당하는데, 혈압이 낮아지면 무기질 코르티코이드의 분비가 증가하여 원위세뇨관과 집합관에서 Na^+의 재흡수가 촉진되어 삼투압을 증가시킨다. 그 결과 물의 재흡수도 증가하게 되어 혈액량을 늘리고 혈압을 높이는 역할을 한다.

(3) 레닌 – 안지오텐신 – 알도스테론계(renin – angiotensin – aldosterone – system, RAAS)

혈액량이나 혈압이 감소하면, 사구체로 들어가는 수입소동맥에 붙어있는 곁사구체 세포는 레닌이라는 단백질 분해효소를 분비하여 혈액 내에 존재하는 안지오텐시노젠이라는 단백질을 안지오텐신 I 으로 변환시킨다. 안지오텐신 I 은 안지오텐신변환효소에 의해 안지오텐신 II 로 분해된다. 안지오텐신 II 는 호르몬으로 작용하여 다음과 같은 다양한 효과를 나타낸다.

① 갈증을 자극하여 수분을 섭취하게 하면 혈액량이 증가된다.

② 세동맥을 수축시켜 혈압을 증가시킨다.

③ 콩팥에 작용해서 NaCl의 재흡수를 증가시킨다. 그 결과 오줌으로 물과 염분이 빠져나가는 것을 억제하여 혈액의 양과 혈압을 유지하도록 도와준다.

④ 부신 겉질을 자극하여 알도스테론의 합성을 증가시킨다. 이 호르몬은 원위세뇨관과 집합관에 작용하여 Na^+과 물의 재흡수를 증가시켜 혈액의 부피를 늘리고 혈압을 높인다.

(4) 심방성 나트륨이뇨펩타이드(atrial natriuretic peptide, ANP)

포유류 심방벽에서 분비되는 강력한 이뇨와 혈관 확장 작용을 나타내는 펩타이드성 호르몬으로 레닌의 분비를 억제하고 NaCl의 재흡수를 억제하며, 알도스테론의 합성도 억제하는 등 RAAS와 반대 작용을 하며 생체의 혈압조절에 관여한다.

❖ 요붕증(diabetes insipidus)
ADH의 합성을 막거나 수용체 유전자를 불활성화시키는 돌연변이에 의해 희석된 오줌이 배출되기 때문에 탈수증세가 생기는 것

❖ 레닌
젖먹이나 송아지 4위에서 분비되는 효소를 말하기도 하지만 성인에는 없다.

❖ ADH와 RAAS에 의한 콩팥의 항상성 조절
ADH는 지나친 탈수나 수분 부족에 의해 혈액의 삼투농도가 증가하면 분비된다. 그러나 큰 출혈이 일어나게 된 경우 삼투압의 변화 없이 혈액량이 갑자기 감소하게 되면 ADH의 분비에는 영향을 미치지 않지만 RAAS는 혈압감소에 반응하게 된다.

7 인공 신장기

혈액을 몸 밖으로 빼내 투석의 원리를 이용하여 혈액 속에 포함된 요소나 기타 노폐물을 제거한 후 몸 안으로 돌려보내는 장치이다.

(1) 투석의 원리

투석막(반투과성 막)을 이용하여 노폐물을 제거하는 방법으로 혈액 투석 시 노폐물은 반투과성 막을 사이에 두고 농도가 높은 쪽에서 낮은 쪽으로 확산에 의해 이동하고, 크기가 큰 혈구나 단백질은 투석막을 통과하지 못한다.

(2) 투석액의 성분

혈액 투석 시에는 농도 차이에 따른 확산에 의해 노폐물이 이동한다. 따라서 포도당, 아미노산, 무기염류 등의 농도는 혈액과 비슷하게 조절해야 이들 물질이 혈액에서 빠져나오지 않으며, 혈액에서 제거해야 할 노폐물은 투석액에 포함시키지 않는다. 단백질은 투석막을 통과하지 못하므로 투석액에 포함시키지 않는다.

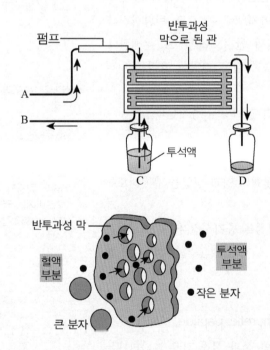

▶ A는 환자의 동맥과 연결되고 B는 환자의 정맥과 연결된다. C는 사용 전 투석액으로 요소나 노폐물은 포함시키지 않고 D는 사용 후 투석액으로 요소가 포함되어 있다. 혈액이 흐르는 방향과 투석액이 흐르는 방향을 같게 하면 농도 차이가 없어져 효율이 떨어지므로 흐르는 방향을 반대로 해야 농도 차이에 의한 확산 효율이 높아져 혈액에 축적된 요소와 노폐물을 더 많이 제거할 수 있다.

8 땀샘의 구조와 기능

(1) 땀샘의 분포와 구조

피부의 진피층에 분포하며, 실타래처럼 엉켜있는 땀샘 주변을 모세혈관이 둘러싸고 있다.

(2) 땀샘의 기능

① **노폐물의 배출**: 땀샘을 둘러싼 모세혈관에서 땀샘으로 요소, 무기염류 등이 걸러진다. 땀은 오줌과 성분이 유사하지만 농도는 오줌보다 낮다.

② **체온 조절**: 땀이 증발하면서 기화열로 몸의 열을 빼앗아간다.

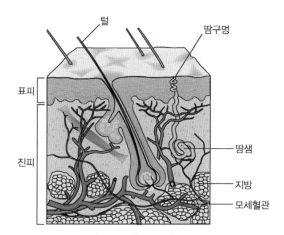

❖ 우리 인체에는 '아포크린샘'과 '에크린샘'이라는 두 가지 종류의 땀샘이 있다. 아포크린샘은 에크린샘보다 10배 정도 크고, 95%가 겨드랑이에 분포한다. 온몸에 분포하는 에크린샘에서 배출되는 땀은 99% 수분으로 이뤄져 있어서 끈적임이나 냄새가 거의 없다. 하지만 아포크린샘에서 분비된 땀 성분은 단백질, 당질, 지질 등을 포함해 점도가 높은 것이 특징이다. 이 때문에 아포크린샘에서 분비된 땀은 흰옷을 노랗게 착색시킬 수도 있으며 아포크린샘에서 분비한 물질이 세균에 의해 분해되면서 특유의 냄새를 가지게 된다.

❖ 오줌이 노란 이유
수명을 다한 적혈구의 주황색 색소인 빌리루빈이 장내 미생물이 생성하는 효소에 의해서 노란색의 우로빌린으로 분해되기 때문이다. 연구진은 이 효소를 빌리루빈 환원효소(bilirubin reductase, BilR)라는 이름을 붙였다.

예제 | 4

혈액 투석을 할 때의 조건으로 맞는 것은?   (서울)

① 아미노산은 환자의 혈액과 투석액의 농도를 같게 한다.

② 투석액의 포도당 농도는 환자의 혈액보다 낮게 한다.

③ 신장 투석은 반투막을 이용한 능동수송이다.

④ 투석액은 생리식염수 성분과 같아야 한다.

|정답| ①

신장 투석은 반투막을 이용한 확산이며, 투석액의 포도당 농도는 환자 혈액과 같게 한다.

예제 | 5

다음 글을 읽고 물음에 답하시오.

신장에서 여과되는 혈액량을 조사하기 위해서 사용되는 물질 중에는 이눌린이라는 물질이 있다. 이눌린은 주로 국화과 식물(돼지감자, 달리아, 엉겅퀴 등)에 콜로이드 상으로 존재하는 저장 다당류로, 사구체에서 여과되면 세뇨관에서 재흡수나 분비가 일어나지 않고 모두 오줌으로 배설된다.

1. 어떤 사람의 혈액 속에 이눌린의 농도가 6mg/L로 유지되도록 하였더니 하루 동안 배설한 오줌에서 총 1,080mg의 이눌린이 나왔다. 하루 동안 여과된 총혈액량은 얼마인가?

① 100L   ② 150L
③ 180L   ④ 250L
⑤ 300L

2. 하루 동안 배설된 오줌 속에서 27g의 요소가 나왔다. 이 기간 동안에 혈액 속의 요소의 농도가 300mg/L이었다면 사구체에서 여과된 요소의 몇 %가 재흡수되었는가?

① 10%   ② 20%
③ 25%   ④ 50%
⑤ 75%

3. 위 실험의 목적에 비추어 볼 때, 위 실험에서 사용한 이눌린과 같은 물질이 갖추어야 할 요건에 해당하지 않는 것은?

① 인체에 해가 없어야 한다.
② 체내에서 분해되지 않아야 한다.
③ 오줌에서 순수 분리될 수 있어야 한다.
④ 재흡수나 분비가 일어나지 않아야 한다.
⑤ 혈액 속에 포함된 물질이 사구체에서 모두 여과되어야 한다.

|정답|

1. ③
혈액과 원뇨의 농도가 같아질 때까지 여과되므로 원뇨의 농도는 6mg/L이다.
따라서 6mg/1L = 1,080mg/xL이므로 x = 180L이다.

2. ④
하루 동안 여과된 총혈액량이 180L이므로 하루 동안 여과된 요소의 양은 300mg/1L = xmg/180L에서 x = 54,000mg이 여과가 되었다.
그런데 하루 동안에 오줌 속에서 27g(27,000mg)의 요소가 나왔으므로 50%가 재흡수되었다.

3. ⑤
혈액 속에 포함된 물질은 사구체에서 농도가 같아질 때까지 여과가 일어난다.

자극의 수용과 감각계

1 감각 수용기

(1) **전자기 수용기**: 광수용기(가시광선), 전기장, 자기장 등과 같은 전자기 에너지를 감지

(2) **기계적 수용기**: 청각, 촉각, 압각, 움직임, 신장(늘어남) 등과 같은 물리적 변형을 감지

(3) **화학 수용기**: 미각, 후각, 혈중 용질 농도 등을 감지

(4) **온도 수용기**: 열과 차가움을 감지

  매운맛을 내는 캡사이신과 42℃ 이상의 고온은 동일한 수용체를 활성화시켜서 칼슘통로를 열리게 하므로 매운 음식은 뜨거운 맛을 낸다. 28℃ 이하의 온도에서 반응하는 수용체는 시원한 향의 멘톨에 의해서도 활성화된다.

(5) **통각 수용기**: 통증을 감지

2 자극의 수용

(1) **적합 자극(adequate stimulus)**

  각각의 감각기관에서 받아들일 수 있는 특정한 자극

  예 빛 → 눈, 소리 → 귀 등

(2) **베버의 법칙(Weber's law)**

  자극의 증가를 느낄 수 있는 최소의 자극 차이와 원자극의 비는 일정하다.

$$\frac{\Delta R}{R} = K$$

  즉 $\dfrac{\text{두 번째 자극의 크기} - \text{첫 번째 자극의 크기}}{\text{첫 번째 자극의 크기}} = K(\text{일정})$

❖ 어떤 동물은 부리에 전자기 수용기를 가지고 있어서 먹이의 근육에서 발생한 전기장을 감지해서 먹이를 잡을 수 있고, 많은 동물에서는 이동할 때 지구의 자기장을 이용하여 방향을 잡는다. 예를 들어 비둘기의 머리위에 작은 자석을 붙여 놓으면 비둘기가 효율적으로 보금자리로 돌아가는 것을 방해한다.

❖ 손상된 조직은 프로스타글란딘을 생성하여 통증을 증가 시킨다. 아스피린이나 이부프로펜은 프로스타글란딘의 합성을 억제하여 통증을 완화 시킨다. 또한 온도 수용기로 작용하는 캡사이신 수용체는 통각 수용기로도 작용한다.

❖ K(베버 상수)
  작을수록 예민한 감각이다.
  예 압각: K = 1/200, 시각: K = 1/100, 청각: K = 1/7, 미각: K = 1/6이라면 압각의 베버 상수가 가장 작으므로 압각이 가장 예민한 감각기이다.

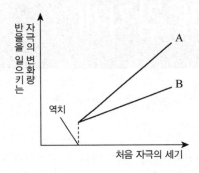

>> B가 A보다 베버 상수가 작으므로(기울기가 작음) 예민한 감각기이다.

예제 | 1

자극의 크기가 변했을 때 우리가 감지할 수 있는 최소의 변화량은 처음 자극의 크기에
따라 다른데 이 양자 사이에는 다음과 같은 관계가 있다.

$$\frac{\Delta R}{R} = K$$

시각의 K값은 1/100이다. 5,500*lx*의 빛을 받고 있는 사람은 최소한 얼마의 빛이 되어야
더 밝아졌음을 느낄 수 있겠는가?

① 5.5*lx*   ② 55*lx*
③ 55.5*lx*   ④ 555*lx*
⑤ 5,555*lx*

| 정답 | ⑤
$\frac{1}{100} = \frac{55}{5,500}$ 이므로 55*lx*를 더 주어야 하므로 5,555*lx*가 되어야 한다.

(3) 순응(adaptation)

감각기에 같은 크기의 자극이 계속 주어지면 더 이상 그 자극을 감각하
지 못하는 현상이다.

예 뜨거운 욕조에 처음 들어갈 때는 뜨겁게 느끼지만 시간이 지나면 뜨거운
것을 잘 느끼지 못한다.

(4) 역치(threshold)

감각세포를 흥분시킬 수 있는 최소한의 자극의 세기이다. 감각세포의 종
류에 따라 역치가 다르며 역치가 작을수록 예민한 감각세포이다.

(5) 실무율(all or none law)

역치 이하의 자극에 대해서는 전혀 반응이 일어나지 않으나 역치 이상이
되면 자극의 크기에 관계없이 항상 일정하게 반응한다.

❖ 순응(adaptation)
= 감각적응(sensory adaptation)

① 실무율은 단일 세포(단일 근육섬유, 단일 신경섬유)에서만 적용된다.

② **근육섬유가 모인 근육**: 자극이 증가할수록 반응의 크기도 커지므로 실무율이 나타나지 않는다. 신경을 구성하는 신경섬유마다 역치가 다르고, 자극이 증가할수록 반응하는 근육섬유의 수도 증가하므로 자극의 세기가 커지면 반응의 크기도 커진다.

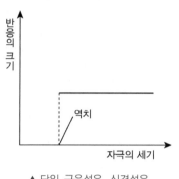

▲ 단일 근육섬유, 신경섬유

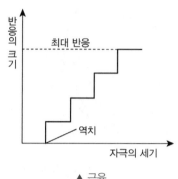

▲ 근육

예제 | 2

근육섬유 1개가 자극을 받아 수축하는 데 필요한 역치가 6이었고 이때 반응의 크기는 5였다. 같은 섬유에 자극의 세기를 5, 10, 15로 주었을 때 반응의 크기를 옳게 나타낸 것은?

자극의 세기	5	10	15
①	0	5	10
②	4.5	9.0	13.5
③	0	5	5
④	5	10	15
⑤	0	10	10

|정답| ③

근육섬유(단일 세포)이므로 실무율이 나타난다. 역치가 6이었고 이때 반응의 크기는 5이므로 자극의 세기가 6 이하에서 반응의 크기는 0이고 자극의 세기가 6 이상에서 반응의 크기는 항상 5이다.

3 시각기

(1) 눈의 구조와 기능

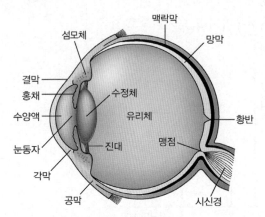

① **결막**(conjunctiva): 눈의 흰자부분과 눈꺼풀의 안쪽을 감싸고 연결하고 있는 점막

② **공막**(sclera): 안구의 가장 바깥쪽을 싸고 있는 흰자위 부분으로 안구를 보호하고 형태를 유지한다(공막은 결합조직층이다).

③ **맥락막**(choroid): 멜라닌 색소가 있어서 빛을 차단한다(어둠상자).

④ **망막**(retina): 신경세포와 시세포(광수용기 세포)로 이루어진 층으로 빛 자극을 수용한다(필름).

　　㉠ **황반**(중심와, macula): 원뿔세포가 밀집되어 밝을 때는 가장 선명한 상이 맺힌다.

　　㉡ **시신경 원판**(맹점, blind spot): 시신경이 모여 망막을 빠져나가는 부분으로 시세포가 없기 때문에 이곳에 상이 맺혀도 보이지 않는다.

⑤ **홍채**(iris): 동공의 크기를 조절하여 눈으로 들어오는 빛의 양을 조절한다.

⑥ **수정체**(lens): 빛을 굴절시켜 망막에 상을 맺게 한다(렌즈).

⑦ **섬모체**(모양체, ciliary body): 수축·이완을 통해 수정체의 두께를 조절한다.

⑧ **진대**(섬모체소대, zonule of Zinn): 수정체와 섬모체를 연결하여 수정체의 두께 조절에 관여한다.

⑨ **각막**(cornea): 수양액 앞쪽의 투명한 막으로 공막의 일부가 변한 것이다.

⑩ **수양액**(안구 방수, aqueous humor): 각막과 수정체 사이를 채우고 있는 투명한 액체이다.

⑪ **유리체**(vitreous body): 수정체와 망막 사이를 채우고 있는 투명한 액체이다.

⑫ **동공**(눈동자, pupil): 홍채 가운데 둥근 모양의 빈 공간

❖ 무척추 동물의 시각기

• **안점**: 가장 간단한 형태인 플라나리아의 시각기로 빛으로부터 멀리 떨어진 그늘진 곳으로 이동하여 포식자를 피해 숨을 수 있다.

• **홑눈(낱눈)**: 거미류, 연체동물, 척추동물의 시각기로 사진기의 원리로 작동한다. 문어와 오징어의 눈은 동공과 홍채, 수정체를 갖고 있어 수정체를 앞뒤로 움직여서 초점을 맞출 수 있다. (어류, 양서류, 파충류는 무척추동물처럼 수정체를 앞뒤로 움직여서 초점을 맞추고 조류, 포유류는 수정체의 두께를 변화시켜서 초점을 맞춘다.)

• **겹눈**: 곤충류, 갑각류의 시각기로 움직임을 감지하는 데 매우 적합한 구조로서 포식자에 의해 끊임없이 위험을 당하는 날아다니는 곤충에게 매우 유용하다.

• 곤충의 눈은 색깔을 감지할 수 있으며 벌은 사람에게는 보이지 않는 자외선 영역을 볼 수 있다.

❖ 눈의 앞쪽에서 공막은 투명한 각막으로 변화된다.

❖ 수양액이 빠져나가는 관이 막히면 안압이 높아지고 실명을 초래하는 녹내장의 원인이 된다.

(2) 광수용기세포(시세포, visual cell)의 종류

① **원뿔세포(원추세포, 추상체, cone cell)**: 망막의 황반에 많이 분포하며 밝은 곳에서 반응하여 물체의 형태, 명암과 색깔을 구별한다. 적원뿔세포, 녹원뿔세포, 청원뿔세포의 세 종류가 있으며 이들 세포의 흡광률에 따라 다양한 색깔을 구별한다. 원뿔세포에 이상이 생기면 색맹이 된다.

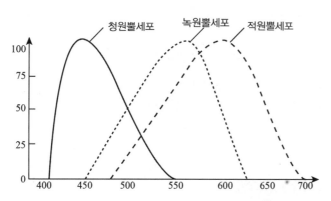

▲ 원뿔세포의 흡광률에 따라 감지하는 색

흡광률(%)			감지색
적원뿔세포	녹원뿔세포	청원뿔세포	
0	0	100	청색
31	67	36	녹색
83	83	0	노란색

② **막대세포(간상세포, rod cell)**: 망막의 주변부에 많이 분포하며 약한 빛에서 반응하여 물체의 형태와 명암을 구별한다. 막대세포에 이상이 생기면 야맹증이 된다.

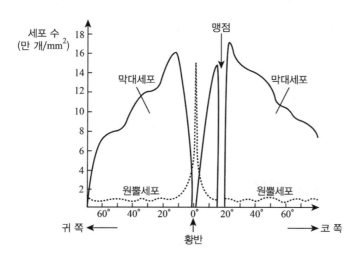

❖ 적원뿔세포와 녹원뿔세포 유전자는 X염색체상에 존재하기 때문에 남성의 경우 두 유전자 중 하나만 결핍되어도 색의 인지에 결함이 있을 수 있다. 이런 이유로 인해 색맹은 여성보다 남성에서 높은 빈도로 나타나며 적록색맹인 경우가 대부분이다(청원뿔색소 유전자는 사람의 경우 7번 염색체 상에 존재한다).

❖ 낮에는 사물을 똑바로 쳐다보아야 선명하게 볼 수 있는데, 그 이유는 상이 원뿔세포가 밀집된 황반(중심와)에 맺혀지기 때문이다. 밤에는 약한 불빛의 별을 똑바로 쳐다보면 잘 보이지 않는데 그 이유는 빛에 민감한 막대세포는 황반의 주변에 분포하기 때문이다. 따라서 옆으로 비스듬하게 약한 불빛의 별을 바라보게 되면 가장 선명하게 볼 수 있다.

❖ 황반에는 원뿔세포만 분포하고 막대세포는 없지만, 망막 전체로 보면 막대세포가 원뿔세포보다 많다. 약 1억 2,500만개의 막대세포와 600만개의 원뿔세포가 있다.

❖ 색각(색을 구별하는 감각) 척추동물 중에서 어류, 양서류, 파충류, 조류는 색 감지를 매우 잘하지만 포유류에서는 사람이나 다른 영장류 등에 국한되어 있다. 많은 종류의 포유류는 야행성이며, 따라서 망막에 최대로 많은 막대세포를 확보하는 방향으로 적응되어 왔다.

(3) 시각의 성립

① 빛이 망막의 신경세포층을 지나서 광수용기세포에 이르면 쌍극세포 (bipolar cell)는 광수용기세포로부터 받은 정보를 신경절세포로 전달한다.

② 신경절 세포(ganglion cell)는 여러 개의 쌍극세포로부터 받은 정보를 받아 시신경을 통해서 뇌로 전달한다.

③ 수평세포와 아마크린 세포(무축삭세포, amacrine cell)는 망막에서 측면으로 소통하는 사이뉴런을 이루고 있다.

　㉠ 수평세포는 광수용기세포 및 쌍극세포와 시냅스를 형성하고 수평적인 정보전달에 의해 명암의 차이를 더욱 선명하게 한다.

　㉡ 아마크린 세포는 쌍극세포 및 신경절 세포와 시냅스를 형성하고 빛 자극의 민감성이 유지되도록 하여 급히 변하는 빛의 양상을 알아낼 수 있게 한다.

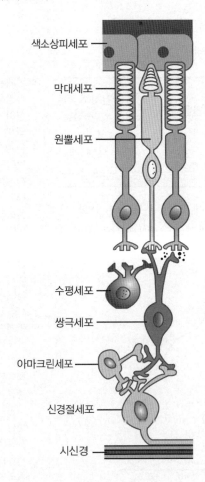

색소상피세포
막대세포
원뿔세포
수평세포
쌍극세포
아마크린세포
신경절세포
시신경

❖ 빛(이 그림에서는 아래쪽 방향에서 들어옴)이 망막을 때리면 투명한 여러 층의 신경세포를 지나서 막대세포와 원뿔세포에 이르게 된다.

❖ 색소상피세포
　• 산란된 빛을 흡수해서 광수용기세포를 보호
　• 광수용기세포의 작용에 필요한 이온의 항상성유지
　• 빛에 의해 손상된 단백질, 지질의 식세포작용

(4) 눈의 조절

① 명암 조절: 홍채에 의한 조절

ㄱ 밝은 곳을 볼 때(부교감 신경 작용): 홍채의 종주근이 이완되고 환상근이 수축(홍채가 이완되어 홍채의 면적이 넓어짐) → 동공이 축소된다.

ㄴ 어두운 곳을 볼 때(교감 신경 작용): 홍채의 종주근이 수축하고 환상근이 이완(홍채가 수축되어 홍채의 면적이 감소함) → 동공이 확대된다.

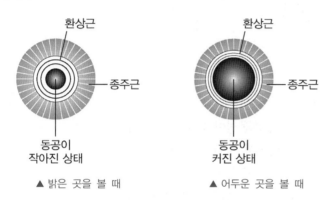

▲ 밝은 곳을 볼 때   ▲ 어두운 곳을 볼 때

② 원근 조절: 섬모체(모양체)와 수정체에 의한 조절

ㄱ 가까운 곳을 볼 때: 섬모체가 수축하여 진대가 느슨해져 수정체의 두께가 두꺼워진다.

ㄴ 먼 곳을 볼 때: 섬모체의 이완으로 진대가 팽팽해져 수정체의 두께가 얇아진다.

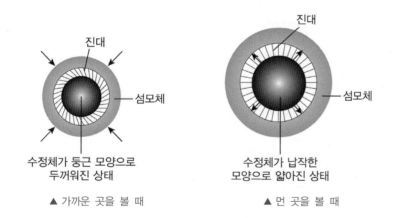

▲ 가까운 곳을 볼 때   ▲ 먼 곳을 볼 때

(5) 눈의 이상

① 근시: 수정체의 두께가 너무 두껍거나 수정체와 망막 사이의 길이가 정상보다 길어서 먼 곳을 볼 때 물체의 상이 망막의 앞에 맺히는 경우이다. 오목 렌즈로 교정한다.

② 원시: 수정체의 두께가 너무 얇거나 수정체와 망막 사이의 길이가 정상보다 짧아서 가까운 곳을 볼 때 물체의 상이 망막의 뒤에 맺히는 경우이다. 볼록 렌즈로 교정한다.

③ 난시: 각막이나 수정체의 표면이 매끈하지 않아서 굴절해서 들어온 빛의 초점이 2개 이상이 되어 흐릿하게 보인다.

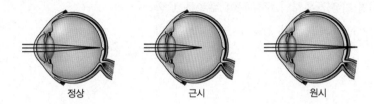

정상   근시   원시

(6) 로돕신(rhodopsin, 시홍)

막대세포 속에 있는 붉은색의 감광 색소로 어두운 곳에서 레티날(retinal)과 옵신(스코톱신, scotopsin) 단백질이 결합하여 로돕신이 합성된 후, 로돕신은 빛을 받으면 옵신과 레티날으로 분해되면서 시신경을 흥분시키고 이 흥분이 대뇌에 전달되어 시각이 성립된다. 레티날은 비타민 A에서 생성되므로 비타민 A가 부족하면 로돕신이 생성되지 않아서 야맹증에 걸리게 된다.

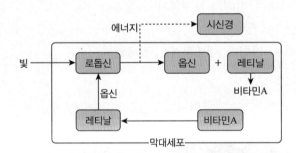

① 명순응: 어두운 곳에 있다가 밝은 곳으로 나오면 로돕신이 한꺼번에 분해되어 눈이 부시지만 곧 원뿔세포가 빛을 수용하여 조금 지나면 잘 보인다.

② 암순응: 밝은 곳에 있다가 어두운 곳으로 들어가면 로돕신이 없어서 처음에는 잘 보이지 않지만 로돕신이 합성되면 약한 빛에 반응하여 조금 지나면 잘 보인다.

(7) 아이오돕신(iodopsin): 원뿔세포에 있는 빨간색, 초록색, 파란색의 세 가지 시각색소로 레티날(retinal)과 옵신(포톱신, photopsin) 단백질로 이루어진다. (옵신 단백질의 미묘한 구조차이로 인해 고유의 파장에서 최적의 흡광도를 보인다.)

❖ 옵신 단백질은 막대세포의 옵신(스코톱신)과 원뿔세포의 옵신(포톱신)이 있다.

4 청각기

(1) 귀의 구조와 기능

① 바깥귀(외이, outer ear): 귓바퀴와 바깥귀길(음파의 이동통로)

② 가운데귀(중이, middle ear)

  ㉠ 고막(tympanic membrane): 음파에 의해 진동이 일어나는 얇은 막으로 외이와 중이의 경계를 이룬다.

  ㉡ 귓속뼈(청소골, auditory ossicle): 세 개의 작은 뼈(망치뼈, 모루뼈, 등자뼈)로 구성되어 있으며 고막의 진동을 증폭시켜 난원창(oval window)으로 전달한다.

  ㉢ 귀인두관(유스타키오관, Eustachian tube): 목구멍과 연결되어 있으며 바깥귀와 가운데귀의 압력이 같도록 조절한다.

③ 속귀(내이, inner ear)

  ㉠ 달팽이관(와우관, cochlea): 안뜰계단(전정계, scala vestibuli)과 고실계단(고실계, scala tympani)은 림프로 채워져 있고, 달팽이세관에 코르티기관(털세포와 덮개막, Corti's organ)이 있어 음파를 수용한다.

  ㉡ 안뜰기관(전정기관, vestibule)과 반고리관(semicircular canal): 몸의 평형을 감각한다.

❖ 중이의 세 개의 뼈 중에서 등자뼈가 난원창을 직접 진동시킨다.

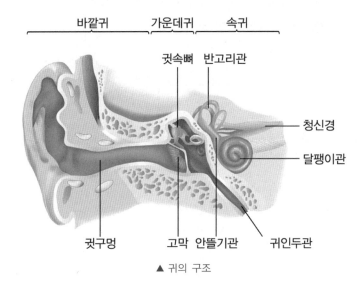

▲ 귀의 구조

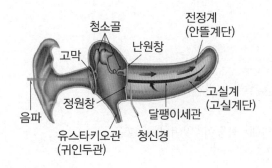

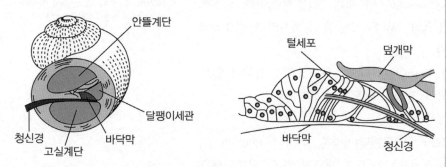

▲ 달팽이관과 코르티기관

❖ 정원창(fenestra rotunda)
파동을 소멸시킨다.

❖ 안뜰계단으로 전달된 진동에 의해
바닥막이 위아래로 진동하게 되면
바닥막에 붙어있는 털세포들도 위
아래로 진동하게고 털세포로부터
돌출된 털들은 털세포 바로 위를 덮
고 있는 덮개막에 의해 구부러지게
된다. 털이 구부러지는 자극에 반응
하여 털세포막에 있는 이온 통로를
열거나 닫게 되면 신경전달물질이
방출된다.

❖ 난원창에서 생성된 파동은 전정계
를 따라 이동하다가 달팽이관의 정
점에 이르면 돌아서 고실계를 따라
계속 진행하여 정원창에 부딪치면
서 스스로 소멸된다. 이러한 음파의
제동현상은 다음에 연속적으로 도
달하는 진동을 감지할 수 있도록 귀
를 초기화하는 역할을 한다.

(2) 청각의 성립

음파 → 바깥귀길 → 고막의 진동 → 귓속뼈(음파의 증폭) → 난원창 → 달
팽이관의 안뜰계단 림프, 고실계단 림프의 진동 → 바닥막(기저막)의 진동
→ 코르티기관의 털세포(유모세포)의 털(감각모)이 덮개막과 접촉 → 털세
포 흥분 → 청신경 → 대뇌

Check Point

청각에서 생기는 소리의 두 가지 변수

- 소리의 크기: 음파의 진폭에 의해서 결정된다. 큰 진폭을 가지고 있는 소리는 바닥막
을 더 강하게 흔들기 때문에 털세포의 감각모가 더 심하게 구부러지고 청신경에서
높은 빈도의 활동전위가 발생하게 된다.
- 소리의 고저: 단위 시간당 진동수인 음파의 주파수에 달려 있다. 이러한 높낮이를 구
별할 수 있는 이유는 바닥막이 세로 방향으로 그 성질이 고르지 않기 때문이다.
바닥막의 각 부위는 특정 진동의 영향을 가장 많이 받는다. 진동수가 많은 고음일수
록 난원창에서 가까운 부위의 바닥막에서 수용하고 진동수가 적은 저음일수록 난원
창에서 멀리 떨어진 부위의 바닥막에서 수용한다. 따라서 난원창 근처의 바닥막은
좁고 딱딱하며, 달팽이관 안쪽으로 갈수록 넓어지고 유연해진다.

---

(3) 평형 감각기

① 안뜰기관(전정기관, vestibule): 중력 자극에 의한 몸의 위치 감각을 느끼는 평형기로서 통낭(수평으로 위치한 난형낭)과 소낭(수직으로 위치한 구형낭)이라는 두 개의 주머니 속에 이석(청사)이라는 석회알이 털세포의 감각모(섬모)를 자극한다.

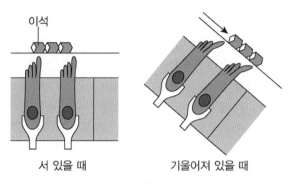

▲ 안뜰기관

② 반고리관(semicircular canal): 림프의 관성으로 몸의 회전 감각을 느끼는 평형기로서 통낭(난형낭)과 연결되어 있으며 내부에 림프액이 털세포의 감각모(섬모)를 자극한다. 3개의 반고리관이 서로 직각을 이루고 있어서 몸이 어느 쪽으로 회전해도 그 방향을 알 수 있다.

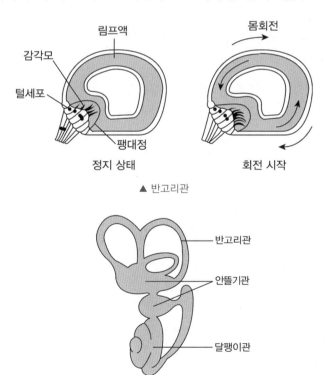

▲ 반고리관

❖ 무척추동물의 평형포
　중력과 평형을 감지하는 감각기로 내부에 평형석이 있어서 섬모를 자극한다.

 Tip

반고리관의 감각모 움직임
털세포의 털은 각두(정, 팽대정, cupula)라고 부르는 젤라틴성 물질 속에 돌출되어 있다.
• 몸이 정지하고 있을 때는 감각모가 움직이지 않는다.
• 몸이 회전하기 시작하면 관성에 의한 림프의 움직임으로 감각모가 회전 방향과 반대 방향으로 구부러진다.
• 계속 회전하면 림프가 몸의 회전 방향과 같은 방향으로 일정한 속도로 움직이고 있으므로 감각모가 구부러지지 않는다.
• 갑자기 회전을 멈추면 관성에 의한 림프의 움직임으로 감각모가 회전 방향과 같은 방향으로 구부러진다.

❖ 어류의 측선계
　측선의 수많은 구멍 속에 사람의 반고리관처럼 각두(팽대정)에 감각모를 가진 털세포가 있어서 물의 흐름, 먹이나 포식자에 의한 압력파, 물을 통해 전달되는 저주파소리를 감지한다.

기
본
편
Ⅴ

5 미각기

(1) **포유동물의 미각**: 단맛, 짠맛, 신맛, 쓴맛, 우마미맛(감칠맛)

(2) 액체 상태의 화학물질 → 혀의 표면에 유두 → 유두 측면의 미각세포가 모여 있는 미뢰(맛봉오리) → 미각세포 흥분 → 미각신경 → 대뇌

(3) 각각의 미각세포는 다섯 가지 맛 중 한 종류의 맛수용체만을 발현하여 한 종류의 맛을 인지한다. 미각을 담당하는 수용기세포들은 상피세포가 변형된 세포로서 혀에 산재되어 있는 미뢰에 모여 있으므로 혀의 어느 부위를 막론하고 미뢰가 있다면 이 다섯 가지 맛을 모두 감지할 수 있다.

> ❖ 우마미맛
> 조미료의 핵심성분인 글루탐산에 의한 맛으로 고기나 치즈에 존재한다.
>
> ❖ 다섯 가지 맛에 대한 수용체 단백질이 모두 밝혀졌다.
>
> ❖ 미맹
> PTC 용액(쓴맛을 갖는다)에 대해서 쓰다고 느끼지 못하는 사람
>
> ❖ 곤충의 미각 수용기는 다리와 입 부위의 미각털이라 불리는 감각털에 위치하고 있다.

6 후각기

(1) 미각세포와는 다르게 후각 수용기 세포는 신경세포 자체이며 뇌의 후각망울에 직접적으로 신호를 전달한다.

(2) 냄새를 내는 물질들이 후각섬모의 세포막에 존재하는 냄새 수용체에 결합하면 신호전달경로를 통하여 수천 가지 종류의 냄새를 맡을 수 있다. 각각의 후각 수용기 세포는 한 종류의 냄새 수용체 단백질만을 발현한다. (냄새를 맡으면 냄새 수용체 정보가 모아져서 통합된다.)

(3) 미각과 후각은 수용기도 다르고 전달경로도 독립적이지만 서로 상호작용한다.

> ❖ 곤충은 후각털을 이용하여 공기 중에 있는 냄새물질을 감지한다. DEET (diethyl—meta—toluamide)화합물은 곤충퇴치제인데 이는 모기의 후각 수용기를 억제해서 사람의 냄새를 맡지 못하게 함으로서 무는 것을 방지한다.

7 피부 감각기

피부의 진피에는 여러 가지 자극을 받아들이는 감각점이 분포한다.

통점	아픔을 감지하는 점(특별한 수용체는 없고 신경의 말단에서 감각)
촉점	접촉 자극을 감지하는 점(수용체: 메르켈소체 Merkel corpuscles, 마이스너소체, Meissner's corpuscle)
압점	압력 자극을 감지하는 점(수용체: 파터–파치니소체, Vater–Pacini corpuscles, 마이스너소체, Meissner's corpuscle)
냉점	온도 변화를 감지하는 점(수용체: 크라우제소체, Krause corpuscle)
온점	온도 변화를 감지하는 점(수용체: 루피니소체, Ruffini's corpuscle)

> ❖ 평균적으로 통점이 가장 많아 통각이 가장 예민하다.

21 뉴런의 전도와 전달

1 뉴런의 구조

(1) 뉴런(신경, neuron)

신경계를 이루는 기본 단위로서 신경세포체, 축삭 돌기, 가지 돌기로 구성된다.

① **신경세포체**(cell body): 핵과 세포질로 구성되어 있다.

② **가지 돌기**(수상 돌기, dendrite): 신경세포체에서 나온 짧은 가지로 다른 뉴런으로부터 자극을 받아들인다.

③ **축삭 돌기**(axon): 신경세포체에서 길게 뻗어 나온 가지로 다른 뉴런이나 반응기로 신호를 전달한다. 축삭 돌기의 말단은 매우 작은 가지들로 갈라지고 맨 끝부분이 부풀어 오른 구조를 하고 있는데, 이 부분을 축삭 말단 또는 신경 말단이라고 한다.

❖ 축삭 둔덕(axon hillock)
신경세포체와 축삭이 연결되는 부위로 활동전위가 시작되는 부분

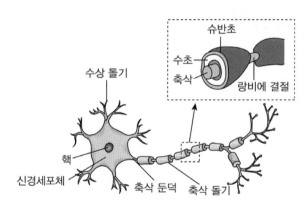

(2) 말이집 신경(유수신경, myelinated nerve)과 민말이집 신경(무수신경, unmyelinated nerve)

① **말이집 신경**: 축삭이 말이집으로 싸여 있는 신경(척추동물의 대부분의 신경)

② **민말이집 신경**: 축삭이 말이집으로 싸여 있지 않는 신경(무척추동물의 신경)

❖ 말이집(수초, myelin)
슈반 세포의 세포막이 축삭을 여러 겹으로 싸고 있어서 형성된 것으로, 대부분 미엘린이라는 지질 성분으로 되어 있어 절연체 역할을 한다.

❖ 슈반초
수초를 싸는 얇은 막

❖ 랑비에 결절
말이집 신경에서 축삭 돌기 곳곳에 말이집이 없어 축삭이 노출된 부분이다.

2 뉴런의 종류

(1) 구심성 뉴런(감각 뉴런, sensory neuron)

감각기관이나 내장기관의 자극을 중추(뇌, 척수)에 전달해주는 뉴런으로 구심성 뉴런의 신경세포체는 축삭 돌기의 한쪽 옆에 있다.

(2) 원심성 뉴런(운동 뉴런, motor neuron)

중추의 흥분을 반응기(근육이나 내장기관)에 전달해주는 뉴런이다.

(3) 연합 뉴런(사이뉴런, inter neuron)

구심성 뉴런과 원심성 뉴런을 연결시켜주는 뉴런으로 중추 신경계인 뇌와 척수를 구성하고 있는 뉴런이다.

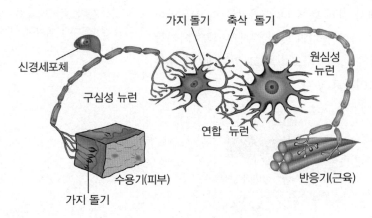

▲ 뉴런의 종류

Check Point
- 자극의 전달 방향

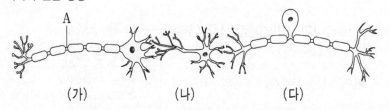

- (가)는 운동뉴런, (나)는 연합뉴런, (다)는 감각뉴런이므로 자극의 전달 방향은 (다)→(나)→(가)이다. 따라서 A를 자극하면 (나)로 전달되지 않는다.

3 흥분의 전도

하나의 뉴런 내에서 흥분이 전해지는 현상이다.

(1) 휴지 전위(resting potential): 분극(세포막 바깥쪽은 +전하, 안쪽은 − 전하 polarization)

뉴런이 자극을 받지 않은 상태에서 세포막에 있는 $Na^+ - K^+$ **펌프**(나트륨−칼륨 펌프)가 에너지를 소비하면서 Na^+은 세포막 바깥쪽으로, K^+은 세포막 안쪽으로 능동수송시킨다. 또한 비개폐성 K^+ **통로는 일부 열려 있어서** 세포막 안쪽의 K^+은 세포막 바깥쪽으로 일부 확산되지만, 비개폐성 Na^+ 통로는 거의 닫혀 있어서 세포막 안쪽으로 극히 일부만 확산되므로 세포막 안쪽이 바깥쪽에 비해 상대적으로 양이온이 적고, 세포막 안쪽에는 음(−)전하를 띠는 단백질이 높은 농도로 존재하므로 결과적으로 분극상태에서 세포막 바깥쪽은 양(+)전하, 안쪽은 음(−)전하를 띠게 되며, 이때 나타나는 뉴런의 세포막 안팎의 전위차를 휴지 전위(약 − 70mV)라고 한다.

❖ • $Na^+ - K^+$ 펌프(나트륨−칼륨 펌프): ATP를 사용하는 능동수송의 대표적인 예로, 세 개의 Na^+을 세포막 바깥쪽으로 능동수송시켜 내보내고, 두 개의 K^+을 세포막 안쪽으로 능동수송시킨다.

• Na^+ (sodium)통로: 에너지를 이용하지 않고 Na^+을 세포 안쪽으로 확산에 의해 투과시킨다.

• K^+ (potassium)통로: 에너지를 이용하지 않고 K^+을 세포 바깥쪽으로 확산에 의해 투과시킨다.

• 전위: 전기적 위치에너지

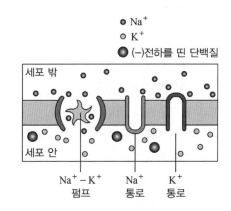

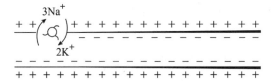

(2) 활동 전위(action potential)의 생성

① 탈분극(depolarization, 세포막 안쪽은 +전하, 바깥쪽은 −전하): 분극 상태의 뉴런이 역치 이상의 자극을 받으면 세포막의 Na^+ 통로가 열리면서 Na^+의 투과성이 증가하여 세포막 바깥쪽의 Na^+이 세포막 안쪽으로 확산되어 들어오므로 세포막 안쪽은 (+)전하, 바깥쪽은 (−)전하를 띠게 된다. 따라서 약 −70mV이던 안쪽 막전위가 약 +30mV ~+40mV로 역전되는데 이를 탈분극이라고 하며, 이때 **활동 전위**(약 +100mV~+110mV: **휴지 전위와의 차이**)가 형성된다. 그리고 Na^+이 세포 안쪽으로 확산되면서 인접 부위로 Na^+의 일부가 전해져서 활동 전위가 옆으로 이동한다. 이것이 흥분의 전도이다.

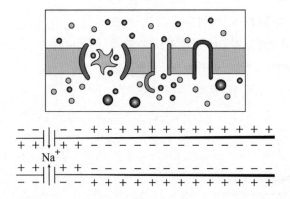

② 재분극(repolarization, 세포막 바깥쪽은 +전하, 안쪽은 −전하로 회복): 탈분극이 진행되었던 부위에서는 Na^+ 통로가 닫히고 K^+ **통로**가 열리면서 K^+의 투과성이 증가하여 세포막 안쪽의 K^+이 세포막 바깥쪽으로 확산된다. 그 결과 세포막 바깥쪽은 (+)전하, 안쪽은 (−)전하로 회복되는데 이를 재분극이라고 한다. 재분극이 일어날 때 막전위는 원래의 휴지 전위(약 −70mV) 이하로 떨어지는 과분극(hyperpolarization)이 나타나는데, 이것은 Na^+ 통로가 닫힌 상태에서 여전히 일부 K^+ 통로가 열려 있기 때문이다. 그러나 이내 대부분의 K^+ 통로가 닫히고 항상 작동하고 있는 Na^+-K^+ 펌프에 의해 Na^+이 막 바깥으로, K^+이 막 안으로 이동하여 Na^+과 K^+의 분포가 자극 전의 휴지 상태로 돌아간다.

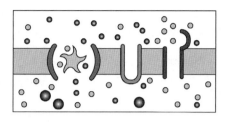

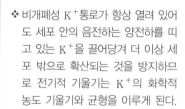

Check Point

이온 통로의 종류

① **비 개폐성 이온 통로**(non-gated ion channel): 다른 통제 없이 이온이 농도가 높은 쪽에서 낮은 쪽으로 이동하는 통로

> 예 K^+이 세포 밖으로 확산되는 통로와 Na^+이 세포 안으로 확산되는 통로로 항상 열려 있는데 Na^+통로는 K^+통로에 비해서 아주 적다.

② **전압 개폐성 통로**(voltage-gated ion channel): 세포막의 전압에 따라 열리거나 닫히는 통로

> 예 탈분극이 일어날 때 열리는 Na^+ 통로, 재분극될 때 막전위가 (+)값을 가질 때 열리는 K^+ 통로

③ **화학 개폐성 통로**(리간드 개폐성 통로, ligand-gated ion channel): 특정 화학 물질이 결합할 때 열리거나 닫히는 통로

> 예 시냅스 이후 뉴런에서 신경전달물질이 수용체에 결합했을 때 열리는 Na^+ 통로, K^+통로, Cl^-통로 등이 있다.

❖ 비개폐성 K^+통로가 항상 열려 있어도 세포 안의 음전하는 양전하를 띠고 있는 K^+을 끌어당겨 더 이상 세포 밖으로 확산되는 것을 방지하므로 전기적 기울기는 K^+의 화학적 농도 기울기와 균형을 이루게 된다.

❖ Na^+은 항상 신경세포 바깥쪽이 많고 K^+은 항상 신경세포 안쪽이 많다.

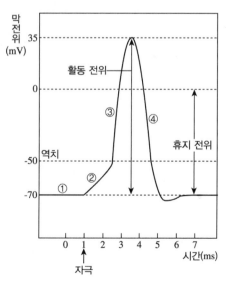

▲ 흥분의 전도와 막전위의 변화

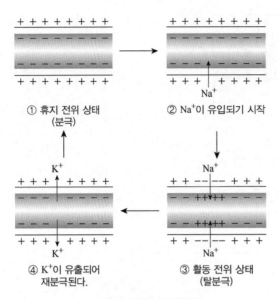

① 휴지 전위 상태 (분극)

② Na⁺이 유입되기 시작

④ K⁺이 유출되어 재분극된다.

③ 활동 전위 상태 (탈분극)

▲ 신경섬유 막전위의 변화

❖ 동방결절의 자율심근 활동전위는 Na^+통로가 아닌 Ca^{2+}통로에 의해서 탈분극이 일어난다.

❖ 협죽도과에서 얻어지는 와베인(oua-bain)은 나트륨 칼륨펌프의 특이적 저해제로 작용하는 강심배당체이다. 나트륨 칼륨펌프의 저해 결과 Na^+이 심장세포 안에 축적되면 궁극적으로 심장근육의 수축력을 강하게 하여 심장수축이 원활하지 못한 환자를 돕는다. 그러나 다량으로 사용하면 심장이 수축된 채 회복되지 않아 사망에 이르게 될 수도 있다.

➤ ① **휴지 전위(분극)**: $Na^+ - K^+$ 펌프의 작용으로 Na^+의 농도는 세포 밖이 높고, K^+의 농도는 세포 안이 높다. 휴지 전위는 약 $-70mV$이다.

② **Na^+의 유입 시작**: Na^+의 유입으로 역치 전위(약 $-50mV$)에 도달하면 활동 전위가 발생된다.

③ **활동 전위 상승기**: Na^+이 세포막 안쪽으로 다량 유입되면 양이온의 증가로 세포막 안쪽은 (+)전하를 띠게 된다.

④ **활동 전위 하강기(재분극)**: K^+이 세포막 바깥쪽으로 다량 유출되어 막전위는 다시 휴지 전위 상태로 회복되고 $Na^+ - K^+$ 펌프에 의한 이온의 재배치 과정이 진행되어 분극상태로 돌아간다.

⑤ 나트륨통로는 하강기 동안 일단 한번 열렸다가 닫히면 짧은 시간(1~2밀리초)동안 다시 열리지 않으므로 이때 두 번째 탈분극 자극이 유발되어도 활동전위는 더 이상 발생하지 않는다. 활동전위 직후에 활동전위를 재개할 수 없는 이러한 시기를 불응기라 한다. 불응기의 길이는 활동전위가 생성될 수 있는 최대한의 빈도를 제한하는 역할을 하며 또한 불응기로 인해 활동전위의 진행은 한쪽 방향으로만 전도된다.

Check Point

• 활동전위의 크기와 빈도수

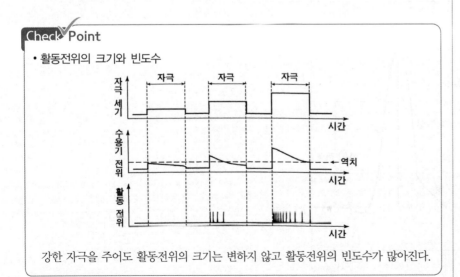

강한 자극을 주어도 활동전위의 크기는 변하지 않고 활동전위의 빈도수가 많아진다.

❖ 감각경로

• **A 감각수용과 감각변환**: 자극의 세기를 감각하고(감각수용), 수용기 전위로 변환(감각변환)한다.

• **B 전달**: 활동전위의 형태로 신경계를 통해서 전달한다.

• **C 인지**: 감각뉴런을 통해서 활동전위가 뇌까지 이르면 자극이 인지된다.

• **D 증폭과 적응**: 자극이 강화되는 증폭(예 귓속뼈에 의한 진동의 증폭)과 계속되는 자극에 대한 수용기 반응을 감소시키는 감각 적응(순응)

예제 | 1

그림은 민말이집 신경 축삭돌기의 일부를, 표는 그림의 두 지점 X나 Y 중 한 곳만을 자극하여 흥분의 전도가 1회 일어날 때 네 지점($d_1 \sim d_4$)에서 동시에 측정한 막전위를 나타낸 것이다. 이에 대한 설명으로 옳은 것만을 고른 것은? (휴지전위는 −70mV이다)

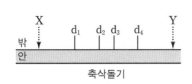

지점	막전위(mV)
d_1	−70
d_2	+30
d_3	−80
d_4	−70

ㄱ. 흥분의 전도는 X에서 Y로 진행된다.

ㄴ. d_2에서 Na^+의 농도는 축삭돌기 안에서 보다 밖에서 높다.

ㄷ. d_1에서 K^+는 축삭돌기 안으로 확산된다.

① ㄱ   ② ㄴ

③ ㄱ, ㄴ   ④ ㄱ, ㄴ, ㄷ

|정답| ②

d_1 : 분극, d_2 : 탈분극, d_3 : 재분극, d_4 : 분극이므로 흥분의 전도는 Y에서 X로 진행된다.

---

(3) 흥분 전도 속도에 영향을 주는 요인

① **축삭의 지름**: 축삭의 지름이 클수록 이온의 이동에 대한 저항성이 작기 때문에 흥분 전도 속도가 빠르다.

② 말이집 신경에서는 도약 전도가 일어나기 때문에 민말이집 신경보다 흥분 전도속도가 빠르다.

㉠ 민말이집 신경

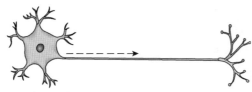

» **민말이집 신경의 전도 속도**: 민말이집 신경은 말이집이 없어서 도약 전도가 일어나지 않기 때문에 말이집 신경보다 흥분 전도 속도가 느리다.

㉡ 말이집 신경

» **말이집 신경의 전도 속도**: 말이집 신경은 말이집이 절연체 역할을 하므로 랑비에 결절에서 다음 랑비에 결절로 흥분이 도약 전도한다. 이 때문에 민말이집 신경보다 흥분 전도 속도가 빠르다.

예제 | 2

활동 전위의 탈분극이 일어난 후 막전위가 감소하는 이유는?

① 칼륨과 나트륨통로가 닫혀있기 때문

② 칼륨과 나트륨 활성화통로가 열리기 때문

③ 칼륨통로가 열리고 나트륨 불활성화 관문이 닫히기 때문

④ 막이 과분극되는 불응기 때문

|정답| ③

전압 개폐성 칼륨통로가 열리고 나트륨 불활성화 관문이 닫히기 때문이다.

예제 | 3

활동전위가 뉴런을 따라 한쪽 방향으로만 전도되는 이유는?

① 도약전도가 일어나기 때문

② 나트륨 활성화관문이 닫혀있는 절대적 불응기가 있기 때문

③ 나트륨 불활성화관문이 닫혀있는 절대적 불응기가 있기 때문

④ 시냅스소포가 축삭말단에만 있고 시냅스 후 뉴런에는 이온통로 수용체가 있기 때문

|정답| ③

나트륨 불활성화관문이 닫혀 활동전위가 생성될 수 있는 최대한의 빈도를 제한하기 때문이다.

기본편 Ⅴ

4 시냅스를 통한 흥분의 전달

(1) 시냅스(synapse)

한 뉴런의 축삭 돌기와 다른 뉴런의 가지 돌기가 접하는 부분을 시냅스라 하며 이때 뉴런 사이의 좁은 틈을 시냅스 틈이라 한다.

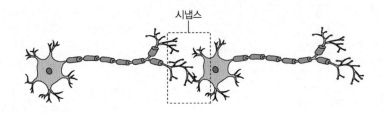

(2) 화학적 시냅스에서 흥분의 전달

대부분의 시냅스는 화학적 시냅스로서 한 뉴런에서 발생한 흥분이 신경 전달물질에 의해 다음 뉴런으로 전달되는 과정을 말한다. 축삭 돌기 말단에는 시냅스 소포라는 작은 주머니가 많이 있는데 이 속에는 아세틸콜린(acetylcholine)과 같은 신경전달물질이 들어 있다. 흥분이 축삭 돌기 말단까지 전도되면 시냅스 소포가 축삭 돌기 막에 융합되어 아세틸콜린과 같은 신경전달물질이 시냅스 틈으로 방출된다. 아세틸콜린은 다음 뉴런의 세포막에서의 이온의 투과성을 증가시켜 탈분극을 일으킨다.

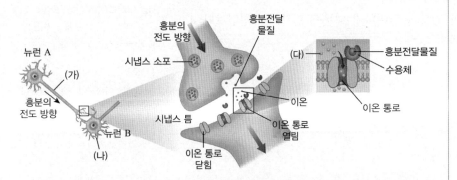

① 활동 전위가 시냅스 전막 말단의 세포막을 탈분극 시키면 전압개폐성 Ca^{2+} 통로가 열려서 Ca^{2+}이 유입된다.

② 시냅스 전막 말단의 Ca^{2+} 농도가 높아지면 시냅스 전막에 시냅스 소포가 융합되어 세포 외 배출 작용(exocytosis)에 의해서 시냅스 틈으로 신경전달물질이 방출된다.

③ 시냅스 후 전위

　㉠ 흥분성 시냅스 후 전위(excitatory postsynaptic potential, EPSP): 신경전달물질이 시냅스 후막에 존재하는 이온 통로 수용체와 결합

하면 리간드 개폐성 이온 통로가 열려서 Na^+과 K^+이 통과한다. 시냅스에서 Na^+과 K^+을 동시에 통과시킬 수 있는 이온통로(Na^+유입, K^+유출)와 결합하여 통로가 열리면 시냅스 후 신경세포는 탈분극되어 막전위를 역치값에 이르게 하므로 이를 흥분성 시냅스 후 전위라고 부른다.

ⓛ 억제성 시냅스 후 전위(inhibitory postsynaptic potential, IPSP): 신경전달물질이 K^+에 대해서만 선택적인 이온통로(K^+유출)를 활성화시키거나 또는 세포내부보다 바깥쪽에 더 많은 Cl^-통로(Cl^-유입)를 개방하는 경우도 있는데 이때는 막전위가 오히려 과분극되어 막전위를 역치값으로 부터 더 멀어지게 하는 역할을 하기 때문에 억제성 시냅스 후 전위라고 부른다.

④ 신경전달물질이 수용체로부터 떨어져 나오면 이온 통로는 닫힌다.

⑤ 신경전달물질은 시냅스 틈에서 확산되어 사라지거나 시냅스 말단이나 다른 세포를 통해 능동수송으로 재흡수된다. 예를 들어 아세틸콜린은 시냅스 후 뉴런의 수용체와 연관된 아세틸콜린에스터레이스(acetylcholinesterase)라는 효소에 의해서 분해되어 시냅스 전 뉴런으로 재흡수되어 아세틸콜린으로 재합성되는 데 사용된다.

❖ Cl^-은 항상 신경세포 바깥쪽이 많다.

Check Point

• 뉴런에서의 속도 비교

말이집

(➡ :강한 자극, → :약한 자극)

• 속도: D > C > A = B > E

(3) 시냅스 후 전위의 합

① 시간합(temporal summation): 첫 번째 발생한 역치 이하의 시냅스 후 전위가 휴지전위로 미처 돌아가기 전에 두 번째 역치 이하의 시냅스 후 전위가 발생하여 탈분극이 일어나는 경우

② 공간합(spatial summation): 역치 이하의 시냅스 후 전위가 서로 다른 시냅스를 통해 동시에 도달되어도 합쳐지게 되는 효과로 탈분극이 일어나는 경우

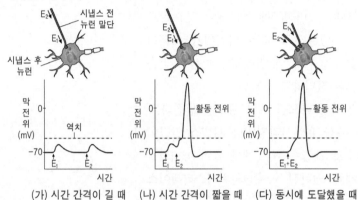

(가) 시간 간격이 길 때   (나) 시간 간격이 짧을 때   (다) 동시에 도달했을 때

> 대부분의 뉴런에서 합산은 축삭이 시작되는 부위인 축삭 둔덕에서 일어난다. 시간합, 공간합을 통해서 합쳐진 차등전위가 축삭 둔덕을 역치전위까지 끌어올리면 새로운 활동전위가 생성되어 축삭을 따라서 시냅스 말단까지 전달된다. 이러한 전압의 부가 현상은 EPSP와 IPSP의경우에 모두 동일하게 적용된다.

(4) 신경전달물질

① 아세틸콜린(acetylcohline): 가장 흔히 사용되는 신경 전달 물질로서 억제성 또는 흥분성

② 아미노산(amino acid)

 ㉠ GABA(감마 아미노 부틸산, gamma-amino butyric acid): 아미노산 신경전달물질로서 Cl^-에 대한 투과성을 증가시켜 억제성 시냅스 후 전위를 일으킨다.

 ㉡ 글라이신(glycine): 억제성 신경전달물질

 ㉢ 글루탐산(glutamic acid): 흥분성 신경전달물질로 장기기억의 형성에 중요한 역할을 수행한다.

 ㉣ 아스파트산(aspartic acid): 흥분성 신경전달물질

③ 생체 내 아민(amine, 이미노산으로부터 유래된 신경전달물질)

 ㉠ 에피네프린(=아드레날린, epinephrine, adrenaline), 노르에피네프린(=노르아드레날린, Nore-): 교감 신경의 말단에서 중요한 역할을 하는 신경전달물질로 주로 흥분성이고 억제성인 경우도 있다(타이로신, tyrosine에서 유도).

❖ 차등전위(graded potential)
자극의 강도에 따라서 탈분극이나 과분극이 일어나는 정도가 달라지는 전위를 말하며 차등전위는 발생 지점으로부터 거리가 멀어짐에 따라 쉽게 소멸된다.

❖ 보톡스는 피부에서 근육수축을 일으키는 신경 전달 물질인 아세틸콜린의 분비를 억제하여 주름살을 만드는 근육을 일시적으로 마비시키고, 그 근육 위의 피부가 펴지면서 자연히 주름살이 없어지게 된다.

❖ 니코틴은 중추신경계의 아세틸콜린 수용체에 결합하여 각성제로 작용한다.

❖ 신경가스인 사린은 아세틸콜린에스터레이스의 작용을 억제하여 아세틸콜린의 분해를 차단하여 골격근을 마비시키고 사망에 이르게 한다.

❖ GABA
글루탐산이 글루탐산 탈탄산효소의 삭용으로 생성되는 일종의 아미노산

❖ 노르에피네프린은 에피네프린에서 메틸기가 제거된 물질로 에피네프린과 같은 활성을 나타낸다.

ⓛ 도파민(dopamine): 혈압조절, 뇌에서 분비되는 물질로 정교한 운동조절 등에 필요한 신경전달물질이자 호르몬이며 가장 널리 알려진 기능으로는 쾌감·즐거움 등에 관련한 신호를 전달하여 인간에게 행복감을 느끼게 한다. 도파민 분비가 과다하면 환각 등을 나타낼 수 있다.(일반적으로 흥분성, 타이로신에서 유도)

ⓒ 세로토닌(serotonin): 행복의 감정을 느끼게 해주는 신경전달물질로 세로토닌이 부족하면 우울증 등이 생긴다(일반적으로 억제성, 트립토판에서 유도).

④ 신경펩타이드(neuropeptide, 비교적 짧은 아미노산 사슬로 구성)

ⓐ 엔도르핀(endorphin): 운동을 할 때, 흥분했을 때, 고통을 느끼는 경우, 매운 음식을 먹었을 경우 통증을 완화시키는 진통효과가 있으며 행복감을 느끼게 한다(일반적으로 억제성).

ⓑ 물질 P(substance P): 고통을 인지하는 과정에서 중요한 역할을 하는 흥분성 뉴로펩타이드

⑤ 기체

일산화 질소(NO): 아르지닌으로부터 합성되는 기체성 신경전달물질로 동맥벽의 평활근 세포를 이완시키고 혈관을 확장시킨다. 대부분의 신경전달물질과 같이 시냅스 소포에 저장되어 있지 않고 필요에 따라 만들어져서 표적세포로 확산되어 변화를 초래한 후 빠르게 분해된다.

Check Point

신경전달물질과 관련된 장애

① 조현병(정신분열증, schizophrenia): 환각과 망상(예 다른 사람이 본인을 죽이려 한다는 생각) 증세를 겪는다. 도파민과 세로토닌이라는 신경전달 물질이 불균형을 보인다고 알려져 있다. 도파민의 분비를 촉진하는 암페타민(각성제)은 조현병과 유사한 증상을 유도한다.

② 우울증(depression): 주요 우울장애와 조울증의 두 가지 유형이 있으며 세로토닌의 재흡수를 느리게 하여 시냅스에서의 세로토닌 활성을 향상시키는 프로작 등 과 같은 약물로 치료한다.

ⓐ 주요 우울장애: 바닥으로 떨어진 기분상태가 몇 개월씩 지속되는 증상

ⓑ 조울증(양극성 장애, bipolar disorder): 기분이 고조된 상태와 저조한 상태의 양극단을 오가는 정신질환

③ 파킨슨병(Parkinson's disease): 중뇌의 신경세포가 사멸하여 도파민의 분비가 비정상적으로 낮으면 얼굴표정이 굳어져 감정표현도 잘하지 못하고 근육을 조절할 수 없게 되어 제대로 움직이지도 못하는 파킨슨병에 걸리게 된다.

④ 알츠하이머병(Alzheimer's disease): 콜린성 뉴런의 퇴화 때문에 뇌의 특정 부위에서 아세틸콜린의 양이 감소하는 것과 연관되어 있으며, 아세틸콜린에 반응하는 시냅스 후 뉴런의 소실까지 나타난다. 또한 세크리테이스(secretase)에 의해 비정상적으로 증가된 베타 아밀로이드 단백질이 침착하여 크게 덩어리를 형성한 플라크, 또는 세포의 미세소관과 결합하는 타우단백질의 축적에 의해 신경세포가 손상되어 발생하는 뇌질환이다.

❖ 카테콜아민(catecholamine)
타이로신으로부터 유도되어 호르몬이나 신경전달물질로 작용하는 생체 내 아민(타이로신 → 도파민 → 에피네프린)

❖ 엔케팔린(enkephalin)
웃을 때 엔도르핀과 함께 나오는 신경전달물질로 자연적인 진통 작용과 희열감·행복감 등을 일으키는 물질이다.

❖ 복측피개영역(배쪽피개영역, ventral tegmental area, VTA)
뇌간 맨 꼭대기(중뇌의 일부)에 위치하며 동기부여, 보상체계이자 쾌락 중추이다. 복측피개영역에서 도파민을 분비하여 온몸으로 전달하는데 도파민이 뇌의 왼쪽에 신경들이 모여 있는 중격측좌핵(NAC)으로 이동하여 중격측좌핵이 활성화되면 코카인(마약, 약리작용)에 중독된 환자처럼 행복해진다고 한다. 알코올, 코카인, 니코틴, 히로인 등의 중독성을 가진 약물들은 모두 도파민 경로의 활성을 증가시킨다. 사랑에 빠진 연인들은 복측피개영역이 활성화 되었는데 이를 통해 유추해볼 때 실연은 마약을 끊는 행위나 다름없다고 한다.

5 신경흥분의 전도와 전달

(1) 전도(conduction)

하나의 신경 단위에서는 좌우 어느 쪽으로나 전도되는 양쪽성이 있다.

(2) 전달(transmission)

2개 이상의 신경 단위에서는 좌우 어느 한쪽으로만 전달되는 일방성이 있다. 아세틸콜린과 같은 신경전달물질이 들어 있는 시냅스 소포는 축삭 돌기 말단에만 있기 때문에 시냅스에서 흥분은 시냅스 전 뉴런의 축삭 돌기에서 시냅스 후 뉴런의 가지 돌기 쪽으로만 전달된다.

(3) 전기적 시냅스에서 흥분의 전달

시냅스 전 뉴런의 세포막과 시냅스 후 뉴런의 세포막이 간극연접을 통해서 두 뉴런이 연결되어 있어서 활동전위는 뉴런에서 다음 뉴런으로 전류가 직접 건너간다.

 예 심근섬유

예제 | 4

척추동물 신경계의 화학적 시냅스에서 일어나는 흥분 전달에 대한 설명으로 옳은 것만을 모두 고르면?　　　　　　　　　　　　　　　　　　　(지방직 7급)

　　ㄱ. 신경전달물질은 신경세포체나 수상돌기에서 분비된다.
　　ㄴ. 흥분 전달은 한 방향으로만 일어난다.
　　ㄷ. 흥분의 전달 속도는 신경세포 내의 흥분 전도 속도에 비해 빠르다.
　　ㄹ. 흥분의 전달과정에서 Ca^{2+}이 중요한 작용을 한다.

① ㄱ, ㄴ　　　　　　　　　　② ㄴ, ㄷ
③ ㄴ, ㄹ　　　　　　　　　　④ ㄷ, ㄹ

| 정답 | ③
　ㄱ. 신경전달물질은 축삭돌기의 말단에서 분비된다.
　ㄷ. 흥분의 전달 속도는 신경세포 내의 흥분 전도 속도에 비해 느리다.

---

22 근골격계

1 척추동물의 골격근

(1) 근육의 구조

① 근육원섬유(myofibril)의 구성

액틴 섬유(actin filament)	가는 필라멘트로 밝다.
마이오신(myosin filament)	굵으며 어둡다.

② I대(명대, Isotropic, 등방성): 액틴만 배열된 부분

H대(heller = brighter): 마이오신만 배열된 부분

A대(암대, anisotropic, 이방성): 액틴과 마이오신이 겹친 부분~겹친 부분

③ Z선(Zwischenscheibe = between): I대의 중앙선으로 I대를 지지해주는 역할을 한다.

④ M선(Mittelscheibe = middle): H대의 중앙 부분에 수직으로 나타나는 선으로 마이오신과 연결되어 있어서 지지해주는 역할을 한다.

⑤ 근육원섬유마디(근절, sarcomere): Z선과 Z선 사이를 말하며 근수축의 기본 단위이다.

⑥ 근육섬유(muscle fiber): 근육을 구성하는 기본단위로서 여러 개의 핵을 가진 하나의 세포이다.

❖ • 등방성: 빛을 골고루 반사
• 이방성: 빛을 불규칙하게 반사

❖ 근육 > 근육섬유다발 > 근육섬유 > 근육원섬유 > 액틴과 마이오신

(2) 골격근(skeletal muscle)의 체계

골격근은 근육 섬유다발로 이루어져 있으며, 각 근육섬유(근세포)는 다시 더 가느다란 근육원섬유로 이루어져 있다. 근육원섬유는 마이오신 분자들이 가느다란 액틴 필라멘트 사이에 일부분씩 겹쳐 배열되어 있는 구조를 하고 있다.

(3) 근육의 수축

A대(암대)의 길이는 변함이 없으나 I대(명대)의 길이는 짧아지며 H대는 거의 없어진다. 그리고 액틴과 마이오신이 겹친 부분의 길이는 길어진다.

❖ 이유
액틴 섬유가 마이오신 사이로 미끄러져 들어가 상대적 거리가 좁혀지기 때문이다(활주설).

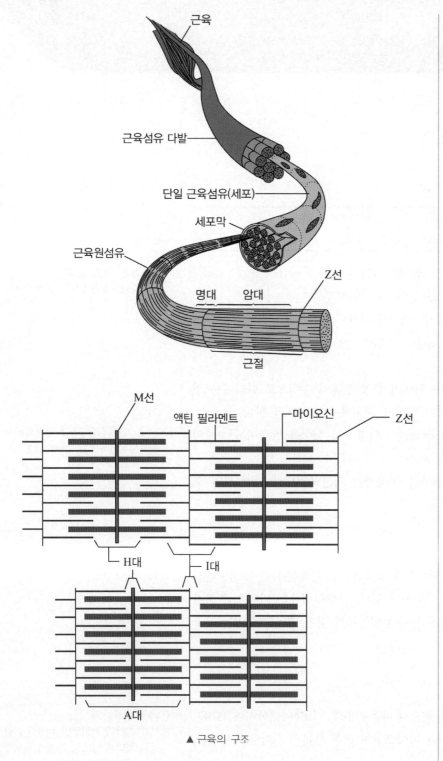

근육

근육섬유 다발

단일 근육섬유(세포)

세포막

근육원섬유

명대   암대

Z선

근절

M선

액틴 필라멘트

마이오신

Z선

H대

I대

A대

▲ 근육의 구조

(4) 근육 수축과 근육 이완

① 근육 수축

㉠ 활동전위가 운동신경의 시냅스 말단에 도달하면 운동신경 말단에서 아세틸콜린이 분비되어 시냅스 틈으로 확산된 후 근육섬유 세포막의 수용체 단백질과 결합

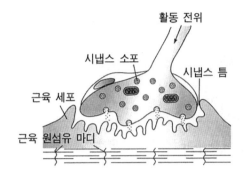

㉡ 근육섬유막이 탈분극되어 다시 활동 전위가 발생

㉢ 활동 전위가 T 소관(가로 소관)을 통하여 근육섬유 내부로 이동하면 근소포체의 Ca^{2+} 통로가 열린다.

㉣ 근소포체에 있던 Ca^{2+}이 Ca^{2+} 통로를 통해서 세포질로 방출

㉤ Ca^{2+}이 액틴 섬유에 있는 트로포닌(troponin)과 결합하면 트로포마이오신(tropomyosin)이 액틴의 홈에서 멀어지게 하여 액틴 섬유에 있는 마이오신 결합부위가 노출되도록 한다.

㉥ 마이오신의 머리가 액틴 섬유에 결합하여 액틴 섬유를 끌어당긴다(ATP는 필라멘트의 활주에 필요한 에너지 공급).

② **근육 이완**: 자극이 멈추고 Ca^{2+} 펌프의 작용으로 Ca^{2+}이 다시 능동 수송에 의해 근소포체로 들어가면 트로포마이오신이 액틴 섬유의 마이오신 결합부위를 가림으로써 수축은 종결되고 근육섬유는 이완된다.

❖ 리아노딘(ryanodine) 수용체라고 하는 Ca^{2+} 통로가 근소포체막에 있다.

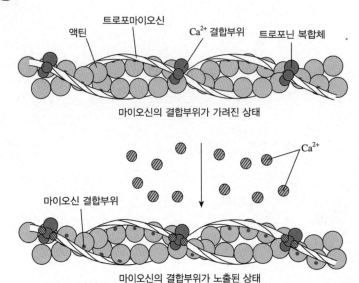

마이오신의 결합부위가 가려진 상태

마이오신의 결합부위가 노출된 상태

▲ 근육 수축 시 Ca^{2+}과 조절 단백질(트로포마이오신-트로포닌 복합체)의 역할

(5) ATP에 의한 근육 수축 과정

① 마이오신 머리가 ATP와 결합되어 있을 때는 마이오신 머리는 낮은 에너지 구조를 하고 있다.

② Ca^{2+}이 트로포닌과 결합하면 트로포마이오신을 액틴섬유에 있는 마이오신 머리의 결합 부위에서 멀어지도록 하여 마이오신 머리의 결합 부위를 노출시킨다.

③ 마이오신 머리가 ATP를 ADP와 무기인산으로 가수분해하면 마이오신 머리는 높은 에너지 구조를 갖게 된다.

④ 마이오신 머리가 액틴분자의 결합 자리에 결합하여 가교를 형성한다.

⑤ ADP와 인산이 방출되면서 액틴 필라멘트가 활주하게 되고 마이오신은 낮은 에너지구조를 갖게 된다.

⑥ 마이오신 머리에 새로운 ATP가 결합하게 되면 마이오신 머리가 액틴으로부터 분리된다.

❖ 마이오신 하나당 약 300여개의 마이오신 머리가 이러한 순환을 1초에 5번 정도로 반복하여 활주가 일어난다.

(6) 근육 수축 때 에너지

① ATP ───────────────→ ADP + 인산 + 에너지

② 크레아틴인산 + ADP ─────→ ATP + 크레아틴

③ **포도당의 분해:** 근육에 저장된 글리코겐이 분해되어 생성된 포도당이나 혈액으로부터 흡수된 포도당은 ATP 합성을 위한 에너지원으로 사용된다.

❖ 휴식 시에는 젖산 + O_2 → CO_2 + H_2O의 반응으로 생성되는 에너지에 의해서 일부의 젖산이 글리코젠으로 재합성되기도 하고 크레아틴(creatine)을 크레아틴인산(creatine phosphate)으로 만들어 준다. 무산소 운동 시 혈중 포도당이 말초조직에서 이용되고 일부는 근육에서 젖산이 되며, 이 젖산이 간으로 운반되어 포도당이 되는 일련의 회로를 발견자의 이름을 붙여서 코리회로라고 한다.

$\quad$ ㉠ 유기호흡: 포도당 $+ O_2 \rightarrow CO_2 + H_2O + ATP$

$\quad$ ㉡ 무기성 해당과정: 포도당 $\rightarrow$ 젖산 $+ ATP$

(7) 산화 의존적 근육섬유와 해당과정 의존적 근육섬유

① 산화 의존적 근육섬유: 유기호흡에 주로 의존하므로 지속적으로 공급되는 에너지를 사용하는 근육섬유(지근, slow fiber)로 많은 미토콘드리아를 가지고 있으며 황적색의 색소를 갖는 미오글로빈이 풍부하여 어두운색을 띤다(붉은색 근육).

$\quad$ 예 먼 거리를 이동하는 조류의 가슴살

② 해당과정 의존적 근육섬유: ATP생성을 위해 무기성 해당과정에 의존하는 근육섬유(속근, fast fiber)로 지름이 굵고 미오글로빈이 적어 쉽게 피로해지며 밝은 색을 띤다(흰색 근육).

$\quad$ 예 단시간에 빠른 속도로 날아다니는 조류의 가슴살

(8) 골격근의 운동단위와 힘의 조절

① 운동 단위: 하나의 운동뉴런과 여기에 시냅스를 형성하는 모든 근육섬유를 운동 단위라 하며 하나의 운동 단위에서 근육섬유들의 숫자는 다양하다. 운동뉴런이 활동전위를 발생하면 운동 단위에 있는 모든 근육섬유들은 동시에 수축한다.

② 연축과 강축

$\quad$ ㉠ 연축(twitch): 1회의 활동전위에 의해 일어나는 근육의 빠른 수축 운동을 말한다. 근육에 단일자극을 가하면 활동전위가 발생하여 근육의 급속한 수축이 일어나고 이어서 이완현상이 생기는데, 이것을 연축이라고 한다.

$\quad$ ㉡ 강축(rigidity): 하나의 활동전위는 연축을 유발하고 다음의 활동전위가 근육섬유의 이완이 완전히 일어나지 않은 상태에서 도달되어 근섬유가 이완될 틈이 없어지면 연축이 합쳐져서 연속적인 수축이 일어나는데 이와 같은 지속적인 수축을 강축이라 한다.

2 다른 유형의 근육

(1) 심장근(cardiac muscle)

① 골격근섬유는 운동신경세포의 자극이 없으면 활동전위를 만들지 못하지만 심장근에서는 스스로 활동전위를 만든다.

❖ 포스파젠(phosphagen)
근육과 같이 필요에 따라 급속한 ATP의 공급을 필요로 하는 생체조직에 존재하는 크레아틴인산이나 연체동물의 근육에 존재하는 아르지닌인산 등을 말한다.

Tip

골격근에 관한 질병
• **루게릭병**(근위축성 측삭 경화증, amyotrophic lateral sclerosis): 척수와 뇌줄기의 운동신경세포가 퇴화되어서 이들과 시냅스를 맺고 있는 근육들이 운동신경의 자극을 받지 못하므로 근육이 쇠약해지고, 자발적인 움직임을 조절하는 능력을 상실하게 된다.
• **중증근무력증**(myasthenia gravis): 골격근에 존재하는 아세틸콜린 수용체에 대한 비정상적인 자기항체가 형성되어 신경으로부터의 신호가 근육으로 전달되지 못하기 때문에 나타나는 항체매개 자가 면역질환이다.

② 심장근세포들의 세포막은 개재판(사이원반, intercalated disc)이라는 특수화된 부위로 단단히 연결되어 있으며 이곳에서 간극연접을 통한 전기적 시냅스에 의해서 활동전위가 직접 전달되므로 빠르게 전달된다.

❖ 심장근의 활동전위는 골격근 활동전위보다 오랫동안 지속되지만 긴 불응기로 인해서 연축의 합이나 강축은 일어나지 않는다.

(2) 평활근(smooth muscle)

① 혈관이나 소화관과 같은 내장기관에서 발견되며 가로무늬가 전혀 발견되지 않는다.

② 골격근보다 마이오신의 함량이 낮으며 액틴필라멘트와 연합되어있지 않고 산발적으로 배열되어 있다.

③ 평활근에서 액틴은 골격근에서와 같이 트로포마이오신과 연결되어 있으나, 트로포닌복합체나 T소관(T tubules)을 가지고 있지 않으며 근소포체(sarcoplasmic reticulum)도 잘 발달되어있지 않다.

④ 활동전위가 발생하면 세포막을 통해서 세포 밖에서 세포 안으로 Ca^{2+}의 유입이 일어난다.

⑤ Ca^{2+}은 칼모듈린이라는 칼슘결합단백질과 결합해서 마이오신 머리를 인산화 시켜서 액틴과 마이오신의 가교를 형성해서 수축을 유발한다.

❖ 많은 수의 단백질들은 칼슘을 스스로 붙일 수 없기 때문에, 칼슘감지 단백질인 칼모듈린(calmodulin)을 칼슘의 수용체와 신호로 변환시키는 것으로 사용한다. 칼모듈린이 칼슘과 결합하면 그 구조가 변하여 세포 내 다양한 단백질과 결합한다(칼모듈린은 칼슘이온 농도를 조절하지는 않는다).

Check Point

세 가지 유형의 근육 비교

	골격근	평활근	심장근
근육의 무늬	가로무늬근	민무늬근(방추형)	가로무늬근
운동방법	수의적(빠른 수축)	불수의적(완만한 수축)	불수의적(빠른 수축)
근절의 유무	근절이 있다	근절이 없고 산발적	근절이 있다
핵의 수	다핵	단핵	단핵
조직의 모양	크고 원통형	작고 방추형	짧고 가지 친 모양
T소관	있다	없다	있다
근소포체	있다	적거나 거의 없다	있다
액틴, 마이오신	있다	있다	있다
트로포닌	있다	없다	있다
트로포마이오신	있다	있다	있다
Ca^{2+} 결합부위	트로포닌	칼모듈린	트로포닌

3 골격계

(1) 골격과 근육의 상호작용

근육의 수축을 움직임으로 전환하기 위해서는 근육이 부착할 수 있는 단단한 지지구조인 골격이 있어야 한다. 근육은 수축할 때만 힘을 낼 수 있기 때문에 몸의 일부를 서로 반대인 두 방향으로 움직이기 위해서는 두 근육이 동일한 골격에 부착되어 있어야 한다. 따라서 근육은 서로 길항운동을 할 수 있도록 하기 위해서 쌍으로 배열되어 있다.

① 이두박근이 수축하고 삼두박근이 이완하여 팔을 들어올린다.

② 이두박근이 이완하고 삼두박근이 수축하여 팔을 내린다.

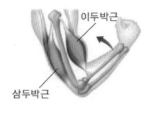

이두박근

삼두박근

(2) 골격의 종류

① **유체골격**(hydrostatic skeleton): 근육에 의해 둘러싸인 빈 공간에 일정한 압력을 가진 유체가 형태를 바꾸면서 몸의 형태나 움직임을 조절한다. 이러한 종류의 골격은 히드라, 지렁이에서 주로 발견된다.

② **외골격**(exoskeleton): 근육이 부착된 단단한 바깥쪽 표면을 형성한다. 조개류들은 탄산칼슘으로 만들어지며 이러한 외골격 내부에 부착되어 있는 근육을 움직임으로써 외골격 껍질을 열고 닫는다. 절지동물의 외골격은 각피(큐티클, cuticle)로 되어있으며 각피의 약 30~50%는 다당류인 키틴질이 포함되어 있다.

③ **내골격**(endoskeleton): 체내의 내부 지지대로 근육이 내골격에 부착되어 잡아당긴다. 척추동물은 연골과 경골로 구성된 내골격을 갖는다.

  ㉠ **조골세포**(＝뼈모세포, osteoblast): 혈액에서 칼슘을 흡수하여 새로운 뼈에 침착시켜 골성분을 만드는 세포

  ㉡ **파골세포**(＝용골세포, osteoclast): 뼈가 성장하는 과정에서 불필요하게 된 뼈를 파괴하고 칼슘을 방출하는 대형의 다핵세포

(3) 관절의 종류

① **절구관절**: 팔이음뼈(빗장뼈, 어깨뼈)와 위팔뼈가 만나는 곳, 그리고 다리이음뼈와 넙다리뼈가 만나는 곳에 형성되는 관절로 팔 다리를 여러 방향으로 움직일 수 있게 한다.

② **경첩관절**: 팔꿈치처럼 하나의 축을 따라 구부리고 펼 수 있는 관절

③ **중쇠관절**: 팔꿈치를 중심으로 아래팔을 회전할 수 있는 관절

❖ 각피(큐티클, cuticle)
  식물의 표피 세포나 동물의 상피 세포의 바깥 표면에 분비되어 굳은 각질층의 총칭이다. 큐티클층이라고도 한다.

❖ 파골세포가 뼈를 파고 들어가서 빈 공간과 터널을 만들면 조골세포가 뒤이어 들어가 새로운 뼈를 침착시킨다. 따라서 파골세포와 조골세포의 상호작용은 끊임없이 뼈를 대체하고 재구성하여 손상된 뼈를 회복시킨다.

23 신경계

1 중추 신경계(central nervous system, CNS): 뇌와 척수

(1) 뇌(brain): 대뇌, 소뇌, 간뇌, 중뇌, 뇌교, 연수

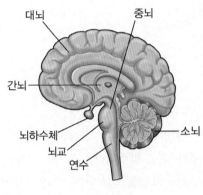

▲ 뇌의 위치

① **대뇌(cerebrum):** 좌반구와 우반구로 구분되며 뇌량(뇌들보, corpus callosum)을 통해 좌우 반구의 의사소통이 이루어진다.

㉠ 구조

겉질(cortex)	회색질: 신경세포체 분포
속질(medulla)	백색질: 신경 섬유(축삭돌기와 말이집)

㉡ 대뇌 겉질의 기능에 따른 작용

감각령 (sensory area)	시각, 청각, 후각, 미각, 피부 감각
연합령 (association area)	대뇌 겉질의 2/3를 차지하며 기억, 판단 등 정신 작용 중추
운동령 (motor area)	수의 운동을 조절

ⓒ 대뇌 겉질의 부위에 따른 작용

전두엽 (frontal lobe)	대뇌의 앞쪽에 있으며, 의식적 운동 조절과 언어 중추이다.
두정엽 (parietal lobe)	전두엽 바로 뒤에 있으며, 주로 피부 감각과 미각을 담당한다.
후두엽 (occipital lobe)	두정엽 뒤에 있으며, 시각 정보를 담당한다.
측두엽 (temporal lobe)	대뇌의 양 측면에 있으며, 주로 청각과 후각을 담당한다.

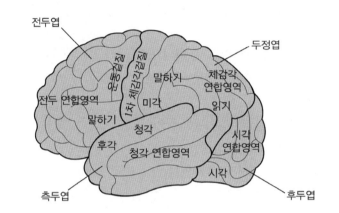

❖ 기저핵(바닥핵, basal ganglia)
대뇌 겉질의 가장 안쪽 깊숙이 위치하고 있으며 몸의 움직임과 자세를 조절하는 중추로서의 역할을 한다.

❖ 중추신경계의 신경 세포체들의 집단을 핵이라 한다(세포핵이 아니다).

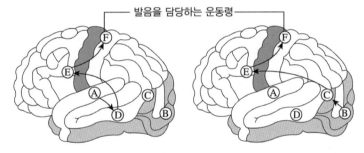

▲ 단어를 들으면서 발음할 때　　▲ 단어를 보면서 발음할 때

❖ A: 청각의 감각령
D: 청각의 연합령
E: 언어의 연합령
F: 언어의 운동령
B: 시각의 감각령
C: 시각의 연합령

② **소뇌**(cerebellum): 대뇌처럼 좌우 반구로 나누어진다.
　ⓐ 몸의 자세와 평형 유지를 담당한다.
　ⓑ 대뇌와 함께 수의 운동이 정확하고 원활하게 일어나도록 조절한다.
③ **간뇌**(사이뇌, diencephalon): 시상과 시상하부의 2부분으로 구성되며 시상하부 아래 뇌하수체가 있다.
　ⓐ **시상**(thalamus): 구심성 뉴런이 일단 모이는 곳으로 감각기관에서 들어오는 정보를 정렬하여 다음 처리를 위해서 대뇌의 적절한 중추로 전달한다.

❖ 소뇌벌레(vermis cerebelli)
소뇌의 중앙부로 좌우반구사이에 있는 중심소엽

❖ 대뇌로부터 오는 정보는 뇌교를 거쳐 소뇌로 전달된다.

ⓒ 시상하부(hypothalamus): 물질대사, 체온 조절 등과 같은 항상성 유지를 담당한다. 또한 시상하부에서는 식욕, 갈증을 조절하고 짝짓기행동에 관여하며, 싸움 또는 도망 반응(fight or flight response) 등에 중요한 역할을 한다. 또한 뇌하수체 후엽(posterior pituitary)에서 분비하는 호르몬(바소프레신과 옥시토신)을 생성하며, 뇌하수체 전엽(anterior pituitary)에 작용하여 뇌하수체 전엽 호르몬의 분비를 촉진하는 방출 호르몬(RH)과 억제호르몬(IH)을 생성한다.

④ 중뇌(중간뇌, mesencephalon): 안구 운동, 홍채 조절 등 동공 반사의 중추이며, 소뇌와 협력하여 몸의 평형 유지에 관여하며 청각과 시각반사에 대한 신호를 중계하기도 한다.

⑤ 뇌교(pons): 중뇌와 연수 사이에 앞쪽으로 돌출되어 있으며, 대뇌로부터 오는 정보를 소뇌로 전달하고 연수와 함께 호흡중추를 조절하는 등의 기능을 수행한다.

⑥ 연수(medulla oblongata): 대뇌에서 나온 신경의 교차가 일어나는 곳이다.
  ㉠ 소화, 심장박동, 호흡 등 생명현상과 직결된다.
  ㉡ 머리 부분의 반사 중추(눈물 분비, 침 분비, 재채기, 하품)이다.

(2) 척수(spinal cord)

① 구조

겉질	백색질: 신경 섬유(주로 축삭 돌기 분포)
속질	회색질: 신경세포체 분포

② 작용
  ㉠ 신경 흥분의 전달
  ㉡ 머리를 제외한 부분의 반사 중추(배뇨 반사, 무릎 반사, 땀 분비)

③ 척수의 각 마디에서 배 쪽으로는 원심성 뉴런 다발이 나와 전근을 이루고, 등 쪽으로는 구심성 뉴런 다발이 연결되어 후근을 이룬다.

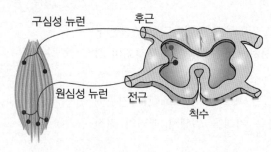

▲ 척수 반사의 경로

≫ 감각기 → 구심성 뉴런 → 척수의 후근 → 척수 → 척수의 전근 → 원심성 뉴런 → 반응기

❖ 시신경 교차 상부핵
(suprachiasmatic nucleus, SCN)
시상하부의 생물학적 시계로 눈을 통해 들어온 빛 주기에 대한 감각정보에 의해 일주기적 리듬을 나타내며 멜라토닌 수용체를 가지고 있다.

❖ 궁상핵(arcuate nucleus)
시상하부의 일부로 섭식 행동, 물질대사와 같은 신체의 에너지 항상성을 유지하는 데 중요한 역할을 한다.

❖ 뇌간(뇌줄기, brain stem)
중뇌, 뇌교, 연수를 말한다. 학자에 따라 중뇌를 포함시키기도 하고 제외하기도 한다.

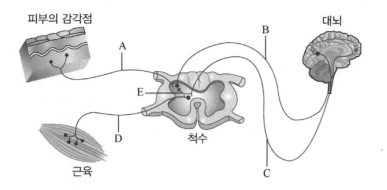

Tip

무조건 반사(autonomic reflex)
대뇌와 관계없이 일어나며 경로가
짧아서 빠르다.

• **중뇌 반사**: 동공 반사
• **연수 반사**: 눈물 분비, 침 분비,
  재채기, 하품
• **척수 반사**: 배뇨 반사, 무릎 반
  사, 땀 분비, 앗 뜨거

기
본
편

Ⅴ

≫ ① 의식적인 반응경로: 대뇌의 조절을 받아 일어난다(A → B → C → D).
   ② 무의식적인 반응경로: 대뇌와 관계없이 일어난다(A → E → D).

예제 | 1

[대뇌와 척수 반응의 경로]

어떤 사람이 교통사고를 당하여 오른쪽 다리의 운동 기능은 정상이지만 감각기능은 마비
되었다. 척수와 대뇌를 검사하려고 하는데 어떤 부위를 검사해야 하는지 모두 고르면?

ㄱ. 척수 오른쪽 전근	ㄴ. 척수 오른쪽 후근
ㄷ. 척수 왼쪽 전근	ㄹ. 척수 왼쪽 후근
ㅁ. 오른쪽 대뇌 감각령	ㅂ. 왼쪽 대뇌 감각령

① ㄱ, ㅁ   ② ㄱ, ㅂ
③ ㄴ, ㅁ   ④ ㄴ, ㅂ
⑤ ㄷ, ㅁ

| 정답 | ④

오른쪽 다리의 감각기능이 마비되었으므로 뇌를 검사할 때는 교차가 일어나므로 반대쪽을 검
사해야 하고 척수는 교차가 없으므로 같은 쪽을 검사해야 한다.

---

2 중추 신경계의 해부학적 구조와 기능

(1) 배아의 신경관

  ① 전뇌 → 대뇌, 간뇌
  ② 중뇌 → 중뇌
  ③ 후뇌 → 소뇌, 뇌교, 연수

(2) 뇌척수액과 혈뇌장벽(뇌혈관장벽)

  ① 뇌머리뼈 아래에 있는 뇌를 감싸는 얇은 껍질인 뇌막은 바깥부터 경
    질막, 거미막, 연질막 세 겹으로 이루어져 있다. 뇌실벽의 맥락총(혈
    맥이 모인 무리)에 의해 공급되는 뇌척수액은 거미막밑공간(거미막과

연질막 사이)로 흘러 들어와서 뇌 전체와 척수의 중심관을 둘러싸고 있다. 뇌척수액은 마치 자궁 안의 양수가 태아를 보호하는 것처럼, 외부의 충격이 뇌로 직접 전달되지 않게 하는 완충 작용을 한다.

② 뇌의 최종 보호막은 혈액으로 운반될 수 있는 병원체와 여러 가지 유해한 물질로부터 보호 기능을 위해서 뇌로 들어가는 모세혈관 벽의 내피세포들이 밀착연접으로 단단하게 결합하고 있어서 뇌척수액과 혈액을 분리시켜 유해물질이 뇌로 들어가지 못하도록 차단하는 혈뇌장벽(blood-brain barrier)을 생성하고 있다.

(3) 각성과 수면

① 각성: 뇌간 전체에 퍼져있는 서로 연결된 뉴런으로 정보를 받아들이고 통합하여 각성시키거나 걸러내는 신경망인 망상체에 의해서 부분적으로 조절된다.(익숙하고 반복적인 정보는 차단)

② 수면은 non-REM과 REM의 두 단계로 나타난다. non-REM수면은 보통 수면으로 물질대사율이 감소하고 호흡이 느려지며 혈압이 떨어진다. 일정시간마다 REM수면단계에 들어간다.

③ REM수면: 급속안구운동수면(rapid eye movement), 빠른 눈 운동 수면으로 뇌파가 빠르고 심장박동수나 호흡과 같은 자율신경성 활동이 불규칙적인 수면의 시기이며 이런 형의 수면은 꿈, 가벼운 불수의적 근육경련을 수반한다. 일반적으로, 밤마다 80~120분 간격으로 3~4회 일어나며, 각각 5분 내지 1시간이상 지속된다. 성인에서는 수면의 약 20%는 REM수면이다.

(4) 변연계(둘레 계통, limbic system): 뇌줄기 주변의 고리상 구조물로 편도체, 해마, 후각 망울과 함께 시상과 시상하부의 일부, 대뇌피질엽의 일부 내부 지역을 포함하는 구조물이다.

① 편도체(amygdala): 공포에 대한 감정과 기억을 관장한다.

② 해마(hippocampus, 둘레 계통의 한가운데로 대뇌 겉질 밑에 존재): 뇌의 다른 부위로 신호를 전달하는 중요한 원심성 신경섬유 역할을 한다. 학습과 단기기억의 장기기억으로의 전이에 관여하며 감정 행동 및 일부 운동을 조절한다. 해마는 새로운 장기기억을 획득하는 데 필수적이지만 장기기억을 유지하는 부위는 아니다. 해마에 손상을 입은 환자들은 새로운 장기기억을 형성하지는 못하지만 손상 전에 있었던 일들은 자유롭게 기억할 수 있다.(해마가 장기기억을 유지하는 부위라면 손상 전에 있었던 일들도 기억할 수 없을 것이다.)

③ 후각 망울(olfactory bulb): 후각 정보처리에 중요한 역할을 한다.

❖ 뇌실(cerebral ventricle)
뇌의 내부에 위치하며 대뇌, 소뇌, 뇌간 등의 구조물로 둘러싸여 있으며 뇌척수액 으로 채워져 있다. 뇌의 분화에 따라 대뇌반구 쪽의 측뇌실(오른쪽을 제1뇌실, 왼쪽을 제2뇌실이라고 한다), 간뇌 쪽의 제3뇌실, 중뇌 쪽의 제4뇌실로 구분하며 제4뇌실 아래쪽은 척수의 좁은 중심관으로 연결된다. 이 4개의 각 뇌실에는 맥락총이 있어 뇌척수액을 생산하고 있다.

❖ 망상체
연수의 하위에서 중뇌의 상위까지 뇌간의 중심부를 차지하는 그물처럼 생긴 신경망으로 수면과 각성상태를 조절하는 데 중요한 역할을 한다.

❖ 단기기억
단기기억은 거의 사진을 보는 것과 같지만 몇 초~몇 분까지 기억할 수 있다(홈쇼핑 광고를 본 후 전화번호를 기억하고 전화걸 때까지는 기억한다)

❖ 단기기억과 장기기억은 모두 대뇌 겉질에 저장된다.

❖ 서술기억과 절차기억
기억이 일어났던 시간과 장소를 회상하거나 일반적인 지식을 묘사할 수 있는 기억은 서술기억이고, 자전거를 타는 것과 같이 의식적 이해와 상관없이 훈련된 행동들을 기억하는 것은 절차기억이다.

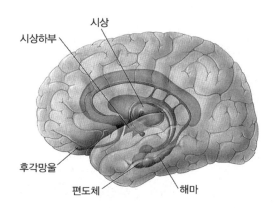

시상하부 · 시상 · 후각망울 · 편도체 · 해마

기 본 편

V

(5) 장기 상승 작용(장기 강화 작용: long - term potentiation, LTP)

반복적인 자극이 짧은 순간 주어지게 되면 활성화된 경로에 있는 시냅스 연결의 강도가 오랫동안 증가하는 현상을 말하며 단기기억이 장기기억으로 공고화되기에 충분할 정도로 지속되는 것으로 보인다.

장기 상승 작용에 관여하는 글루탐산 수용체에는 NMDA수용체(N-메틸 -D-아스파라진)와 AMPA(α-아미노-3-하이드록시-5-메틸이속자졸-4 -프로피온산)수용체라는 두 가지 종류의 수용체가 있다.

① 시냅스 소포에서 분비된 신경전달물질인 글루탐산이 NMDA수용체가 있는 채널과 AMPA수용체가 있는 채널에 결합하면 NMDA채널은 열 리지만 Mg^{2+}에 의해 막혀 있어서 이온들이 통과하지 못하고 AMPA 채널을 통해 Na^+이 유입되어 탈분극이 일어난다.

② 탈분극이 일어나면 NMDA채널을 막고 있던 Mg^{2+}이 떨어져 나간다.

③ Mg^{2+}이 떨어져 나가면 NMDA채널을 통해 Ca^{2+}이 세포질로 유입 된다.

④ 유입된 Ca^{2+}은 2차 전달경로를 활성화시킨다.

⑤ 또한 Ca^{2+}은 주변 분비물질을 방출하도록 하여 시냅스전 축삭의 시 냅스 소포에서 글루탐산분비를 증가시키도록 유도한다.

(6) 언어의 이해와 말하기

① 브로카 영역(Broca's area): 프랑스의 외과 의사 폴 브로카가 발견했으 며, 좌반구의 하측 전두엽의 일부 영역으로 주로 언어의 구사 능력과 관련 있으며, 손상되었을 때 증상은 말을 유창하게 하지 못함에도 불 구하고 언어 이해가 정상적인 것이다.

② 베르니케 영역(Wernicke's area): 독일의 신경정신과의사인 카를 베르 니케가 발견했으며, 뇌의 좌반구의 측두엽에 위치하는 특정부위로 언 어정보의 해석을 담당하며, 손상되었을 때 증상은 말은 유창하게 하 지만 말을 이해하는 데는 심각한 손상을 보이는 것이다.

Tip

기능적 영상 기법

• **컴퓨터 단층촬영(CT)**은 X선을 이 용하여 신체의 횡단면을 연속적 으로 촬영하여 영상화 한 것이다. X선보다 신체구조물이 겹치는 것 이 적어서 X선보다 명확히 볼 수 있다.

• **자기공명 영상법(MRI)**은 자기장 을 발생하는 커다란 자석 통 속 에 인체를 들어가게 한 후 고주 파를 발생시켜 신체부위에 있는 수소원자핵을 공명시켜 각 조직 에서 나오는 신호의 차이를 측정 하여 컴퓨터를 통해 재구성하여 영상화하는 것이다. 단면을 촬영 하는 것은 CT와 공통점이지만 횡 단면뿐 아니라 세로축이나 사선 방향을 모두 얻을 수 있어서 CT 에 비해 조직의 표현도가 높다.

• **양전자 단층 촬영법(PET)**은 양전 자를 방출하는 방사성 의약품을 이용하여 신체 특정부위에서 진 행되는 대사과정(물질대사)에 대 한 정보를 얻는 데 사용한다. 정 신분열증, 알츠하이머병 등 뇌의 대사활동을 측정하는 데 가장 유 용한 방법이다.

(7) 대뇌 좌우 기능 분화

대뇌의 각 기능이 좌, 우 어느 한 쪽에 더 많이 치우치는 것을 말하며 언어, 수리, 논리적 추론은 뇌의 좌반구에 많이 분포하고, 비언어, 예술능력, 공간은 뇌의 우반구에 많이 분포한다.(브로카 영역과 베르니케 영역은 모두 좌반구 피질에 위치하고 있다)

(8) 신경세포의 가소성

신경계가 자체활성에 반응하여 구조적으로 재조정될 수 있어서 중추신경계의 기본구조는 태어난 후에도 지속적으로 변화될 수 있다. 이와 같은 능력을 신경세포의 가소성이라 한다. 이러한 현상은 결과적으로 시냅스의 증가와 감소를 초래하여 신경세포 간의 신호전달이 강화되거나 약화된다.

❖ 외부적 요인으로 인한 영구적인 변형을 가소성(소성)이라 하고, 원래의 형태로 다시 돌아오는 것을 탄력성(탄성)이라 한다.

3 말초 신경계(peripheral nervous system, PNS)

해부학적 구성에 따른 구분	뇌 신경	뇌에 연결된 12쌍의 신경	
	척수 신경	척수에 연결된 31쌍의 신경	
기능에 따른 구분	구심성 신경	감각 신경	체성 신경계
	원심성 신경	운동 신경	
		교감 신경	자율 신경계
		부교감 신경	

(1) 체성 신경계(somatic nerve system)

감각기관에서 수용된 자극을 중추로 보내는 감각신경과 중추의 명령을 골격근으로 전달하는 운동신경으로 구성되어 있으며, 감각기관과 중추 또는 중추와 골격근 사이에는 신경절이 없고 하나의 뉴런으로 연결되어 있다.

❖ 운동신경계는 의식적인 조절이 가능하기 때문에 수의적이기도 하지만, 척수에 의해서 조절되는 무릎반사와 같이 불수의적으로 조절되기도 한다.

(2) 자율 신경계(autonomic nerve system)

대뇌의 직접적인 영향을 받지 않고 자율적으로 불수의적 조절 작용을 하는 신경계이며, 중추와 반응기 사이에 신경절이 있고 절전 뉴런과 절후 뉴런인 두 개의 뉴런이 연결된 원심성 뉴런이다.

① 교감 신경(sympathetic nerve)
  ㉠ 척수의 가운데 부분에서 뻗어져 나온다.
  ㉡ 절전 뉴런(시냅스 전 뉴런)이 짧고 절후 뉴런(시냅스 후 뉴런)이 길다.

❖ 말초신경계의 신경 세포체들의 집단을 신경절(ganglion)이라 하고 중추신경계에서는 신경핵 또는 핵이라 한다.

ⓒ 절전 뉴런 말단에서는 아세틸콜린, 절후 뉴런 말단에서는 아드
레날린(에피네프린)이 분비된다.

ⓔ 교감 신경은 각성과 에너지 생성(싸움-도망반응)을 유발한다.

② **부교감 신경(parasympathetic nerve)**

ⓐ 뇌와 척수의 꼬리 부분에서 뻗어져 나온다.

ⓑ 절전 뉴런이 길고 절후 뉴런이 짧다.

ⓒ 절전 뉴런과 절후 뉴런 말단에서 모두 아세틸콜린이 분비된다.

ⓔ 부교감 신경은 정적이며 에너지 생성을 억제하는 방향(휴식과 소
화)으로 신체반응이 진행된다.

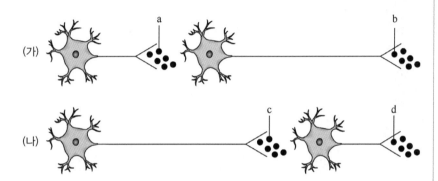

≫ (가)는 절전 뉴런이 짧고 절후 뉴런이 긴 교감 신경이다. 따라서 절전 뉴런 말단 a에서는
아세틸콜린, 절후 뉴런 말단 b에서는 아드레날린(에피네프린)이 분비된다. 실제로는 절후
뉴런 말단 b에서 아드레날린(에피네프린)과 노르아드레날린(노르에피네프린)이 모두 분비
되며 작용은 같다.
(나)는 절전 뉴런이 길고 절후 뉴런이 짧으므로 부교감 신경이다. 따라서 절전 뉴런 c와 절
후 뉴런 말단 d에서 모두 아세틸콜린이 분비된다.

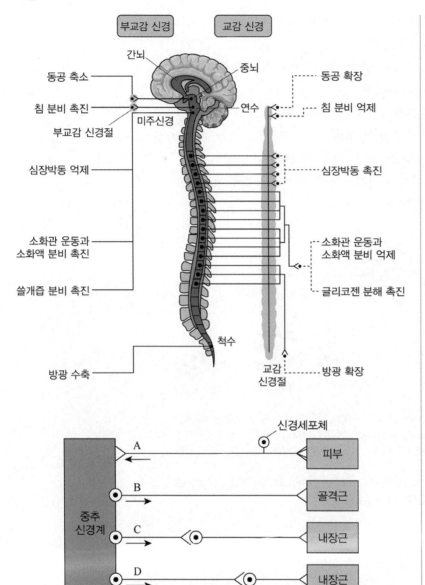

❖ 자율 신경의 분포와 기능
   교감 신경은 척수의 가운데 부분에서 뻗어 나오며, 부교감 신경은 뇌와 척수의 꼬리 부분에서 뻗어 나와 서로 길항 작용하여 항상성을 유지한다.

❖ 미주신경(vagus nerve)
   12종류의 뇌신경 중에서 10번 뇌신경으로 내장으로 가는 수많은 분지를 가지고 있다.

≫ A와 B는 하나의 뉴런으로 된 체성 신경계로 A는 감각 뉴런이고 B는 운동 뉴런이다. C와 D는 내장근(평활근)에 연결되어 있으며 두 개의 뉴런으로 된 자율 신경계인 원심성 뉴런으로 C는 교감 신경이고 D는 부교감 신경이다.

〈자율 신경의 작용〉

구분	교감 신경	부교감 신경
동공	확대	축소
침 분비	억제	촉진
호흡	촉진	억제
혈압	상승	하강
심장의 박동	촉진	억제
소화	억제	촉진
방광	확장	수축
발기, 질	사정촉진, 질의 수축	발기촉진
간의 대사	글리코젠 → 포도당	포도당 → 글리코젠
혈당량	혈당량 증가	혈당량 감소

≫ **길항 작용**: 서로 반대로 작용하여 내장기관의 작용을 조절하는 것)

실험 개구리의 심장을 떼어내어 생리식염수에 넣고 다음과 같이 처리했을 때 심장박동의 변화

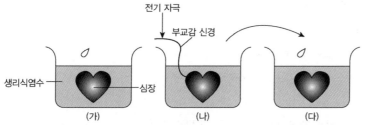

실험 조건	심장박동
(가)의 심장에 생리식염수를 떨어뜨렸다.	변함이 없었다.
(나)의 심장에 연결된 부교감 신경에 전기 자극을 주었다.	느려졌다.
전기 자극 후 (나) 수조의 식염수 일부를 (다)의 심장에 떨어뜨렸다.	느려졌다.

결과 (가)의 결과 생리식염수는 심장박동에 영향을 주지 않았다는 것을 알 수 있고, (다)의 결과 (나) 수조의 식염수 일부를 (다)의 심장에 떨어뜨렸을 때 심장박동이 느려진 것으로 보아 부교감 신경에서 분비된 아세틸콜린이 생리식염수에 녹아 들어가 (다)의 심장박동을 느리게 했다는 것을 알 수 있다.

❖ 자율신경계를 교감신경계, 부교감신경계, 장신경계로 구분하기도 한다.(장신경계의 신경세포망은 소화관, 이자, 쓸개에 분포하여 활성을 띤다)

❖ 배뇨와 배변활동
• 배뇨 시, 부교감신경은 방광을 수축시키고, 요도괄약근은 이완시킨다.
• 배변 시, 부교감신경은 직장을 수축시키고, 내항문괄약근은 이완시킨다. (즉, 직장에서 변을 밀어주고 괄약근은 열리면서 변이 밖으로 나간다.)

❖ 생식적 활동
생식적 활동의 경우 부교감 신경이 교감신경에 대해 길항적으로 작용을 하면서 원활한 기능을 위해 보조적인 역할도 한다.

Tip

약물이 인체에 미치는 효과
• **각성제**: 중추 신경계를 자극하여 교감 신경계를 흥분시키는 약물이다. 우울증을 치료하기 위한 약으로 사용되기도 하지만 습관성이 있기 때문에 일부에서는 마약의 주성분으로 악용되기도 한다. 예 코카인, 암페타민(필로폰), 카페인
• **진정제**: 각성제와는 반대로 중추 신경계가 흥분한 상태를 진정시켜 수면을 유도하고 긴장을 완화시키는 효과를 나타내는 약물로 마취제, 최면제, 진통제, 항불안제 등을 포함한다. 예 알코올, 아편, 모르핀

4 신경아교세포(Neuroglia Cell)

신경조직은 신경세포와 신경아교세포로 구성되어 있다. 신경세포는 신경조직의 본질적인 기능을 담당하고 신경아교세포는 직접적으로 흥분전도는 하지 않고 신경계의 조직을 지지하는 세포로 혈관과 신경세포 사이에 위치하여 신경세포의 지지, 영양물질의 공급, 노폐물의 제거, 식세포 작용 등을 담당하므로 병원균이나 독성물질이 신경세포에 잘 침입하지 못하게 되는 것이다. 신경아교세포의 종류로는 방사상 신경 아교 세포, 성상 아교 세포(별 아교 세포), 희소돌기 아교 세포, 슈반 세포, 미세 아교 세포, 뇌실막 세포, 신경절 위성 세포 등이 있다.

(1) 방사상 신경 아교 세포(radial glial cell)

뇌실 근처에서 뇌 표면을 향하여 신경세포가 정확하고 규칙적으로 이동할 수 있는 경로를 제공하는 세포로, 신경세포의 이동시기가 지나면 성상 아교 세포로 변모하는 것으로 알려졌다.

(2) 성상 아교 세포(별 아교 세포, astrocyte)

별 모양의 성상 아교 세포는 모세혈관으로부터 뉴런에 영양소를 제공하며, 이온 및 신경전달물질 등을 흡수하여 세포 외액의 농도를 조절하고 혈뇌 장벽을 형성하여 대부분의 화학 물질이 뇌로 들어갈 수 없게 차단하여 뇌를 보호하는 세포이다.

주로 회색질에 들어 있는 원형질성 성상 아교 세포와 주로 백색질에 들어 있는 섬유성 성상교세포가 있다.

(3) 희소돌기 아교 세포(oligodendrocyte)

희소돌기 아교 세포는 중추신경에서 축삭을 둘둘 말아서 말이집(myelin sheath)을 형성하고 있다.

(4) 슈반 세포(Schwann's cells)

슈반세포는 말초 신경에서 축삭을 둘둘 말아서 말이집을 형성하고 있다.

(5) 미세 아교 세포(소교세포, microglia)

뇌에서 면역기능을 담당하는 신경교세포의 일종으로 조직 안에서 변성된 뉴런과 이물질 등을 잡아먹는 식세포 작용을 하며 물질의 운반, 파괴, 제거를 담당한다.

❖ 방사상 신경 아교 세포와 성상 아교 세포는 배아시기의 신경계 발달에 필수적인 역할을 수행하며, 줄기세포로 작용하여 한없이 분열할 수 있는 미분화상태로 존재하기도 하고 또한 특화된 세포로 분화되기도 한다

(6) 뇌실막 세포(상의세포, ependymal cell)

뇌실계의 내면을 뒤덮는 세포를 말하며 그 전체를 상의라고 한다. 뇌실막세포 저면에 맥락총(혈맥이 모인 무리)이 형성되고 뇌실강 내의 뇌척수액의 분비에 관여하며, 뇌실막 세포는 뉴런이나 아교세포로 분화할 수 있는 신경 줄기세포의 역할을 한다.

(7) 신경절 위성 세포(외투세포, capsule cell)

뇌, 척수의 신경핵 또는 자율신경절의 신경세포체를 둘러싸는 세포로 신경세포의 지지, 영양보급, 물질대사에 관여한다.

예제 | 2

다음 중 신경아교세포(neuroglia)에 대한 설명으로 가장 옳은 것은?   (서울)

① 별아교세포(astrocyte) – 신경재생에 관여
② 위성세포(satellite cell) – 신경절의 신경섬유를 둘러싸고 있는 피막을 형성
③ 미세아교세포(microglia) – 포식작용과 물질의 운반, 이 물질의 파괴와 제거 등의 역할
④ 희소돌기아교세포(oligodendrocyte) – 말초신경계내의 축삭을 동심원상으로 둘러 감아 수초를 형성
⑤ 뇌실막세포(ependymal cell) – 모세혈관 벽과 접촉함으로써 신경세포와 혈관 사이의 물질운반에 관여

|정답| ③
① 뇌실막세포, ② 신경절위성세포, ④ 슈반세포, ⑤ 별아교세포에 대한 설명이다.

생각해 보자!

베르니케 영역에 손상을 입은 환자는 어떤 어려움을 가질 것으로 생각되는가?

① 얼굴의 인식   ② 장기기억의 획득
③ 말하는 것   ④ 언어의 이해

|정답| ④

Tip

위성세포(satellite cell)
근위성세포(myosatellite cell)라고도 한다. 골격근 외측의 근육섬유와 기저막 사이에 낀 방추형의 단핵세포로서 근육이 손상되었을 때 미분화세포인 위성세포는 분열하여 근육의 재생을 가능하게 한다.

기
본
편
Ⅴ

24 호르몬

1 외분비샘과 내분비샘

(1) 외분비샘(exocrine gland)

일정한 분비관을 통해 물질이 조직 밖으로 나간다.

예 땀샘, 침샘, 소화샘(이자, 위샘), 젖샘 등

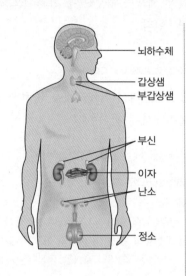

(2) 내분비샘(endocrine gland)

분비관이 없어서 호르몬이 혈관으로 분비되어 혈액을 따라 표적기관으로 이동한다.

예 뇌하수체, 갑상샘, 부신, 이자 등

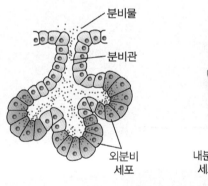 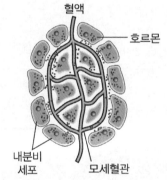

▲ 외분비샘과 내분비샘

2 내분비샘과 호르몬

(1) 뇌하수체(pituitary)

① 전엽(anterior)

㉠ 성장 호르몬(growth hormone, GH, somatotropin): 뼈와 연골 조직의 성장 촉진, 물질대사 조절

㉡ 갑상샘 자극 호르몬(thyroid stimulating hormone, TSH): 갑상샘 호르몬의 분비 촉진

ⓒ 부신 겉질 자극 호르몬(adrenocorticotropic hormone, ACTH): 부신 겉질 호르몬의 분비 촉진

ⓔ 생식샘 자극 호르몬

여포 자극 호르몬(난포 자극 호르몬) (follicle stimulating hormone, FSH)	여포 호르몬의 분비 촉진
황체 형성 호르몬 (luteinizing hormone, LH)	황체 형성 촉진, 배란 촉진

ⓜ 프로락틴(prolactin, PRL): 젖 생성 촉진

② 중엽(intermediate): 색소 세포 자극 호르몬(melanocyte stimulating hormone, MSH)

ⓖ 피부 색깔을 어둡게 하는 것을 촉진

ⓛ 사람은 거의 퇴화되어 전엽과 후엽사이에 단지 한 개의 세포층 만 있어서 전엽에 포함시키기도 함

Check Point

자극 호르몬과 비자극 호르몬

① 자극 호르몬(다른 내분비샘의 호르몬 분비를 조절)
갑상샘 자극 호르몬(TSH), 부신 겉질 자극 호르몬(ACTH), 여포 자극 호르몬 (FSH), 황체 형성 호르몬(LH)

② 비자극 호르몬의 종류
프로락틴(PRL), 색소 세포 자극 호르몬(MSH)

③ 자극 호르몬과 비자극 호르몬으로 작용
생장 호르몬(GH)은 표적세포인 간에 결합하여 간에서 인슐린 유사 성장인자(뼈와 연골을 자극하여 생장과정을 직접적으로 자극하는 호르몬 IGF, insulin·like growth factor)를 분비하여 성장을 촉진하도록 하는 자극 호르몬으로서의 활성을 보여주며, 뼈와 연골의 성장을 자극하는 소마토메딘(somatomedin)을 생산하도록 간을 자극한다. 또한 생장 호르몬(GH)은 비자극 호르몬으로서의 작용도 하는데 다양한 조직에 작용하여 물질대사 과정을 조절하고 성장을 촉진한다.

③ 후엽(posterior): 시상하부의 연장으로 시상하부에 위치한 특정 신경분 비세포의 축삭돌기가 뇌하수체 후엽까지 연장되어 있어서 시상하부 에서 만들어진 신경호르몬이 축삭돌기를 따라 뇌하수체 후엽에 도달 한 후 필요할 때 분비되기 위해 저장된다.

ⓖ 바소프레신(vasopressin, 항이뇨 호르몬, antidiuretic hormone, ADH): 콩팥의 원위세뇨관과 집합관에서 수분의 재흡수를 촉진시켜 오 줌의 양 감소시키며, 고농도의 ADH는 혈관을 수축시켜 혈압을 상승시킨다.

ⓛ 옥시토신(자궁 수축 호르몬, oxytocin): 태반을 자극하여 프로스타 글란딘을 만들게 하며 프로스타글란딘과 함께 자궁을 수축시켜 분만을 쉽게 하고, 젖샘을 수축시켜 젖 분비를 촉진한다.

❖ • 여포: 난자가 될 생식세포를 가지고 있는 주머니 모양의 세포 집합체
• 황체: 배란이 일어나서 난자가 빠져나가고 남아있는 여포 조직이 노랗게 변한 것
• 배란: 여포가 파열되고 난자가 난소 밖으로 배출되는 현상

Tip

프로락틴
• 포유류에서는 젖샘을 자극하여 젖을 생성하도록 하고 수유 중 고농도는 배란을 억제하며, 수컷 의 경우는 새끼를 보호하고 키우 도록 자극한다.
• 조류에서는 둥지 짓기와 알 품기 행동을 유발하고 소낭유를 형성 하여 새끼가 입으로 받아먹도록 한다(소낭유: 목부위에 있는 상 부소화관의 소낭상피샘에서 분 비되는 것으로 헤모글로빈을 함 유해서 붉은색을 띠며 암수 모두 분비된다).
• 양서류에서는 번식기에 물 쪽으 로 이동하도록 하고 변태를 조절 한다.
• 연어와 같이 민물과 바닷물사이 를 오가는 물고기의 염류와 물의 균형을 조절한다.

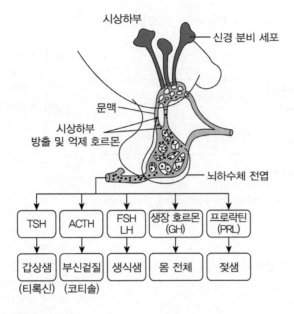

Tip

• **방출 호르몬**(releasing hormone, RH): 시상하부에서 분비되어 뇌하수체 전엽 호르몬의 분비를 촉진하는 방출 호르몬으로 GHRH (GH 방출호르몬), TRH(TSH 방출호르몬), CRH(ACTH 방출호르몬), GnRH(gonadotrophin releasing hormone, 생식샘자극호르몬 방출 작용을 하는 호르몬의 총칭), 프로락틴방출호르몬 등이 있다.

• **억제 호르몬**(inhibiting hormone, IH): 시상하부에서 분비되어 뇌하수체 전엽 호르몬의 분비를 억제하는 방출억제 호르몬으로 GHIH과 소마토스타틴(GH 방출억제호르몬), 도파민(PIH, 프로락틴방출억제호르몬) 등이 있다.

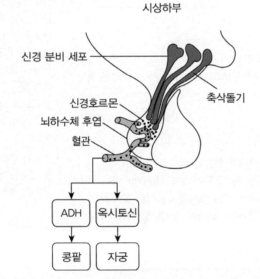

≫ 뇌하수체 전엽은 내분비 세포가 있어서 호르몬을 합성하지만 합성된 호르몬의 분비는 시상하부의 신경호르몬에 의해서 조절된다. 시상하부에서 합성된 방출호르몬과 억제호르몬은 시상하부의 모세혈관에서 문맥이라고 하는 짧은 혈관을 통해 뇌하수체 전엽에 있는 2차 모세혈관으로 들어가서 뇌하수체 전엽 호르몬의 분비를 조절한다.
뇌하수체 후엽은 내분비 세포가 없으므로 호르몬을 합성하지 못하고, 시상하부에서 합성한 신경호르몬이 축삭을 따라 축삭말단에 저장되었다가 시상하부의 신경충격(신경의 자극)에 의해 분비된다.

(2) 갑상샘(thyroid)

① 아이오딘과 타이로신을 결합시켜 두 종류의 갑상샘 호르몬을 만든다. 4개의 아이오딘 원자를 가지고 있는 티록신(T_4인 thyroxine)과 3개의 아이오딘 원자를 가지고 있는 3아이오도티로닌(T_3인 triiodothyronine)

으로 분비된다. 대부분의 T_4는 표적세포에서 효소에 의해 한 개의 아이오딘이 떨어져 나가서 T_3로 바뀌어 성장, 발달, 산소소비와 같은 물질대사(세포 호흡)촉진과 체온 유지 등의 중요한 기능을 수행하며 양서류에서는 올챙이의 변태 촉진 등을 한다.

> • 바제도병(Basedow's disease, 그레이브스병, Graves disease): 갑상샘기능 항진증으로 티록신 과다에 의한 안구 돌출, 체중 감소
> • 크레틴병(cretinism): 갑상샘기능 저하증으로 티록신 결핍에 의한 작은 키, 정신 발달 지연
> • 갑상샘종(goiter, struma): 아이오딘 부족으로 티록신은 감소하고 음성 되먹임으로 TRH와 TSH의 분비 과다로 갑상샘이 비대해지는 것

② **칼시토닌(calcitonin)**: 혈액의 Ca^{2+} 농도 감소

ㄱ 혈액에서 뼈에 Ca^{2+} 침착 촉진

ㄴ 세뇨관으로 Ca^{2+} 분비 촉진

(3) **부갑상샘(parathyroid gland)**: 갑상샘의 뒤쪽에 박혀 있는 4개의 작은 구조

• **파라토르몬(parathormone, PTH)**: 혈액의 Ca^{2+} 농도 증가

① 뼈에서 혈액으로 Ca^{2+} 방출을 유도

② 비타민D를 활성화하여 소장의 융털 돌기에서 음식물에서 Ca^{2+}의 흡수 촉진

> ❖ 비타민 D의 주요기능은 칼슘 흡수에 필요한 단백질의 합성을 자극함으로써 장에서 칼슘과 인의 흡수를 촉진시키며, 또한 혈액의 칼슘과 인의 농도가 증가되면 칼슘과 인을 결합시켜 뼈에 침착시키는 작용을 한다.

③ 콩팥에서는 직접적으로 세뇨관을 통해 Ca^{2+}의 재흡수 촉진

> • 테타니병: 파라토르몬의 결핍으로 혈중의 칼슘농도 감소결과 신경과 근육에 나타나는 과민성으로 근육의 강직, 경련 등이 일어난다.

(4) **부신(adrenal gland)**

① 겉질(피질)

ㄱ 무기질 코르티코이드(미네랄로코르티코이드 mineralocorticoid, 알도스테론, aldosterone): 무기염류의 양 조절(원위 세뇨관과 집합관에서 Na^+의 재흡수 촉진, K^+의 분비 촉진)

ㄴ 당질 코르티코이드(글루코코르티코이드 glucocorticoid, 코티솔, cortisol): 단백질, 지방 → 포도당(혈당량 증가)

❖ Graves병의 원인은 명확하게 밝혀지지 않고 있으나 갑상샘 자극작용을 갖는 갑상샘 자가항체에 의한 일종의 자가면역질환이라고 보는 견해도 있다.

❖ 칼시토닌은 파골세포의 작용을 억제하고 조골세포에 의한 Ca^{2+}흡수로 새로운 뼈를 형성한다.

❖ 파라토르몬은 파골세포와 조골세포를 모두 활성화시켜 뼈의 전환을 증가한다. 전체적인 순 변화는 뼈에서 혈액으로 Ca^{2+}을 이동하게 한다.

❖ 피부세포가 자외선을 받으면 에르고스테롤로부터 칼시페롤이 합성된다. 칼시페롤은 활성형은 아니지만 파라토르몬(PTH)에 의해 간에서 시작되어 콩팥에서 활성형의 칼시트리올로 완성된다.

❖ 부신 겉질은 내분비세포로 이루어져 있지만 부신속질은 배아 발생 과정에서 신경조직으로부터 발달된 분비세포로 구성되어 있다. 따라서 뇌하수체처럼 각각의 부신은 내분비계와 신경분비샘의 혼합된 형태이다.

Tip

• 글루코코르티코이드
  - 항염증 효과가 있어서 관절염과 같은 염증치료약으로 사용
  - 장기간 복용하면 면역억제효과로 인한 감염이 증가될 수 있다.
  - 글리코젠으로부터 방출할 수 있는 양 이상의 포도당을 공급하므로 장기간의 스트레스를 견딜 수 있게 한다.
• 미네랄로코르티코이드와 글루코코르티코이드는 장기적인 스트레스를 견딜 수 있게 하고 에피네프린은 단기적인 스트레스에 반응할 수 있게 한다.

- 쿠싱증후군(Cushing's syndrome): 코르티솔이 만성적으로 과잉 분비되는 병태로 배에 지방이 축적되어 뚱뚱해지는 반면 팔다리는 오히려 가늘어지는 중심성 비만을 보인다.
- 에디슨병(Addison's disease): 부신겉질호르몬(알도스테론, 코티솔)의 부족으로 나타나는 만성 피로 증후군과 무기력 증상

② 속질(수질)

에피네프린(아드레날린): 글리코젠 → 포도당(혈당량 증가)

❖ 에피네프린(아드레날린)과 노르에피네프린(노르아드레날린)은 타이로신 아미노산으로부터 생성되는 아민호르몬인 카테콜아민이며 신경전달물질로도 작용한다.

(5) 이자(랑게르한스섬 Langerhans island, 이자섬 pancreatic gland,)

췌장이라고도 하며 외분비샘(이자액 분비)과 내분비샘(호르몬 분비)을 겸하고 있는 기관이다.

① 글루카곤(glucagon, α 세포): 글리코젠 → 포도당(혈당량 증가)

② 인슐린(insulin, β 세포): 포도당 → 글리코젠(혈당량 감소)

Check Point

소마토스타틴(somatostatin)

① 위의 D세포와 이자의 랑게르한스섬(δ 세포)에서 분비되는 소마토스타틴은 인슐린과 글루카곤의 분비를 억제하고, 소화관에서 가스트린(gastrin), 세크레틴(secretin) 등의 분비도 억제하여 소화 활성을 늦추고 영양소가 흡수되는 기간을 연장하는 호르몬으로 이자·위·십이지장·공장 등에 존재한다.

② 소마토스타틴은 뇌와 내장에 관련된 호르몬이다. 뇌에 존재하는 것은 14개의 아미노산으로 이루어져 있고, 내장에 존재하는 소마토스타틴은 28개의 아미노산으로 이루어져 있다.

(6) 생식샘

① 정소(♂)

안드로젠(androgen, 테스토스테론 testosterone): 남성의 2차 성징, 근육을 만드는 동화 스테로이드 호르몬

② 난소(♀)

㉠ 에스트로젠(estrogen, 에스트라디올 estradiol, 여포 호르몬): 여성의 2차 성징, 자궁 내벽 비후 촉진

㉡ 프로제스틴(progestin, 프로제스테론 progesterone, 황체 호르몬): 자궁 내벽 비후 촉진, 배란 억제, 임신 지속

Tip

당뇨병(diabetes)

- 제1형 당뇨병(인슐린 의존성 당뇨병): 세포독성 T 세포가 이자의 β 세포를 파괴하는 자가 면역 질환으로 인슐린이 부족할 때 생긴다.
- 제2형 당뇨병(인슐린 비의존성 당뇨병): 베타 세포가 인슐린을 효과적으로 분비하지 못하거나, 세포가 인슐린에 반응하지 않는 인슐린 저항성이 생겨 고혈당증이 지속되고 각종 증세가 나타난다. 또한 지방세포나 간에서 발생한 지속적인 염증 반응으로 인해 당 대사가 망가지고 지방산 대사가 과도하게 진행되거나 변형되며 증세가 심해지기도 한다. 당뇨병 환자의 90% 이상이 제2형 당뇨병이며, 규칙적 운동과 균형 잡힌 식단으로 어느 정도 조절할 수 있다.

❖ 부신 겉질에서는 미네랄로코르티코이드와 글루코코르티코이드 외에 성스테로이드(소량의 테스토스테론과 아주 소량의 에스트라디올, 프로제스테론)을 분비한다.

❖ 생식샘에서 분비되는 AMH(Anti-Mullerian Hormone, 항뮐러관 호르몬)란 뮐러관을 퇴화시키는 호르몬이다. 양성 잠재성 생식샘의 안쪽에 있는 볼프관은 배아 단계일 때 남성의 생식기관으로 발달하게 되는 관이고, 바깥쪽에 있는 뮐러관은 배아 단계일 때 여성의 생식기관으로 발달하게 되는 관이다. 남성(XY) 배아에서는 테스토스테론과 AMH가 분비되어 뮐러관을 퇴화시켜 남성의 생식관이 형성되도록 하고, 여성(XX) 배아에서는 테스토스테론과 AMH가 분비되지 않아 볼프관이 퇴화하고 여성의 생식기 구조를 형성하게 된다.

(7) 그 외의 호르몬

① **가슴샘(흉선, thymus)**: 흉선 호르몬(티모신)을 분비하여 미분화된 림프구를 성숙한 T 세포로 분화시킨다.

② **솔방울샘(송과선, pineal gland)**: 뇌 중심부 가까이에 있는 내분비샘으로 멜라토닌을 분비하여 생체 리듬을 조절한다. 밤에 많이 분비되어 잠들게 한다. 유아기 때 많이 분비되는 멜라토닌은 나이가 들면서 분비량이 감소하며 너무 부족하면 불면증에 걸릴 수 있다. 솔방울샘 호르몬(멜라토닌: melatonin)의 농도가 높을 때는 생식세포의 발달을 억제하고 낮을 때는 촉진하는 작용을 한다.

③ **가스트린(gastrin), 세크레틴(secretin), 콜레시스토키닌(cholecystokinin)**: 소화액 분비를 촉진한다.

3 호르몬의 특성

① 체내의 내분비샘에서 합성되고 분비되며 일정한 분비관이 없어서 혈액을 통해 온몸으로 운반된다.

② 미량으로 생리적 기능을 조절하며 분비량에 따라 결핍증 또는 과다증이 나타난다.

③ 특정 세포나 특정 기관에만 작용하여 생리적 기능을 조절하는데 이러한 특정 세포나 기관을 표적세포 또는 표적기관(호르몬 수용체가 있다)이라고 한다(기관 특이성이 있다).

④ 척추동물끼리는 같은 샘에서 분비되는 호르몬이라면 종은 다르더라도 작용은 동일하며 항원으로 작용하지 않는다(종 특이성이 없다).

4 호르몬의 성분

(1) 아민계 호르몬(화학적으로 가장 단순한 호르몬으로 아미노산 유도체이다)

3아이오도티로닌(T_3)과 티록신(T_4), 에피네프린과 노르에피네프린, 멜라토닌

(2) 펩타이드계 호르몬

부신 겉질 자극 호르몬, 옥시토신, 바소프레신, 칼시토닌, 파라토르몬

(3) 단백질계 호르몬

성장 호르몬, 갑상샘 자극 호르몬, 여포 자극 호르몬, 황체 형성 호르몬, 프로락틴, 인슐린, 글루카곤

❖ 호르몬을 생산하고 분비하는 다른 기관들

기관	호르몬
지방조직	랩틴
위	가스트린 그렐린 소마토스타틴
소장	세크레틴 콜레시스토키닌 엔테로가스트론 PYY
콩팥	EPO
심장	ANP
간	IGF 소마토메딘
골격근	아이리신

아이리신: 근육에서 분비되는 운동 호르몬으로 백색지방을 갈색지방으로 변화시켜 당대사를 향상시키고 뼈의 재구성을 돕는다.

❖ 에피네프린과 노르에피네프린은 1분자의 타이로신 변형체인 카테콜아민이고, 티록신은 2분자의 타이로신과 아이오딘으로부터 합성된다.

❖ 당단백질
갑상샘 자극 호르몬, 여포 자극 호르몬, 황체 형성 호르몬

(4) 스테로이드계 호르몬

당질 코르티코이드(글루코 코르티코이드), 무기질 코르티코이드(미네랄로 코르티코이드), 테스토스테론, 에스트로젠, 프로제스테론

5 호르몬과 신경의 작용 비교

(1) 호르몬에 의한 작용

호르몬은 혈액을 통해 멀리 떨어져 있는 표적세포에 도달하여 신호를 전달하므로 전달 속도는 느리지만 효과가 지속적이고 작용 범위가 넓다.

(2) 신경에 의한 작용

뉴런의 말단에서 방출된 신경전달물질을 통해 신호를 전달하기 때문에 전달 속도는 빠르지만 효과가 일시적이고 작용 범위가 좁다.

6 무척추동물의 호르몬

(1) 갑각류

① X 기관(눈자루의 기부에 위치): 탈피 억제 호르몬, 체색 변화 호르몬
② Y 기관(머리에 위치): 탈피 촉진 호르몬

(2) 곤충류

① 알라타체(corpus allatum, 뇌 바로 뒤에 있는 측심체에 붙어있는 한 쌍의 내분비샘): 유충 호르몬을 분비하여 유충 상태를 유지하는데 유충호르몬이 낮은 수준에 도달하면 유충은 번데기로 탈피한다.
② 앞가슴샘(전흉샘, prothoracic gland): 엑디손(엑디스테로이드, ecdysteroid)을 분비하여 탈피와 변태를 촉진한다.(용화 촉진)

> 뇌의 신경분비세포에서 분비되는 신경호르몬인 전흉샘자극호르몬(PTTH)은 측심체에 저장되어 있다가 방출된 후 내분비기관인 전흉샘에서 엑디스테로이드를 분비하도록 한다.

7 페로몬(pheromone)

정보 전달에 사용되는 신호를 전달하는 비교적 작은 분자로 구성된 화학 물질로서, 미량으로 같은 종의 다른 개체의 행동을 유발시킬 수 있는 분비물질을 페로몬이라고 하며 성페로몬, 경보페로몬, 길잡이페로몬, 집합페로몬 등이 있다.

❖ 동화성 호르몬: 테스토스테론(근육을 만들어 근육량 증가), 인슐린
  이화성 호르몬: 당질코르티코이드, 에피네프린, 글루카곤

❖ 스테로이드 호르몬은 스테로이드인 콜레스테롤에서 유도된다.

❖ 알라타체 호르몬과 앞가슴샘 호르몬이 동시에 작용하면 유충은 탈피하여 5령의 유충(누에)이 되며, 앞가슴샘 호르몬은 계속 작용하면서 알라타체 호르몬이 일정수준이하로 감소하면 변태하여 번데기로 되고 번데기는 알라타체 호르몬을 만들지 않으므로 성체로 변태한다.

❖ 유충이 탈피하여 번데기가 되는 것을 용화라고 하며, 번데기가 탈피에 의하여 성충이 나타나는 것을 우화라고 한다.

25 항상성

1 항상성(homeostasis)

생물체가 여러 가지 환경 변화에 대응하여 체온, 혈당량, 삼투압, 혈압 등의 체내 환경을 일정하게 유지하는 성질로 신경계와 호르몬의 작용에 의해 유지된다.

2 항상성 유지 원리

(1) 음성 피드백(negative feedback)

중추의 자극으로 내분비샘에서 최종적으로 분비된 호르몬이 중추의 기능을 다시 조절하여 호르몬 분비량을 일정하게 유지하려는 현상을 말한다. 즉 A라는 원인이 B라는 결과를 초래하고 B라는 원인이 다시 A라는 결과를 초래하는 현상이다.

>> 티록신의 분비량이 과다하면 티록신이 음성 피드백에 의해 간뇌의 시상하부와 뇌하수체의 활동을 억제하게 된다. 따라서 간뇌의 시상하부에서 분비되는 TRH (TSH−RH)와 뇌하수체에서 분비되는 TSH의 분비량이 감소하여 갑상샘에서 티록신의 생산량을 감소시킴으로써 원래의 수준으로 회복한다.

(2) 양성 피드백(positive feedback)

호르몬의 분비 결과가 그 호르몬의 분비를 더욱 촉진하는 작용을 말한다.
① 뇌하수체 전엽 → 프로락틴 → 젖샘 → 젖 생성
② 분만 전에 뇌하수체 후엽에서 옥시토신이 분비되어 자궁 근육의 수축을 돕고 그 결과 더 많은 옥시토신이 분비되어 아기를 출산할 수 있도록 한다(뇌하수체 후엽 → 옥시토신 → 자궁 → 자궁 수축).

❖ 갑상샘 부종
티록신의 구성 성분인 아이오딘 섭취가 부족한 경우 혈중 티록신의 농도가 정상보다 낮은 상태이므로 TRH와 TSH의 분비량이 증가하여 갑상샘을 계속 자극하여 갑상샘이 비대해지는 갑상샘 기능 저하증(갑상샘 부종)이 된다.

(3) 길항 작용(antagonism)

표적기관이 같고 작용이 반대인 자율 신경이나 호르몬이 서로 반대 방향으로 작용하여 항상성을 유지한다.

> 예 교감 신경과 부교감 신경에 의한 항상성 유지, 인슐린과 글루카곤에 의한 혈당량 조절, 칼시토닌과 파라토르몬에 의한 혈중 Ca^{2+} 농도 조절 등

❖ 항상성 유지에 관련된 호르몬은 주로 음성되먹임과 길항작용에 의해 조절된다.

3 항상성 조절

(1) 혈당량 조절(정상 혈당: 70~110mg/100mL)

① 저혈당일 때

ㄱ. 시상하부 → CRH(ACTH-RH) → 뇌하수체 전엽 → ACTH → 부신겉질 → 당질코르티코이드 분비 → 간에서 단백질, 지방이 포도당으로 분해되어 혈당량을 일정하게 유지

ㄴ. 시상하부 → 교감 신경 → 부신속질 → 아드레날린 분비 → 간에서 글리코겐이 포도당으로 분해되어 혈당량을 일정하게 유지

ㄷ. 시상하부 → 교감 신경 → 이자의 랑게르한스섬 α 세포 → 글루카곤 분비 → 간에서 글리코겐이 포도당으로 분해되어 혈당량을 일정하게 유지

② 고혈당일 때

시상하부 → 부교감 신경 → 이자의 랑게르한스섬 β 세포 → 인슐린 분비 → 간에서 포도당을 글리코겐으로 전환하여 혈당량을 일정하게 유지

❖ 인슐린은 거의 모든 체세포에게 혈액에 있는 포도당을 흡수하도록 자극한다. 그러나 예외로 뇌세포는 인슐린의 유무에 관계없이 포도당을 흡수할 수 있다. 이러한 진화적 적응은 혈당 농도가 낮을지라도 뇌가 항상 혈액에 있는 포도당을 사용할 수 있도록 해준다.

예제 | 1

식사시간이 늦어져 식사를 못하여 혈당이 낮아졌을 때 몸의 변화로 옳은 것은? (부산)

ㄱ. 교감신경이 활성화된다.

ㄴ. 부신피질에서 에피네프린이 분비된다.

ㄷ. 간에서 글리코겐이 포도당으로 분해되는 반응이 촉진된다.

---

① ㄱ, ㄴ   ② ㄱ, ㄷ

③ ㄴ, ㄷ   ④ ㄱ, ㄴ, ㄷ

| 정답 | ②

ㄴ. 부신속질에서 에피네프린이 분비된다.

(2) 체온 조절

시상하부에 의해 체내 열 발생량과 열 발산량이 조절된다.

① 추울 때

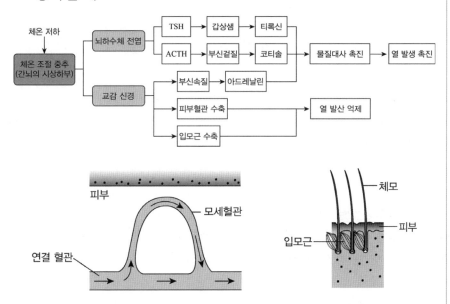

>> 추울 때는 피부의 모세혈관이 수축하고 입모근(털세움근)이 수축하여 열 발산이 억제된다 (교감신경 작용).

② 더울 때

ㄱ 근육에서의 수축 활동 및 물질대사가 억제되어 열 발생량이 억제된다.

ㄴ 피부에 있는 모세혈관이 확장되어 혈류량이 증가하고 입모근(털세움근)이 이완되며 땀 분비가 증가하여 체 표면을 통한 열 발산이 촉진된다.

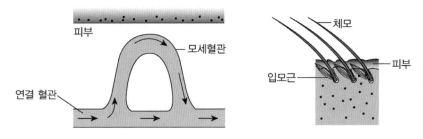

>> 더울 때는 피부 모세혈관이 확장하고 입모근(털세움근)이 이완되어 열 발산이 촉진된다(교감신경 작용 완화).

❖ 땀샘은 대체로 교감신경으로만 조절되며 이들 신경의 절후 섬유는 아드레날린이 아니라 아세틸콜린을 분비한다는 점에서 유별나다.

❖ 교감신경이 작용하여 추울 때는 온몸에서 땀 분비를 억제하지만, 긴장했을 때는 부분적인 땀 분비를 촉진한다.

(3) 혈중 Ca^{2+} 농도 조절

갑상샘에서 분비되는 칼시토닌(calcitonin)과 부갑상샘에서 분비되는 파라
토르몬(parathorome)의 길항 작용에 의해 조절된다.

① 혈중 Ca^{2+} 농도가 많을 때: 갑상샘에서 칼시토닌의 분비가 촉진되어
　뼈에서 혈액으로 Ca^{2+}의 방출을 막고 콩팥에서 Ca^{2+}의 배출을 증
　가시킨다.

② 혈중 Ca^{2+} 농도가 적을 때: 부갑상샘에서 파라토르몬의 분비가 촉진
　되어 뼈에서 혈액으로 Ca^{2+}이 방출되도록 하고 콩팥에서 Ca^{2+}의
　재흡수를 촉진하고, 소장에서 Ca^{2+} 흡수를 증가시킨다.

(4) 혈장 삼투압의 조절

① 삼투압이 높을 때(수분이 적고 무기염류가 많을 때)

　㉠ 체내 수분 부족→뇌하수체 후엽에서 ADH 분비 촉진→콩팥에
　　서 수분의 재흡수 촉진→오줌의 양 감소, 혈장 삼투압이 낮아
　　져 원래의 수준으로 회복

　㉡ 혈중 Na^+의 양 증가→부신 겉질에서 알도스테론의 분비 억제
　　→콩팥에서 Na^+의 재흡수 감소→체내 Na^+의 양 감소

② 삼투압이 낮을 때(수분이 많고 무기염류가 적을 때)

　㉠ 체내 수분 과다→뇌하수체 후엽에서 ADH의 분비 억제→콩팥
　　에서 수분의 재흡수 억제→오줌의 양 증가, 혈장 삼투압이 높
　　아져 원래의 수준으로 회복

　㉡ 혈중 Na^+의 양 감소: 부신 겉질에서 알도스테론의 분비 촉진
　　→콩팥에서 Na^+의 재흡수 증가→체내 Na^+의 양 증가

(5) 담수어와 해수어의 삼투압 조절

① 담수어: 아가미를 통해 염류를 흡수하고 묽은 오줌을 다량 배출한다.

② 해수어: 아가미를 통해 염류를 배출하고 진한 오줌을 소량 배출한다.

26 생식기관과 생식세포 형성

1 생식방법

(1) **무성생식(asexual reproduction):** 배우자가 융합하지 않고 번식하는 방법으로 대부분의 무성생식은 체세포분열에 전적으로 의존한다.

  ① **분열법(fission):** 단세포 생물의 생식방법으로 이분법과 다분법이 있다.
     예 세균, 아메바, 짚신벌레

  ② **출아법(budding):** 모체의 일부에서 돌기가 떨어져 나와 새로운 개체가 형성된다.
     예 효모, 히드라, 산호(붙어있는 채로 남아 군체를 형성한다)

  ③ **분절증식과 재생:** 하나 이상의 분절이 생장하여 온전한 동물로 발생된다.
     예 플라나리아, 불가사리

  ④ **단성 생식(처녀 생식, parthenogenesis, 무수정 생식):** 미수정란이 단독으로 새로운 개체를 형성(꿀벌, 물벼룩)
     예 여왕벌의 난자(n)에서 수벌(n)이 형성되는 것으로 수벌에게는 아버지가 없다.

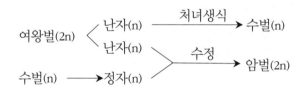

(2) **유성생식(sexual reproduction)**

  암수의 배우자가 융합하여 번식하는 방법으로 다양한 유전자 조합이 이루어져 새로운 환경에 적응할 수 있으므로 진화적인 측면에서 유리하다.

  ① **접합(conjugation):** 동형 배우자의 결합(짚신벌레, 해캄)
  ② **수정(fertilization):** 이형 배우자의 결합(고등 동식물)

❖ 환경이 좋을 때 곰팡이가 체세포분열에 의한 포자(다른 생식세포와 결합하지 않고 단독으로 발아해서 개체가 되는 것)를 형성해서 번식하는 포자법과 일부 식물이 영양기관(감자의 땅속줄기, 고구마의 뿌리)으로 번식하는 영양생식법도 무성생식에 속한다.

❖ **수벌(n):** 반수체
암벌(2n): 이배체
벌은 성염색체가 없다.

2 생식기관

(1) 남자의 생식기관

① **정소**(고환, testis): 음낭 속에 좌우 1개씩 있고, 250~300구획으로 밀집된 약 125m 정도 길이의 세정관(seminiferous tubule)에서 정자가 형성되며 레이디히 세포에서 테스토스테론을 생성하여 남성의 2차 성징이 나타나도록 한다.

> ❖ 정소와 부정소가 있는 음낭의 온도는 체온보다 약 2℃ 정도 낮다.

정원세포   세정관 내강

세르톨리세포
레이디히세포

제2 정모세포

제1 정모세포

정세포

ㄱ **세르톨리세포**(sertoli cell): 척추동물에서 정소의 세정관 벽에 위치하고 정자 형성과정의 생식세포를 지지하고 영양을 공급하며 FSH의 지배를 받는다.

ㄴ **레이디히세포**(Leydig cell): 세정관 사이 간질에 소집단을 이루며 존재하는 세포로 출현 양식 때문에 간(질)세포라고도 하며 모세혈관에 접하여 분포한다. LH는 레이디히세포가 테스토스테론을 생산하도록 유도하여 정자 형성을 촉진시킨다.

> ❖ 레히디히세포는 테스토스테론(스테로이드 호르몬)을 합성하므로 매끈면소포체가 많다.

② **부정소**(부고환, epididymis): 세정관에서 생성된 징자를 임시로 저장하며 정자가 운동 능력을 갖추고 성숙하는 곳이다.

③ **수정관**(정관, vas deferens): 정자가 이동하는 통로로서 부정소에서 요도로 연결되는 관이다.

④ **정낭**(seminal): 정자의 운동에 필요한 영양 물질과 완충 작용하는 물질 등 정액의 대부분을 만든다. 정관은 정낭에서 나온 관과 합류하여 짧은 사정관을 형성하고 사정관은 전립샘을 통과하여 방광에서 나오는 요도와 연결된다.

> ❖ 정낭에는 응고효소, 정자가 이용하는 에너지의 대부분을 공급하는 과당, 자궁근의 평활근을 수축하도록 자극하는 프로스타글란딘이 함유되어 있다.

⑤ **전립샘**(prostate gland): 염기성 우윳빛 점액질을 분비하여 산성인 여성의 질 내부를 중화시켜 정사를 보호한다.

> ❖ 전립샘에는 항응고효소와 정자의 영양물질인 시트르산을 함유하고 있다.

⑥ **망울요도샘**(쿠퍼선 Cowper's gland, 요도구샘, bulbourethral gland): 미끈미끈한 점액성의 물질을 분비하여 사정전에 요도에 남아있는 오줌의 산성을 중화시킨다.

⑦ **요도**(urethra): 정액과 오줌을 몸 밖으로 배출하는 통로이다.

> ❖ 응고효소는 정액을 젤 덩어리로 전환시켜 정액을 여성의 생식관 위쪽으로 밀어올린 후에 항응고효소가 작용하여 정자를 자유롭게 해준다.

⑧ 정자의 이동통로: 정소(세정관) → 부정소 → 수정관을 거쳐 이동하는 과정에서 부속선(정낭, 전립샘, 망울요도샘)에서 만들어진 물질과 합쳐진 정액 → 요도 → 몸 밖

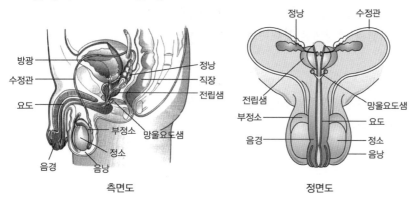

▲ 남자의 생식기관

(2) 여자의 생식기관

① 난소(ovary): 몸의 좌우 1쌍이 있다. 약 28일을 주기로 양쪽 난소의 여포에서 교대로 1개의 난자를 형성하며 에스트로젠과 프로제스테론을 분비한다.

② 수란관(oviduct): 입구를 나팔관이라 하고 자궁과 연결되어 있으며 수란관의 상부에서 정자와 난자의 수정이 일어난다. 수란관 안쪽 벽에 나 있는 섬모의 운동으로 수정란을 자궁으로 이동시킨다.

③ 자궁(uterus, womb): 수정란이 착상하여 태아로 발달하고 생장하는 장소로 두꺼운 근육층으로 되어 있다.

④ 질(vagina): 정액을 받아들이는 통로이며 분만 시 태아가 나오는 통로이다. 질 내부는 매우 주름져 있으며 약한 산성을 띠고 있어 외부 병원균의 침입을 막는다.

❖ 자궁경부(자궁목)는 자궁의 아래쪽에 위치한 좁은 부분으로 질의 상부와 연결되어 있다.

❖ 포유류 이외의 척추동물과 일부 무척추동물에서 소화계, 배설계, 생식계의 공동통로를 총배설강이라 한다. (포유류는 소화계, 배설계, 생식계는 분리되어 있으므로 총배설강이라고 하지 않는다)

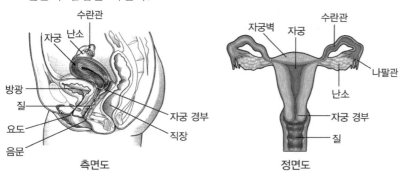

▲ 여자의 생식기관

3 생식세포

(1) 정자(sperm)

① 머리: 정핵과 첨체가 있는데 유전물질이 들어 있는 핵(n)이 대부분을 차지하며 첨체에는 난자의 방사관과 투명대를 분해하는 효소가 들어 있다.

② 중편: 미토콘드리아가 있어 정자의 운동에 필요한 에너지를 공급하며 중편의 앞부분에는 중심립이 있어 기저체가 형성되어 편모가 형성된다.

③ 꼬리: 정자의 운동기관으로 편모 운동을 한다.

(2) 난자(ovum)

① 핵: 유전물질이 있으며 핵상은 n이다.

② 세포질: 수정란의 초기 발생에 필요한 양분을 많이 가지고 있으며 정자보다 훨씬 크고 운동성은 없다.

③ 투명대(zona pellucida): 난자를 둘러싼 점액성의 투명한 막이다.

④ 방사관(corona radiata): 여포의 세포들로 구성되어 있다.

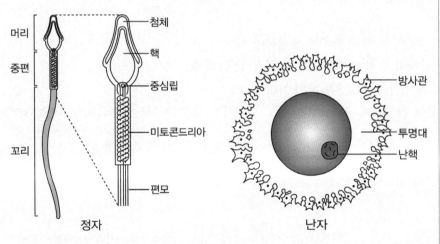

▲ 정자와 난자

4 생식세포 형성

(1) 정자의 형성과정(균등 분열)

① 증식: 사춘기가 되면 세정관에 있는 정원세포(2n, spermatogonia)가 체세포분열을 통해 수많은 정원세포(2n)를 만든다.

② 성숙: 정원세포는 DNA 복제기를 거쳐 제1 정모세포(2n, primary spermatocyte)로 된다.

③ 감수 1분열(2n → n): 제1 정모세포(2n)가 2개의 제2 정모세포(n)로 된다.

④ 감수 2분열(n → n): 2개의 제2 정모세포(n, secondary spermatocyte)가 4개의 정세포(n)로 된다.

⑤ 분화: 정세포(n)는 세포질의 대부분이 없어지고 편모를 가진 정자(n)로 된다.

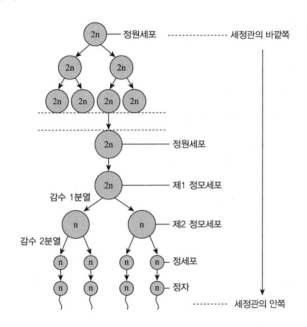

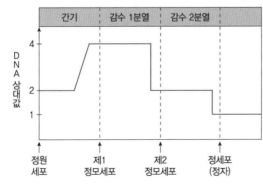

예제 | 1

정자의 염색체수가 10개이고 DNA량이 8이라면 제1정모세포의 염색체 수는 (①)이고 DNA량은 (②)이다.

|정답| ① 20개, ② 32

(2) 난자의 형성(불균등 분열)

① **증식**: 태아 시기에 난원세포(2n, oogonia)는 체세포분열을 통해 수많은 난원세포(2n)를 만든다.

② **성숙**: 출생 전에 난원세포(2n)는 DNA가 복제되어 제1 난모세포(2n, primary oocyte)가 되며, 제1 난모세포는 감수 1분열 전기에서 분열을 멈춘다. 따라서 여아가 **출생할 때 난소 속에는 제1 난모세포 상태(감수 1분열 전기)로 존재**한다.

③ **감수 1분열(2n → n)**: 사춘기가 되면 난소 속의 제1 난모세포(2n)는 여포 자극 호르몬(FSH)의 자극으로 감수 1분열을 계속 진행하여 제 2 난모세포(n, secondary oocyte)와 제1 극체(n)로 된다. 여포에서 감수 1분열이 일어난 후 제2 난모세포 상태로 난소에서 방출되는데 이것을 배란이라고 한다.

④ **감수 2분열(n → n)**: **제2 난모세포 상태(감수 2분열 중기)로 배란**된 후 정자와 만나면 감수 2분열이 계속 진행되어 1개의 난세포(n)와 1개의 제2 극체(n, polar body)로 되고, 제1 극체(n)는 2개의 제2 극체(n)로 된다. 제2 극체는 난세포에 비해 세포질의 양이 매우 적을 뿐이고 염색체 수와 DNA량은 난세포와 같다. 난자가 형성될 때 감수 2분열은 배란된 후 정자의 자극에 의해 수란관에서 완성된다.

⑤ **분화**: 난세포는 난자(n)로 성숙하고 3개의 제2 극체는 퇴화된다.

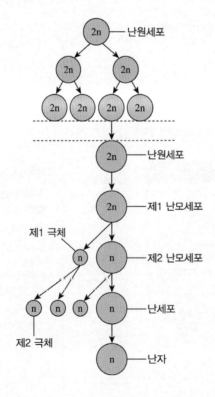

❖ 태아의 유전적 결함 위험은 여성의 경우 35세 이후에 꾸준히 증가한다. 그 원인은 난자가 감수분열에 머물고 있는 시간이 길어지는 것이 태아의 유전적 결함을 증가시키는 요인일 것이다.

예제 | 2

사람의 정자와 난자 형성과정에 대한 설명으로 옳은 것은?

(지방직 7급)

① 제2 난모세포와 제1 극체는 모두 반수체를 가신다.

② 정원세포와 제1 정모세포가 갖는 염색체 수는 다르다.

③ 정자 형성과정과 난자 형성과정 모두에서 감수분열의 시작은 사춘기에 일어난다.

④ 사배체(4n)를 갖는 중간단계 세포는 정자 형성과정에는 있지만 난자 형성과정에는 없다.

| 정답 | ①

② 정원세포와 세1 성모세포가 갖는 염색체 수는 2n으로 같다.

③ 난자 형성과정의 감수분열의 시작은 태아시기에 일어난다.

④ 정자, 난자 형성과정에서 사배체(4n)를 갖는 세포는 없다.

27 동물의 생식

1 여성의 자궁주기(월경주기)

(1) 증식기(약 9일간)

① 여포에서 에스트로젠이 분비되어 자궁 내벽을 두껍게 비후시킨다.

② 에스트로젠

　ㄱ 자궁 내벽을 두껍게 비후시킨다.

　ㄴ 낮은 농도에서 FSH와 LH의 분비를 억제해서 다른 여포의 성숙을 막는다.

　ㄷ 높은 농도에서 FSH와 LH의 분비를 촉진한다.

(2) 배란(ovulation)

LH 농도가 최고치에 다다르고 난 약 하루 뒤에 여포가 파열되고 배란이 일어난다. 배란은 월경이 시작된 후 약 14일경에 일어나며 배란되는 세포는 제2 난모세포 중기의 상태이다.

(3) 분비기(약 14일간)

① 배란 후 난소에 남아있는 여포 조직이 분비샘 구조인 황체를 형성하고, 황체에서 에스트로젠과 프로제스테론이 분비된다.

② 프로제스테론

　ㄱ 자궁 내막을 더욱 두껍게 유지하고 자궁내막 분비샘에서 영양분이 들어 있는 액체를 분비하여 착상된 배아를 유지할 수 있도록 한다.

　ㄴ 뇌하수체에 작용하여 FSH와 LH의 분비를 억제하여 새로운 여포의 성숙과 배란을 막는다.

(4) 월경기(약 5일간)

① 배란된 난자가 수정되지 않으면 황체는 퇴화되고 에스트로젠과 프로제스테론의 분비량이 감소하면서 두꺼워졌던 자궁 내벽이 파열되어 체외로 배출된다(월경).

② 시상하부에서 GnRH가 분비되어 뇌하수체 전엽을 자극하면 소량의 FSH와 LH가 분비되고, FSH는 LH의 도움을 받아 새로운 여포의 성장을 촉진한다.

❖ 여러 개의 난포는 각자의 주기를 가지고 성장하지만, 보통은 하나만 성숙하고 나머지는 퇴화한다.

③ 만약 배란된 난자가 수정되어 수정란이 자궁 내벽에 착상하면 황체가 계속 유지되어 에스트로젠과 프로제스테론을 분비함으로써 임신을 유지한다.

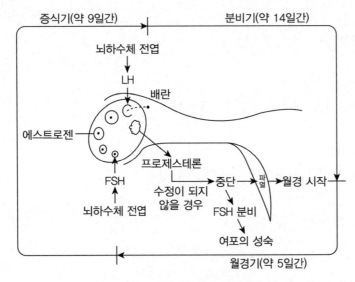

▲ 여성의 생식주기(약 28일)

≫ 배란일은 월경이 시작된 날로부터 약 14일 후이다. 임신 기간은 마지막 월경이 시작된 날부터 약 280일이므로 수정이 일어난 날부터는 약 266일이 된다.

Check Point

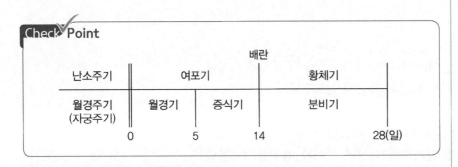

예제 | 1

자궁주기의 분비기는?

① 난소주기의 여포기에 해당된다.　② 난소주기의 황체기에 해당된다.
③ LH의 분비가 증가한다.　④ FSH의 분비가 증가한다.

|정답| ②
자궁주기의 분비기는 난소주기의 황체기에 해당된다.

예제 | 2

여성의 난소 주기를 순서대로 바르게 나열한 것은? (국가직 7급)

① 백체기 → 배란기 → 황체기 → 여포기
② 여포기 → 백체기 → 배란기 → 황체기
③ 황체기 → 여포기 → 배란기 → 백체기
④ 여포기 → 배란기 → 황체기 → 백체기

|정답| ④
백체: 난소의 황체가 퇴화한 것으로 수정이 성립되지 않을 경우 퇴화해서 교원섬유로 채워진 백체로 된다.

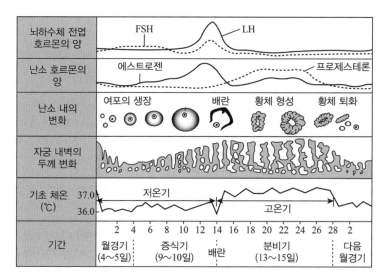

뇌하수체 전엽 호르몬의 양	FSH	LH		
난소 호르몬의 양	에스트로겐		프로제스테론	
난소 내의 변화	여포의 생장	배란	황체 형성	황체 퇴화
자궁 내벽의 두께 변화				
기초 체온 (℃) 37.0 36.0	저온기		고온기	
기간	2 4 6 8 10 12 14 16 18 20 22 24 26 28 2			
	월경기 (4~5일)	증식기 (9~10일) / 배란	분비기 (13~15일)	다음 월경기

≫ 낮은 농도의 에스트로겐(에스트라디올)이 GnRH에 작용하여 FSH와 LH의 분비를 억제(음성피드백)하는 반면 높은 농도의 에스트로겐은 GnRH에 작용하여 FSH와 LH의 분비를 촉진하는 효과(양성피드백)를 나타내며, 에스트로겐이 최고치에 다다르고 난 이후에 LH의 농도가 급상승하고 약 하루 뒤에 배란이 일어난다.

2 호르몬에 의한 남성 생식계의 조절

남성에서 두 종류의 피드백 기작이 성호르몬의 분비를 조절한다.

① FSH는 정소의 세르톨리 세포에 작용하여 정자 형성을 촉진한다. 세르톨리 세포에서 생성되는 호르몬인 인히빈(inhibin)은 시상하부에 작용하지 않고 뇌하수체 전엽에 직접 작용하여 FSH의 분비를 억제하며, 액티빈(activin)은 FSH의 분비를 촉진한다.

② LH는 정소의 레이디히 세포에 작용하여 테스토스테론을 만들도록 자극한다. 테스토스테론은 시상하부와 뇌하수체 전엽에 작용하여 음성피드백으로 GnRH와 FSH, LH의 분비를 억제한다.

예제 | 3

다음 중 세르톨리세포에 작용하는 호르몬으로 옳은 것은?　　　　　(경북)

① 테스토스테론　　　　　　　　　② 에스트로겐

③ LH　　　　　　　　　　　　　④ FSH

|정답| ④
FSH는 정소의 세르톨리 세포에 작용하여 정자 형성을 촉진한다.

월경 주기와 발정 주기

인간과 몇 종의 영장류는 월경 주기를 갖지만, 다른 포유동물은 발정 주기를 갖는다. 두 경우 모두 자궁벽이 두꺼워지고 혈액 공급이 많아져 착상이 가능하도록 자궁이 준비된다. 차이점은 임신이 되지 않았을 경우 월경 주기에서는 자궁 내막이 자궁에서 떨어져 나와 질을 거쳐 흘러가는 월경이라는 출혈이 일어나지만 발정 주기에서는 자궁 내막이 자궁에 흡수되어 많은 출혈이 일어나지 않는다.

❖ 정소와 난소에서 모두 뇌하수체에 직접 되먹임으로 작용하는 펩타이드 호르몬인 인히빈과 액티빈을 분비한다.

3 수정과 착상

(1) **수정**(fertilization): 수란관 상부에서 일어난다.

• 수정과정

① 사정되었을 때 정액은 응고되어 정자가 자궁에 도달할 때까지 정액이 그 자리에 유지될 수 있도록 만든다. 이후에 항응고제가 정액을 액체로 만들고 정자가 여성의 자궁경부와 난관을 따라 헤엄치기 시작한다.

② 정자가 난자(제2 난모세포)에 접근한다.

③ 첨체(acrosome)라는 작은 소낭에서 가수분해효소가 방출되어 난자 표면의 여포 세포층인 방사관을 분해하고 접근하여 난자의 표면을 덮고 있는 투명대를 분해한다.

④ 정자의 세포막과 난자의 세포막이 융합하면서 정핵이 난자 속으로 침입한다(포유류에서 다 수정 급속방지기작은 아직 밝혀지지 않았다).

⑤ 난자로 들어온 정자는 난자의 소포체에 저장된 Ca^{2+}의 방출을 촉진하며 방출된 Ca^{2+}의 자극으로 제2 난모세포가 감수 2분열을 완료하고 난자로 완성된다.

⑥ 난자에서 방출된 Ca^{2+}에 의해 난자의 막 바로 아래에 있는 피층 과립(cortical granule)들이 세포막과 융합하며, 또 피층 과립에서 나온 효소들이 투명대의 물질들을 서로 결합시켜 투명대를 단단하게 만들고 첨체효소에 의해 분해된 통로를 막아 피층반응을 일으키게 하여 다른 정자들의 침입을 막는다(다 수정 완만 방지).

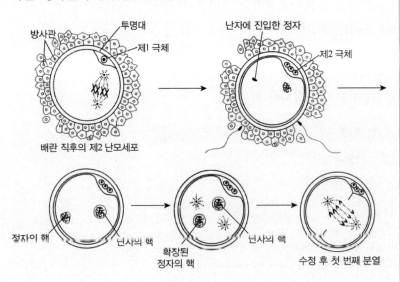

방사관 / 투명대 / 제1 극체 / 난자에 진입한 정자 / 제2 극체

배란 직후의 제2 난모세포

정자이 핵 / 난사의 핵 / 확장된 정자의 핵 / 난사의 핵 / 수정 후 첫 번째 분열

❖ 성게의 수정과정

⑴ 성게의 난자를 둘러싼 젤리층은 정자 유인물질을 생산한다.

⑵ 정자의 머리가 난자의 젤리층에 닿았을 때 첨체에서 나온 효소들이 난자 표면의 젤리층에 구멍을 내고 정자 끝에서 튀어나온 첨체돌기가 길어지면서 젤리층을 통과하여 첨체돌기의 끝에 있는 단백질(빈딘, bindin)이 난자표면의 수용체(빈딘 수용체)와 결합한다(첨체반응).

⑶ 정자와 난자의 막이 융합하면 난자의 세포막에 있는 이온채널이 열리고 정자의 핵이 난자의 세포질로 들어가게 된다. 이때 Na^+이 난자 안쪽으로 들어와서 난자의 막전위가 변하여(탈분극) 다른 정자가 난자의 세포막과 융합하는 것을 억제한다(다 수정 급속방지).

⑷ 정자와 난자가 결합한 후 난자의 소포체에서 방출된 Ca^{2+}에 의해 피층과립이 세포막과 융합하게 된다.

⑸ 피층과립에서 나온 효소들이 정자결합 수용체를 자르고 세포막과 젤리층 사이에 있는 난황막을 단단하게 만들어서 수정막으로 전환시키는 피층반응을 일으키게 한다(다 수정 완만 방지).

⑹ 대체로 정자의 중편을 구성하는 미토콘드리아는 난자의 세포질로 함께 들어갈 수도 있지만 곧 분해되어 없어지므로 자손의 미토콘드리아 유전자는 오직 난자에서 유래된 것이다.

❖ 난자의 활성화

Ca^{2+}의 농도가 증가함에 따라서 난자의 세포호흡률과 단백질합성 속도가 크게 증가하며, 난자와 정자의 핵이 완전히 융합하고 DNA합성 주기와 세포분열(난할)이 시작되는 일련의 대사반응을 시작하게 되는 것을 말한다.

(2) 난할과 착상

① **난할(cleavage)**: 수정란의 초기 세포분열을 난할이라 한다. 수정란이
수란관을 따라 섬모 운동에 의해 자궁 쪽으로 이동하면서 세포의 생
장기 없이 빠른 속도로 일어나는 체세포분열의 일종이다.

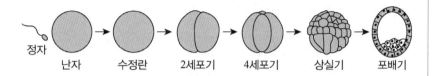

정자　　난자　　수정란　　2세포기　　4세포기　　상실기　　포배기

ⓐ 난할이 진행될수록 세포(할구)의 수는 증가하지만 수정란 전체
(배)의 크기는 변하지 않는다. 따라서 난할은 체세포분열 과정과
달리 생장기가 없으므로 할구의 크기가 점점 작아진다.

ⓑ 난할이 진행되어도 각 할구의 염색체 수와 DNA양은 변화가 없다.

② **착상(implantation)**: 수정된 배가 자궁 점막에 매몰되는 현상으로 포배
기의 상태로 착상되며 수정 후 착상까지는 약 1주일 걸린다.

③ **임신(pragnancy)**: 착상이 일어난 때부터 임신되었다고 한다. 임신을
하면 초기에는 태반에서 HCG(인간 융모성 생식샘 자극 호르몬, human
chorionic gonadotropin)가 분비되어 황체의 퇴화를 막는다. 따라서 황
체에서 에스트로젠, 프로제스테론 등의 호르몬이 계속 분비되어 자궁
내벽이 발달·유지되도록 한다. 분비된 HCG는 혈액을 따라 이동하
며 일부는 배설되어 소변 속에 섞여 나오게 된다. 따라서 소변 검사
를 통해 임신 여부를 알 수 있는데, 임신 진단용 시약은 산모의 소변
속에 있는 HCG의 분자와 결합하여 색깔이 변한다. 임신 3개월부터
는 HCG의 분비량은 줄어들지만 태반에서 에스트로젠과 프로제스테
론을 분비하여 임신을 유지한다.

❖ 난할 중인 세포들의 세포분열 주기
는 주로 S기(DNA합성)와 M기로 구
성된다.

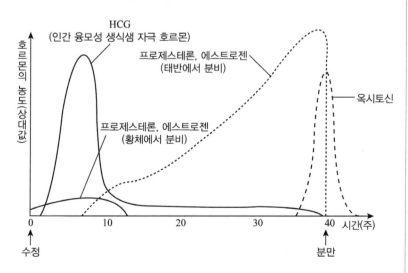

(3) 임신 진단

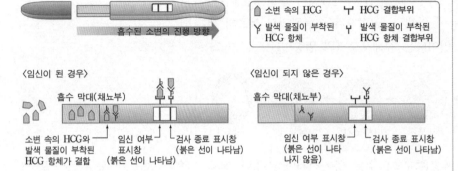

❖ 임신진단 키트의 경우 인간 융모성 생식샘 자극호르몬(HCG)을 인식하는 단일클론 항체를 이용한다.

(4) 쌍생아

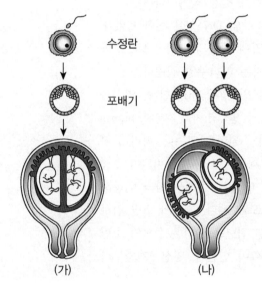

(가)　　　　　(나)

>> (가)는 일란성 쌍생아(monozygotic twin)로 수정란의 난할이 일어나는 과정에서 할구가 갈라져서 각각 독립적으로 발생한 경우이다. 일란성 쌍생아는 서로 유전자가 같아서 혈액형, 성별도 같고 외모도 거의 같다.
(나)의 경우는 이란성 쌍생아(dizygotic twin)로서 2개의 난자가 배란되어 각각 다른 정자와 수정하여 발생한 경우이다. 이란성 쌍생아는 서로 유전자가 다르므로 혈액형, 성별도 다를 수 있고 외모도 다르다.

4 임신 3분기와 분만 3단계

① 임신 기간 266일(9개월)을 3개월씩 임신 3분기로 구분한다.
　ⓐ 1분기: 기관 형성기, HCG분비로 황체 유지
　ⓑ 2분기: HCG가 감소하고 황체는 퇴화하며 태반에서 에스트로젠과 프로제스테론을 분비하여 임신상태를 유지한다.
　ⓒ 3분기: 태아가 급속히 자라고 출산을 준비하는 시기이다.

② 분만의 3단계

    ⊙ 첫 번째 단계: 분만의 가장 긴 단계인 확장기로 자궁경부가 열리고 얇아지며 확장된다.

    ⓒ 두 번째 단계: 출산

    ⓒ 세 번째 단계: 태반의 배출

5 태반(placenta)의 형성

① 배가 자궁 내벽에 착상하면 배 조직의 일부와 자궁 내벽의 일부가 합쳐져 태반이 형성되며, 태반에서는 태반 호르몬을 분비하여 임신이 유지되도록 한다.

② 태아는 탯줄을 통해 태반과 연결되어 모체와 물질교환을 하는데 태반에는 모체의 혈액으로 가득 찬 혈액동(혈강, blood pool)이 형성되고, 그곳에 태아의 모세혈관이 분포하여 모체의 혈액과 태아의 모세혈관 사이에서 물질교환이 일어난다. 즉 산소와 영양소는 모체에서 태아 쪽으로, 노폐물과 이산화탄소는 태아에서 모체 쪽으로 이동한다.

✧ 분만의 첫 번째 단계로는 태아가 자궁 내에서 머리를 아래로 향하면서 자궁경부를 확장시킨다. 이 기계적 자극은 모체의 뇌하수체 후엽에서 옥시토신의 분비를 증가시키고 이는 자궁경부에 더 많은 압박을 가하게 된다. 이러한 양성 되먹임은 보다 강한 분만 수축을 일으키게 한다.

✧ 분만 시 에스트라디올이 자궁에 옥시토신 수용체를 유도하면 옥시토신은 자궁 수축을 촉진하고 태반에서 프로스타글란딘의 생산을 촉진하여 자궁 근육을 더 수축시켜 분만 과정을 돕는다.

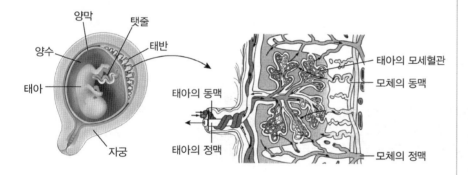

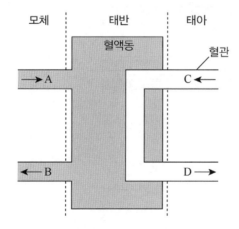

≫ A는 모체 동맥(영양분, 산소), B는 모체 정맥(노폐물, 이산화탄소), C는 탯줄 동맥(제동맥; 노폐물, 이산화탄소), D는 탯줄 정맥(제정맥; 영양분, 산소)이다.

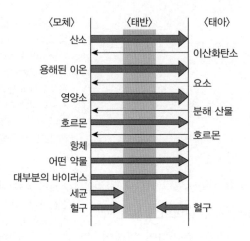

》 세균과 혈구는 태반에서 이동되지 않는다.

6 태아의 발생

(1) 배아기

수정 후 8주까지 대부분의 기관이 형성되며 심장, 팔, 다리 등의 기관이 거의 완성된다.

(2) 태아기: 수정 후 9주부터를 태아기라 한다.

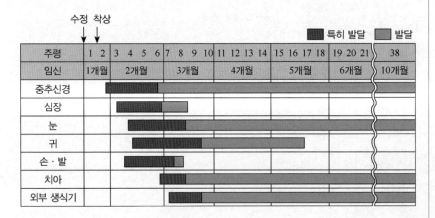

주령	1	2	3	4	5	6	7	8	9	10	11	12	13	14	15	16	17	18	19	20	21	38
임신	1개월		2개월				3개월				4개월				5개월				6개월			10개월
중추신경																						
심장																						
눈																						
귀																						
손·발																						
치아																						
외부 생식기																						

(범례: ■ 특히 발달, ▨ 발달)

① 수정 후 8주 이내에 대부분의 기관이 형성되어 사람의 형태를 갖추게 된다.

② 기관이 형성되는 시기와 완성되는 시기는 기관마다 다르다. 이 자료에서 가장 먼저 형성되는 기관은 중추 신경이고, 가장 먼저 완성되는 기관은 손, 발이다.

7 피임과 인공수정

(1) 일시적인 피임법

① 먹는 피임약(oral contraception): 프로제스테론과 에스트로젠이 주성분으로 새로운 여포의 성숙과 배란을 억제한다.

② 콘돔(condom): 정자가 여성의 질 내로 들어가는 것을 막아 수정이 일어나지 않게 하는 남성용 피임 기구이다.

③ 페미돔(femidom): 여성용 콘돔으로 정자가 여성의 자궁 안으로 들어가는 것을 막아 수정이 일어나지 않게 한다.

④ 자궁 내 장치(루프, intrauterine device, IUD): 정자의 이동을 방해하거나 수정란이 자궁 내벽에 착상하지 못하도록 한다.

⑤ 미페프리스톤(mifepristone, Ru – 486): 이미 임신이 되었을 때 임신 첫 7주 동안 프로제스테론 수용체에 결합하여 프로제스테론의 역할을 방해함으로서 유산을 유도하는데 이용될 수 있다.

❖ 가장 효과적인 피임방법은 IUD와 호르몬 피임법(먹는 피임약)으로 1% 이하의 임신율을 나타낸다.

(2) 영구 피임법

① 정관 수술(vasectomy): 남성의 수정관을 절단하고 묶어 정자의 배출을 막는다.

② 난관 수술(tubal sterillization): 여성의 수란관을 절단하고 묶어 정자와 난자가 만나지 못하도록 한다.

예제 | 4

다음은 정상적으로 생식세포가 형성되는 남성과 여성에게 시술한 피임방법이다. 수술을 받은 후에도 일어나는 현상으로 옳은 것을 있는 대로 고른 것은?

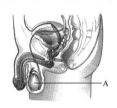 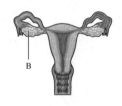

ㄱ. A에서의 테스토스테론 분비　　　　ㄴ. B에서의 배란
ㄷ. B에서의 감수 1분열

① ㄱ　　　　　　　② ㄴ　　　　　　　③ ㄱ, ㄷ
④ ㄴ, ㄷ　　　　　　⑤ ㄱ, ㄴ, ㄷ

|정답| ⑤

정관 수술을 받더라도 정소 A에서 테스토스테론의 분비는 정상적으로 일어난다. 또 난관 수술을 받더라도 성호르몬의 분비가 정상적으로 일어나므로, 난소 B에서의 감수 1분열과 배란은 정상적으로 일어난다.

(3) 인공수정

① **체내 인공수정**: 남성의 정자 수가 부족하거나 정자의 활동성이 떨어져 불임이 되는 경우 이용하는 방법이다. 정자를 채취하여 건강한 정자를 골라 여성의 배란 시기에 맞추어 주입기로 자궁에 넣어 준다.

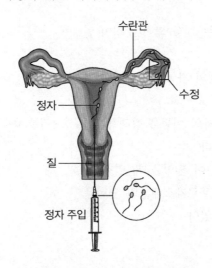

② **체외 인공수정**(시험관 아기): 여성의 자궁은 정상이지만 여성의 수란관이 막혀 임신이 되지 않을 때 이용하는 방법이다. 정자와 난자를 채취하여 시험관에서 수정(in vitro fertilization, IVF)시킨 후, 8세포기 정도까지 발생시킨 배를 여성의 자궁에 주입하여 착상시킨다. 배를 주입할 때는 모체의 프로제스테론 농도가 높게 유지되어 자궁 내벽이 충분히 두꺼워진 상태의 황체기여야 한다. 착상된 배는 정상적으로 임신된 경우와 같이 태반을 형성하고 태아로 자란다.

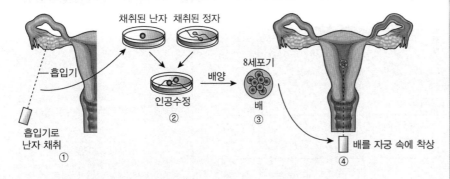

>> ① 배란 촉진제를 이용하여 난자를 성숙시키고 난자를 채취한다.
    ② 정자를 채취하고 정자와 난자를 배양액에서 수정시킨다.
    ③ 수정란을 8세포기까지 발생시킨다.
    ④ 8세포기의 수정란을 여성의 자궁에 주입하여 착상시킨다. 이때 산모의 몸은 황체기여야 한다.

28 동물의 발생

1 발생과정

(1) 난할(분할, cleavage)

수정란의 체세포분열로서, 세포분열 결과로 생긴 세포를 할구(blastomere)라 하며, 난할은 생장기가 없어서 체세포분열보다 분열 속도가 빠르며 난할이 진행될수록 할구의 크기는 점점 작아진다.

① 난할 과정: 수정란 → 2세포기(경할) → 4세포기(경할) → 8세포기(위할)

- ㉠ 처음 2번의 분열(2세포기와 4세포기)은 동물극(animal polar)에서 식물극(vegetal polar) 방향, 즉 수직 방향(경할, meridional cleavage)으로 일어나서 크기가 같은 4개의 할구가 만들어진다.

- ㉡ 3번째 분열(8세포기)은 수평(위할, latitude cleavage)으로 일어나 8개의 할구가 만들어진다. 이때 영양 물질을 가지고 있는 난황이 난할을 방해하므로 난황의 분포에 따라 달라진다. 난황의 양이 적은 포유류의 경우는 균등하게 난할이 일어나지만, 난황이 식물극 쪽에 분포되어 있는 양서류의 경우는 난황이 식물극보다 적은 동물극 쪽으로 치우쳐서 난할이 일어난다. 일반적으로 극체가 형성되어 나오는 부위를 동물극이라 하며 위쪽에 있다(반대쪽을 식물극이라 한다).

② 난할 방식

- ㉠ 등황란(성게, 포유류, 창고기): 난황의 양이 적고 고르게 분포하여 난할이 고르게 일어나 할구의 크기가 같은 등할을 한다.

- ㉡ 약단황란(양서류, 복족류): 난황이 식물극 쪽에 분포되어 있어 난황의 양이 적은 동물극 쪽에서 난할이 빨리 진행되어 동물극 쪽의 할구는 작고 식물극 쪽의 할구는 커서 부등할이라 한다.

- ㉢ 강단황란(어류, 파충류, 조류): 난황의 양이 많아서 동물극 쪽에서만 난할이 일어나는데 이러한 난할 방식을 반할이라 한다.

- ㉣ 중황란(곤충류, 갑각류): 난황이 중앙에 몰려 있어서 난할이 난자의 표면에서만 일어나는 표할을 한다.

❖ 난할은 생장기가 없는 이유
영양분의 출처가 없으므로 착상 후 크기가 증가한다.

❖ 분열구(cleavage furrow)
난할과정 중에 세포질분열을 하여 세포를 반으로 쪼개는 과정에서 생기는 자국

❖ 초파리를 비롯한 대부분의 곤충류에서의 난할은 세포질 분열 없이 핵분열이 일어나기 때문에 하나의 세포질에 많은 핵을 가진 다핵체를 생성한다. 핵은 최종적으로 알의 가장 자리로 이동하고 그 사이에 세포막이 형성되기 시작한다.

〈수정란의 종류와 난할 방식〉

알의 종류		난황분포	난할 방식					보기
등황란		소량 (전체)	전할	등할	(2세포기)	(4세포기)	(8세포기)		성게, 포유류
단황란	약단황란	다량 (식물극 쪽)		부등할					양서류
	강단황란	다량 (알의 대부분)	부분할	반할					어류, 파충류, 조류
중황란		다량 (중앙부)		표할	핵				곤충류, 갑각류

(2) 상실기(morula stage)

난할이 진행됨에 따라 할구의 수가 증가하여 마치 뽕나무 열매와 같은 모양의 상실배를 갖는 시기이다.

(3) 포배기(blastula stage)

난할이 계속되어 할구들 사이의 간격이 커지면 난할강이라는 공간이 생기는데 이것을 포배라 하며 이 시기를 포배기라 한다.

(4) 낭배 형성(조형 운동)(gastrulation)

낭배형성은 포배가 두 개(낭배초기) 또는 세 개의 세포층(낭배후기)을 가지는 과정이다. 포배 단계가 지나면 식물극 쪽의 한 부분이 함입되어 들어가는 낭배 운동으로 배가 주머니 모양이 된다. 이와 같이 배가 주머니 모양으로 된 것을 낭배라 하고 이 시기를 낭배기라 한다. 이때 형성된 낭배의 바깥쪽 세포층을 외배엽, 안쪽 세포층을 내배엽이라 하고 내배엽으로 둘러싸인 공간을 원장, 그 입구를 원구라 한다. 원구의 바로 윗부분을 원구 상순부(dorsal lip, 원구 배순부)라 하며 나중에 척삭으로 분화된다. 외배엽과 내배엽 사이에 또 하나의 세포층을 형성하는데 이것을 중배엽이라고 한다.

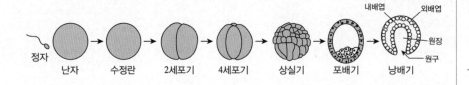

예제 | 1

포유동물 생식세포의 수정 및 배아발생에 대한 설명으로 옳지 않은 것은? (국가직 7급)

① 수정은 난관에서 일어난다.

② 수정 직전의 난자는 반수체이며 감수분열이 완료된 상태이다.

③ 난할이 진행되는 동안 세포의 크기는 점점 작아진다.

④ 낭배형성과정 동안 세 개의 배엽이 형성된다

| 정답 | ②

② 수정 직전의 난자는 반수체이며 감수 1분열이 일어난 제2 난모세포(감수 2분열 중기)의 상태이다.

① 성게의 낭배형성과정

　⑦ 식물극에 있는 간충직 세포(mesenchymal cell, 미래의 중배엽)들이
　　떨어져서 포배강으로 이동한다.

　ⓒ 배의 식물극 부분이 안쪽으로 구부러진다.

　ⓒ 간충직세포들이 사상위족을 뻗고 사상위족이 수축하여 원장을
　　할강의 더 안쪽으로 끌어들인다.

　ⓔ 원장과 할강벽이 융합하면 입과 항문을 갖는 소화관의 형성이
　　완료되며 낭배는 삼배엽층을 가지게 된다.

② 양서류의 낭배형성과정

　⑦ 양서류의 낭배형성은 정자진입 반대쪽에 회색신월환이라는 세포
　　질의 띠가 만들어지면서 시작된다.

　ⓒ 회색신월환의 세포가 안쪽으로 이동하면서 원구가 생기기 시작
　　하며 함입되는 위쪽을 원구 배순부(원구의 등쪽 입술)라 한다.

　ⓒ 세포들이 회절의 과정(안쪽으로 이동하는 과정)으로 원구의 안으
　　로 이동하며 할강을 밀어내고 원장을 형성한다. 원형의 원구는
　　난황이 많은 세포로 구성된 난황마개를 둘러싼다.

　ⓔ 성게에서와 같이 원구는 항문으로 발달하며 입은 반대쪽에서 만
　　들어진다.

③ 조류의 낭배형성과정

　⑦ 조류의 낭배형성과정은 난황위에 있는 위쪽의 상배엽과 아래쪽
　　의 하배엽으로 분리되며 이 두 층 사이에 할강이 있는 납작한
　　구조인 배아시기에 시작된다. 상배엽으로부터 온 세포들만이 실
　　제 배아로 발달하고 하배엽은 나중에 배외막으로 발달하여 발생
　　중인 배아에 양분을 공급하고 지지한다.

　ⓒ 일부 상배엽 세포들은 그대로 남아서 외배엽이 되고, 상배엽의
　　중앙에서 안쪽으로 이동하는 세포들이 쌓여서 원조라는 두꺼운
　　구조를 형성하고, 원조구는 원구처럼 기능하며 이 속으로 중배
　　엽과 내배엽이 되기 위한 세포들이 이동한다. 이러한 배열은 수
　　렴확장이라고 부르는 세포성질의 변화에 기인한다.

　ⓒ 원조구의 앞쪽 끝에 헨센 결절(Hensen node)이라고 하는 두꺼운
　　부위는 양서류의 원구배순부에 해당된다.

❖ 원조(＝원시줄무늬, primitive streak)
조류와 포유류의 배반포 중앙에서
안쪽으로 이동하는 세포들이 싸여
서 형성된 것

❖ 수렴확장
세포층이 좁아지면서(수렴) 길어지
는(확장)현상

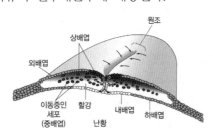

▲ 닭 배아의 단면

④ 사람의 낭배형성과정

ㄱ 자궁으로 이동한 포배에 해당하는 배반포 세포의 내부 세포 덩어리를 내세포괴(inner cell mass, ICM)라 하며 이들이 배 전체를 형성한다.

ㄴ 배의 착상은 배반포 세포 바깥 상피세포층인 영양세포층에 의해 시작된다. 영양세포층은 자궁내막으로 확장하여 융모막이 되고 융모막의 일부가 태반을 형성한다.

ㄷ 착상이 일어나는 시기에 내세포괴는 상배엽과 하배엽으로 이루어진 편평한 원반형의 배아를 형성하게 된다. 조류에서와 같이 대부분 상배엽으로부터 배아가 발생하고 하배엽은 발생중인 배아를 감싸고 태반형성을 돕는 배외막에 기여한다.

ㄹ 영양세포층이 자궁내막으로 확장하고 이와 동시에 4개의 배외막(융모막, 양막, 난황낭, 요막)이 만들어지기 시작한다.

ㅁ 착상이 끝나면 낭배형성과정이 일어난다. 조류에서와 같이 일부 상배엽 세포들은 그대로 남아서 외배엽이 되고 다른 세포들은 원조를 통과하여 중배엽과 내배엽을 형성한다.

❖ 포유류의 배아기에 만들어지는 세포 부착 단백질인 카드헤린(cadherins, 칼슘의존접착분자)은 배아가 발생하는 동안 세포를 밀착시켜 세포들이 제대로 배열되도록 한다.

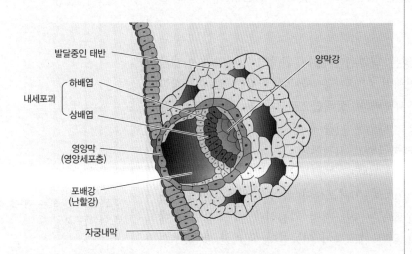

⑤ 파충류, 조류, 포유류에서 형성되는 4개의 배외막

ㄱ 융모막(장막, chorion): 배외막 중 가장 바깥에 위치하며 요막과 함께 기체교환을 담당한다. 영양막세포의 돌출부에 결합하여 탯줄의 혈관 및 자체 혈관을 형성하며 사람을 포함한 영장류는 태아 주변의 자궁내막조직과 함께 태반을 형성한다.

ㄴ 양막(amnion): 배외막 중 가장 안쪽에 위치하며 배아와 양막에서 생성된 양수로 차있다. 양막은 양수가 충격을 흡수하고 배가 건조해지는 것을 막음으로써 배아를 보호한다.

ⓒ **난황낭**(yolk sac): 파충류와 조류에서는 난황을 감싸고 있다. 포유류에서는 혈구세포가 최초로 형성되는 장소이며 이 혈구 세포들은 나중에 배아로 이동하게 되며 배아가 성장함에 따라 난황낭은 작아지게 된다.

ⓓ **요막**(allantois): 조류와 파충류에서 배설물의 저장기능을 하고 포유류에서는 탯줄의 일부를 형성하여 태반으로부터 배아로 산소와 영양분을 공급해주고 배아로부터 이산화탄소와 노폐물을 제거해주는 혈관을 형성한다.

❖ 조류의 배외막
태반 포유류에서 가장 먼저 형성되는 배외막은 영양세포층이지만 조류에서는 난황낭이 가장 먼저 형성된다. 난황낭과 요막은 중배엽과 내배엽에서 기원하며, 장막(융모막)과 양막은 외배엽과 중배엽에서 기원한다.

기
본
편
Ⓥ

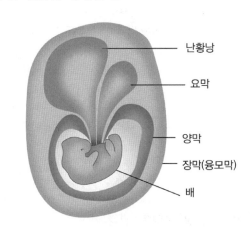

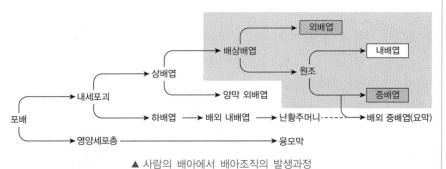

▲ 사람의 배아에서 배아조직의 발생과정

(5) 기관 형성

낭배기가 되면 원구 배순부가 척삭으로 분화되고 외배엽에 유도 작용을 일으켜 신경관이 되게 한다. 신경관은 세포분열을 계속하여 뇌와 척수가 생기면서 신경배를 형성하는데 신경배는 점차 외배엽, 중배엽, 내배엽에서 여러 기관들이 형성되게 한다.

① **외배엽**: 표피(피부의 상피조직과 그 유래조직인 손톱, 땀샘, 피지샘, 모발 등), 감각, 신경, 치아, 수정체, 각막, 솔방울샘, 뇌하수체, 부신속질
② **중배엽**: 근육, 골격, 순환, 배설, 외분비계, 생식, 진피, 부신겉질
③ **내배엽**: 소화, 호흡, 방광, 요도, 외분비계 내벽, 생식계 내벽, 갑상샘, 부갑상샘, 가슴샘

예제 | 2

같은 배엽에서 유래된 것끼리 바르게 짝지은 것은?　(국가직 7급)

① 근육, 신장, 땀샘
② 척수, 피부상피, 각막
③ 뼈, 피지샘, 식도
④ 난소, 간, 대뇌

| **정답** | ②
척수, 피부상피, 각막은 모두 외배엽에서 유래된 것이다.

신경판 형성

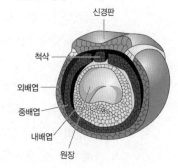

❖ 신경관 형성

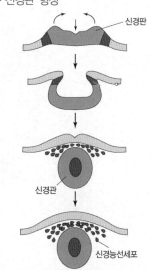

❖ 체절 형성

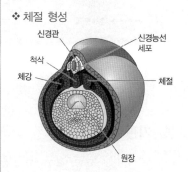

❖ **Check Point**

기관형성과정

- 신경배 형성은 중배엽 세포들이 모여서 척삭을 형성하면서 시작된다.
- 척삭 바로 위의 등쪽 외배엽이 두꺼워 지며 신경판으로 분화된다.
- 신경판이 형성된 후 신경판이 접히고 안쪽으로 굽어져서 신경관을 형성한다. 신경관은 머리 쪽에서는 뇌로, 뒤쪽 몸에서는 척수로 분화한다.
- 척추동물의 신경관 근처에서 발생하는 두 종류의 세포가 있다. 그 중 첫 번째는 신경관이 외배엽으로부터 떨어져 나오는 경계면을 따라 만들어지는 신경능선세포(neural crest cell)이다. 신경능선세포는 배의 여러 부위로 이동하여 말초신경, 치아, 머리뼈 등을 만들어 낸다. 두 번째는 체절을 형성하는 것이다. 체절은 척추동물에서 척추, 갈비뼈, 그것에 붙은 근육 등을 형성하는 과정을 통해 성체에서도 반복구조를 형성하도록 해준다.

2 발생의 기구

(1) 발생 운명의 결정

① 전성설과 후성설

㉠ 전성설(incasement theory): 수정란 때 이미 발생 운명이 결정되어 있다는 설

㉡ 후성설(epigenesis): 발생 운명이 나중에 결정된다는 설

② 루와 드리슈의 실험

㉠ 루(Roux)의 실험: 개구리의 수정란을 2세포기 때 한쪽 할구를 바늘로 찔러서 죽이고 나머지 한쪽만 발생시킨 결과 불완전한 반쪽의 개체가 형성되었다.

㉡ 드리슈(Driesch)의 실험: 성게의 수정란을 2세포기 때 분리시켰더니 각각 따로 발생하여 완전한 개체로 되었다.

③ 모자이크란과 조정란

㉠ 모자이크란: 8줄의 빗판을 갖는 빗해파리의 할구를 2세포기 때 분리 배양하면 각각 빗판이 4줄인 불완전한 개체가 된다.

㉡ 조정란: 성게의 수정란이 2세포기가 되었을 때 할구를 분리 배양하면 모두 정상적인 개체로 자란다.

Tip

- 전성설＝루의 실험＝모자이크란
- 후성설－드리슈의 실험－조정란

(2) 배의 예정화(specification)

① 예정 배역도: 포크트에 의해 완성된 것으로 포배기 때 각 부분의 발생 운명을 국소 생체 염색법으로 추적하여 발생 예정역을 나타낸 그림

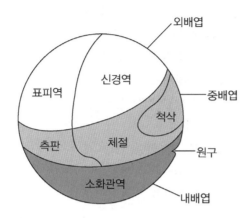

② 슈페만(Spemann)의 배의 이식 실험: 슈페만은 도롱뇽의 배에서 신경 예정역과 표피 예정역을 바꾸어 이식하는 실험을 하여 다음과 같은 결과를 얻었다.

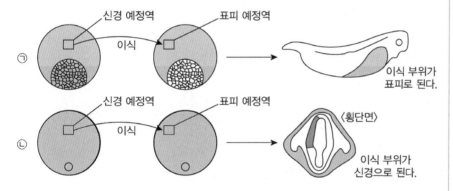

ⓐ **낭배 초기**: 신경 예정역을 표피 예정역에 이식하면 이식된 부분은 표피로 된다.

ⓑ **낭배 후기**: 신경 예정역을 표피 예정역에 이식하면 이식된 부분은 신경으로 된다.

[결과] 도롱뇽 발생 운명의 결정 시기는 낭배 초기와 후기 사이임을 알 수 있다.

(3) 형성체 유도

① 형성체 유도: 도롱뇽의 낭배 초기 원구 배순부는 발생이 진행되면서 척삭이나 중배엽성 조직으로 분화된다. 슈페만은 이 원구 배순부를 낭배 초기의 도롱뇽 배에서 잘라내어 같은 시기에 있는 다른 배의 난할강 속에 이식했다. 그 결과 이식편 자신이 본래의 운명대로 척삭이나 그 밖의 중배엽성 조직으로 분화했을 뿐 아니라, 표피로 될 외배엽에 작용하여 신경판으로 변화시키고 나아가 신경관으로 변화시키는 것을 관찰하였다. 또 이 신경관은 이식편에서 생긴 척삭 등과 함께 다른 제2의 배를 형성하였다.

슈페만은 원구 배순부와 같이 배의 다른 부분에 작용하여 특정 기관을 형성시키는 작용이 있는 것을 형성체(organizer)라고 했고, 이와 같이 다른 부위에 작용하여 그 부위의 분화 방향을 이끌어주는 작용을 유도라고 하였다.

② 유도(誘導)의 연속 현상: 동물의 발생에 있어 기관 형성의 기구는 형성체에 의한 유도의 연속 현상에 의한 것으로, 이 작용에 의해 여러 가지 다양한 기관이 차례대로 형성됨으로써 개체의 발생이 완성된다. 도롱뇽의 눈 발생과정을 예로 형성체에 의한 유도 작용을 살펴보면 다음과 같다.

㉠ 낭배의 원구 배순부가 제1차 형성체로서 외배엽에 작용하여 신경관을 유도한다.

㉡ 신경관이 형성되면 그 앞 끝은 뇌가 된다. 뇌는 양옆이 밖으로 부풀어 안포를 만들며, 안포는 끝이 넓어져 접시 모양의 배가 되는데 이를 안배라 한다.

㉢ 이 안배는 제2차 형성체로 작용하여 바깥쪽의 표피를 안쪽으로 끌어들여 수정체를 만든다. 수정체는 또 제3차 형성체로서 표피에 작용하여 이것을 각막으로 유도하여 눈을 형성한다.

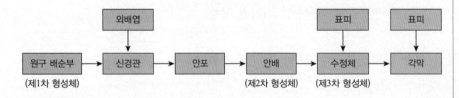

(4) 배의 발생과 핵, 세포질의 영향

① **배의 발생과 핵의 영향**: 개구리나 도롱뇽 수정란의 제 1 난할면을 핵이 있는 쪽과 핵이 없는 쪽으로 나누어 머리카락으로 동여매었더니 핵이 있는 쪽은 정상적으로 난할이 일어났으나 핵이 없는 쪽은 난할이 일어나지 않았다. 그러나 분열 중인 배에서 핵 1개를 핵이 없는 쪽으로 이동시키고 다시 묶었더니 나머지 반쪽에서도 곧 난할이 일어나 정상적인 배가 형성된다.

  [결론] 세포의 분화는 핵이 결정적인 역할을 한다.

② **배의 발생과 세포질의 영향**: 개구리나 도롱뇽의 알은 수정이 되면 적도면 바로 아래쪽에 초승달 모양의 회색 신월환(gray crescent)이라는 세포질이 띠 모양으로 나타나는데, 이것은 제1 난할로 이등분된다. 이때 인위적으로 할구를 분리시키면 각 할구로부터 완전한 발생이 이루어진다. 그러나 회색 신월환이 한쪽으로 모이도록 수정란을 분리시키면 회색 신월환이 있는 반구는 정상 발생하지만 없는 반구는 낭배 운동을 하지 않고 세포의 분화도 볼 수 없으며 발생이 곧 중단된다.

  [결론] 세포의 분화는 핵이 결정적인 역할을 하지만, 그것이 기능을 나타내는 데는 적당한 세포질적인 환경이 있어야 한다.

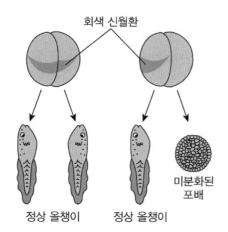

회색 신월환

정상 올챙이　　　정상 올챙이　　미분화된 포배

(5) 척추동물의 사지형성

척추동물에서 패턴형성을 이해하기 위한 모델 체계는 닭의 사지 발생이다. 닭의 날개와 다리는 모든 척추동물의 사지와 마찬가지로 사지싹이라고 하는 조직덩어리로부터 시작된다. 사지싹에 있는 두 개의 형성체지역(정단외배엽융기와 극성화 활성대)이 사지 발달과정에서 매우 중요한 역할을 하는데 두 형성체 지역은 앞다리로 발달하는 지역과 뒷다리로 발달하는 지역에 모두 나타나 사지싹 내의 다른 세포에 핵심 위치정보를 제공해주는 단백질을 분비한다.

① **정단외배엽융기**(꼭대기외배엽능선 apical ectodermal ridge, AER): 사지싹의 끝에 있는 두꺼운 외배엽 지역으로 AER을 제거하면 축을 따라 팔과 다리가 뻗어나가지 못한다. AER세포들은 섬유아세포 성장인자 군에 속하는 여러 분비단백질을 만들어내어 사지싹이 정상적으로 뻗어나가는 것을 촉진한다. AER을 포함하는 외배엽을 분리하여 앞뒤로 180° 바꾸어 놓으면 팔의 구조도 손등과 손바닥축이 바뀐 형태로 나타난다.

② **극성화 활성대**(zone polarizing activity, ZPA): 사지싹 뒷부분에 존재하는 중배엽 조직덩어리이다. ZPA는 사지쌍의 극성을 결정하는 형태형성 물질인 소닉 헤지호그(sonic hedgehog, shh)라는 성장인자를 분비하여 팔다리의 좌-우측을 결정하는 농도기울기를 형성한다. 가장 높은 농도의 shh에 접한 세포는 새끼손가락이 되고, 가장 낮은 농도에 있는 세포는 엄지손가락이 된다.

예제 | 3

동물의 발생에 대한 설명으로 가장 옳지 않은 것은?　　　　　　　　(서울)

① 새로운 배아 형성에 필요한 성분들은 난자의 세포질에 고르게 분포되어 있다.

② 양서류 난모 세포는 수정 후에 회색 신월환을 동등하게 나누면 2개의 할구로부터 2개의 정상적인 유충이 발달 한다.

③ 난황의 양이 많은 물고기 알의 경우 난할이 난황 꼭대기에 있는 세포질 층에 한정되어 일어난다.

④ 한 배아의 등쪽 입술 세포를 다른 배아에 이식하면 새로운 신체부분이 형성된다.

|정답| ①

새로운 배아 형성에 필요한 성분들은 난자의 세포질에 불균등하게 분포되어 있다.

V 동물생리학

001

동물구조의 단계를 바르게 나타낸 것은?

① 세포 – 조직 – 조직계 – 기관 – 기관계 – 개체
② 기관 – 기관계 – 조직 – 세포 – 개체
③ 조직 – 세포 – 기관계 – 기관 – 개체
④ 세포 – 조직 – 기관 – 기관계 – 개체

➡ 조직계는 식물구조의 단계이다.

002

결합조직에 대한 설명으로 옳지 않은 것은?

① 결합조직에는 섬유성 결합조직, 뼈, 근육, 연골, 혈액, 지방조직이 있다.
② 결합조직 섬유는 아교질섬유, 탄력성섬유, 세망섬유가 있다.
③ 주로 콜라겐이라 불리는 단백질로 구성되어 있다.
④ 상처를 치유하는 과정에 관여한다.

➡ 근육은 결합조직이 아니고 근육조직이다.

003

포유류의 평활근세포의 특징은?

① 빠른 수축, 줄무늬, 수의근
② 빠른 수축, 줄무늬, 불수의근, 가지가 있음(branched)
③ 완만한 수축, 방추형, 불수의근
④ 완만한 수축, 불수의근, 심장벽에 위치

➡ 심장근을 제외한 내장근을 이루는 근육이 평활근이므로 완만한 수축을 하며 불수의근이다.

정답
001 ④ 002 ① 003 ③

004

동물의 조직과 기관에 대한 설명으로 옳은 것은?

① 정소와 난소는 조직에 해당된다.
② 이자, 간, 쓸개는 소화계에 속하는 기관이다.
③ 콩팥, 오줌관, 방광, 요도, 항문은 배설계에 속하는 기관이다.
④ 뉴런은 신경조직이다.

➡ 정소와 난소는 기관에 해당하고 항문은 소화계에 속하며 뉴런은 신경세포이다.

005

사람 몸의 구성단계에 대한 설명으로 옳은 것을 모두 고르면?

ㄱ. 이자는 조직에 해당한다.
ㄴ. 심장과 혈관은 순환계에 속하는 기관이다.
ㄷ. 동일한 구조와 기능을 가진 세포들의 집단을 조직이라고 한다.
ㄹ. 동일한 구조와 기능을 가진 조직들의 집단을 기관이라고 한다.

① ㄱ, ㄴ   ② ㄷ, ㄹ
③ ㄱ, ㄷ   ④ ㄴ, ㄷ

➡ 이자는 기관에 해당되며 서로 다른 조직들의 집단을 기관이라고 한다.

006

다음 중 사람의 필수영양소가 아닌 것은?

① 비타민 B   ② 비타민 C
③ 글리코젠   ④ 트립토판

➡ 체내에서 합성되거나 전환되지 않는 영양소를 필수영양소라 한다. 글리코젠은 포도당으로부터 합성되므로 필수영양소가 아니다.

007

다음 중 유기용매에 가장 잘 녹는 영양소는?

① 녹말   ② 단백질
③ 지방   ④ 비타민 C

➡ 기름이나 지방을 녹이는 물질을 유기용매라고 한다.

정답
004 ②   005 ④   006 ③   007 ③

008

다음 중 프로비타민 A에 해당하는 물질은?

① 엽록소
② 카로틴
③ 잔토필
④ 에르고스테롤

카로틴은 프로비타민 A이고 에르고스테롤은 프로비타민 D이다.

009

탄수화물 400g, 지방 100g, 단백질 50g, 무기질 30g, 비타민 1g을 섭취했을 때 인체가 얻을 수 있는 열량은?

① 2,000kcal
② 2,450kcal
③ 2,700kcal
④ 4,200kcal

탄수화물 400g×4kcal＝1600kcal, 지방 100g×9kcal＝900kcal, 단백질 50g×4kcal＝200kcal, 무기질과 비타민은 에너지원이 아니므로 얻을 수 있는 열량은 총 2,700kcal이다.

010

다음 중 탄수화물 분해효소가 아닌 것은?

① 말테이스
② 락테이스
③ 수크레이스
④ 펩티데이스

펩티데이스는 폴리펩타이드를 아미노산으로 분해하는 효소이다.

011

영양소 검출반응과 반응 후의 색깔이 잘못 연결된 것은?

① 베네딕트반응－포도당, 엿당 $\xrightarrow{\text{가열}}$ 황적색

② 아이오딘반응－녹말 → 청람색

③ 수단 Ⅲ 반응－지방 → 적색

④ 뷰렛반응－단백질 → 보라색

수단 Ⅲ 반응은 지방을 적색에서 선홍색으로 변화시킨다.

정답

008 ② 009 ③ 010 ④ 011 ③

012

사람의 침샘에서 분비되는 소화효소의 작용은?

① 탄수화물의 소화　　　② 단백질의 소화

③ 지방의 소화　　　　　④ 핵산의 소화

→ 침샘에서 아밀레이스가 분비되어 녹말을 엿당으로 분해한다.

013

기계적 소화작용 중 소화관 전체에서 일어나는 것은?

① 저작운동　　　　　　② 꿈틀운동

③ 혼합운동　　　　　　④ 분절운동

→ 꿈틀운동(연동운동)은 소화관 전체에서 일어나며 혼합운동(분절운동)은 주로 소장에서 일어난다.

014

다음 중 세포 내 소화를 하는 동물은?

① 해면동물　　　　　　② 자포동물

③ 절지동물　　　　　　④ 척추동물

→ 해면동물은 세포 내 소화, 자포동물은 세포 내외 소화, 그 외의 동물은 모두 세포 외 소화이다.

015

위에서의 소화에 대한 설명으로 옳지 않은 것은?

① 위의 주세포에서는 펩신을 분비한다.

② 위의 부세포에서는 H^+과 Cl^-을 분비하여 염산을 형성한다.

③ 위의 점액세포는 뮤신을 분비한다.

④ 위액은 점액, 효소, 강한 산으로 이루어져 있다.

→ 위의 주세포에서는 펩시노젠을 분비한다.

정답

012 ①　013 ②　014 ①　015 ①

016

위액분비와 이동에 관한 설명으로 옳지 않은 것은?

① 신경 자극에 의해 위액의 분비가 시작된다.
② 가스트린이라는 호르몬이 분비되어 위액 분비가 촉진된다.
③ 유문부의 괄약근은 십이지장 내부가 산성일 때 닫히고 염기성일 때 열려서 음식물이 한 번에 조금씩 이동하도록 조절한다.
④ 그렐린(ghrelin)은 위에서 분비되는 내분비물로 식사 후 분비량이 증가한다.

➜ 그렐린(ghrelin)은 공복호르몬으로 식사 전에 분비량이 증가하여 식욕을 증가시킨다.

017

카이모트립시노젠을 카이모트립신으로 활성화시키는 물질은?

① 염산
② 펩신
③ 트립신
④ 엔테로카이네이스

➜ 트립신은 카이모트립시노젠을 카이모트립신으로 활성화시키고, 엔테로카이네이스는 트립시노젠을 트립신으로 활성화시킨다.

018

쓸개즙(담즙)에 대한 설명으로 옳지 않은 것은?

① 쓸개즙은 간에서 만들어져 쓸개에 저장된다.
② 쓸개즙은 십이지장으로 분비되는 소화액으로 방부작용을 한다.
③ 쓸개즙에는 지방 소화효소가 있어 지방을 소화시킨다.
④ 쓸개즙은 지방을 유화시켜 소화효소가 쉽게 작용하도록 도와준다.

➜ 쓸개즙은 지방 소화효소는 없고 지방의 소화를 도와준다.

019

이자액의 성분으로서 십이지장으로 분비되어, 위에 내려온 산성 음식물을 중화시켜 약알칼리성으로 만드는 물질은?

① 염산
② 가스트린
③ 세크레틴
④ 탄산수소나트륨

➜ 이자액에서 분비되는 탄산수소나트륨은 중화작용을 한다.

정답

016 ④ 017 ③ 018 ③ 019 ④

020

소화액 분비 촉진 호르몬에 대한 설명으로 옳은 것을 모두 고르면?

ㄱ. 가스트린은 위액의 분비를 촉진한다.

ㄴ. 세크레틴은 이자효소의 분비를 촉진한다.

ㄷ. 콜레시스토키닌은 이자액($NaHCO_3$) 분비를 촉진한다.

ㄹ. 콜레시스토키닌은 쓸개즙 분비를 촉진한다.

① ㄱ, ㄹ

② ㄱ, ㄷ, ㄹ

③ ㄱ, ㄴ, ㄹ

④ ㄱ, ㄴ, ㄷ, ㄹ

021

간의 기능이 아닌 것은?

① 아미노산의 저장

② 요소생성

③ 적혈구의 파괴

④ 프로트롬빈, 피브리노겐, 헤파린의 생성

022

다음 중 대장의 주요기능은?

① 양분흡수

② 수분흡수

③ 식세포작용

④ 방부작용

023

소화과정의 조절에 대한 설명으로 옳지 않은 것은?

① 음식 냄새만 맡아도 소화액이 분비되는 것은 부교감신경의 작용이다.

② 모노글리세리드와 지방산은 융털의 상피세포에서 지방으로 재합성되어 암죽관으로 흡수된다.

③ 폴리펩타이드를 아미노산으로 완전히 소화하는 효소는 장효소에만 있다.

④ 양분의 흡수는 능동수송에 의해서만 일어난다.

세크레틴은 이자액 ($NaHCO_3$)의 분비를 촉진하고 콜레시스토키닌은 이자액(이자효소)과 쓸개즙의 분비를 촉진한다.

간에서 글리코겐을 합성하여 저장한다.

대장은 수분을 흡수하고 찌꺼기를 항문으로 이동시킨다.

양분의 흡수는 확산과 능동수송에 의해서 일어난다.

정답

020 ① 021 ① 022 ② 023 ④

024

소장의 융털에서 흡수되는 포도당이 심장으로 이동하는 경로로 옳은 것은?

① 암죽관 → 림프관 → 가슴관 → 빗장밑정맥 → 상대정맥 → 심장
② 암죽관 → 림프관 → 빗장밑정맥 → 가슴관 → 상대정맥 → 심장
③ 모세혈관 → 간정맥 → 간 → 간문맥 → 하대정맥 → 심장
④ 모세혈관 → 간문맥 → 간 → 간정맥 → 하대정맥 → 심장

→ 포도당은 수용성 양분이므로 수용성 양분의 이동경로로 이동한다.

025

다음 그림은 양분의 흡수과정을 나타낸 것이다. 이에 대한 설명으로 옳지 않은 것은?

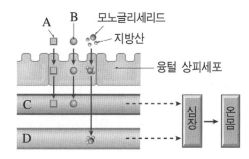

① 소화된 영양소는 융털의 상피세포로 흡수된 후 모세혈관이나 암죽관으로 이동한다.
② 지방산과 모노글리세리드는 융털의 상피세포에서 지방으로 재합성된 후 암죽관으로 이동한다.
③ C는 암죽관이고 D는 모세혈관이다.
④ 수용성 양분과 지용성 양분은 심장에서 섞인 후 혈액을 따라 온몸으로 이동한다.

→ C는 모세혈관이고 D는 지방이 이동하므로 암죽관이다.

정답

024 ④ 025 ③

026

다음 그림은 양분의 이동과정을 나타낸 것이다. 이에 대한 설명으로 옳지 않은 것은?

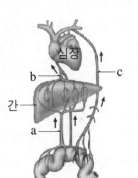

① 포도당은 a를 통해서 간으로 이동한다.
② 아미노산과 비타민 C는 a와 b를 통해 이동한다.
③ a는 간정맥이고 b는 간문맥이다.
④ c로 이동된 양분은 심장을 지나 혈관을 통해 이동한다.

➡ a는 간문맥이고 b는 간정맥이다.

027

다음 그림은 알코올의 분해과정을 나타낸 것이다. 이에 대한 설명으로 옳지 않은 것은?

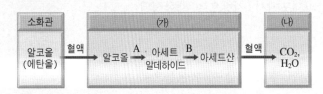

① 알코올은 분해되지 않고 그대로 흡수된다.
② 알코올은 간에서 완전히 분해된다.
③ A와 B에는 효소가 관여한다.
④ (개)는 간이고 (내)는 조직세포이다.

➡ 알코올은 조직세포 (나)에서 완전히 분해된다.

정답

026 ③ 027 ②

028

다음 중 골수에서 생성되지 않는 것은?

① 적혈구   ② 백혈구
③ 혈소판   ④ 항체

029

다음 중 혈액의 작용이 아닌 것은?

① 운반작용   ② 조절작용
③ 보호작용   ④ 분비작용

030

혈액을 유리막대로 저어주면 응고되지 않는데, 그 원리는?

① 트롬보카이네이스의 작용을 억제
② 피브린 제거
③ 프로트롬빈 제거
④ Ca^{2+} 제거

031

다음 중 혈액 응고과정에 관여하지 않는 물질은?

① 트롬보카이네이스   ② 헤파린
③ 프로트롬빈   ④ Ca^{2+}

→ 항체는 림프구가 분화된 형질세포에서 생성된다.

→ 혈액의 작용에 분비기능은 없다.

→ 유리막대로 저어주는 것은 피브린을 제거하기 위한 것이다.

→ 헤파린은 혈액응고를 방지한다.

정답
028 ④   029 ④   030 ②   031 ②

032

혈액의 응고과정을 순서대로 바르게 나열한 것은?

A. 피브린의 형성   B. 혈병의 형성
C. 트롬빈의 형성   D. 혈소판의 파괴
E. 트롬보카이네이스의 작용

---

① D→E→C→A→B   ② D→C→B→A→E
③ D→E→A→C→B   ④ D→C→A→E→B

033

선천적 면역에 해당하지 않는 것은?

① 식세포   ② 항 미생물 단백질
③ 염증반응   ④ 항체

→ 항체는 후천적으로 생기는 특이적 면역이다.

034

바이러스 증식을 비특이적으로 억제하는 물질은?

① 케모카인   ② 인터페론
③ 종양괴사 인자   ④ 인터류킨

→ 인터페론은 주변의 바이러스에 감염되지 않은 세포에 작용하여 바이러스 증식을 억제하는 물질(항바이러스 단백질)의 발현을 유도한다.

035

조직 염증반응을 유발하는 원인은?

① 손상된 세포에 의한 히스타민 등 화학물질의 방출
② 보체 단백질
③ 중화반응
④ 감염된 세포에 의한 인터페론의 방출

→ 히스타민이 감염된 부위 주변의 모세혈관을 확장시켜 염증반응을 유발한다.

정답

032 ①   033 ④   034 ②   035 ①

036

다음 중 식세포 작용을 하는 세포는?

① 자연살생세포(NK cell)

② 수지상세포

③ B 세포

④ 비만세포

037

다음 중 항 미생물 단백질이 아닌 것은?

① 라이소자임   ② 케모카인

③ 인터페론   ④ 디펜신

038

항체의 기능이 아닌 것은?

① 중화   ② 응집

③ 보체의 활성화   ④ 식세포 작용

039

에피톱(epitope)이란 무엇인가?

① 항체가 결합하는 항원 내의 특정 결합 부위

② 특정 항원에만 반응하는 림프구와 종양 세포를 융합해서 만든 단일클론 항체

③ 항원

④ 기억세포

→ 자연살생세포는 감염된 세포나 암세포를 파괴하며, 호중구, 호산구, 대식세포, 수지상세포가 식세포 작용을 한다.

→ 케모카인은 염증반응을 유발하는 물질이다.

→ 항체는 항원의 기능을 약화시키거나 백혈구의 식세포 작용을 촉진시키는 작용을 한다.

→ 항체가 결합하는 항원결정기를 에피톱이라 한다.

040

다음 중 세포독성 T 세포에 대한 설명으로 옳은 것은?

㉠ 흉선에서 생성되어 골수에서 성숙된다.
㉡ 골수에서 생성되어 흉선에서 성숙된다.
㉢ 파괴하려는 세포에 접근하여 퍼포린과 글랜자임을 분비한다.
㉣ B 세포에 항원을 제시한다.

① ㉠, ㉢
② ㉠, ㉣
③ ㉡, ㉢
④ ㉡, ㉣

→ 세포독성 T 세포는 골수에서 생성되어 흉선에서 성숙되며 퍼포린과 글랜자임을 분비하여 항원에 감염된 세포나 암세포를 파괴한다.

041

다음 중 APC에 해당하는 세포는?

① 세포독성 T 세포
② 도움 T 세포
③ 항체를 생성하는 세포
④ 수지상세포, 대식세포, B 세포

→ APC는 항원제시세포이다.

042

B 세포 항원수용체에 대한 설명으로 옳지 않은 것은?

① Y자 모양의 분자로서 4개의 폴리펩타이드로 구성되어 있다.
② B 세포 수용체는 4개의 항원결합부위를 가지고 있다.
③ 중쇄와 경쇄의 Y자형의 양 끝부분은 변이[V(variable)] 영역을 구성한다.
④ 이황화결합으로 연결된 2개의 동일한 중쇄(heavy chain)와 2개의 동일한 경쇄(light chain)로 구성되어 있다.

→ B 세포 수용체는 Y자형의 양 끝부분에 2개의 항원결합부위를 가지고 있다.

정답
040 ③ 041 ④ 042 ②

043

주조직 적합성 복합체(MHC)에 대한 설명으로 옳지 않은 것은?

① 생체 내의 거의 모든 핵을 갖는 세포는 Ⅰ형 MHC 단백질을 세포표면에 갖는다.

② 세포독성 T 세포 표면에는 CD8이라는 표면단백질을 갖는다.

③ 수지상세포, 대식세포, B 세포는 Ⅱ형 MHC 단백질을 갖는다.

④ Ⅰ형 MHC를 인식하는 수용체를 갖는 것은 도움 T 세포이다.

044

면역에 대한 설명으로 옳지 않은 것은?

① 수지상세포와 대식세포는 세포내 섭취작용으로 섭취한 항원을 분해한 후 항원 조각을 도움 T세포에 제시한다.

② 조절 T세포는 자기항원에 대한 TCR을 갖는 T_H와 T_C의 세포자살을 유도하여 면역관용에 중요한 역할을 한다.

③ B 세포는 주로 체액성 면역반응에서 도움 T 세포에게 항원을 제시한다.

④ 세포독성 T 세포는 세포성 면역반응으로 항원을 파괴한다.

045

도움 T 세포의 기능이 아닌 것은?

① 항원을 직접 공격한다.

② B 세포를 활성화한다.

③ Ⅱ형 MHC 분자를 인식한다.

④ 세포독성 T 세포를 활성화한다.

→ Ⅰ형 MHC를 인식하는 수용체를 갖는 것은 독성 T세포이다.

→ 세포독성 T 세포는 항원에 감염된 세포를 파괴한다.

→ 항원과 직접 반응하는 것은 항체이다.

정답

043 ④ 044 ④ 045 ①

046

T 세포와 B 세포에 대한 설명으로 옳지 않은 것은?

① T 세포와 B 세포 모두 핵을 가지고 있다.
② T 세포와 B 세포는 모두 백혈구의 일종이다.
③ 보조 T 세포는 세포성 면역과 체액성 면역에 모두 관여한다.
④ T 세포의 도움으로 형질세포가 기억세포로 분화된다.

→ 형질세포가 기억세포로 분화되는 경우는 없고 기억세포가 형질세포로 분화된다.

047

다음 중 항체를 생성하는 세포는?

① plasma cell   ② mast cell
③ memory cell   ④ natural killer cell

→ 항체를 생성하는 세포는 형질세포(plasma cell)이다.

048

에이즈(AIDS) 바이러스가 인체에 감염되어 특정 세포를 공격하면 환자가 감염에 전혀 저항할 수 없게 된다. 이때 바이러스가 공격하는 세포는?

① Helper T cell   ② plasma cell
③ Memory cell   ④ Killer T cell

→ AIDS 바이러스가 감염하는 세포는 도움 T 세포이다.

049

항체에 대한 설명으로 옳지 않은 것은?

① IgA: 사람의 젖 특히 초유에 많이 들어 있어서 유아의 수동면역에 관여한다. 호흡기의 점액, 침, 눈물, 소화관벽에도 존재하며 항원의 중화 반응을 촉진시킨다.
② IgM: 항체의 대부분을 차지하며 항원이 침투했을 때 1차 반응에서 B 세포로부터 가장 먼저 분비되는 항체이다.
③ IgE: 비만세포(mast cell)의 세포막에 결합되어 있으며 히스타민과 같은 물질을 방출하게 하여 염증 반응이나 알레르기(allergy) 반응을 일으킨다.
④ IgG: 태반을 통과할 수 있는 유일한 항체로서 태아의 초기 수동면역에 관여한다.

→ 항체의 대부분(70~75%)을 차지하는 항체는 IgG이다.

정답
046 ④ 047 ① 048 ① 049 ②

050

다음 중 알레르기와 관계없는 것은?

① 비만세포

② 히스타민

③ 라이소자임

④ IgE

051

B형 혈액을 A형 사람에게 수혈하면 응집반응이 일어나는 이유는?

① B형의 항A 항체와 A형의 적혈구가 응집한다.

② B형의 항B 항체와 A형의 적혈구가 응집한다.

③ B형의 적혈구와 A형의 항A 항체가 응집한다.

④ B형의 적혈구와 A형의 항B 항체가 응집한다.

052

적아세포증을 일으킬 수 있는 부부와 태아의 혈액형은?

① Rh^+(남자) × Rh^-(여자) → Rh^-(태아)

② Rh^+(남자) × Rh^+(여자) → Rh^-(태아)

③ Rh^+(남자) × Rh^-(여자) → Rh^+(태아)

④ Rh^-(남자) × Rh^+(여자) → Rh^+(태아)

➡ 라이소자임은 세균의 세포벽 성분인 펩티도글리칸을 가수분해하는 효소이다.

➡ B형의 적혈구에 있는 응집원 B와 A형의 항B 항체(β)가 응집한다.

➡ 적아세포증은 Rh^+형인 남자와 Rh^-형인 여자 사이에서 생긴 태아(Rh^+)가 뱃속에서 피가 용혈되어 사망하는 현상이다.

053

다음은 철수와 영희의 혈액을 판정한 결과이다. 이에 대한 설명으로 옳은 것은?

(철수)

항 A 혈청 항 B 혈청 항 Rh 혈청

(영희)

항 A 혈청 항 B 혈청 항 Rh 혈청

(● 응집함 ● 응집하지 않음)

① 철수의 혈액은 Rh⁻ B형이다.
② 영희의 혈액은 Rh⁺ AB형이다.
③ 영희는 철수에게 소량 수혈할 수 있다.
④ 철수와 영희 사이에서 적아세포증인 자녀가 태어날 수 있다.

054

동맥에 대한 설명으로 옳은 것은?

① 심장에서부터 나가는 혈액이 흐르는 혈관이다.
② 동맥의 지름이 정맥보다 굵다.
③ 산소가 풍부한 혈액이 통과한다.
④ 혈액의 역류를 방지하는 판막이 있다.

055

정맥에 대한 설명으로 옳지 않은 것은?

① 피부 가까이 분포한다.
② 판막이 있어서 혈액의 역류를 막아준다.
③ 동맥보다 두껍다.
④ 혈액이 심장을 향해서만 흐를 수 있도록 해준다.

➡ 영희의 혈액은 Rh⁺ O형이므로 Rh⁻인 철수에게 소량이라도 수혈할 수 없으며, Rh⁺인 영희에게서는 적아세포증인 자녀가 태어나지 않는다.

➡ 산소가 풍부한 혈액은 동맥혈이며, 폐동맥은 동맥이지만 정맥혈이 흐른다.

➡ 동맥은 높은 혈압에 견딜 수 있도록 혈관벽이 정맥보다 두껍고 혈압이 낮은 정맥은 동맥보다 얇다.

정답

053 ① 054 ① 055 ③

056

사람의 심장에서 CO_2가 많은 정맥혈을 폐순환계로 보내는 곳은?

① 우심방
② 우심실
③ 좌심방
④ 좌심실

→ CO_2가 많은 정맥혈은 우심실에서 폐동맥을 거쳐 폐로 이동한다.

057

심방 박동의 자극 전달 경로를 바르게 나열한 것은?

① 방실결절 → 히스색 → 푸르키녜 섬유 → 동방결절
② 방실결절 → 히스색 → 동방결절 → 푸르키녜 섬유
③ 동방결절 → 방실결절 → 푸르키녜 섬유 → 히스색
④ 동방결절 → 방실결절 → 히스색 → 푸르키녜 섬유

→ 박동원인 동방결절에서 시작된 흥분이 우심방을 수축시키고 곧이어 심방과 심실 사이에 있는 방실결절을 흥분시킨다. 이 흥분이 히스색을 거쳐서 푸르키녜 섬유를 통해 심실벽으로 전달된다.

058

다음 그래프는 심장 박동에 따른 심방, 심실, 대동맥의 혈압 변화를 나타낸 것이다. 이에 대한 설명으로 옳지 않은 것은?

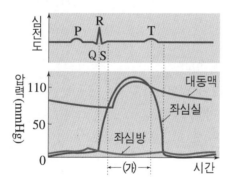

① 심장이 0.8초에 1회 박동한다면 1분 동안의 심장 박동수는 75회이다.
② ㈎ 구간에는 좌심실에서 대동맥으로 혈액이 흐른다.
③ 심전도에서 P는 심방수축, QRS는 심실수축, T는 심실이완을 나타낸다.
④ 심장 박동의 1심음은 반월판이 닫힐 때, 2심음은 방실판이 닫힐 때 들리는 소리이다.

→ 1심음은 방실판이 닫힐 때, 2심음은 반월판이 닫힐 때 들리는 소리이다.

정답
056 ② 057 ④ 058 ④

059

다음 그래프는 혈관의 종류에 따른 총단면적, 혈류속도, 혈압의 변화를 비교한 것이다. 이에 대한 설명으로 옳지 않은 것은?

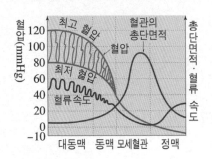

① 대동맥에서 최고 혈압은 좌심실이 수축할 때 나타난다.
② 심실의 수축기와 이완기의 혈압 차이는 좌심실에 가까운 동맥일수록 더 크다.
③ 혈압은 심장에서 혈액이 흘러간 거리가 멀어질수록 낮아진다.
④ 정맥과 대정맥에서는 정맥에 있는 근육의 수축과 이완에 의해 혈액이 흐른다.

→ 정맥 주변에 있는 근육의 수축과 이완에 의해 혈액이 흐른다.

060

혈관에 대한 설명으로 옳지 않은 것은?

① 정맥에는 혈액의 역류를 막기 위한 판막이 발달해 있다.
② 혈관벽을 통한 물질 교환은 모세혈관에서 가장 많이 일어난다.
③ 모세혈관은 총단면적이 가장 넓어서 혈류속도가 가장 느리다.
④ 모세혈관은 벽의 두께가 얇아서 혈장 단백질이 주변 조직으로 대부분 빠져나간다.

→ 혈장 단백질은 분자량이 커서 주변 조직으로 빠져나가지 않는다.

061

척추동물의 모세혈관에 대한 설명으로 옳지 않은 것은?

① 모세혈관 벽은 한 층의 세포로 되어 있다.
② 모세혈관 벽을 이루는 세포들 사이에는 작은 틈이 있다.
③ 적혈구는 모세혈관 벽을 빠져나가지 못한다.
④ 혈장 성분은 모세혈관 벽을 통해 빠져나갈 수 없다.

→ 혈장 성분의 일부가 모세혈관 벽을 통해 빠져나가서 조직액이 된다.

정답

059 ④   060 ④   061 ④

062

심장 박동을 위하여 심장 근육이 끊임없이 수축하는데, 이때 심장 근육에 산소 및 영양분을 공급하는 경로는?

① 심장 내부 혈액에서 직접 공급
② 관상동맥
③ 체순환에서의 대동맥
④ 폐순환에서의 폐동맥

063

혈관의 특성이 아닌 것은?

① 혈압은 동맥＞모세혈관＞정맥 순이다.
② 모세혈관은 총단면적이 넓고 혈류속도가 느리므로 물질 교환에 유리하다.
③ 정맥에서의 혈액 이동은 주로 혈압에 의해 이루어진다.
④ 정맥에는 혈액의 역류를 방지하는 구조가 있다.

064

조직액에 대한 설명으로 옳지 않은 것은?

① 혈장 성분이 모세혈관 벽을 통해 나온 것이다.
② 혈액과 조직세포 사이에서 물질 교환을 중개한다.
③ 혈장보다 단백질이 약간 많다.
④ 세포 주위의 공간을 채우고 있다.

➡ 관상동맥은 심장 근육에 산소 및 영양분을 공급하는 혈액이 흐른다.

➡ 정맥에서의 혈액 이동은 정맥 주변에 있는 근육의 수축과 이완에 의해 이루어진다.

➡ 단백질은 분자량이 커서 모세혈관을 빠져나오지 못하므로 조직액에는 혈장보다 단백질이 적다.

065

조직액과 림프에 대한 설명으로 옳지 않은 것은?

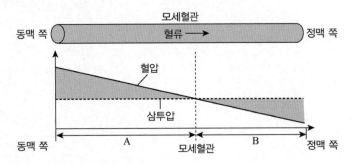

① 림프관의 한쪽은 정맥과 연결되어 있고 다른 쪽은 동맥과 연결되어 있다.
② 동맥 쪽 모세혈관 A에서는 혈압이 혈장 삼투압보다 높으므로 혈장의 일부가 모세혈관에서 조직액 쪽으로 빠져나간다.
③ 정맥 쪽 모세혈관 B에서는 혈장 삼투압이 혈압보다 높으므로 조직액의 일부가 조직액에서 모세혈관 쪽으로 들어간다.
④ 모세혈관에서 조직으로 빠져나온 혈장의 상대량은 조직액에서 모세혈관으로 들어간 조직액의 상대량보다 많다.

> 림프관의 한쪽은 정맥과 연결되어 있고 다른 쪽은 조직 사이에 흩어져 있다.

066

공기가 폐로 들어가는 경로를 바르게 나열한 것은?

① 비강 → 인두 → 후두 → 기관 → 기관지 → 세기관지 → 폐포
② 비강 → 후두 → 인두 → 기관 → 기관지 → 세기관지 → 폐포
③ 인두 → 후두 → 비강 → 기관 → 기관지 → 세기관지 → 폐포
④ 인두 → 비강 → 후두 → 기관 → 기관지 → 세기관지 → 폐포

067

허파에서 일어나는 이산화탄소와 산소의 교환 방식은?

① 능동수송   ② 단순확산
③ 촉진확산   ④ 삼투

> 이산화탄소와 산소의 교환은 분압 차이에 의한 단순확산에 의해서 이루어진다.

정답

065 ①   066 ①   067 ②

068

다음 그래프는 흡기와 호기 시 폐포 내압, 흉강 내압, 폐의 부피 변화를 나타낸 것이다. 이에 대한 설명으로 옳지 않은 것은?

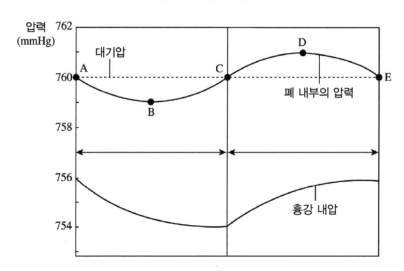

① 흉강 내압은 흡기일 때는 대기압보다 낮고, 호기일 때는 대기압보다 높다.

② 폐포 내압은 흡기일 때는 대기압보다 낮고, 호기일 때는 대기압보다 높다.

③ C 지점에서 폐의 부피는 최대가 되고 E 지점에서 최소가 된다.

④ 흡기일 때는 흉강 내압이 낮아져서 폐포 내압이 대기압보다 낮아지게 된다.

➡ 흉강 내압은 항상 대기압보다 낮다.

정답
068 ①

069

다음 그래프는 폐용량과 폐활량을 나타낸 것이다. 이에 대한 설명으로 옳지 않은 것은?

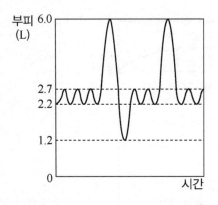

① 총 폐용량은 6L이다.
② 흡기 예비량은 3.3L이다.
③ 호기 예비량은 1.0L이다.
④ 잔기량은 2.2L이다.

→ 잔기량은 1.2L이다.

070

포도당이 연소될 때와 체내 세포호흡에 대한 설명으로 옳지 않은 것은?

① 포도당 연소 시 세포호흡 과정보다 더 많은 에너지가 나온다.
② 저장되는 에너지량이 다르다.
③ 물과 이산화탄소가 생성된다.
④ 연소될 때는 효소가 관여하지 않는다.

→ 포도당 연소 시 세포호흡 과정과 에너지 발생량은 같지만 연소될 때에는 에너지가 저장되지 않는다.

071

산소 해리곡선에 대한 설명으로 옳지 않은 것은?

① 결합하는 산소의 양은 온도가 증가함에 따라 감소한다.
② 근육에 존재하는 미오글로빈은 헤모글로빈보다 산소 포화도가 높아서, 근육에 효과적으로 산소를 공급한다.
③ 결합하는 산소의 양은 혈액의 pH가 감소함에 따라 감소한다.
④ 평상시보다 운동할 때 해리곡선은 왼쪽으로 이동한다.

→ 해리곡선은 평상시보다 운동할 때 아래쪽(오른쪽)으로 이동한다.

정답

069 ④ 070 ① 071 ④

072

다음 그래프는 산소 헤모글로빈의 해리곡선을 나타낸 것이고, 표는 동맥·정맥·조직세포에서 산소와 이산화탄소의 분압을 나타낸 것이다. 이에 대한 설명으로 옳지 않은 것은?

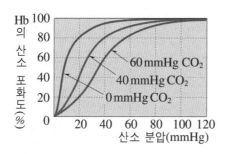

	폐포	조직
산소 분압	100mmHg	20mmHg
이산화탄소 분압	40mmHg	60mmHg

① 폐포에서 헤모글로빈의 산소 포화도는 100%이다.
② 조직에서 헤모글로빈의 산소 포화도는 20%이다.
③ 조직에서 헤모글로빈의 산소 해리도는 80%이다.
④ 이산화탄소의 분압이 증가하면 산소 헤모글로빈의 포화도가 증가한다.

➡️ 이산화탄소의 분압이 증가하면 산소 헤모글로빈의 포화도는 감소하고 해리도가 증가한다.

073

체내 호흡의 결과 생성된 CO_2는 대부분 혈액 안에서는 어떤 형태로 운반되는가?

① CO_2 ② $HbCO_2$
③ H_2CO_3 ④ HCO_3^-

➡️ 호흡의 결과 생성된 CO_2는 대부분 HCO_3^- 또는 $NaHCO_3$의 형태로 운반된다.

074

질소 노폐물에 대한 설명으로 옳은 것은?

① 조류는 요산을 배설하여 수분 손실을 막는다.
② 요산은 물에 잘 녹지 않고 독성이 있다.
③ 요소는 물에 잘 녹지 않고 독성이 없다.
④ 육상 동물은 주로 암모니아를 배설한다.

075

콩팥의 단위인 네프론의 구성은?

① 사구체+보먼주머니
② 세뇨관+콩팥깔대기+모세혈관
③ 사구체+보먼주머니+세뇨관
④ 보먼주머니+세뇨관+콩팥깔대기

076

사구체에서 보먼주머니로 여과되는 원리로 옳은 것은?

① 사구체에서 확산으로 여과된다.
② 사구체에서 삼투로 여과된다.
③ 사구체에서 능동수송으로 여과된다.
④ 사구체의 혈압과 삼투압, 보먼주머니의 압력 차이로 여과된다.

077

사구체에서 압력에 의해 보먼주머니로 여과되는 물질이 아닌 것은?

① 포도당　　　　　　　② 아미노산
③ 혈장 단백질　　　　　④ 물

→ 조류는 물에 녹지 않고 독성이 거의 없는 요산을 배설하여 수분 손실을 막는다.
암모니아와 요소는 물에 녹는다.

→ 사구체와 보먼주머니는 말피기소체이고 말피기소체와 세뇨관을 네프론이라 한다.

→ 순 여과압력은 사구체 혈압−(혈장 삼투압+보먼주머니의 압력)이다.

→ 단백질, 지방, 혈구와 같이 분자량이 큰 물질은 사구체를 빠져나올 수 없기 때문에 여과되지 않는다.

정답
074 ① 075 ③ 076 ④ 077 ③

078

다음 그림은 네프론의 구조를 나타낸 것이다. 이에 대한 설명으로 옳지 않은 것은?

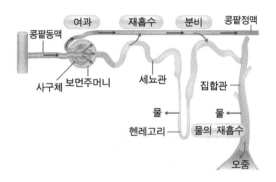

① 혈액의 요소 함량은 콩팥정맥이 콩팥동맥보다 높다.
② 헨레고리 하행지에서 삼투 작용으로 물의 재흡수가 일어나고 무기염류 (NaCl)의 재흡수는 거의 일어나지 않는다.
③ 헨레고리 상행지의 겉질로 갈수록 능동수송으로 무기염류(NaCl)가 재흡수되므로 여과액은 올라갈수록 희석된 상태가 된다.
④ 원위 세뇨관에서 삼투작용으로 물이 재흡수된다.

➡ 요소는 일부 배설되므로 혈액의 요소 함량은 콩팥정맥이 콩팥동맥보다 낮다.

079

콩팥의 기능이 손상된 환자는 정기적으로 인공 신장기를 사용하여 혈액 투석을 해야 한다. 다음 그림은 혈액 속의 요소와 같은 노폐물이 반투과성 막을 통해 투석액으로 배출되는 인공 신장기의 원리를 나타낸 것이다. 이에 대한 설명으로 옳지 않은 것은?

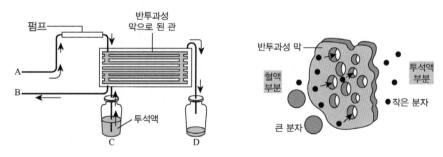

① 동맥과 연결된 A는 정맥과 연결된 B보다 요소 농도가 높다.
② 투석액 C에는 포도당과 무기염류를 넣고 요소는 넣지 않는다.
③ 투석액 C는 투석액 D보다 요소 농도가 낮다.
④ 투석 효과를 높이려면 혈액과 투석액이 같은 방향으로 흐르게 해야 한다.

➡ 혈액과 투석액이 반대 방향으로 흐르게 해야 농도 차이가 유지되므로 투석 효과를 높일 수 있다.

정답

078 ① 079 ④

080

감각기의 자극에 대한 변화는 베버상수로 표현할 수 있다. 다음 중 자극의 변화량에 가장 예민한 감각기는?

→ 베버상수 값이 작을수록 예민하다.

① 압각 : K=1/200

② 미각 : K=1/6

③ 시각 : K=1/100

④ 청각 : K=1/7

081

손에 200g의 추를 올려놓은 상태에서 4g을 올렸을 때 무게의 변화를 느꼈다면 50g을 올려놓은 상태에서 무게의 변화를 느끼려면 몇 g을 올려야 하는가?

→ 4/200＝x/50
∴ x＝1

① 0.5g

② 1g

③ 2g

④ 3g

082

다음 그래프는 근육을 구성하는 3개의 근육섬유(A~C)에 자극을 가했을 때 반응의 크기를 측정한 결과이다. 이에 대한 설명으로 옳지 않은 것은?

→ A는 B보다 역치가 크기 때문에 A가 반응을 일으키는 자극의 세기에서 B는 항상 반응을 나타낸다.

① A는 일정 크기 이상의 자극의 세기에서만 반응한다.

② A는 C보다 역치가 크다.

③ B가 반응을 일으키는 자극의 세기에서 A는 항상 반응을 나타낸다.

④ C는 자극에 대해 가장 민감하다.

정답
080 ① 081 ② 082 ③

083

눈의 구조에 대한 설명으로 옳지 않은 것은?

① 황반: 원뿔세포가 밀집되어 있어 가장 뚜렷한 상이 맺힌다.
② 맹점: 시신경이 모여 나가는 곳으로 시세포가 없어서 상이 맺혀도 보이지 않는다.
③ 원뿔세포: 밝은 곳에서 반응하며 색깔을 구별한다.
④ 로돕신: 막대세포에 있는 물질로 빛을 받으면 합성된다.

➡ 로돕신은 막대세포에 있는 물질로 빛을 받으면 분해된다.

084

다음 그림은 대방이, 철수, 영수의 눈을 나타낸 것이며 대방이의 눈만 정상이다. 이에 대한 설명으로 옳은 것은?

대방

철수

영수

① 대방이가 어두운 곳에 있다가 밝은 곳으로 가면 A가 커진다.
② 철수의 눈은 B가 대방이보다 두껍다.
③ 철수의 눈은 C가 대방이보다 짧은 원시이다.
④ 영수는 오목 렌즈로 시력을 교정해야 한다.

➡ 어두운 곳에 있다가 밝은 곳으로 가면 동공(A)이 작아진다. 철수는 근시이고 영수는 원시이다.

085

다음 중 반고리관에 대한 설명으로 옳지 않은 것은?

① 관성력에 의한 섬모의 움직임을 감지한다.
② 회전감각에 관여한다.
③ 코일 모양의 구조로 속귀에 있다.
④ 몸의 평형을 유지한다.

➡ 반고리관은 몸의 평형을 감각하는 기관이고, 몸의 평형을 유지하는 중추는 소뇌이다.

정답

083 ④ 084 ② 085 ④

086

다음 그림은 귀의 구조를 나타낸 것이다. 이에 대한 설명으로 옳지 않은 것은?

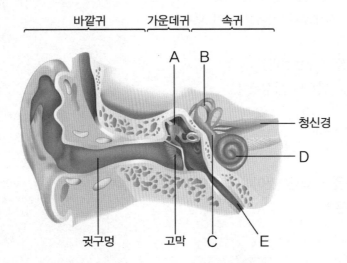

① A는 음파를 증폭시켜 소리의 크기를 커지게 한다.
② B는 반고리관으로 회전감각을, C는 안뜰기관으로 위치감각을 감지한다.
③ D는 달팽이관으로 내부에 코르티기관이 있어서 청각을 감지한다.
④ E는 귀인두관으로 가운데귀와 속귀의 압력이 같아지도록 조절한다.

087

뉴런에 대한 설명으로 옳은 것은?

① 시냅스에서 다른 뉴런의 가지돌기에서 축삭돌기로 자극이 전달된다.
② 축삭을 싸고 있는 말이집은 전도체 역할을 하므로 말이집 신경의 흥분 전도속도가 빠르다.
③ 자극 전도속도는 자극이 강해질수록 빠르다.
④ 축삭돌기 말단의 시냅스 소포에서 외포작용에 의해서 아세틸콜린이 분비된다.

➡ 귀인두관은 가운데귀와 바깥귀의 압력이 같아지도록 조절한다.

➡ 시냅스에서 축삭돌기로부터 가지돌기로 자극이 전달되고 말이집은 절연체 역할을 한다. 자극 전도속도는 자극의 강약과는 관계없다.

정답

086 ④   087 ④

088

활동전위 시 일어나는 현상이 아닌 것은?

① Na^+은 세포막 바깥쪽보다 안쪽이 많아진다.
② 자극이 강해지면 활동전위의 빈도수가 증가한다.
③ 세포막 안쪽이 양전하를 나타내고 바깥쪽이 음전하를 나타낸다.
④ Na 통로가 열려서 Na^+이 세포막 안으로 유입된다.

→ Na^+은 항상 세포막 바깥쪽이 안쪽보다 많다.

089

활동전위일 때 뉴런의 흥분전도 부위의 상태는?

① 막 외부는 음전하이고 K^+ 이온이 들어감
② 막 외부는 음전하이고 Na^+ 이온이 들어감
③ 막 외부는 양전하이고 내부는 이온 출입이 없음
④ 막 외부는 양전하이고 K^+ 이온이 들어감

→ Na 통로가 열려서 Na^+ 이온이 들어가므로 막 외부는 음전하, 막 내부는 양전하를 띠게 된다.

090

활동전위의 생성과 소멸과정을 바르게 나열한 것은?

① 칼륨의 유입 – 탈분극 – 나트륨의 유출 – 재분극
② 나트륨의 유입 – 재분극 – 칼륨의 유출 – 재분극
③ 나트륨의 유입 – 탈분극 – 칼륨의 유출 – 재분극
④ 칼륨의 유입 – 탈분극 – 칼슘의 유출 – 재분극

→ 탈분극이 일어난 후에 재분극이 일어난다.

091

다음 그래프는 뉴런에 자극을 1회 주었을 때 나타나는 막전위의 변화를 나타낸 것이다. 이에 대한 설명으로 옳지 않은 것은?

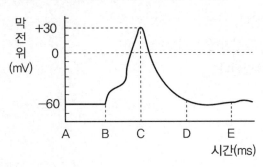

① A~B에서 Na 펌프에 의해 Na^+은 뉴런 바깥쪽으로 K^+은 뉴런 안쪽으로 이동한다.
② B~C에서 Na^+ 통로를 통해서 Na^+이 세포 안쪽으로 들어온다.
③ C~D에서 K^+ 통로를 통해서 K^+이 세포 바깥쪽으로 나간다.
④ C~D에서 뉴런 바깥쪽은 뉴런 안쪽보다 K^+의 농도가 높다.

→ K^+은 항상 세포막 안쪽이 바깥쪽보다 많다.

092

신경의 흥분 전달이 한쪽 방향으로만 일어나는 이유는?

① 말이집이 절연체 역할을 하기 때문
② 가지돌기 말단에 시냅스 소포가 있기 때문
③ 축삭돌기 말단에 시냅스 소포가 있기 때문
④ 신경세포의 특성 때문

→ 축삭돌기 말단의 시냅스 소포에서 아세틸콜린이 분비되어 가지돌기로 확산된다.

093

시냅스에서 흥분을 전달하고 난 아세틸콜린을 분해하는 효소는?

① 아르기네이스
② 아세틸콜린에스터레이스
③ 아세트알데하이드 탈수소 효소
④ 엔테로카이네이스

정답
091 ④ 092 ③ 093 ②

094

말이집 신경에서 도약 전도가 나타나는 원리는?

① 절연체 역할을 하는 말이집이 있어서 랑비에 결절에서만 탈분극이 일어나므로

② 절연체 역할을 하는 말이집이 있어서 랑비에 결절에서 아세틸콜린이 분비되므로

③ 절연체 역할을 하는 말이집이 있어서 말이집에서 탈분극이 일어나므로

④ 흥분의 전도가 한 방향으로만 이루어지므로

095

신경의 흥분 전달과정에 대한 설명으로 옳지 않은 것은?

① 활동전위가 시냅스 말단의 세포막을 탈분극시키면 Ca^{2+} 통로가 열려서 Ca^{2+}이 유출된다.

② 시냅스 말단의 Ca^{2+} 농도가 높아지면 시냅스 전막에 시냅스 소포가 융합되어 세포 외 배출작용에 의해서 시냅스 틈으로 신경전달물질이 방출된다.

③ 신경전달물질이 시냅스 후막에 존재하는 이온 통로 수용체와 결합하면 이온 통로가 열려서 Na^+과 K^+이 통과한다.

④ 신경전달물질이 수용체로부터 떨어져 나오면 이온 통로는 닫힌다.

096

다음 중 억제성 신경전달물질끼리 묶은 것은?

① GABA, 글라이신

② 글루탐산, 아스파트산

③ 아세틸콜린, 에피네프린

④ 도파민, 물질P

➡ 절연체 역할을 하는 말이집이 있어서 도약 전도가 나타난다.

➡ 활동전위가 시냅스 말단의 세포막을 탈분극시키면 Ca^{2+} 통로가 열려서 Ca^{2+}이 유입된다.

➡ 글루탐산, 아스파트산, 물질P는 흥분성이고 도파민은 일반적으로 흥분성이며, 아세틸콜린과 에피네프린은 흥분성 또는 억제성이다.

정답

094 ① 095 ① 096 ①

097

중뇌에서의 정교한 운동조절 등에 필요한 신경전달물질로 쾌감·즐거움에 관련된 신호를 전달하여 인간에게 행복감을 느끼게 하고, 분비량이 비정상적으로 적어지면 감정표현과 근육조절이 불가능해 움직일 수 없는 파킨슨병에 걸리게 하는 신경전달물질은?

① 글라이신   ② 세로토닌
③ 엔돌핀   ④ 도파민

→ 파킨슨병은 도파민의 분비가 비정상적으로 낮아서 나타난다.

098

골격근 섬유가 수축할 때 세포막의 역할은?

① 근소포체로부터 Ca^+이 방출되어 마이오신이 액틴을 끌어당긴다.
② 근소포체로부터 K^+이 방출되어 마이오신이 액틴을 끌어당긴다.
③ 근소포체로부터 Na^+이 방출되어 마이오신이 액틴을 끌어당긴다.
④ 근소포체로부터 Ca^+이 흡수되어 마이오신이 액틴을 끌어당긴다.

→ Ca^{2+}이 액틴섬유에 있는 트로포닌과 결합하면 트로포마이오신이 액틴의 홈에서 멀어지게 하고, 액틴섬유의 마이오신 결합 부위가 노출되면서 마이오신의 머리가 액틴섬유에 결합하여 액틴섬유를 끌어당긴다.

099

근육이 수축할 때 일어나는 현상은?

① 액틴섬유가 수축한다.   ② I대가 짧아진다.
③ H대가 길어진다.   ④ A대가 짧아진다.

→ A대와 액틴섬유의 길이는 변하지 않는다.

100

근육 수축과정에서 나타나는 현상이 아닌 것은?

① 신경과 근육연접부위의 운동신경세포 말단에서 아세틸콜린이 분비된다.
② 칼슘이 근소포체 안으로 들어간다.
③ 트로포닌에 칼슘이 결합한다.
④ 마이오신 단백질의 머리가 액틴 필라멘트와 결합하여 교차다리를 형성힌다.

→ 칼슘이 근소포체에서 세포질로 방출된다.

정답

097 ④   098 ①   099 ②   100 ②

101

그림 (가)는 근육 원섬유의 구조를 (나)는 팔을 굽힐 때의 골격근을 나타낸 것이다. 이에 대한 설명으로 옳지 않은 것은?

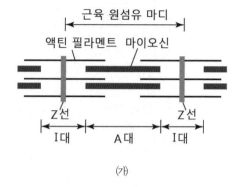

(가)

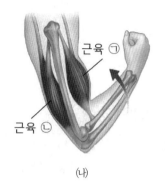

(나)

① 근육 ㉠의 I대 길이는 짧아진다.

② 근육 ㉠과 근육 ㉡은 모두 가로무늬근이다.

③ 근육 ㉠의 길이는 팔을 구부렸을 때가 폈을 때보다 짧다.

④ 팔을 구부리는 동안 (가)의 액틴 필라멘트 길이는 짧아진다.

102

중추신경계의 구성과 기능에 대한 설명으로 옳지 않은 것은?

① 대뇌는 고등인지기능과 복잡한 행동반응을 계획한다.

② 소뇌는 신체의 균형과 무의식중의 운동을 조절한다.

③ 연수는 안구운동과 동공수축을 조절한다.

④ 시상하부는 내분비계와 신경계를 조화시켜 항상성을 유지한다.

103

생명유지에 필요한 반사중추가 있어서 심장박동, 호흡운동, 혈관의 수축과 이완 등을 조절하는 부위는?

① 중뇌

② 소뇌

③ 시상하부

④ 연수

➡ 근육의 수축과 이완 시 액틴 필라멘트의 길이는 변하지 않는다.

➡ 안구운동과 동공수축을 조절하는 것은 중뇌이다.

➡ 심장박동, 호흡운동 등의 생명현상과 직결되는 조절부위는 연수이다.

정답

101 ④ 102 ③ 103 ④

104

우반구와 좌반구의 의사소통은 무엇을 통하여 일어나는가?

① 연수   ② 연합뉴런
③ 뇌량   ④ 시냅스

➡ 뇌량(뇌들보)을 통해 좌우 반구의 의사소통이 이루어진다.

105

자율신경계에 대한 설명으로 옳지 않은 것은?

① 교감 신경계는 척수의 가운데 부분에서 뻗어 나온다.
② 교감 신경계의 절전신경 섬유는 짧고, 절후신경 섬유는 길다.
③ 부교감 신경계가 활성화되면 동공은 수축되고, 혈압은 하강한다.
④ 부교감 신경계가 활성화되면 방광은 확장되고, 소화관 운동은 활발해
   진다.

➡ 방광이 확장되는 것은 교감 신경계가 활성화되었을 때이다.

106

다음 그림은 사람의 신경계를 중추신경계와 말초신경계로 나눠 각각의
구성을 나타낸 것이다. 이에 대한 설명으로 옳지 않은 것은?

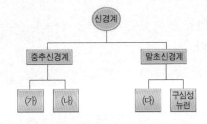

① (가)와 (나)는 뇌신경과 척수신경이다.
② (다)는 원심성 뉴런이다.
③ 대뇌의 지배를 받지 않고 내장기관의 작용을 조절하는 신경은 (다)에 포
   함된다.
④ 말초신경계는 대뇌의 지배여부에 따라 체성신경과 자율신경으로 나눌
   수도 있다.

➡ (가)와 (나)는 뇌와 척수이다.

정답

104 ③ 105 ④ 106 ①

107

다음 그림은 중추신경과 연결된 말초신경의 종류와 형태를 나타낸 것이다. 이에 대한 설명으로 옳지 않은 것은?

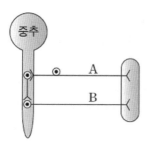

① A는 감각신경이다.
② B는 운동신경이다.
③ A와 B는 체성신경계이다.
④ A와 B는 길항적으로 작용한다.

108

다음 그림은 중추신경과 연결된 말초신경의 종류와 형태를 나타낸 것이다. 이에 대한 설명으로 옳지 않은 것은?

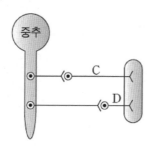

① C는 교감 신경이며 척수에서 뻗어 나온다.
② D는 부교감 신경이며 중뇌, 연수, 척수에서 뻗어 나온다.
③ C의 말단에서 아세틸콜린이 분비된다.
④ C와 D는 자율신경이며 길항적으로 작용한다.

➡ 체성신경계는 길항적으로 작용하지 않는다.

➡ C는 교감신경의 절후신경 말단이므로 아드레날린(에피네프린)이 분비된다.

정답
107 ④ 108 ③

109

신경아교세포에 대한 설명으로 옳지 않은 것은?

① 미세아교세포는 뇌에서 면역기능을 담당하는 신경아교세포의 일종으로 조직 안에서 변성된 뉴런과 이물질 등을 잡아먹는 식세포 작용을 한다.

② 상의세포는 골격근 외측의 근육섬유와 기저막 사이에 낀 세포로서 근육이 손상되었을 때 분열하여 근육을 재생하게 한다.

③ 슈반세포는 말초신경에서 축삭을 둘둘 말아서 말이집을 형성하고 있다.

④ 희소돌기아교세포는 중추신경에서 축삭을 둘둘 말아서 말이집을 형성하고 있다.

⟶ 골격근 외측의 근육섬유와 기저막 사이에 낀 세포로서 근육이 손상되었을 때 분열하여 근육의 재생을 가능하게 하는 세포는 위성세포이다.

110

다음 그림은 2가지 종류의 분비샘을 나타낸 것이다. 이에 대한 설명으로 옳지 않은 것은?

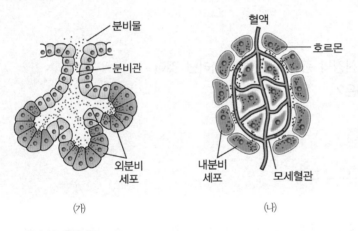

(가)   (나)

① (가)는 외분비샘이다.

② 호르몬은 (나)에서 분비된다.

③ (가)에서 분비된 물질은 혈액에 의해 운반된다.

④ 소화액은 (가)에서 분비된다.

⟶ (가)는 외분비샘이므로 (가)에서 분비된 물질은 분비관을 통해 운반된다.

111

다음 중 성격이 다른 분비샘은?

① 땀샘

② 소화샘

③ 젖샘

④ 생식샘

⟶ 땀샘, 소화샘, 젖샘은 외분비샘이고 생식샘은 성호르몬이 분비되는 내분비샘이다.

정답

109 ② 110 ③ 111 ④

112

다음 중 뇌하수체 호르몬은?

① 티록신
② 칼시토닌
③ 부신겉질 자극 호르몬
④ 테스토스테론

113

사구체에서 보먼주머니로 여과된 원뇨로부터 수분의 재흡수와 Na^+ 재흡수를 조절하는 호르몬과 이를 분비하는 기관이 순서대로 짝지어진 것은?

① 항이뇨 호르몬－부신겉질, 무기질 코르티코이드－뇌하수체 후엽
② 항이뇨 호르몬－뇌하수체 후엽, 무기질 코르티코이드－부신겉질
③ 무기질 코르티코이드－부신겉질, 항이뇨 호르몬－뇌하수체 후엽
④ 무기질 코르티코이드－뇌하수체 후엽, 항이뇨 호르몬－부신속질

114

시상하부와 뇌하수체의 관계에 대한 설명으로 옳지 않은 것은?

① 뇌하수체 후엽은 호르몬 분비세포가 없어서 시상하부에서 분비하는 호르몬을 저장하였다가 분비한다.
② 뇌하수체 전엽에 있는 호르몬 분비세포는 시상하부의 방출호르몬(RH)에 의해 조절된다.
③ 시상하부와 뇌하수체는 모두 호르몬 분비조직으로 같은 종류의 호르몬을 분비한다.
④ 뇌하수체 전엽은 뇌하수체 후엽보다 더 많은 호르몬을 분비한다.

▶ 부신겉질 자극 호르몬(ACTH)은 뇌하수체 전엽에서 분비되는 호르몬이다.

▶ 수분 재흡수를 촉진하는 항이뇨 호르몬은 뇌하수체 후엽. Na^+ 재흡수를 촉진하는 무기질 코르티코이드는 부신겉질에서 분비된다.

▶ 시상하부와 뇌하수체는 같은 종류의 호르몬을 분비하지 않는다.

정답

112 ③　113 ②　114 ③

115

갑상샘에서 분비되는 티록신에 대한 설명으로 옳지 않은 것은?

① 양서류에서 티록신은 올챙이의 변태를 촉진한다.
② 티록신이 과다하게 분비되면 에너지 소모량이 증가한다.
③ 아이오딘이 결핍된 상태에서 TSH가 계속 분비되면 갑상샘종에 걸린다.
④ 아이오딘이 결핍되면 음성 피드백으로 TSH의 분비가 감소한다.

→ 아이오딘이 결핍되면 티록신이 합성되지 않으므로 음성 피드백으로 TSH의 분비가 증가한다.

116

혈중 칼슘 이온의 농도를 조절하는 호르몬에 대한 설명으로 옳지 않은 것은?

① 갑상샘에서 분비되는 칼시토닌은 혈중 칼슘 농도를 감소시킨다.
② 칼시토닌은 오줌의 칼슘 양을 감소시킨다.
③ 부갑상샘 호르몬(PTH)은 소장에서 칼슘 이온의 흡수를 증가시킨다.
④ 부갑상샘 호르몬(PTH)은 뼈에서 칼슘 방출을 증가시킨다.

→ 칼시토닌은 세뇨관에서 칼슘의 분비를 촉진하므로 오줌의 칼슘 양을 증가시킨다.

117

혈당량 감소에 관여하는 신경계와 호르몬은?

① 교감 신경계와 글루카곤
② 교감 신경계와 아드레날린
③ 부교감 신경계와 인슐린
④ 부교감 신경계와 당질코르티코이드

→ 부교감 신경은 이자의 β세포에 작용하여 인슐린의 분비를 자극한다.

118

다음 중 스테로이드계 호르몬은?

① 바소프레신, 옥시토신
② 티록신, 칼시토닌
③ 아드레날린
④ 에스트로젠, 테스토스테론

→ 성호르몬과 부신겉질 호르몬은 스테로이드계 호르몬이다.

정답

115 ④ 116 ② 117 ③ 118 ④

119

포유류 호르몬은 구성성분상 펩타이드, 스테로이드, 아미노산 유도체로 분류된다. 다음 중 구성성분이 다른 호르몬은?

① 티록신

② 프로락틴

③ 글루카곤

④ 성장호르몬

→ 티록신은 아민계 호르몬이고 프로락틴, 글루카곤, 성장호르몬은 단백질계 호르몬이다.

120

다른 내분비기관의 기능을 조절하는 호르몬을 자극 호르몬이라고 한다. 자극 및 비자극 효과를 모두 가진 호르몬은?

① FSH(여포 자극 호르몬)

② GH(성장 호르몬)

③ TSH(갑상샘 자극 호르몬)

④ PRL(프로락틴)

→ GH(성장 호르몬)은 인슐린 유사 성장인자를 분비하도록 자극하고 물질대사를 촉진(비자극)하는 데도 관여한다.

121

호르몬의 특성으로 옳지 않은 것은?

① 미량으로 생리적 기능을 조절한다.

② 기관 특이성이 없다.

③ 체내의 내분비샘에서 생성되며 혈액으로 분비된다.

④ 척추동물끼리는 종 특이성이 없어서 다른 종에서도 효과를 나타낸다.

→ 표적세포에 호르몬 수용체가 있어 특정기관에만 작용하는 기관 특이성을 가진다.

정답

119 ① 120 ② 121 ②

122

다음 그림은 호르몬의 작용기작을 나타낸 것이다. 이에 대한 설명으로 옳지 않은 것은?

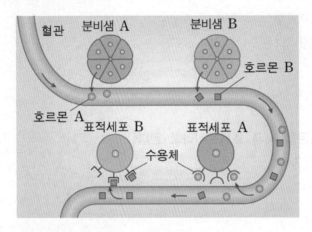

① 한 가지 호르몬은 특정한 표적세포에만 작용한다.

② 호르몬은 혈액에 의해 온몸을 순환한다.

③ 호르몬은 분비관을 통해서 수용체까지 이동한다.

④ 입체구조가 맞는 수용체와만 결합한다.

→ 호르몬은 혈액을 통해서 수용체까지 이동한다.

123

곤충의 탈피와 변태를 촉진하는 호르몬을 분비하는 기관은?

① 알라타체

② 앞가슴샘

③ 눈자루 기부에 있는 X기관

④ 머리에 위치한 Y기관

→ 앞가슴샘에서 엑디손을 분비하여 탈피와 변태를 촉진한다.

정답

122 ③ 123 ②

124

다음 그래프는 혈압과 혈장 삼투압에 따른 항이뇨호르몬(ADH)의 농도를 나타낸 것이다. 이에 대한 설명으로 옳은 것은?

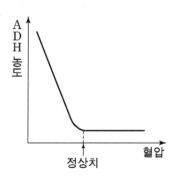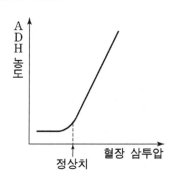

① ADH의 분비가 증가하면 혈압이 낮아진다.
② 혈압이 정상치보다 높아지면 ADH의 분비가 증가한다.
③ 혈압이 정상치보다 낮아지면 오줌 생성량이 증가한다.
④ 혈장 삼투압이 정상치보다 높아지면 오줌 생성량이 감소한다.

125

추운 날 피부 가까운 곳의 모세혈관에서 일어나는 반응은?

① 모세혈관이 수축해 혈류량을 늘려 피부를 따뜻하게 해준다.
② 모세혈관이 확장해 혈류가 표피 쪽으로 향하는 것을 막는다.
③ 모세혈관이 확장해 혈액의 흐름을 빠르게 하여 찬 피부를 따뜻하게 해준다.
④ 모세혈관이 수축해 피부에 있는 혈액으로부터 열의 손실을 줄인다.

➡ 혈압이 정상치보다 낮아지면 ADH의 분비가 증가하여 오줌 생성량이 감소한다.

➡ 추울 때는 피부 모세혈관과 입모근이 수축하여 열 발산을 억제한다.

정답

124 ④ 125 ④

126

다음 그림은 이자에서 분비되는 호르몬에 의해 혈당량이 조절되는 과정을 나타낸 것이다. 이에 대한 설명으로 옳지 않은 것은?

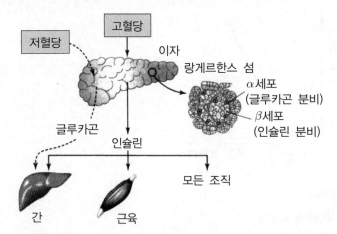

① 글루카곤의 표적기관은 간이며 간에서 글리코젠의 분해를 촉진하여 혈당량을 높인다.
② 혈중 포도당이 세포에 흡수되면 혈당량이 증가한다.
③ 인슐린은 간뿐만 아니라 여러 조직을 표적기관으로 삼는다.
④ 인슐린은 대부분의 조직에서 포도당의 흡수를 촉진하여 혈당량을 낮춘다.

혈액 속에 있는 포도당이 세포로 흡수되면 혈당량(혈액 속에 있는 포도당의 양)은 감소한다.

127

사람의 항상성 유지를 위한 조절에 관한 설명으로 옳지 않은 것은?

① 식후에는 부교감신경의 작용으로 인슐린이 분비된다.
② 추울 때는 교감신경의 작용으로 아드레날린이 분비된다.
③ 더울 때는 부교감신경의 작용으로 피부모세혈관이 확장되고 입모근이 이완되며 땀 분비가 증가한다.
④ 혈중 Ca^{2+} 농도가 적을 때는 PTH가 분비가 촉진된다.

땀샘은 교감신경으로만 조절되며, 부교감신경은 관여하지 않는다.

128

다음 중 무성생식에 해당하지 않는 것은?

① 접합
② 포자법
③ 분열법
④ 영양생식법

접합과 수정은 유성생식이나.

정답

126 ② 127 ③ 128 ①

129

정자의 이동경로를 순서대로 바르게 나열한 것은?

① 정관 → 세정관 → 요도 → 부정소
② 부정소 → 세정관 → 정관 → 요도
③ 세정관 → 정관 → 부정소 → 요도
④ 세정관 → 부정소 → 정관 → 요도

▶ 정소의 세정관에서 만들어진 정자는 부정소에서 운동능력을 갖추고 수정관(정관)과 요도를 통해 몸 밖으로 배출된다.

130

동물의 생식세포 형성과정에서 암컷의 제1극체는 수컷의 정자 형성과정에서 무엇에 해당되는가?

① 정원세포　　　　　② 제1 정모세포
③ 제2 정모세포　　　④ 정세포

▶ 제1극체는 감수 1분열이 끝난 상태이므로 제2 정모세포에 해당된다.

131

남성호르몬 테스토스테론에 대한 설명으로 옳은 것은?

① 레이디히 세포(Leydig cell)에서 분비되며, 황체형성호르몬(LH)의 자극에 의해 분비된다.
② 레이디히 세포(Leydig cell)에서 분비되며, 프로제스테론의 자극에 의해 분비된다.
③ 세르톨리 세포(Sertoli cell)에서 분비되며, 프로제스테론의 자극에 의해 분비된다.
④ 세르톨리 세포(Sertoli cell)에서 분비되며, 황체 형성 호르몬(LH)의 자극에 의해 분비된다.

▶ 황체 형성 호르몬은 정소의 레이디히 세포에 작용하여 테스토스테론을 만들도록 자극한다.

정답

129 ④　130 ③　131 ①

132

남성의 생식기관에 대한 설명으로 옳지 않은 것은?

① 정소 내에 있는 세정관에서 정자를 생산한다.
② 전립샘에서 알칼리성 점액물질을 분비하여 여성 질 내부의 산성환경을 중화시켜 정자를 보호한다.
③ 부정소를 지나면서 정자는 운동성과 수정 능력이 생긴다.
④ 정소에서 정자를 생산하지만 남성 호르몬은 분비하지 않는다.

➡ 정소에서 정자를 생산하고 남성 호르몬(테스토스테론)을 분비한다.

133

여성의 생식기관에 대한 설명으로 옳은 것은?

① 난소에서 난자를 생산하고 여성 호르몬을 분비한다.
② 자궁 내에서 정자와 난자의 수정이 이루어진다.
③ 탄력 있는 두꺼운 근육층으로 되어 있고 수정란이 착상하는 장소는 질이다.
④ 질 내벽은 매우 주름져 있으며 내부는 알칼리성이다.

➡ 수란관에서 수정이 일어나고 자궁벽에 착상되며 질의 내부는 산성이다.

134

난자 형성과정에 대한 설명으로 옳지 않은 것은?

① 난자의 감수분열은 정자 형성과정과 달리 태어나기 전부터 시작된다.
② 출생 전에는 체세포분열에 의해 난원세포의 수가 증가한다.
③ 여아가 출생할 때 난소 속에는 제1 난모세포 전기의 상태로 존재한다.
④ 유아기에는 감수 1분열이 진행된다.

➡ 사춘기가 되면 난소 속의 제1 난모세포는 여포 자극 호르몬의 자극으로 감수 1분열을 계속 진행하여 제2 난모세포가 된다.

135

난자 형성과정과 수정과정에 대한 설명으로 옳지 않은 것은?

① 사춘기부터 일어나는 분열은 성호르몬의 분비와 관련이 깊다.
② 정자와 수정할 때 세포의 단계는 난자이다.
③ 난자의 염색체 수는 제2극체의 염색체 수와 같다.
④ 제1 난모세포의 염색체 수가 46개라면 난자의 염색체 수는 23개이다.

➡ 정자와 수정할 때 세포의 단계는 제2 난모세포이다.

정답

132 ④　133 ①　134 ④　135 ②

136

다음 그래프는 난자 형성과정 중 DNA 상대량의 변화를 나타낸 것이다. 이에 대한 설명으로 옳지 않은 것은?

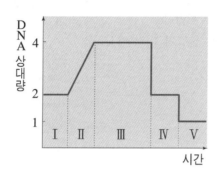

① 유전물질이 복제되는 시기는 Ⅱ시기이다.
② 2가 염색체를 관찰할 수 있는 시기는 Ⅲ이다.
③ Ⅳ시기는 제1 난모세포 상태이다.
④ Ⅴ시기는 난자 상태이다.

137

정자와 난자 형성과정에 대한 설명으로 옳지 않은 것은?

① 정원세포와 난원세포는 체세포분열을 통해 수를 늘린다.
② 10,000개의 제1 정모세포는 40,000개의 정자를 만들어낸다.
③ 감수 1분열 결과 염색체 수가 반으로 줄어든다.
④ 1개의 제1 난모세포는 4개의 난자를 만들어낸다.

138

월경주기를 순서대로 바르게 나열한 것은?

① 월경 → LH의 증가 → FSH의 증가 → 에스트로젠 증가 → 배란 → 황체 형성
② 배란 → 에스트로젠 증가 → FSH의 증가 → LH의 증가 → 황체 형성 → 월경
③ 월경 → FSH의 증가 → 에스트로젠 증가 → LH의 증가 → 배란 → 황체 형성
④ FSH의 증가 → 에스트로젠 증가 → LH의 증가 → 황체 형성 → 배란 → 월경

→ Ⅳ시기는 감수 1분열이 끝난 제2 난모세포 상태이다.

→ 1개의 제1 난모세포에서 3개의 제2 극체는 퇴화하고 1개의 난자를 만들어낸다.

→ 월경이 일어나면서 여포가 성숙하고 배란이 일어나면 여포가 황체로 된다.

정답
136 ③ 137 ④ 138 ③

139

여성의 생식주기에 대한 설명으로 옳지 않은 것은?

① FSH에 의해서 여포가 성숙한다.
② 높은 농도의 에스트로젠은 FSH와 LH의 분비를 촉진한다.
③ 황체가 퇴화하면 프로제스테론의 분비가 증가하여 월경이 나타난다.
④ 프로제스테론은 FSH와 LH 분비를 억제한다.

140

황체기에 일어나는 현상으로 옳지 않은 것은?

① 자궁벽을 얇은 상태로 유지
② LH와 FSH 분비가 낮은 상태
③ 자궁내벽이 발달하여 임신 가능한 상태
④ 황체가 퇴화되지 않고 유지

141

임신기간 중 태반에서 분비하는 물질은?

① 여포의 착상을 위한 HCG(human chorionic gonadotropin)
② 자궁내막의 유지를 위한 에스트로젠과 프로제스테론
③ 황체를 유지하기 위한 프로제스테론
④ 여포의 발달을 위한 에스트로젠

142

임신과정에 대한 설명으로 옳지 않은 것은?

① 모체의 산소와 양분이 태반에서 확산되어 태아의 동맥으로 흐른다.
② 수정란의 난할과정에서 체세포분열이 일어난다.
③ 수정 6~7일 후 포배단계에서 착상이 일어난다.
④ 태반에서 태반호르몬을 분비하여 황체기 퇴화하는 것을 막는다.

→ 황체가 퇴화하면 프로제스테론의 분비가 감소하여 월경이 나타난다.

→ 황체기는 황체가 퇴화되지 않으므로 황체에서 프로제스테론이 분비되어 자궁벽이 두꺼운 상태가 유지된다.

→ 태반에서는 임신 초기에는 황체의 퇴화를 방지하기 위한 HCG를 분비하다가 임신 3개월 후부터 자궁내막을 유지하기 위해 에스트로젠과 프로제스테론을 분비한다.

→ 모체의 산소와 양분이 태반에서 확산되어 태아의 정맥으로 흐른다.

정답

139 ③ 140 ① 141 ② 142 ①

143

태아와 태반에 대한 설명으로 옳지 않은 것은?

① 모체가 바이러스에 감염되면 태아가 감염될 가능성이 있다.

② 태아의 면역에 필요한 항체는 태반을 통해 전달된다.

③ 태반에 분포한 모체의 동맥 속의 이산화탄소 농도는 태반에 분포한 태아의 동맥보다 낮다.

④ 태반에 분포한 모체의 동맥 속의 산소 농도는 태반에 분포한 태아의 동맥보다 낮다.

→ 태반에 분포한 모체의 동맥 속의 산소 농도가 태반에 분포한 태아의 동맥보다 높아야 산소가 모체에서 태아에게로 확산되어 태아의 정맥으로 흐르게 된다.

144

다음 그림은 남성의 생식기관을 나타낸 것이다. 생식기관과 피임법에 관한 설명으로 옳은 것은?

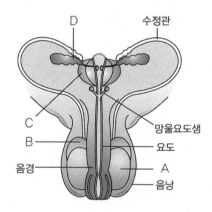

① 콘돔은 A에서 생성된 정자가 B를 통과하는 것을 막는다.

② 전립샘인 C는 산성인 여성의 질 내부를 중화시키는 점액질을 분비하며, 정낭인 D는 영양물질을 만드는 기관으로 피임법에 이용되지 않는다.

③ 정관수술을 한 남자는 성호르몬이 분비되지 않는다.

④ 정관수술을 한 남자는 정자가 생성되지 않는다.

→ 콘돔은 A에서 생성된 정자가 여성의 질로 들어가는 것을 막는다. 정관수술을 한 남자도 정자가 생성되며 성호르몬이 분비된다.

145

다음 그림은 여성의 생식기관을 나타낸 것이다. 생식기관과 피임법에 관한 설명으로 옳은 것은?

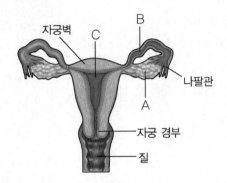

① 난관수술은 B를 절제하는 것으로 난관수술을 한 여자는 성호르몬이 분비되지 않는다.
② 난관수술을 한 여자는 A에서 감수 1분열이 정상적으로 일어나지 않는다.
③ C에 이상이 있는 경우 불임의 원인이 되며, 루프는 C에 장치하여 수정란의 착상을 막는다.
④ 피임약은 A에서 생식세포가 배출되는 것을 촉진한다.

난관수술을 한 여자도 감수 1분열이 일어나며 성호르몬이 분비된다. 피임약은 A에서 새로운 여포의 성숙과 배란을 억제한다.

146

난할에 대한 설명으로 옳지 않은 것은?

① 간기(휴지기)가 짧은 세포분열로 빠른 속도로 난할을 시작한다.
② 수정란은 한 방향으로만 분열한다.
③ 할구의 DNA양에는 변화가 없다.
④ 난할이 진행될수록 할구의 크기는 점점 작아진다.

수정란은 경할, 경할, 위할을 거치면서 분열한다.

147

분화에 대한 설명으로 옳은 것은?

① 수정란이 난할하여 여러 배엽을 형성하는 과정
② 태아의 형태가 이루어지는 과정
③ 태아의 조직이 형성되는 과정
④ 동일한 세포들이 특별한 기능을 갖도록 특수화되는 과정

세포들이 특정한 기능과 모양을 갖게 되는 것을 분화가 일어났다고 한다.

정답

145 ③　146 ②　147 ④

368 기본편 Ⅴ_동물생리학

148

난할과정 중 2세포기에 할구가 분리되어 일란성 쌍생아가 태어났을 경우 알의 형태는?

① 모자이크란　　　　　　② 조정란

③ 중황란　　　　　　　　④ 단황란

149

척추동물의 중배엽에서 형성되는 기관 또는 기관계는?

① 감각계　　　　　　　　② 신경계

③ 근육계　　　　　　　　④ 갑상샘

150

다음 중 연결이 바르지 않은 것은?

① 외배엽 – 뇌하수체, 부신속질

② 중배엽 – 근육, 골격, 순환, 배설, 생식

③ 중배엽 – 진피, 부신겉질, 요도, 방광

④ 내배엽 – 소화, 호흡, 생식계벽, 갑상샘, 부갑상샘

➜ 조정란은 발생 운명이 나중에 결정되는 것으로 할구가 모두 정상적인 개체로 된다.

➜ 감각계와 신경계는 외배엽이고 갑상샘은 내배엽에서 형성되는 기관이다.

➜ 요도, 방광은 내배엽에서 형성되는 기관이다.

정답

148 ②　149 ③　150 ③

IV

하이클래스 생물

29 행동 생태학

1 동물의 행동

(1) 선천적 행동(innate behavior)

동물이 태어날 때부터 지니고 있는 행동으로 주성, 반사, 본능이 있다.

① **주성**(taxis): 외부 자극에 대하여 이동하는 행동으로, 자극을 향해서 접근하는 것을 양성 주성이라 하고 자극에서 멀어지는 것을 음성 주성이라 한다.

> 예 주광성(빛), 주지성(중력), 주화성(화학물질), 주류성(물의 흐름)

② **반사**: 대뇌의 의지와는 관계없이 무의식적으로 일어나는 행동

> 예 중뇌 반사(동공 반사), 연수 반사(눈물 분비, 침 분비), 척수 반사(무릎 반사)

③ **본능**: 아무 경험이 없이 선천적으로 타고난 행동

> 예 섭식 본능, 모성 본능, 방어 본능, 귀소 본능

  ㉠ **고정행동양식**(fixed action pattern): 본질적으로 변하지 않으며 한 번 시작될 경우 끝까지 실행하는 비학습적 행동(수컷 가시고기의 세력권 반응 – 수컷은 아랫배가 붉고 암컷은 아랫배가 붉지 않은데, 수컷 가시고기는 둥지에 침입한 다른 붉은 아랫부분을 갖는 수컷 물고기를 공격한다.)

  ㉡ **이주**(migration): 환경적 자극은 환경신호(태양의 위치, 북극성, 지구의 자기장 등)를 이용하여 정기적으로 먼 거리를 이주하도록 한다.

  ㉢ **꿀벌의 원형춤**(round dance), **8자 춤**(waggle dance): 정찰 벌 들이 먹이의 위치를 알려주기 위한 춤

  ㉣ **페로몬**(pheromone): 동종간의 정보전달에 관여하는 화학물질

(2) 후천적 행동

동물이 태어난 후 학습과 경험을 통해서 습득한 행동

① **길들이기**(습관화): 해롭지 않은 자극에 대해서 반응하지 않는 학습을 말하며 불필요한 에너지를 낭비하지 않게 된다.(낯을 가리지 않게 되는 것)

② **각인**: 인상 찍히기(거위가 부화할 때 처음 본 물체를 따라다니는 행동)

  >> 각인은 임계기를 갖는다는 점에서 다른 종류의 학습과 다른데 임계기란 각인이 일어날 수 있는 제한된 기간으로 이 시기 외에는 학습이 불가능하다.

❖ **무방향운동**
방향성이 없으며 주성보다 더 많이 임의적이다.(습기가 있는 곳을 좋아하는 쥐며느리의 경우는 건조한 지역을 벗어나 습기가 있는 지역으로 가기 위해서 건조한 지역에서는 활동적이고 습기가 많은 지역에서는 비활동적이다.)

❖ **페로몬의 예**
• 수컷 나방은 몇 킬로미터 밖에 있는 배우자를 유혹하기 위해 페로몬을 방출한다.
• 꿀벌에서는 사회질서를 유지한다. 벌집 밖에서는 여왕벌과 교미를 할 수 있기 때문에 벌집 밖에 있는 수벌은 여왕벌이 내는 페로몬에 의해 유혹되지만 벌집 안에 있는 수벌은 여왕벌이 내는 페로몬에 영향을 받지 않는다.
• 메기류들은 다쳤을 때 피부에 저장되어 있는 경계물질을 퍼트려 다른 물고기들에게 경고 신호를 보낸다.

❖ **교차 양육연구**
성장 발달 단계에서 겪는 경험이 행동 변화에 어떤 영향을 미치는지에 대한 것을 알아보기 위해서 어린 개체가 종이 다른 어미에서 길러지도록 하는 것으로 환경이 행동에 영향을 주는지를 알려준다.

③ 공간학습과 인지지도
  ㉠ 공간학습: 지형표식이나 위치를 나타내는 지표와의 관계를 학습함으로써 둥지를 찾아가는 행동(주변의 공간을 기억)
  ㉡ 인지지도: 공간학습보다 강력한 기작으로 지형표식의 고정된 거리를 이용하는 것이 아니라 지형표식 사이의 중간지점도 이용하는 행동
④ 연합학습: 한 특징과 다른 특징을 연합하는 능력
  ㉠ 고전적 조건화(조건 반사): 경험이 기억에 있어서 무조건 반사와 연결되어 일어나는 행동(개와 종소리)
  ㉡ 작동적 조건화(시행착오): 동물들이 자신이 한 행동에 대해 보상이나 처벌을 받게 되면 그것을 연합하여 학습한 다음부터는 그러한 행동을 계속 반복해서 하거나 또는 피하게 된다.
⑤ 사회학습: 관찰을 통해 학습하는 것으로 문화의 기반을 형성한다.
  ㉠ 어린 침팬지들이 돌 두 개를 이용해서 야자열매를 깨는 어른 침팬지의 행동을 관찰하고 배우게 되는 행동
  ㉡ 케냐의 버빗원숭이는 자신을 잡아먹는 동물(표범, 수리, 뱀)이 나타났을 때 각각 다른 경고음을 내는데, 새끼 버빗도 경고음을 내지만 성체에 비해 구별해서 경고음을 내는 능력이 떨어진다. 그러나 성장하면서 사회학습을 통해 정확도를 높여간다.
⑥ 인지와 문제해결능력: 가장 복잡한 형태의 학습
  ㉠ 인지(cognition): 의식, 추론능력, 기억력, 판단력이 관련된 학습과정(미로학습)
  ㉡ 문제해결능력(problem solving): 대뇌에 의해서 비교 판단 후 취하는 행동(침팬지가 주변의 상자를 이용해 높은 곳의 바나나를 따먹는 것)

2 번식성공

(1) **최적섭식모델**: 섭식의 비용(먹이를 찾는 과정에서 에너지 소비)을 최소화하고 이익을 최대화하는 섭식행동

  > 예 섬에 서식하는 까마귀들은 쇠고둥(소라와 유사)을 부리로 잡아 바위로 떨어뜨려 패각을 깨뜨리는데 패각이 깨지지 않으면 더 높이 날아 올라가서 떨어뜨린다. 이때 패각을 깨뜨릴 수 있는 성공적인 낙하 높이까지만 날아 올라가서 떨어뜨린다.

(2) **위험과 보상의 균형**: 먹이를 찾을 때 들어가는 비용 중 가장 큰 것은 포식당하는 것이다. 그러므로 포식의 위험은 먹이를 찾는 행동에

❖ 섭식은 생존율과 번식성공도를 높이기 위한 필수적인 활동이다.

영향을 줄 수 있다. 따라서 포식자가 있는 곳보다 먹이는 상대적으로 부족하지만 포식자가 없는 열린 지역에서 먹이활동을 한다. 즉, 먹이 찾기 행동이 먹이의 변이에 반응하기보다 포식 위험의 변이에 더 많이 반응한다. 이것은 먹이 찾기 행동이 종종 여러 다른 선택압 사이의 타협의 결과이다.

(3) 짝짓기 행동과 배우자 선택: 먹이 찾기 행동이 개체의 생존에 중요한 것처럼 짝짓기 행동과 배우자 선택은 번식 성공에 큰 영향을 미친다.

① **성적 이형성**(sexual dimorphism): 일부다처제 종의 경우 일반적으로 수컷이 더 화려하거나 크고, 일처다부제 종의 경우 암컷이 더 화려하고 크다.

② **짝짓기 체제와 부모 양육:** 알에서 갓 부화한 새끼들이 스스로 먹이를 찾을 수 없고 부모가 먹이를 공급해 주어야 하는 경우는 수컷이 다른 배우자를 찾는 대신 자신의 배우자를 도와 새끼를 잘 키우는 것이 번식 성공도를 높이는 방법이다. 이와 대조적으로 새끼들이 알을 깨고 나오자마자 스스로 먹이를 먹고 자신을 돌볼 수 있는 경우, 수컷들에게는 다른 배우자를 찾는 것이 번식 성공도를 극대화하는 방법이다.

③ **성적 선택과 배우자 선택:** 다른 성의 특별한 형질에 근거하여 배우자를 선택하는 성간선택과, 같은 성끼리 배우자를 얻기 위해 경쟁하는 성내선택으로 구분할 수 있다.

    ㉠ **배우자-선택 따라 하기**(mate-choice copying): 한 개체군내 개체들이 다른 개체의 배우자 선택을 따라하는 행동

    ㉡ **반발행동**(agonistic behavior): 배우자를 놓고 벌이는 수컷들의 경쟁

(4) 게임 이론: 개체군 내에서 특정 행동 표현형의 적응도는 다른 행동 표현형의 영향을 받는 것

예 어떤 수컷 도마뱀이 다른 타입의 도마뱀보다는 우위에 있을 수 있으나 또 다른 타입의 도마뱀에게는 아닐 수 있다.

3 포괄적 적응도

(1) 이타주의: 자신은 손해 볼 수 있지만 다른 개체의 이익을 높이는 방향으로 행동하는 것

예 포식자가 다가오면 자신은 죽임을 당할 확률이 높아지지만 경고음을 내서 다른 개체에게 알려 피할 수 있도록 하는 것

❖ 더 크고 강한 수컷과 짝짓기 함으로써 태어날 저손도 아비의 특정형질을 가질 확률이 높아서 우세한 수컷이 될 것이기 때문이다.

❖ 이타주의의 예
- 일벌들은 스스로 절대 번식하지 않고 알을 낳는 여왕벌의 번식만을 위해 일하며 벌집을 지키기 위해서 침입자를 침으로 쏘지만 이로 인해 자신은 목숨을 잃게 된다.
- 아프리카에 사는 벌거숭이 두더쥐는 이들의 여왕과 왕 그리고 여왕에 의존하는 새끼들을 보살피면서 뱀이나 다른 포식자들로부터 여왕이나 왕을 보호하기 위해서 자신들의 목숨을 희생하기도 한다.

(2) **포괄적응도**: 부모가 자식을 위해 희생하는 행동이다. 이는 개체군 내에서 자신의 유전자를 최대화시키는 것이기 때문에 실제로는 자신의 적응도를 증가시키는 방법이 된다. 한 개체가 직접 새끼를 낳거나 유전자가 비슷한 혈연관계가 가까운 친척들이 새끼를 낳도록 도움으로써 자신의 유전자를 증식하는 데 미치는 모든 영향의 합을 말한다.

(3) **해밀턴의 법칙**: 이타행동에서 고려되는 세 가지 변수는 수혜자가 얻는 이익(B), 이타적 행동을 하는 개체가 지불하는 비용(C), 그리고 혈연계수(r)이다. 따라서 rB>C일 때 이타행동이 선택된다.

① r(coefficient of relatedness): 혈연계수(공유된 유전자의 비율로 유전자거리가 멀수록 약해진다)

일란성쌍생아 사이 $=1$, 형제자매 사이 $=\dfrac{1}{2}$, 삼촌과 조카 사이 $=\dfrac{1}{4}$, 사촌 사이 $=\dfrac{1}{8}$

② B(benefit): 이익(이타행동의 수혜자가 추가로 얻는 평균적인 자손의 수)

③ C(cost): 비용(이타행동으로 인해 줄어든 이타주의자의 평균적인 자손의 수)

예 ㉠ 2명의 자손을 낳을 것으로 예측되는 동생이 물에 빠졌을 때의 rB r $=\dfrac{1}{2}$ 이고 B=2명이므로 rB $=\dfrac{1}{2}\times 2$(2명의 자손을 낳을 것으로 예측) $=1$

㉡ 2명의 자손을 낳을 것으로 예측되는 형이 물에 빠진 동생을 구하러 들어갔을 경우 목숨을 잃을 확률을 10%로 가정했을 때의 C
C $=0.1\times 2$(2명의 자손을 낳을 것으로 예측) $=0.2$
따라서 rB(1) > C(0.2) 이므로 이타행동이 선택된다.

(4) **혈연선택**: 혈연관계가 있는 개체의 번식 성공률을 높이는 이타행동을 선호하는 자연선택

(5) **상호이타주의**: 친족이 아닌 다른 개체들 사이에서 일어나는 이타적인 행동으로 침팬지나 인간에서처럼 사회집단에 속한 개체들이 서로 도움을 주고받기에 충분할 만큼 안정되어 있는 종들에게서만 볼 수 있다.

❖ 팃포탯(tit for tat)
'상대가 가볍게 치면 나도 가볍게 친다'는 뜻으로, 팃포탯 전략은 '이에는 이, 눈에는 눈'처럼 상대가 자신에게 한 대로 갚는 맞대응 전략을 말한다(결혼예식).

예제 | 1

동물의 행동에 관한 궁극적인 목적은 무엇인가?

① 비용의 최소화   ② 번식성공도
③ 자극에 대한 방어   ④ 항상성 유지

| 정답 | ②
동물의 행동에 관한 궁극적인 목적은 생식적인 성공도를 높이는 것이다.

30 생물과 환경의 상호 작용

1 생태계의 구성

(1) 생태계의 구성 요소

① 생물적(biotic) 요소: 생태계 내에 존재하는 모든 생물적 요소는 생산자, 소비자, 분해자로 구분한다.

    ㉠ 생산자(producer): 무기물로부터 유기물을 합성하는 생물(독립영양 생물)

    ㉡ 소비자(consumer): 유기물을 섭취하여 살아가는 생물(1차 소비자 −초식 동물, 2차 소비자 이상−육식 동물)

    ㉢ 분해자(decomposer): 생물의 사체나 배설물에 포함된 유기물을 무기물로 분해하는 생물(세균, 곰팡이, 버섯)

② 무생물적(abiotic) 요소: 무기 환경(빛, 온도, 공기, 물 등)

❖ 식물성 플랑크톤은 생산자이고, 동물성 플랑크톤은 1차 소비자이다.

(2) 생태계 구성 요소 간의 관계

① 작용(action): 환경 요인이 생물에 영향을 주는 것

② 반작용(reaction): 생물이 환경 요인에 영향을 주는 것

③ 상호 작용(interaction): 생물과 생물 사이에 서로 영향을 주고받는 것

예제 | 1

다음은 지의류와 지렁이의 생태에 관한 설명이다.

- 지의류는 산성 물질을 분비하여 암석의 풍화를 촉진한다.
- 지렁이는 이리저리 다니면서 흙 속에 구멍을 뚫어 토양의 통기성을 높여준다.

이 자료에 공통으로 나타난 생태계 구성 요소 간의 관계에 해당하는 사례로 옳은 것을 모두 고른 것은?

ㄱ. 숲이 우거질수록 숲 속은 어둡고 습해진다.
ㄴ. 가을에 기온이 낮아져 은행나무 잎이 노랗게 변한다.
ㄷ. 외래 어종인 베스의 개체 수 증가로 토종 어류의 종수가 감소한다.

① ㄱ   ② ㄷ   ③ ㄱ, ㄴ
④ ㄱ, ㄷ   ⑤ ㄴ, ㄷ

|정답| ①
생물이 환경 요인에 영향을 주는 반작용의 예이다.
ㄱ. 반작용 ㄴ. 작용 ㄷ. 상호 작용

2 빛과 생물

(1) 식물의 굴광성(phototropism, 식물의 호르몬: 옥신)

① 옥신(Auxin)의 성질

  ㉠ 식물의 생장을 촉진한다(너무 많아도 생장 억제).

  ㉡ 빛의 반대 방향으로 이동한다.

  ㉢ 식물의 각 부분에 따라 생장 촉진 농도가 다르다(줄기>뿌리).

  ㉣ 극성이 있다(줄기의 정단부에서 아래쪽으로 이동).

  ㉤ 굴광성이 있다.

② 옥신의 농도가 세포 신장에 미치는 영향과 어린 초본 식물의 굴광성

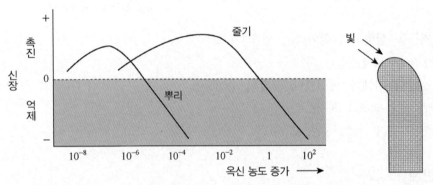

>> 빛을 받지 않는 쪽의 세포가 빛을 받는 쪽의 세포보다 더 크다. 즉 빛을 받지 않는 쪽의
세포가 빛을 받는 쪽의 세포보다 더 빨리 자라기 때문에 줄기가 빛을 향해 굽는다.

(2) 식물의 광주성(photoperiodism)

① 광주기성과 개화 조절

  ㉠ 장일식물(long · day plant): 암기가 짧아지면 개화(봄에 개화)

  ㉡ 단일식물(short · day plant): 암기가 길어지면 개화(가을에 개화)

  ㉢ 중일식물(day · neutral plant): 일조 시간에 관계없이 온도의 영향
    을 받는 식물(토마토, 가지)

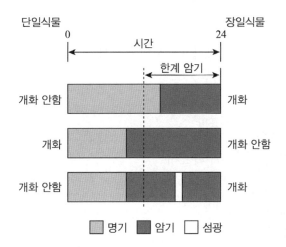

> 식물의 개화는 낮의 길이가 아니라 식물의 종마다 정해진 밤의 길이에 의해 결정된다. 장일식물은 끊김 없이 지속적인 암기가 한계 암기보다 짧으면 개화한다. 단일식물은 끊김 없이 지속적인 암기가 한계 암기보다 길어야 개화한다.

② 단일식물인 도꼬마리 두 그루를 접목시킨 후 다음과 같이 처리했을 때 개화 여부를 알아본다.

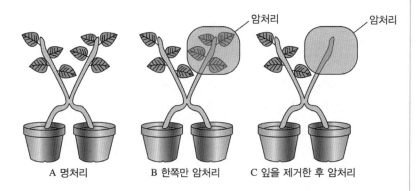

A 명처리   B 한쪽만 암처리   C 잎을 제거한 후 암처리

[결과] 도꼬마리는 단일식물이므로 A와 같이 명처리하면 개화하지 않는다. B와 같이 한쪽만 암처리했을 때는 양쪽 모두 개화한 것으로 보아 개화를 유도하는 물질이 이동하여 암처리하지 않은 그루의 개화를 유도한 것이다. C와 같이 잎을 제거하고 암처리했을 때는 양쪽 모두 개화하지 않은 것으로 보아 잎을 제거하면 더 이상 광주기에 반응하지 못한다.

[결론] 개화를 유도하는 개화 신호는 아직까지 화학적으로 밝혀지지는 않았지만 화성소(플로리겐, florigen)라고 하는 호르몬이 잎에서 만들진 후 이동하여 개화를 유도한 것이다.

③ **동물의 산란과 번식**: 꾀꼬리와 같은 대부분의 새들은 주로 일조시간이 긴 봄에 알을 낳고 송어나 노루는 주로 일조시간이 짧은 가을에 번식을 하는데, 이는 일조시간의 변화로 성호르몬의 분비가 촉진되어 생식활동이 활발해지기 때문이다.

(3) 빛의 세기와 식물

양지식물의 울타리 조직이 음지식물보다 발달되어 양지식물은 잎이 두껍
고 잎의 면적은 좁고 기공이 많다.

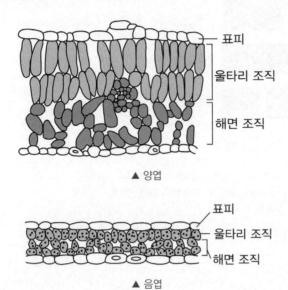

▲ 양엽

▲ 음엽

(4) 빛의 파장과 조류

식물은 보색광을 이용하여 광합성을 하므로 바다의 깊이에 따라 해조류
의 분포가 다르다. 파장이 긴 빨간색은 얕은 바다에 사는 녹조류가 이용
하고 파장이 짧은 파란색은 깊은 바다에 사는 홍조류가 이용하며 중간에
는 갈조류가 자란다.

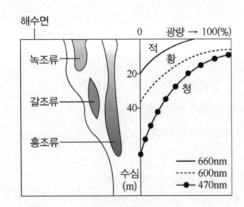

3 온도와 생물

(1) **계절형**: 동물이 계절에 따라 크기, 형태, 채색 등에 차이가 생기는 것

예 호랑나비: 번데기 시기의 계절에 영향

▲ 봄형   ▲ 여름형

≫ 봄에 태어난 호랑나비는 겨울에 번데기 시절을 지나므로 번데기 시절의 온도가 낮기 때문에 여름에 태어난 호랑나비보다 몸의 크기가 작고 색깔도 연하다.

(2) **낙엽과 단풍**

① **낙엽**: 저온의 원인으로 잎자루에 떨켜(이층)가 생겨 잎이 떨어지는 것이다.

② **단풍**: 저온의 원인으로 엽록소가 파괴되고 카로틴, 잔토필, 액포 속의 안토시안 등이 축적되어 나타나는 현상이다.

(3) **포유류의 온도 적응**

① **베르그만의 법칙**(Bergmann's rule): 북방산 동물이 남방산 동물보다 몸집이 크다.

② **알렌의 법칙**(Allen's rule): 추운 지방의 동물일수록 몸의 말단부를 작게 하려는 경향이 있다.

▲ 북극여우(한대)   ▲ 붉은여우(온대)   ▲ 사막여우(난대)

(4) **춘화 처리**(vernalization)

개화 결실을 촉진시키기 위해 겨울을 지내는 것과 같은 조건으로 일정 기간 동안 저온에 처리하는 것이다(0~5℃로 약 1달간 처리).

예 가을보리나 밀은 종자 상태에서 일정 기간 저온 시기를 거쳐야 개화와 결실이 일어난다.

(5) 라운키에르의 생활형(Raunkier's life form)

저온과 건조에 견디는 겨울눈의 위치에 따라 식물의 생활형을 분류한다.

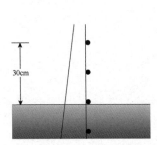

겨울눈의 위치	명칭	종류
땅위 30cm 이상	지상식물	소나무, 참나무, 개나리, 진달래
땅위 30cm 이내	지표식물	국화, 토끼풀
땅 표면	반지중식물	민들레, 잔디
땅 속	지중식물	튤립, 감자

(6) 식물세포의 삼투압 변화

저온에 적응하기 위해 세포액의 삼투압을 증가시켜 어는점을 낮춘다.

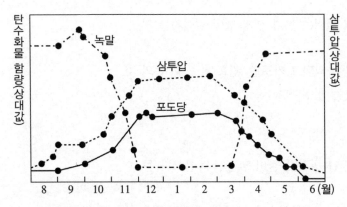

» 상록수가 삼투압을 높여 어는 것을 방지하는 과정
① 기온이 내려가면 잎에 있는 세포 내 녹말이 포도당으로 분해되어 잎 세포의 포도당 농도가 증가한다.
② 잎에 있는 세포 내 포도당 농도가 증가하면 삼투압이 높아지게 된다.
③ 용액 속에 있는 용질의 농도가 증가하면 어는점이 낮아져서 잘 얼지 않는다.

4 수분과 생물

(1) 식물의 적응

① 수생식물: 줄기가 유연하고 통기 조직이 발달되어 있고 과다발이나 뿌리의 발달이 미약하다.
② 습생식물: 습지에서 생활하는 식물로 뿌리의 발달이 미약하다.
③ 중생식물: 육지에서 볼 수 있는 식물로 뿌리, 줄기, 잎이 발달되어 있다.

④ **건생식물**: 사막 등의 건조 지대에서 생활하는 식물로 표면에 큐티클 층이 발달되어 있어서 증산을 억제하며 뿌리와 저수 조직이 발달하였다.

(2) 동물의 적응

땀이나 오줌에 의한 배설을 통해 수분의 양을 조절한다.

예제 | 2

그림은 하루 중 암기의 길이에 따른 개화의 정도 및 개화에 걸리는 시간을 나타낸 것이고, A와 B는 각각 단일식물과 장일식물중 하나일 때 옳게 설명한 것은?

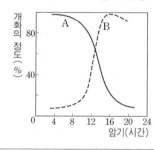
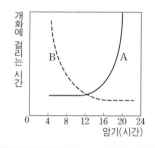

ㄱ. A는 장일식물, B는 단일식물이다.
ㄴ. 이 자료와 가장 관련이 깊은 환경요인은 빛의 세기이다.
ㄷ. B를 봄에 꽃이 피게 하려면 인위적으로 암기를 짧게 해야 한다.

① ㄱ   ② ㄷ
③ ㄱ, ㄴ   ④ ㄱ, ㄷ

|정답| ①
ㄴ. 이 자료와 가장 관련이 깊은 환경요인은 암기의 길이이다.
ㄷ. B를 봄에 꽃이 피게 하려면 인위적으로 암기를 길게 해야 한다.

생각해 보자!

라운키에르의 생활형에서 기준이 되는 것은 무엇이라고 생각하는가?
① 꽃이 피는 시기   ② 겨울눈의 위치
③ 결실의 시기   ④ 빛의 광주기

|정답| ②

31 개체군

1 개체군의 특성

(1) **밀도(density)**: 특정 공간에서 생활하는 개체군의 개체 수(밀도＝개체 수/면적)

① 상대밀도(＝생태밀도): 실제로 서식할 수 있는 면적에 대한 밀도
② 조밀도: 전체 면적에 대한 밀도

(2) **출생, 사망, 이입, 이출**

① 밀도 상승의 원인: 출생, 이입
② 밀도 하강의 원인: 사망, 이출

(3) **생명표(life table)**

동종 개체가 출생 후 시간경과에 따라 어떻게 사망하고 감소하였는가를 기재한 표를 말하며 인구가 각각의 연령에서 사망으로 소멸되는 과정을 작성한 것으로 성별·연령에 따라 작성한다. 연령별로 평균적으로 얼마나 더 생존할 수 있는지 나타내기 때문에 인구통계 등 인구를 분석하는 것 이외에도 보험료 요율을 산정하는 기초자료로 이용되기도 한다.

(4) **생존곡선(survivorship surve)**: 시간 경과에 따른 생존 개체 수의 변화를 그래프로 나타낸 것

① I형(사람형): 초기부터 중기까지 사망률이 낮아 수평으로 가다가 노년층에 이르러 사망률이 높아지면서 급격히 하강한다. 출생 수가 적은 사람과 대형 포유류가 이에 해당한다.
② II형(히드라형): 각 연령층에서 사망률이 비교적 일정하다. 벨딩땅다람쥐, 설치류, 몇몇 도마뱀, 다양한 무척추동물, 1년생 식물 등이 해당한다.
③ III형(굴형): 초기부터 매우 높은 사망률을 나타내며 급하게 하강하여 소수의 개체들이 생존한다. 많은 자손을 낳지만 자손을 거의 돌보지 않아 어린 개체의 사망률이 높다. 다양한 물고기, 해산 무척추동물, 다년생식물 등이 해당한다.

❖ 개체군(population)
동일한 생태계 내에서 생활하는 같은 종의 무리

❖ 메타개체군(이소개체군)
여러 개체군이 모여 생성과 소멸을 반복하면서 형성된 개체군 모형으로 메타개체군보다 아개체군에서 멸종을 유발하기 쉽다. 즉 어떤 아개체군은 다른 아개체군으로의 이출에 의해 멸종될 수 있다. 그러나 아개체군 사이에 이입과 이출이 빈번하면 유입된 개체가 아개체군의 멸종으로 이어지는 것을 막아주는데 이 과정을 구조효과라고 한다.

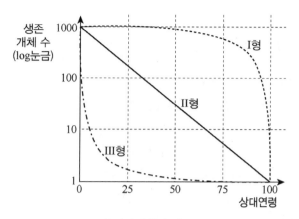

▲ 세 가지 유형의 생존곡선

Tip
생리적 수명과 생태적 수명
• **생리적 수명**: 최적의 조건에서 수명을 다하고 노화하여 죽었을 때 평균 수명
• **생태적 수명**: 환경 저항의 영향을 받아 생리적 수명을 다하지 못하고 죽는 개체들의 평균 수명

이러한 기본 유형 외에 게와 같은 탈피동물은 탈피할 때 사망률이 높아지고, 딱딱한 껍데기를 갖추고 나면 사망률이 낮아지기 때문에 계단형 모양을 나타낸다.

(5) 개체군의 생장곡선(population growth)

개체군은 시간이 흐를수록 개체 수가 증가하는데 이것을 그래프로 나타낸 것을 개체군의 생장곡선이라 한다.

① **기하급수적 성장 모델**(exponential growth model): 이상적인 조건에서의 개체군의 증가 속도를 기하급수적 성장이라 한다. 만약 박테리아가 이분법으로 번식한다면 2의 지수가 연속적으로 증가하는 지수적 성장방식(2, 4, 8, 16 등)으로 진행된다. 이것을 그래프로 표시하면 J자 형태의 기하급수적 곡선을 나타낸다. J자형 생장곡선은 간단히 $G = rN$ 으로 설명할 수 있다. G는 개체군의 성장 속도($\frac{\Delta N}{\Delta t}$ 일정 시간 간격마다 증가하는 개체의 수)를 나타낸다. N은 개체군의 크기(개체군에 존재하는 모든 개체의 수)를 나타내며, r은 내재적 증가율(intrinsic rate of increase)이라 하는데 이는 이상적인 환경에서 그 개체군이 최대로 번식할 수 있는 능력이다. 기하급수적 성장 모델은 한 개체군의 성장이 아무런 제약을 받지 않는 이상적인 상태, 즉 환경 조건이 좋아서 아무 제한을 받지 않고 생활하며 무한대로 번식할 수 있다는 것을 뜻한다.

② **한정 요인과 로지스틱 성장 모델**(logistic growth model): 로지스틱 곡선은 처음에는 J자 형태를 이루다가 개체 수의 기하급수적인 증가를 저해하는 환경 요인에 의해 점점 한계에 이르러 실제상의 증가 곡선이 꼭대기가 평탄한 S자형(시그모이드 생장곡선)으로 나타난다. 이와 같이 개체군의 성장을 제한하는 환경 요인을 환경 저항(한정 요인, limiting factor)이라 하며, 로지스틱 성장의 식은 다음과 같이 나타낼 수 있다.

❖ 환경 저항
개체수의 증가로 인한 생활공간의 부족, 먹이 부족, 노폐물의 축적에 의한 환경오염, 질병의 증가, 경쟁의 증가 등

$$G = rN\frac{(K-N)}{K}$$

K는 수용력(carrying capacity)을 나타내는데 수용력이란 특정 환경이 수용할 수 있는 최대 개체 수를 말한다(**K=환경 수용력**). 개체군이 처음 성장하기 시작할 때 N(개체군에 존재하는 모든 개체의 수)은 0에 가깝기 때문에 $(K-N)/K$은 거의 1과 같으므로 개체군의 성장률 $G=rN$이 되어 기하급수적 성장이 된다. 그러나 개체군이 커지고 N값이 수용력에 가까워지면 $(K-N)/K$값이 점점 작아져서 성장 속도(G)가 점점 둔화한다. 최종적으로 N값은 환경이 수용할 수 있는 최대의 수에 이르러 $N=K$가 되므로 $(K-N)/K=0$으로 된다. 따라서 개체군의 성장률 G는 0으로 떨어져서 수평을 이루며 S자형의 로지스틱 성장 모델로 나타난다.

❖ 로지스틱 성장 모델에서 중간지점은 개체군의 생장속도가 가장 높을 때의 시기이다.

❖ 알리 효과(Allee effect)
개체군의 밀도가 너무 낮으면 개체군의 증가율이 한계이하로 떨어져서 짝짓기도 잘 이루어지지 않고 포식자들에 대한 집단적 방어효과가 사라지므로 소멸로 이어지는 잠재적 효과

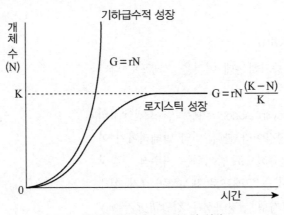

▲ 기하급수적 성장과 로지스틱 성장

(6) **K 선택과 r 선택**

① **K 선택**(density-dependent selection, 밀도 의존성 선택): 개체군의 밀도에 민감한 생활사의 특성에 대한 선택으로 환경 수용력(K)에 근접하는 밀도에서 생활을 영위하게 된다.

② **r 선택**(density-independent selection, 밀도 비의존성 선택): 낮은 밀도에서 생식적 성공을 극대화하는 선택으로 번식 비율을 나타내는 r값을 극대화하려는 경향이 있고 개체 간의 경쟁이 드문 환경에서 일어난다.

특성	K 선택(밀도 의존성 선택)	r 선택(밀도 비의존성 선택)
개체군의 생장곡선	S자형(균형적인 생활사)	J자형(편의적 생활사)
기후	예측 가능한 환경에 적응	예측 불가능
성숙 시간	길다	짧다
생존 기간(수명)	길다(보통 일 년 이상)	짧다(보통 일 년 이하)
사망률	특정 나이까지는 낮은 사망률, 평생에 걸쳐 사망률 일정(Ⅰ형 또는 Ⅱ형)	어릴 때 높은 사망률(Ⅲ형)
첫 생식시기	늦다(지연된 생식)	초기에 생식
생식횟수	반복된 생식	보통 한 번 생식
새끼 수	일반적으로 적게 낳음	일반적으로 많이 낳음
몸의 크기	큰 체형	작은 체형
개체군의 크기	일반적으로 안정	변동적
종 간 경쟁 또는 종 내 경쟁	일반적으로 치열함	다양하나 심하지 않음
환경 변화에 대한 내성	많음(털이나 몸 크기의 차이와 같이 환경 변화에 완충할 수 있는 메커니즘을 가짐)	적음
선호 방향	효율성	생식
종류	무궁화, 소나무, 참나무, 코끼리	잡초, 토끼풀, 민들레, 메뚜기

Tip

1회 결실과 반복 결실

- **1회 결실**: 큰 변화가 일어나는 예측할 수 없는 환경과 같이 자손의 생존률이 낮은 곳에서 종족을 유지하는 방법으로 연어와 같은 경우는 담수에서 부화하고 태평양으로 이주하여 살다가 결국 부화한 하천으로 돌아와 한 번 생식 기회에 수천 개의 알을 낳고 죽는다. 용설란과 같은 식물에서도 볼 수 있다. 용설란은 예측할 수 없는 건조한 기후에서 자라는데 가끔씩 돌아오는 습한 해까지 생장과 양분 저장을 계속하다가 한꺼번에 모든 영양분을 생식에 전부 투입한다. 꽃피는 줄기를 위로 올리고 씨앗을 생산한 후 죽는다.

- **반복 결실**: 자원을 얻기 위한 경쟁이 심한 환경에서는 크고 먹이가 잘 준비된 적은수의 자손이 생존에 유리하므로 몇 개의 큰 알을 매년 번식한다.

기본편 Ⅶ

Check Point

개체군 변화와 개체군 밀도

- **밀도 비의존적 요인(density-independent factor)**: 개체군의 밀도에 따라 변하지 않는 출생률 또는 사망률
  예) 가뭄, 산불, 지진, 태풍, 기온(갑작스러운 무더위기간 동안에 개체군의 크기가 100이던 100,0000이던 상관없이 80%의 곤충이 죽어 나갈 수 있다.)

- **밀도 의존적 요인(density-dependent factor)**: 개체군의 밀도에 따라 출생률이 떨어지거나 사망률이 높아지는 경우
  예) 경쟁, 질병, 포식, 내재적요인(스트레스), 독성폐기물(발효결과 생기는 와인의 에탄올이 축적되어 효모에 독성을 일으키고 개체군을 감소시킨다.)

(7) 인간 개체군

① **세계의 인간 개체군**: 400년 전부터 인간개체군은 지수적 생장 모델과 유사하다. 1650년까지는(인구 5억) 느리게 증가하다가 200년 만에 두 배로 증가하여 10억이 되었고 100년만에 다시 두 배로 증가하여 1930년에는 20억이 되었으며 1975년에는 또 다시 두 배로 증가하여 40억이 넘게 되었다. 결과 현재 세계 인구는 76억을 넘기고 있지만 증가 속도는 1960년대부터 점차 느려지기 시작하여 인구는 더 이상 지수적으로 생장하지는 않으나 그래도 빠르게 증가하고 있다.

② **개체군 크기의 한계**: 각 나라들에 의해 소비되는 모든 자원을 생산하는 면적과 배출하는 모든 폐기물을 처리하는 일에 사용되고 있는 면적을 합한 것을 생태적 지문(생태 발자국)이라 하며 생태적 지문을 줄이기 위하여 자원의 낭비를 최대한 줄이고 대체 에너지를 개발해서 환경오염과 자원의 고갈을 막아야 한다.

③ **연령 분포**(연령 구조, age structure): 개체군에서 각 연령이 차지하는 비율

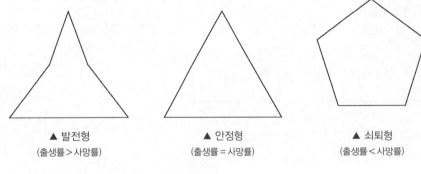

| ▲ 발전형 | ▲ 안정형 | ▲ 쇠퇴형 |
| (출생률 > 사망률) | (출생률 = 사망률) | (출생률 < 사망률) |

㉠ **발전형**: 생식 전 연령층의 개체 수 증가율이 생식 연령층보다 높아 개체 수가 증가할 것으로 예상되는 유형이다.

㉡ **안정형**: 생식 전 연령층과 생식 연령층의 개체 수 증가율이 일정하여 개체 수의 변화가 거의 없이 현재 그대로 유지될 것으로 예상되는 유형이다.

㉢ **쇠퇴형**: 생식 전 연령층의 개체 수 증가율이 생식 연령층보다 낮아 시간이 흐르면 개체 수가 감소할 것으로 예상되는 유형이다.

❖ 인간에 대한 지구의 환경 수용력(K) 우리의 기술에 의해서 인간에게 K 값은 증가시켰지만 무한정한 것은 아니다.

❖ 대체율
총 출산율이 여성 한 사람당 자녀 2명인 경우

❖ 생식 연령층
생식을 통해 자손을 낳을 수 있는 연령

2 개체군의 주기적 변동

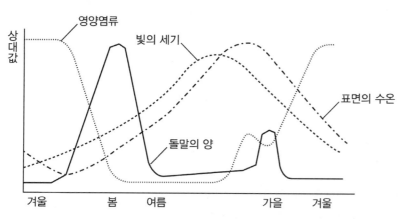

▲ 식물성 플랑크톤(돌말류)의 계절적 변동(단기적 변동)

① 봄에 플랑크톤이 증가한 이유는 빛의 세기가 강해지고 수온이 높아지기 때문이다.
② 여름에 플랑크톤이 감소한 이유는 플랑크톤이 급증하여 영양염류가 고갈되기 때문이다.
③ 가을에 플랑크톤이 증가한 이유는 약간의 영양염류가 축적되었기 때문이다.
④ 겨울에 플랑크톤이 감소한 이유는 빛의 세기가 약해지고 수온이 낮아지기 때문이다.

3 개체군 내의 상호 작용

개체군 내에서 동종 개체 간의 경쟁을 줄이고 질서를 유지하는 상호 작용

(1) 텃세(세력권, territoriality)

동물이 생활 공간의 확보, 먹이 획득, 배우자 독점 등을 목적으로 일정한 생활 공간을 점유하고 다른 개체의 침입을 적극적으로 막는 것을 말한다.
① 은어: 수심이 얕은 곳에서 세력권을 확보하고 다른 개체의 침입을 막는다.
② 까치: 번식기에 둥지를 중심으로 세력권을 형성하여 다른 개체의 접근을 막는다.

(2) 순위제(dominance hierarchy)

같은 종 내에서 힘이 세고 약함에 따라서 개체 간의 순위를 정하는 것이다.
① 먹이나 배우자 획득에 있어서 질서가 생기므로 불필요한 경쟁을 줄일 수 있다.

② 순위제의 대표적인 예로 닭의 쪼는 순위가 있는데, 여러 마리의 닭을 한 닭장에 넣어 두면 처음에는 서로 쪼며 싸우지만 곧 쪼는 순위가 정해져 모이를 먹는 순서가 결정된다.

(3) 리더제(leader organization)

동물 개체군에서 경험이 많고 힘이 강하거나 연장자가 개체군의 리더가 되어 개체군을 이끌어가는 행위이다.

① 순위제와 다른 점은 리더를 제외한 나머지 개체 간에는 순위가 없다는 것이다.

② 기러기, 코끼리, 원숭이, 사슴 등의 무리에서 볼 수 있는데, 원숭이는 힘센 원숭이가, 사슴은 연장자가 리더가 되어 개체군을 이끌어간다.

(4) 사회생활(사회집단, social group)

각 개체가 먹이 수집, 생식 등과 같은 개체들의 역할 분담을 통해 서로 협력함으로써 전체 개체군 내에서 조화된 분업 구조를 갖는 것으로 개체군을 해체시키면 각 개체도 생존하지 못한다. 예를 들면 꿀벌이나 개미 개체군에서는 여왕을 중심으로 개체들의 역할 분담이 이루어져 구조와 기능이 분업화된 사회생활을 한다.

4 분산의 유형

(1) 군생(집중 분포, clumped)

개체들이 무리지어 흩어져 있는 것으로 먹이와 생장에 적합한 요인들을 갖춘 장소에서 군생한다. 환경조건이 생장에 적합한 요인들을 갖춘 장소에서 군생할 것이다. 예를 들어 버섯류는 썩은 통나무에서 군생을 하고 일부 동물들은 짝짓기 행동하기 위해서 군생한다.

❖ 분산
개체군의 구역 내에 있는 개체들이 공간을 점유하는 유형

(2) 균일한 분산(uniform)

개체군 내에서 개체들의 상호작용한 결과로 나타난 결과 균일하게 분포하는 분산의 유형을 나타낸다.

❖ 균일한 분산의 예
어떤 식물은 영양분을 얻기 위해 경쟁하는 인접한 개체들의 생장을 저해하는 화학물질을 분비한다 동물늘는 다른 개체들이 침입에 대항하여 방어하기 위한 세력권 같은 것의 결과로 균일한 분산을 나타낸다.

(3) 무작위 분산(random)

개체군 내에서 개체들 간의 상호작용이 없을 때 나타나는 분산의 유형으로 민들레 씨가 바람에 날려 마구잡이로 분산되는 경우 일정 서식지에 걸쳐 무작위 분산을 한다.

32 군집

1 군집 내 이종 개체군 간의 상호 관계

(1) **공생(symbiosis)**: 상호 이익을 주고받거나 이해 교환

① **상리 공생(mutualism)**: 두 개체군들이 서로 이익을 얻는 경우

㉠ 지의류의 광합성 미생물과 균류 (광합성 미생물은 탄수화물을 균류에게 주고 균류는 무기물과 수분을 광합성 미생물에게 주면서 공생)

㉡ 콩과식물과 질소고정세균 (콩과식물은 질소고정세균에게 양분을 주고, 질소고정세균은 콩과식물에 무기질소 화합물을 주면서 공생)

㉢ 나무를 먹고 사는 흰개미 또는 반추동물인 포유류의 소화기관에 있는 미생물에 의한 섬유소 분해 (흰개미는 소화기관에 사는 미생물의 도움으로 먹고 난 목재의 섬유소를 분해하며, 미생물은 살아가는 장소와 먹이를 흰개미로부터 얻는다.)

㉣ 산호조직 속에 있는 단세포 조류에 의한 광합성 (산호는 자포를 이용해 동물 플랑크톤 등 작은 해양생물을 잡아먹기는 하지만, 이것만으로는 충분한 영양물질을 공급받을 수 없다. 이 문제를 해결하기 위해 산호는 편모조류의 일종인 주산텔라(Zooxanthellae)와 공생한다. 주산텔라는 폴립에 보금자리를 틀고 천적의 공격으로부터 자신을 보호받으며 광합성을 통해 당류와 같은 영양물질을 산호에게 공급한다.)

㉤ 균근에서 곰팡이와 식물 뿌리사이의 양분교환

㉥ 아카시아나무의 꿀샘에서 분비되는 당분을 먹는 개미는 아카시아나무 주위의 곰팡이 포자나 다른 부스러기들을 없애준다.

㉦ 개미와 진딧물 (진딧물은 분비물을 개미에게 주고 개미에게서 외적으로부터의 보호를 받고 있다.)

㉧ 집게와 말미잘 (말미잘은 집게의 껍데기에 붙어서 이동하며 집게는 말미잘로 자신의 모습을 위장하고 말미잘이 뿜어내는 독으로 적을 막아 낸다.)

㉨ 흰동가리와 말미잘 (말미잘은 보금자리를 제공하고 흰동가리는 먹이를 유인해 준다.)

㉩ 전등 물고기와 빛을 내는 세균 (전등 물고기의 눈 밑에는 빛을 내는 세균이 있어 세균이 내는 빛을 이용해 먹이를 유인하고 세균은 물고기로부터 영양물질을 얻는다.)

❖ 군집(community)
일정한 지역 내에서 생활하는 개체군들의 집단

❖ 산호초
산호에서 분비되는 탄산칼슘 외골격으로 이루어져 있으며 산호초를 생성하는 산호는 주로 얕은 투광대에서 서식한다. 산호초는 어류, 연체동물, 갑각류, 극피동물, 해면동물, 기타 조류 등을 포함하여 모든 해양생물의 25% 이상의 서식처를 제공하는 다양한 생태계를 구성한다.

❖ 산호초(거초, 보초, 환초)
거초는 생성된 지 얼마 안 된 가장 단순한 형태의 산호초로, 섬을 둘러싸고 있으며 이는 산호초의 발달 단계 초기에 해당한다. 섬이 침수하기 시작하면 산호초 사이에 바다가 진입해 들어오면서 보초로 된다. 섬이 침강하고 나면 섬을 둘러싼 둥근 산호초 군락만 남아 환초로 모습이 변화한다.

② **편리 공생(commensalism)**: 한 종의 개체군에게는 이익이 되지만 다른 한 종의 개체군에게는 이익도 손해도 없는 경우

    ㉠ 해삼과 숨이고기 (해삼의 항문 속을 드나들며 몸을 숨기는 숨이고기)

    ㉡ 대합과 대합속살이게 (속살이라는 게가 대합의 외투강에 숨어 살면서 물의 순환에 따라 외투강에 흘러 들어오는 플랑크톤을 얻어먹고 산다)

    ㉢ 수생거북의 껍질에 붙어 사는 조류나 고래에 붙어 사는 따개비 (무임승차)

    ㉣ 들소, 말과 같은 초식동물과 황로 (황로는 초식동물들이 헤집어 놓은 풀 아래의 곤충들을 잡아먹는다.)

③ **촉진공생(facilitation)**: 검은 골풀은 뉴잉글랜드 습지 지역의 토양을 다른 생물이 살기 좋은 환경으로 만들어 주기 때문에 검은 골풀이 없는 지역은 식물이 50% 이상 감소되었다.

④ **편해 공생(amensalism)**: 한쪽은 피해를 보고 다른 한쪽은 아무 영향 없는 공생 관계로 푸른곰팡이가 좋은 예이다. 푸른곰팡이는 페니실린(penicillin)을 분비하는데 이 물질은 세균의 생장을 억제하지만 자기 자신은 어떤 이익도 얻지 않는다.

(2) 기생(parasitism)

한쪽은 이익, 다른 쪽은 손해 (기생 생물은 숙주에서 양분을 얻고 살아가므로 숙주는 피해를 입고 기생 생물은 이익을 얻는다.)

① 동물에 기생하는 회충, 요충 등 각종 기생충

② 겨우살이는 엽록소를 가지고 광합성작용도 하면서 부족한 영양분을 참나무나 밤나무에 새둥지처럼 붙어서 기생하여 얻는 쌍떡잎식물이다.

③ **포식기생**: 곤충이 숙주의 몸 안 또는 밖에 알을 낳아 애벌레가 되면 숙주의 몸을 먹으면서 자라 마침내 숙주를 죽인다. (시계풀 포도나무와 헬리코니우스 유충: 헬리코니우스 나비가 시계꽃잎에 알을 낳으면 알에서 부화한 애벌레들이 시계꽃잎을 먹어치우면서 성장한다.)

(3) 피식자와 포식자

두 종류의 개체군 사이에서 먹고 먹히는 관계로 잡아먹는 쪽을 포식자, 잡아먹히는 쪽을 피식자라고 하며 포식자를 피식자의 천적이라고 한다.

① 피식자의 개체 수 > 포식자의 개체 수

② **피식자와 포식자의 개체 수 변동**: 피식자가 증가하면 포식자도 증가한다. 그 결과 다시 피식자가 감소하게 되어 그것을 먹는 포식자가 감소하면 다시 피식자가 증가하는 주기적 반복이 일어난다.

❖ 외투강
외투막과 내장 사이의 빈 곳

❖ 새들은 때때로 초식동물에 붙어있는 진드기나 외부 기생물을 잡아먹고, 포식자의 접근을 경고해줄 수도 있다. 이런 관계는 시간에 따라 변화되므로 +/0의 편리공생은 +/+의 상리공생이 되기도 한다.

❖ 빨판상어는 흡반을 이용하여 상어, 가오리, 거북 등 자신보다 큰 물고기의 몸에 붙어 다니며 편리공생을 하는데 이득을 얻는 것은 먹이와 보호, 그리고 이동 수단이다. 혹자는 일부 종이 입 주변에 붙어 다니며 음식물 찌꺼기와 함께 몸에 붙은 세균, 기생충 등을 제거해 주므로 서로에게 도움을 주는 상리공생 관계라고 주장하기도 한다.

❖ 착생식물(epiphyte)
식물의 표면에 붙어 살며 빗물이나 수증기에 녹아있는 영양염류를 흡수한다. 겨우살이와 같이 다른 식물에서 수분이나 영양분을 흡수하지 않는다(나무줄기와 바위에 붙어서 자라는 난초과의 일종인 풍란).

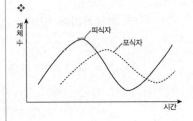

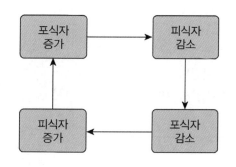

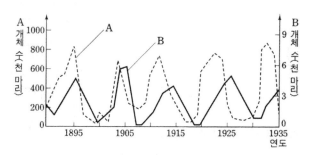

》 **장기적 변동**
A: 피식자(눈신토끼), B: 포식자(스라소니)

A는 피식자, B는 포식자이다.

Check Point

(1) 초식과 포식
  ① **초식**: 식물(식생)과 초식 동물의 관계
  ② **포식**: 피식 동물과 포식 동물의 관계
(2) 포식자에 대한 피식자의 보호 방법
  ① **신체적(기계적) 방어**(mechanical defence): 단단한 껍질이나 뾰족한 가시로 방어
     (거북, 조개, 고슴도치)
  ② **화학적 방어**(chemical defence): 냄새 또는 독성 물질분비(스컹크)
  ③ **은폐색**(보호색, cryptic coloration): 주변의 배경과 구분되지 않도록 해서 포식자
     가 식별하지 못하도록 한다.
  ④ **경고색**(경계색, aposematic coloration): 자신의 독성을 알리기 위해서 몸에 특이
     한 색이나 모양의 무늬를 갖는다(독화살 개구리-점막에서 독을 뿜는다).
  ⑤ **의태**(mimicry): 한 종이 다른 종을 닮도록 외양이 진화하는 것
     ㉠ **베이츠 의태**(Batesian mimicry): 맛있거나 무해한 종의 의태자가 맛없거나 유
        독한 종 모델을 흉내 내는 것(매나방의 애벌레는 부화할 때 머리와 목이 조
        그만 독뱀의 머리와 같으며, 행동도 뱀처럼 쉬익 소리를 내며 머리를 앞뒤로
        흔든다)
     ㉡ **뮬러(뮐러) 의태**(Müllerian mimicry): 둘 이상의 맛없는 종들이 서로를 닮는 것으
        로 어느 한 종을 공격한 포식자가 배운 바를 강화시킨다(뻐꾹벌과 노랑자켓벌).
  ⑥ **개체 감응**: 포식자와 마주쳤을 때 피식자가 갑작스런 반응을 보여 포식자가 위협
     을 느껴 공격을 멈추면 그 틈을 이용해서 피하는 것
  ⑦ **군체 감응**: 무리를 이루어 자신과 새끼들을 포식자로부터 보호하는 것

❖ 포식자의 의태
  흉내 내는 문어는 바다생물인 게,
  성게, 가오리 등 12가지 동물의 흉
  내를 내어 먹이를 잡아먹는다.

(4) 경쟁(종간 경쟁, interspecific competition)

같은 장소에서 살고 있는 개체군 중에서 먹이나 서식지가 비슷한 경우에 일어나는 동일한 생활 요구조건에 대한 싸움을 말한다.

예 A와 B 두 종류의 짚신벌레를 단독 사육했을 때와 혼합 사육했을 때 상호 관계

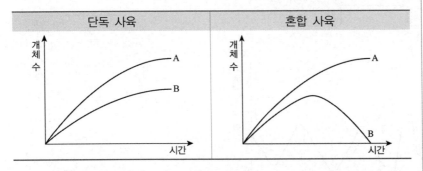

[결과] 각각 단독 배양할 경우 두 종의 짚신벌레 개체군의 생장곡선은 S 자형 곡선을 나타낸다. 단독 배양을 할 때와는 달리 혼합 배양하면 한 종은 멸종하므로, 짚신벌레 개체군 A와 B는 경쟁 관계에 있음을 알 수 있다.

❖ 생태적 지위(ecological niche)
개체군이 생물군집에서 차지하는 먹이연쇄에서의 먹이지위와 공간적 위치를 포함한 공간지위

❖ 경쟁 배타의 원리(competitive exclusion)
생태적 지위가 같은 두 개체군의 경쟁 결과 한쪽 개체군만 살아남고 나머지 개체군은 함께 살 수 없게 되는 현상

❖ 공생과 경쟁을 비교했을 때 생태적 지위가 더 많이 중복되는 것은 경쟁이다.

예제 | 1

다음은 수생식물 간의 상호 작용이 생장에 미치는 영향을 알아보기 위하여 두 종의 수생식물을 호수의 가장자리에 심고 수심에 따른 생산량을 조사한 것이다. 그림 (가)는 두 종을 분리하여 심었을 때, 그림 (나)는 두 종을 혼합하여 심었을 때의 결과를 나타낸 것이다. 경쟁 배타의 원리가 적용되는 구간은 어느 구간인가?

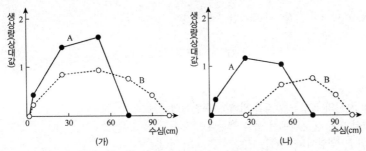

| 정답 | 0~30cm 구간
두 종을 분리하여 심었을 때는 A종과 B종이 살았지만 두 종을 혼합하여 심었을 때 B종은 생산량이 전혀 없는 0~30cm 구간이 경쟁 배타의 원리가 적용되는 구간이다. 약 70~100cm 구간에서는 두 종을 분리하여 심었을 때나 혼합하여 심었을 때 A종은 생산량의 변화가 전혀 없으므로 경쟁 배타의 원리가 적용되는 구간이 아니다.

(5) 분서(나누어 살기)

생태적 지위가 비슷한 개체군들이 함께 생활할 때 생활공간이나 먹이, 활동 시간 등을 달리하여 생활하며 경쟁을 피하는 현상이다.

① **서식지 분리**: 갈겨니는 냇물의 가장자리에, 피라미는 냇물의 중앙부에 살면서 서로 경쟁을 피한다.

② **먹이 분리**: 피라미는 은어가 없는 하천에서는 조류를 먹는다. 그러나 은어와 함께 살게 되면 은어가 주로 조류를 먹고 조류를 먹던 피라미는 먹이를 바꾸어 수서 곤충류를 잡아먹는다.

(6) 자원 분할과 형질 치환

① **자원 분할(resource partitioning)**: 비슷한 종들이 한 군집 내에 공존할 수 있도록 생태적 지위가 분화하는 것을 말한다. 즉, 둘 중 한 종이 다른 자원을 이용하도록 하거나(먹이분리), 서로 다른 시간대에 비슷한 자원을 이용하는 것(시간분리)이다.

❖ 분서하는 현상도 자원 분할의 한 예시가 된다.

② **형질 치환(character displacement)**: 동소성(sympatric) 개체군이 이소성(allopatric) 개체군보다 형질의 분화를 더 일으키는 현상을 말한다. 예를 들어 갈라파고스 군도 핀치의 이소종은 유사한 형태의 부리를 갖고 있어 비슷한 크기의 씨앗을 먹을 것으로 생각되는데, 이 두 종이 동소성으로 살고 있는 군도에서는 한 종은 얕고 짧은 부리를 갖고 있으며 다른 한 종은 깊고 큰 부리를 가지고 있어서 서로 다른 크기의 씨앗을 먹도록 적응된 것을 볼 수 있다.

❖ 아프리카 산악지역의 가시쥐와 황금가시쥐는 동일한 서식지와 먹이 자원을 공유한다. 모두 야행성이었지만 황금가시쥐가 생체시계를 극복하고 주행성이 되었다. (연구자들이 가시쥐를 제거한 지역에서 황금가시쥐가 야행성으로 변하는 것을 확인했다.)

(7) 타감 작용(allopathy)

식물이 성장하면서 일정한 화학물질이 분비되어 경쟁되는 주변의 식물의 성장이나 발아를 억제하는 작용을 말한다. 이 억제를 통하여 자신의 생존을 확보하고 성장을 촉진하는 결과를 얻게 되는 작용이다. 하지만 때로는 자신의 생존에 이익이 되는 주변 식물의 성장을 촉진하는 작용을 하기도 하며 타감 작용은 이를 포함한다. 타감 물질에는 숲 속의 향긋한 냄새를 만들어 내는 피톤치드(Phytoncide)가 있는데, 피톤치드라는 말은 식물을 의미하는 피톤(Phyton)과 해충과 병균으로부터 자신을 보호하기 위한 살균력을 의미하는 치드(Cide)가 합성된 용어이다. 또 다른 타감 물질에는 마늘에 포함된 알리신(Allicin)이나 고추의 매운 성분을 만드는 켑사이신(Capsaicin) 등이 있다.

2 생물군집의 형성

(1) 군집의 종류

식물 군집만을 가리켜 특히 군락이라고 하는데 식물 군락은 온도와 강수량의 차이에 따라 분포하는 식물의 종류가 달라진다.

① 삼림: 강수량이 많은 지역에서 발달하는 목본식물 중심의 군락으로 열대다우림, 상록활엽수림, 낙엽활엽수림, 침엽수림 등이 있다.

② 초원: 강수량이 적고 건조한 지역에서 발달하는 초본식물 중심의 군락으로 사바나초원, 스텝초원이 있다.

③ 황원: 강수량이 아주 적고 온도가 매우 높거나 낮아서 식물이 살기 어려운 극단적인 환경에서 발달하는 군락으로 열대 사막, 극지방의 툰드라, 해안의 사구(모래가 쌓여 만들어진 언덕) 등이 있다.

④ 수계: 하천이나 호소(호수 연못, 늪 등), 바다 등에서 형성되는 식물 군락을 말한다.

(2) 군락의 층상 구조

① 층상의 구조는 위로부터 교목층, 관목층, 초본층, 선태층, 지하층으로 되어 있다.

② 지하층에는 부식질이 많고 균류나 세균류 및 지렁이 등이 살고 있다.

③ 수관층, 관목층, 초본층, 낙엽층, 뿌리층으로 구분하기도 한다.

❖ 수관층(canopy): 숲의 층상 구조에서 최상층으로 주로 교목성 목본의 수관(숲지붕)으로 덮여 연결된 하나의 층 구조이다.

(3) 생물군집 생태 분포

식물 군락의 빛, 온도, 강수량 등 서식하는 지역의 환경 조건에 적응하여 이루어진 군집의 분포를 생태 분포라고 한다. 식물 군락의 생태 분포는 위도에 따른 수평 분포와 고도에 따른 수직 분포로 나눌 수 있다.

① 수평 분포

㉠ 위도에 따른 분포로 주로 온도와 강수량에 따라 분포가 달라진다.

㉡ 삼림 군락은 위도가 올라감에 따라 상록활엽수림대(열대다우림, 조엽수림) → 낙엽활엽수림대 → 침엽수림내 순으로 나타난다.

② 수직 분포

㉠ 고도에 따른 분포로 주로 온도에 따라 달라진다.

㉡ 고도가 상승함에 따라 상록활엽수림대 → 낙엽활엽수림대 → 혼합림대 → 침엽수림대 → 관목대 순으로 분포한다.

❖ 육상 생물군계

• **열대우림**: 적도와 주변지역에서 형성되고 기온은 연중 25~29℃이며 계절적 변화가 적고 따뜻하다. 상록활엽수가 우점하며 종 다양성이 높다

• **사바나**: 적도와 주변지역에서 형성되고 평균 기온은 열대우림과 비슷하지만 계절에 따른 차이가 크고 건기가 8~9개월가량 지속되며 강수량이 열대우림보다 훨씬 적다.

• **사막**: 남북으로 위도 30도 부근 지역이나 대륙의 안쪽에서 형성되며 기온이 열대 사막은 50℃를 넘고 한랭 사막은 -30℃까지 떨어진다. 강수량이 아주 적어서 열대 사막의 식물들은 C_4식물이거나 CAM식물이 많다.

• **관목지대**: 중위도 해안지역에서 형성되며 무더운 여름을 제외하고는 10~12℃ 정도로 시원하다.

• **온대초원**: 강수량이 적고 특히 겨울에 저온을 나타내는 지역에 분포하는 초원이다. 스텝초원도 온대초원이다.

• **온대활엽수림**: 북반구 중위도 지역에 넓게 분포한다. 낙엽성 목본들이 우점종이다.

• **침엽수림**: 타이가(taiga)라고 불리는 북부 침엽수림은 지구에서 가장 큰 생물군계이다. 겨울은 대체로 추우며 길고 여름에는 더울 때도 있다.(-50~20℃ 정도로 연간 온도범위가 넓다)

• **툰드라**: 넓은 북극지방에 형성되며 지구 땅 표면의 20%를 차지한다. 툰드라 지역의 영구동토는 지층의 온도가 연중 0℃ 이하로 항상 얼어 있는 땅을 말한다.

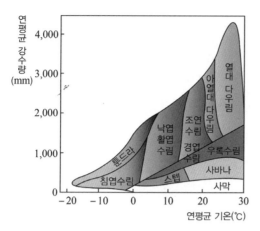

▲ 수평분포

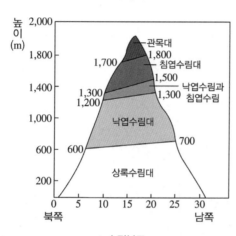

▲ 수직분포

>> **추이대(전이대, 이행대):** 육상생물군계는 서로 확실한 경계가 없고 서서히 다른 생물군계로 넘어가는데 이렇게 인접한 생물군계가 서로 겹치면서 다른 생물군계로 넘어가는 지역을 말한다.

예제 | 2

다음은 그림은 연간 강수량과 평균온도에 따라 세계 육상 생물군계를 나타낸 것이다. 이에 대한 설명으로 옳은 것만을 모두 고르면?

(지방직 7급)

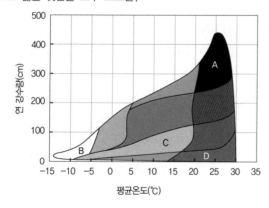

❖ **수중 생물군계**
- **하구:** 강과 바다의 교차지점을 말하며 물 흐르는 양상이 복잡하다. 만조 시에는 바닷물이 하구까지 올라왔다가 간조 시에는 다시 바닷물이 빠진다. 종종 밀도가 높은 바닷물이 바닥층을 이루고 밀도가 낮은 강물은 수면에서 층을 형성하여 바닷물과 거의 섞이지 않기도 한다.
- **조간대:** 하루에 두 번씩 조수에 의해 물에 잠겼다가 물이 빠지기를 반복하는 곳으로 산소와 영양물질이 풍부하며, 매번 조수가 들어올 때마다 새로 공급된다.
- **원양대:** 넓고 푸른 해양을 말하며 빛이 도달하는 상층부인 유광대(투광대)와 빛이 도달하지 못하는 무광대로 구분한다.
- **저생대:** 원양대의 해양바닥을 말하며, 모래와 여러 가지 퇴적물이 있고, 죽은 생물이 가라앉은 퇴적물을 먹이로 하는 저서생물이 살고 있다.
- **심해대:** 무광대의 가장 깊은 해양바닥을 말하며, 계속되는 추위와 높은 수압에 잘 적응하는 생물이 살고 있다. 심해열수구 군집 주변의 어둡고 뜨거우며 산소가 결핍된 환경에 사는 생산자들은 더운 물에 용해되어 있는 황산염(SO_4^{2-})과 반응하여 생성된 황화수소(H_2S)를 산화시켜 에너지를 얻는 화학독립영양 원핵생물들이다.

❖ **수중 생물군계의 층화현상**
- **전도현상:** 호수에서 온도 변화의 결과로 표면에 있는 물과 아래층에 있는 물이 서로 섞이는 현상을 말하며 한해에 두 번 겪는다. 이러한 전도현상은 산소를 포함하고 있는 표면의 물을 호수의 밑바닥까지 전달해 주며, 영양분이 풍부한 바닥 부근의 물을 봄과 가을에 표면으로 올려 보낸다.
- **수온약층:** 해양과 호수에서 급격한 온도 변화가 생기는 얇은 층

ㄱ. A의 생물다양성은 B보다 낮다.

ㄴ. B에서 영구동토층이 발견된다.

ㄷ. C는 농경지나 가축의 방목지로 많이 이용된다.

ㄹ. D는 북위 30°보다 적도지방에서 더 잘 생성된다.

① ㄱ, ㄴ   ② ㄴ, ㄷ

③ ㄴ, ㄷ, ㄹ   ④ ㄱ, ㄷ, ㄹ

|정답| ②

A: 열대다우림 B: 툰드라 C: 스텝 D: 사막

(4) 상관: 생물군집이 나타내는 외관상 특징

① **우점종**(dominant species): 군집을 대표하는 생물종

> ❖ 상대 밀도, 상대 빈도, 상대 피도의 합을 중요 값이라 하며, 중요 값이 가장 큰 생물 종이 우점종이다.

- 밀도 $= \dfrac{\text{특정 종의 개체 수}}{\text{전체 면적}}$

- 빈도 $= \dfrac{\text{특정 종의 출현 소방형구 수}}{\text{전체 소방형구 수}}$

- 피도 $= \dfrac{\text{특정 종의 면적}}{\text{전체 면적}}$

- 상대 밀도(%) $= \dfrac{\text{특정 종의 밀도}}{\text{조사한 모든 종의 밀도의 합}} \times 100$

- 상대 빈도(%) $= \dfrac{\text{특정 종의 빈도}}{\text{조사한 모든 종의 빈도의 합}} \times 100$

- 상대 피도(%) $= \dfrac{\text{특정 종의 피도}}{\text{조사한 모든 종의 피도의 합}} \times 100$

> ❖ 기초종(foundations species)
> 다른 종에게 서식지나 먹이를 제공할 수 있는 종으로 대표적인 예로 나무숲이다. 나무의 열매는 다른 종들의 중요한 먹이 공급원이 된다.

② **희소종**(rare species): 중요도가 가장 작은 종

③ **지표종**(표징종, indicator species): 생물종이 살고 있는 지역 또는 서식지의 기후, 토양, 환경 특성을 나타내는 생물종

④ **핵심종**(keystone species): 반드시 수가 많을 필요는 없으며 군집 내에서 중추적인 생태적 역할, 생태적 지위에 의해 강력한 지배력을 발휘한다.

⑤ **생태계 기능공**(창시종, ecosystem engineers): 어떤 종의 행동 또는 거대한 생물량이 물리적 환경을 바꾸는 종

> 예 비버는 나무를 꺾어서 댐을 쌓아 연못을 만들어 산림이 넓은 지역을 습지로 바꾼다.

⑥ **청소동물**(scavenger): 동물의 사체나 배설물을 먹는 동물(하마 똥을 먹는 모래무지)

> ❖ 불가사리는 북아메리카 서부 조간대에서 담치류의 포식자이다. 담치는 우점종이었지만 불가사리의 포식으로 담치가 사라진 장소를 다른 종이 이용할 수 있게 되어 불가사리가 있을 때는 15~20여종의 생물이 출현하였으나 불가사리가 제거되고 난 후에는 5종 이하로 종 다양성이 감소하였다. 따라서 불가사리는 이 군집에서 핵심종의 역할을 하고 있는 것이다.

(5) 생물군집의 측정방법

① 방형구법(quadrat method): 가로 1m, 세로 1m인 방형구 틀을 이용하여 방형구 내에 식물의 분포 상태를 표시하여 측정하는 방법

한 개체의 평균 면적(상대값)
△ : 쑥　　　　3
× : 강아지풀　4
○ : 진달래　　1
◇ : 명아주　　8

구분	밀도	빈도	피도	상대 밀도	상대 빈도	상대 피도	중요 값
쑥	4	2	12	20%	20%	24%	64
강아지풀	5	4	20	25%	40%	40%	105
진달래	10	3	10	50%	30%	20%	100
명아주	1	1	8	5%	10%	16%	31
합계	20	10	50	100%	100%	100%	－

≫ [결과] 강아지풀의 중요 값이 가장 크다. 따라서 이 식물 군락 내에서 강아지풀이 우점종이 된다.

예제 | 3

어느 다음은 군집 내 식물 종 A~D의 밀도와 빈도를 나타낸 것이다. (단, A~D의 피도는 모두 같다)

종	밀도	빈도
A	25	0.13
B	27	0.13
C	23	0.09
D	25	0.15

식물 종 A~D중에서 우점종은?

① A 　　　　　② B
③ C 　　　　　④ D

|정답| ④
상대밀도와 상대빈도의 합이 가장 큰 D(25＋30＝55)이다.

② 표지법: 측정하고자 하는 개체를 잡아서 표지한 후 풀어준 다음, 어느 정도 시간이 지난 후 다시 일정 수의 개체를 잡아 표지된 개체 수와 표지되지 않은 개체 수의 비로 구하는 방법

예제 | 4

어느 연못에 있는 붕어의 수를 알아보기 위하여 다음과 같이 2회에 걸쳐 표본을 추출하였다.

- 1회: 붕어 20마리를 잡아 20마리에게 모두 표식을 단 후 다시 연못에 방류하였다.
- 2회: 하루가 지난 후에 붕어 40마리를 잡았는데 그중 표식을 단 붕어는 8마리였다.

이 표본 추출 방법으로 추정한 연못의 붕어 수는?

① 40마리   ② 60마리
③ 80마리   ④ 100마리
⑤ 200마리

|정답| ④

이 연못에 X마리의 붕어가 있다고 하면 $\dfrac{20}{X} = \dfrac{8}{40}$ 이므로 $X = 100$

3 종 다양성과 섬 평형모델(섬 생물 지리 평형설)

(1) 종 다양성(species diversity)

생태계에 얼마나 많은 생물 종이 균등하게 분포하여 살고 있는가를 나타낸 것이다. 종 다양성은 단순히 종의 수가 많다고 해서 높은 것이 아니다. 종 다양성을 나타낼 때는 종의 풍부도와 균등도를 고려해야 한다.

종 풍부도(species richness)는 일정 면적 내의 종 수이고, 종 균등도는 각종에 속하는 개체 수가 얼마나 고르게 분포하는지를 나타낸 것이다.

즉 일정 지역에 다양한 종류의 종이 고르게 분포해야 종 다양성이 높다고 할 수 있으며, 종 다양성이 높을 경우 멸종 가능성이 낮아져 생태계의 안정성이 높아진다.

① 종 풍부도(species richness): 종의 수
② 종 균등도(상대 풍부도, relative abundance): 고르게 분포하는 종 다양도 지수(상대수도)

❖ 종 다양성의 지수로 종풍부도와 상대수도를 모두 이용한다. 가장 많이 사용되는 지수는 샤논다양도(Shannon–Wiener)이다.

(2) 섬 평형모델(island equilibrium model): 도서지리설

섬 평형 모델에서 "섬"이란 해양의 섬뿐만 아니라 호수, 격리된 산꼭대기와 같은 조각들을 전부 의미한다.

① 유입되는 종의 수와 멸종하는 종의 수가 균형을 이룰 때 그 수는 안정화되고 이를 종 수의 평형이라 한다.

② 섬의 크기: 섬이 작을수록 적은 자원을 제공하고 높은 멸종률을 보인다. 큰 섬일수록 다양한 서식지를 제공하고 더 큰 군집을 유지하며 작은 군집에 비해 낮은 멸종률을 가진다.

③ 섬의 거리: 유입을 제공하는 공급원으로부터 섬이 멀어질수록 이주하는 종의 수는 적어지고 낮은 유입률을 보인다.

❖ 섬의 기존 종이 적을 때는 새로운 종의 이입속도가 높아진다. 그러나 시간이 지나면서 좀 더 많은 종이 섬에 서식함에 따라 새로운 종의 이입속도가 낮아진다.

❖ 섬의 종수가 증가함에 따라 경쟁과 포식, 피식의 작용으로 종들이 절멸하는 속도가 증가한다.

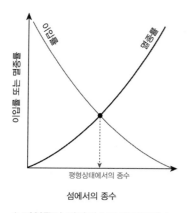

❖ 이입률이 작아질수록 멸종률은 높아진다.

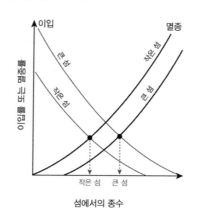

❖ 큰 섬은 작은 섬보다 이입률이 높고 멸종률은 낮아지므로 평형상태에서 큰 섬의 종의 수가 더 많다.

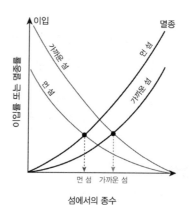

❖ 본토에서 가까운 섬은 먼 섬보다 이입률이 높고 멸종률은 낮아지므로 평형상태에서 가까운 섬의 종의 수가 더 많다.

4 생물군집의 천이(succession)

환경 변화에 따라 오랜 세월에 걸쳐 서서히 군집을 이루는 생물의 종류와 수가 변천되어가는 과정

(1) 1차 천이(primary succession)

암석 표면과 같은 곳에서 형성되는 건성 천이와 호수나 습지 같은 곳에서 형성되는 습성 천이가 있다.

① 건성 천이(xerarch succession): 화산 분출로 생긴 용암 지대(황원)에서부터 시작되는 천이

  ㉠ 화산 분출로 생긴 용암이나 암석 표면은 토양이 형성되지 않고 수분이 적어 식물이 살 수 없지만 세월이 지남에 따라 암석이 풍화되어 지의류가 처음으로 나타난다.

  ㉡ 암석의 풍화와 바람에 실려 온 토양 입자들이 쌓여 토양층이 형성되면 수분과 양분의 함량이 증가하면서 이끼와 같은 선태류가 자라게 된다.

ⓒ 토양층이 두꺼워지고 수분과 양분의 함량이 많아지면서 풀이 자라 초원이 형성된다.

ⓔ 이들 식물에 의해 부식질이 생성되어 토양에 양분이 축적되면 키가 작은 관목림이 형성된다.

ⓜ 그 후 소나무와 같은 큰 키 나무인 양수림으로 숲을 이룬다.

ⓗ 양수림으로 형성된 숲에서는 숲 속에 그늘이 생겨 양수의 어린 묘목은 잘 자라지 못하고, 그늘과 같이 빛이 부족해도 잘 자라는 밤나무와 같은 음수의 어린 묘목이 자란다.

ⓢ 음수의 어린 묘목들이 자라면 양수와 음수로 된 혼합림이 형성된다.

ⓞ 그 후 천이의 마지막 단계인 음수림이 형성되어 극상을 이룬다.

> 황원(맨땅, 나지) → 지의류 → 선태류 →
> 초원 → 관목림 → 양수림 → 혼합림 → 음수림

Check Point

• **지의류**: 균류와 광합성 미생물의 공생체. 균류는 광합성 미생물에게 서식처와 무기 양분을 제공하고, 광합성 미생물은 균류에게 유기 양분을 준다.

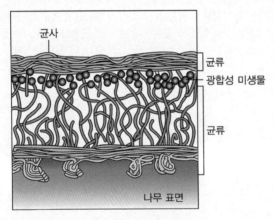

▲ 지의류의 구조

• 초기의 천이과정은 수분과 토양(부식질 생성, 양분의 함량)이 큰 영향을 미친다.
• 후기의 천이과정은 빛의 세기가 영향을 미친다.

---

② **습성 천이**(hydrach succession): 호수가 육지화하는 곳에서부터 시작되는 천이

ⓐ 습성 천이는 호수에 습생식물들이 들어와 자라면서 습원이 형성되어 시작된다.

ⓑ 호수는 흙이나 모래가 쌓이고 유기물이 퇴적되어 습원이 형성되면 풀이 들어와 살면서 초원이 형성된다.

ㄷ 초원이 형성되면 건성 천이와 같은 과정을 거쳐 극상인 음수림에 도달하게 된다.

> 빈영양호 → 부영양호 → 습원 →
> 초원 → 관목림 → 양수림 → 혼합림 → 음수림

Check Point

- **개척자**(pioneer species): 천이를 시작하는 첫 번째 군락. 건성 천이의 개척자는 지의류이고, 습성 천이의 개척자는 습생 식물(습원)이다.

- **극상**(climax): 식물 군집의 천이과정에서 마지막 안정된 상태를 극상이라고 하는데, 건성 천이와 습성 천이의 극상은 음수림이 된다.(극상에 다다르면 K 선택이 우점한다.) 천이의 초기 단계에는 종다양성이 증가하지만 천이가 진행되면서 종다양성은 안정화되거나 감소하기도 한다. 또한 천이 단계의 군집에 비하여 극상 군집에서는 물질의 순환과 에너지의 흐름이 훨씬 더 신속하며, 군집의 안정성도 커져서 외부의 영향에 대하여 민감하게 반응하지 않는다. 총생산량(단위기간 내에 광합성으로 이루어진 전 유기물량)은 초기에는 뚜렷하게 증가하지만, 후기에는 별로 증가하지 않는다. 이에 반해 전체 호흡량은 증가하기 때문에 순생산량은 천이가 어느 정도 진행되면 감소한다. 그리고 최종적으로는 연간 총생산량이 연간 총 소비량(호흡량)과 같아지면서 평형에 달한다. 생산량과 소비량이 평형을 이루는 상태를 극상이라고 말할 수 있다.

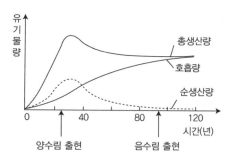

❖ 극상으로 갈수록 나이든 나무들이 많아지므로 총생산량은 약간 감소하지만 호흡량은 꾸준히 증가한다.

(2) 2차 천이(secondary succession)

식물 군집이 있던 곳에서 교란(홍수, 산불, 산사태)이 발생하여 군집이 파괴된 곳에서 다시 시작되는 천이이다.

① 식물이 살았던 곳이었으므로 이미 토양이나 수분이 충분히 포함되어 있어서 2차 천이의 개척자는 초원이 되며 1차 천이에 비해서 빠르게 진행된다.

② 극상은 1차 천이와 마찬가지로 음수림이다.

Tip

- **교란**(disturbance): 태풍, 불, 홍수, 가뭄, 지나친 방목과 인간의 활동으로 군집을 변하게 하여 생물다양성을 파괴하고 자원의 이용 가능성을 변화시키는 경우로 교란은 이전에 서식지를 차지하지 못했던 종들에게 기회를 만들어 줄 수 있다.

- **중위교란가설**(intermediate disturbance hypothesis): 적정 수준의 교란은 높거나 낮은 교란보다 오히려 생물 다양성을 도와주는 조건을 만들 수 있다는 가설
  예 미국의 옐로스톤 국립공원에서는 작은 불도 일어나지 않도록 한 결과 노쇠한 나무 때문에 어린나무가 자라지 못했는데 1988년 가뭄으로 거대한 불이 난 후 광범위하게 새로운 식물로 덮이게 되었다.

- **비평형모형**(non – equilibrium model): 군집이 교란과 싸우면서 지속적으로 변화하는 것

(3) 천이를 일으키는 가설

① 촉진 가설: 다음 단계의 성공을 촉진하는 경우

> 예 지의류가 선태와 초본에 필요한 토양을 만들어 준다.

② 억제 가설: 다음 단계의 성공을 억제하는 경우

> 예 망초는 뿌리에서 유독한 물질을 방출하여 국화의 성장을 억제한다.(2차 천이의 초기 종간의 경쟁)

③ 내성 가설: 경쟁에 탁월한 종들이 살아남는다.

> 예 그늘에 내성이 강한 음수림

(4) 천이가 일어나는 동안 군집의 특성

① r 선택종은 수명이 짧고 K 선택종은 수명이 길기 때문에 초기 천이 과정에서는 종 조성이 빠르게 변화하지만 후기 단계에서는 느리게 변화한다.

② 거주종이 소멸되는 것보다 새로운 종이 더 빨리 군집에 들어오기 때문에 초기단계 동안에 종다양성 증가가 빠르게 일어나지만 천이가 진행되면서 종다양성은 안정화되거나 또는 감소하기도 한다.

③ 강우량이 풍부한 군집에서는 대형 종이 소형 종을 대체하여 복잡한 극상 구조를 만들어냄에 따라 식생(식물 군락)의 최고 높이와 생물량이 꾸준히 증가한다.

예제 | 5

산불 → 초원 → 관목림 → A → 혼합림 → B와 같이 천이의 진행과정이 일어났을 때 옳게 설명한 것을 모두 고른 것은? (경북)

ㄱ. 2차 천이과정이다.
ㄴ. A는 양수림, B는 음수림이다.
ㄷ. 천이가 시작되면서부터 빛의 세기에 영향을 받는다.

① ㄱ   ② ㄴ
③ ㄱ, ㄴ   ④ ㄱ, ㄷ

| 정답 | ③
초기 천이과정은 수분과 토양(부식질)의 영향을 받고 후기 천이로 진행되면서 빛의 세기에 영향을 받는다.

33 생태계

1 생태계에서 물질의 생산과 소비

(1) 총생산량(총 1차 생산, gross primary production, GPP)

생산자가 광합성을 통하여 생산한 유기물의 총량

(2) 순생산량(순 1차 생산, net primary production, NPP)

총 1차 생산에서 세포호흡 연료로 사용된 에너지를 뺀 것(총생산량−호흡량)

(3) 생장량(increment)

순생산량의 일부는 낙엽이나 줄기, 가지, 뿌리의 고사로 소실되고 1차 소비자에게 피식당하여 남은 것이 생물체에 저장된 양이다.

> 생장량＝순생산량−손실량(고사량＋피식량)

(4) 생산력(productivity)

어떤 식물 군락의 단위 시간당 생장량

(5) 생물량(현존량, standing crop)

현재 식물 군락이 가지고 있는 유기물의 총량

(6) 2차 생산(primary production): 소비자의 몸을 구성하는 생체량으로 전환된 화학에너지의 양

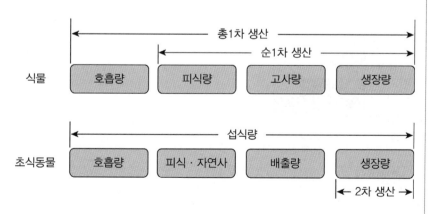

(7) 생산 효율(production efficiency)

호흡으로 사용되지 않고 생체에 저장된 에너지의 비율.

즉, $\dfrac{\text{생장량(2차 생산)}}{\text{동화된 에너지}} \times 100\%$

≫ 소화가 되지 않은 채로 잃어버린 변에서의 에너지는 동화된 에너지에 포함되지 않고, 세포 호흡과 생장량을 동화된 에너지라 한다.

예제 | 1

섭식량=200J, 생장량=30J, 호흡량=70J, 배설량=100J이라면 생산효율은? (1J=0.24cal)

| 정답 | 생산 효율=30%

동화된 에너지=30J+70J=100J 따라서 생산효율은 $\dfrac{30J}{100J} \times 100 = 30\%$이다.

❖ 조류와 포유류는 항상 일정한 체온을 유지하기 때문에 호흡량이 많아서 일반적으로 1~3%의 낮은 생산 효율을 나타내고 변온동물인 어류는 약 10%의 생산효율을 나타내고 곤충류는 보통 40%의 높은 생산효율을 갖는다.

❖ 생산효율
정온동물<변온동물<곤충

(8) 생산 구조도

식물의 생산량을 높이에 따라 나타낸 것으로 수직적인 층 구조에 따라서 군락 내의 햇빛을 받는 양이나 동화기관인 잎, 비동화기관인 줄기, 뿌리 구성비가 달라지고 물질 생산의 총량도 달라진다.

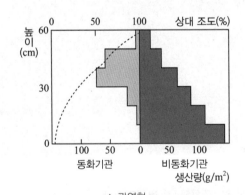

▲ 광엽형

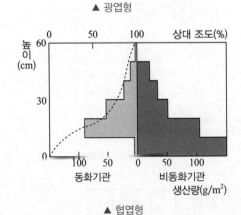

▲ 협엽형

≫ 광엽형(명아주)은 잎이 주로 높은 곳에 많이 분포되어 있고, 협엽형(억새, 보리)은 잎이 주로 낮은 곳에 많이 분포되어 있다.

2 생태계의 물질 순환(생물지구화학적 순환)

(1) 탄소의 순환(carbon cycle)

① 생물체를 구성하는 탄소(C)는 주로 대기나 물속의 CO_2로부터 유래된 것이다.

② CO_2는 생산자의 광합성에 의해 유기물로 합성되고, 이 유기물은 먹이연쇄를 따라 소비자에게 옮겨간다.

③ 유기물의 일부는 호흡에 의해 산화되어 다시 CO_2로 되어 대기나 물과 같은 무생물적 환경으로 방출된다.

④ 동식물의 사체나 배설물 속의 유기물은 세균 등과 같은 미생물(분해자)의 작용에 의해 분해되어 다시 CO_2로 되어 무생물적 환경으로 방출되기도 하고, 일부 동식물의 사체는 석탄과 같은 화석 연료로 되었다가 연소에 의해 CO_2로 되어 대기 중으로 방출된다.

(2) 질소의 순환(nitrogen cycle)

① 생물의 몸을 구성하는 질소는 단백질, 핵산 등의 중요한 구성 원소이다.

② 질화 작용(nitrification): 토양 속에 있는 일부 암모늄염은 아질산균이나 질산균과 같은 질화세균(질산화세균)의 질화 작용에 의해 산화되어 질산염(NO_3^-)으로 전환된다.

③ 환원 작용(reduction): 질산염(NO_3^-)은 질산 환원세균에 의해 암모늄염(NH_4^+)으로 환원된다.

④ 공중 질소 고정(nitrogen fixation): 대기 중의 N_2는 질소 고정세균에 의해서 식물체 내로 유입된다. 즉 콩과 식물과 공생하는 뿌리혹박테리아, 토양 속의 아조토박터, 클로스트리듐 등이나 아나베나, 노스톡 등의 일부 남세균에 의해 암모늄염(NH_4^+)으로 고정된다.(생물적 질소고정)

⑤ 공중 방전(고에너지 고정, high energy fixation): 대기 중의 N_2가 질산염(NO_3^-)으로 된다.(비생물적 질소고정)

⑥ 대기 중의 N_2를 이용해서 인공적으로 질소비료를 만든다.(산업적 질소고정)

⑦ 탈질소 작용(denitrification): 토양 속의 질산염 일부는 탈질소세균(탈질화세균)의 작용에 의해 N_2로 되어 대기 중으로 방출된다.

⑧ 질소 동화 작용(assimilation): 토양 속의 질산염(NO_3^-)이나 암모늄염(NH_4^+)은 생산자에 흡수된 후 질소동화 작용에 의해 아미노산, 단백질과 같은 유기질소화합물이 된다.

❖ 대표적인 물질의 순환은 물, 탄소, 질소, 그리고 인의 순환이다.

❖ 탄소의 주 저장고는 화석 연료, 토양, 수생생태계의 퇴적물, 대양, 대기이다. 가장 큰 저장고는 석회석과 같은 퇴적암이지만 이 저장고에서의 순환은 매우 느리다.

❖ 식물과 식물성 플랑크톤에 의한 광합성은 대기 중에 존재하는 CO_2를 상당량 제거한다. 이 양은 생산자와 소비자의 세포호흡을 통해 대기 중으로 방출되는 CO_2의 양과 거의 같다.

❖ 질소의 주 저장고는 대기이다. 대기의 78%가 질소(N_2)로 구성된다.

❖ 질소고정
대기 중의 질소를 암모니아(NH_3)로 고정한 후 토양으로부터 H^+을 받아서 암모늄이온(NH_4^+)으로 전환하여 식물이 흡수할 수 있도록 한다.
$N_2 + 4H_2 + 16ATP$
$\rightarrow 2NH_3 + H_2 + 16ADP$

⑨ 유기질소화합물은 먹이연쇄를 통해 동물과 같은 소비자에게로 전해진다.

⑩ 동식물의 사체나 배설물 속에 들어 있는 질소화합물은 암모니아화 세균과 같은 분해자에 의해 분해되어 암모니아(NH_3), 암모늄염(NH_4^+) 등의 형태로 토양 속으로 되돌아간다.

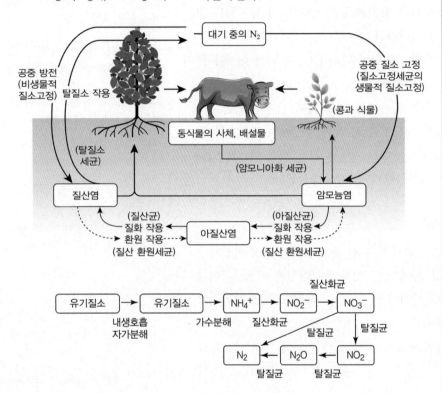

(3) **인의 순환(phosphorus cycle)**: 인이 가장 많이 축적된 곳은 바다에서 기원한 퇴적암이다. 따라서 인산을 함유한 기체는 극히 적기 때문에 상대적으로 적은 양의 인만이 대기 중을 이동하므로 인의 순환은 이동성이 적고 국지적으로만 순환한다.

❖ 생물지구화학적순환의 두 가지 범주
탄소, 산소, 질소, 황은 기체형태로 지구 전체를 순환하는 전 지구적 순환을 하지만 인, 나트륨, 칼슘은 지구의 표면에서 기체의 형태로 나낼 수 없으므로 생태계에서 매우 국한되는 국지적 순환을 한다.

3 생태계 에너지의 흐름

(1) 에너지의 흐름

① 생태계의 에너지 근원인 태양 에너지는 생산자의 광합성 작용으로 화학 에너지로 전환되어 유기물에 저장되었다가 먹이연쇄를 따라 상위 영양 단계의 소비자로 이동된다.

② 유기물에 저장된 에너지의 일부는 생산자나 소비자, 분해자의 호흡에 의해서 다시 열에너지로 전환되어 생태계 밖으로 방출된다. 생태계를 통하여 흐르는 에너지는 궁극적으로 열로 사라지기 때문에 대부분의 생태계는 태양이 지속적으로 지구에 에너지를 공급하지 않으면 사라질 것이다.

(2) 에너지 효율(영양 효율, trophic efficiency)

생태계의 어떤 영양 단계에서 다음 영양 단계로 이동한 에너지의 이용률

① 생태계의 에너지 효율 $= \dfrac{\text{현 단계의 에너지}}{\text{전 단계의 에너지}} \times 100(\%)$

② 생태계에서 에너지는 각 영양 단계에서 소비되고 남은 것이 이동하기 때문에 상위 영양 단계로 갈수록 에너지량은 감소하고, 에너지 효율은 증가한다.

예제 | 3

다음 자료는 태양 에너지와 각 영양 단계의 에너지량을 나타낸 자료이다. 각 생물들의 에너지 효율을 구하라.

태양 에너지	100만kcal
생산자	10,000kcal
초식동물	800kcal
육식동물	80kcal

|정답|

① 생산자의 에너지 효율: $\dfrac{10,000}{100만} \times 100 = 1\%$

② 초식동물의 에너지 효율: $\dfrac{800}{10,000} \times 100 = 8\%$

③ 육식동물의 에너지 효율: $\dfrac{80}{800} \times 100 = 10\%$

4 생태 피라미드(ecological pyramid)

① 생태 피라미드: 먹이연쇄를 이루는 각 영양 단계의 개체 수와 생물량, 에너지량을 하위 영양 단계부터 차례로 상위 단계로 나타낸 것이다.
② 일반적으로 상위 영양 단계로 갈수록 개체 수, 생물량, 에너지양은 감소하기 때문에 피라미드 모양을 나타낸다.
③ 생산자가 큰 나무로 구성된 삼림의 경우 개체수 피라미드는 역전될 수 있으며, 생산자가 번식력이 빠른 식물성플랑크톤으로 구성된 해양의 경우 생물량 피라미드는 역전될 수 있다.

❖ 에너지 효율은 생산자에 도달하는 빛의 1%정도만 광합성에 의해 화학에너지로 전환되고 다음 단계부터는 평균적으로 약 10%정도지만 생태계의 유형에 따라 보통 5%~20% 범위에 있다.

❖ 에너지 효율은 호흡을 통한 소비와 변에 포함된 에너지뿐만 아니라 다음 단계의 생물에 의해 소비되지 않은 전 영양단계의 유기물에 포함된 에너지도 고려하기 때문에 생산 효율보다 항상 낮다. (내온동물 제외)

❖ 생태계에서 물질은 순환하지만 에너지는 순환하지 않는다.

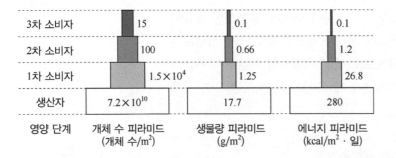

영양 단계	개체 수 피라미드 (개체 수/m²)	생물량 피라미드 (g/m²)	에너지 피라미드 (kcal/m² · 일)
3차 소비자	15	0.1	0.1
2차 소비자	100	0.66	1.2
1차 소비자	1.5×10^4	1.25	26.8
생산자	7.2×10^{10}	17.7	280

④ 에너지 효율과 생물 농축도는 상위 영양 단계로 갈수록 증가하기 때문에 역피라미드 모양을 나타낸다.

5 생태계 평형

(1) 생태계의 평형(equilibrium)

생태계를 구성하는 생물의 종류, 개체 수, 물질의 양 등이 일정한 수준을 유지하여 균형을 이루고 있는 상태를 생태계 평형이라고 한다.

(2) 생태계의 평형 유지: 먹이연쇄와 천적에 의해 유지

① 먹이연쇄(먹이사슬, food chain): 생물 상호 간의 먹고 먹히는 관계를 연속적으로 연결한 것

  ㉠ 상향식 모형(아래-위 모델): 생산자 → 1차 소비자 → 2차 소비자 → 3차 소비자

  ㉡ 하향식 모형(위-아래 모델): 생산자 ← 1차 소비자 ← 2차 소비자 ← 3차 소비자

② 먹이그물(food web): 먹이연쇄가 복잡하게 얽혀 있는 것

③ 피식자가 증가하면 포식자도 증가한다. 그 결과 다시 피식자가 감소하게 되어 그것을 먹는 포식자가 감소하면 피식자가 증가하는 주기적 반복이 일어나 생태계의 평형이 유지된다.

④ 생태계의 어느 한 영양 단계의 개체 수가 일시적으로 증가하거나 감소하더라도 어느 정도의 시간이 지나면 먹이연쇄에 의해 다시 평형 상태를 이룬다.

⑤ 생태계의 평형은 먹이그물이 복잡하게 얽혀 있을수록 더 잘 유지된다.

예제 | 4

군집의 영양 구조 개념에서 가장 강조되는 것은? (경기)

① 생물량
② 중추 포식자
③ 군집 내의 먹이관계
④ 군집 내 종의 중요성

|정답| ③

영양 구조 개념이므로 먹이연쇄가 강조된다.

❖ 상향식 모델: 무기양분은 식물의 수를 조절하고 식물의 수는 초식 동물의 수를 조절하며 초식 동물의 수는 다시 포식자의 수를 차례로 조절한다.

하향식 모델: 포식자가 초식 동물의 수를 제한하고 초식 동물은 식물의 수를 제한하며 식물은 무기영양분의 수준을 차례로 제한한다.

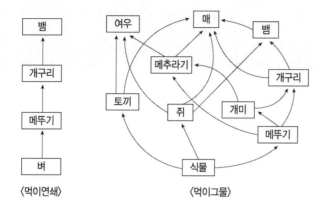

〈먹이연쇄〉　　　　　　　〈먹이그물〉

예제 | 5

수중 먹이사슬에 대한 설명으로 옳은 것은?　(국가직 7급)

① 식물성 플랑크톤은 분해자이다.

② 동물성 플랑크톤은 1차 소비자이다.

③ 동물성 플랑크톤을 먹고 사는 작은 물고기를 잡아먹는 참치는 2차 소비자이다.

④ 참치에 감염하여 숙주를 죽이는 세균은 3차 소비자이다.

| 정답 | ②

① 식물성 플랑크톤은 생산자이다.

③ 동물성 플랑크톤을 먹고 사는 작은 물고기를 잡아먹는 참치는 3차 소비자이다.

④ 참치에 감염하여 숙주를 죽이는 세균은 분해자이다.

⑥ **녹색세상 가설**: 초식동물이 식물을 소비하는데도 불구하고 푸른 식물들이 많이 존재하고 있는 것을 말한다. 그 이유는 포식자, 기생자, 경쟁자 등 여러 가지 요소들이 초식동물의 개체 수준을 유지시키므로 초식동물의 수가 제한되기 때문이다.

⑦ **먹이사슬 길이의 한계**

　㉠ **에너지 가설**: 먹이사슬을 통해서 전달되는 에너지가 부족해져서 사슬의 길이가 4개에서 5개의 영양단계로 제한된다는 것 (생산자에 도달하는 빛의 1% 정도만 광합성에 의해 화학에너지로 전환되고 다음 단계부터는 평균적으로 각 영양단계의 유기물에 저장된 에너지의 단지 10% 정도만 다음 영양단계의 유기물로 전환된다.)

　㉡ **동적 안정 가설**: 긴 먹이사슬은 교란에 직면했을 때 더욱 불안정하여 중간에 단절될 수 있기 때문에 먹이사슬의 길이가 제한되어 짧은 먹이사슬이 더 안정적이다.

　㉢ 먹이사슬의 동물은 상위 단계로 갈수록 몸집이 커지는 경향이 있어서 입으로 집어넣을 수 있는 먹이의 크기에 한계가 있다.

(3) 생태계 평형의 파괴 요인

① **자연에 의한 파괴**: 화산 폭발, 산불, 지진

② **인간에 의한 파괴**: 산업 발달로 인한 환경오염

③ **외래종(귀화 생물)에 의한 파괴**: 외래종은 천적이나 경쟁 생물이 없기 때문에 안정된 생태계의 먹이연쇄를 변화시키므로 생태계 평형을 파괴할 수 있다.

개체 < 개체군 < 군집 < 생태계 < 생물권

❖ 생물권
지구상의 생물과 생물이 생활하고 있는 장소 전체

34 환경오염

1 대기오염(air pollution)

(1) 대기오염 물질

① 이산화탄소(CO_2): 지구 온난화의 원인

② 일산화탄소(CO): 헤모글로빈과 결합하여 산소 운반 방해

③ 이산화황(SO_2): 잎의 엽록소 파괴, 산성비의 원인

④ 산화질소류(NO, NO_2): 산성비와 스모그의 원인

⑤ 탄화수소류(CH): 스모그의 원인이며, 발암 물질

(2) 대기오염 현상

① 산성비: 대기 중의 이산화황과 산화질소류가 녹아서 내린 pH 5.6 미만의 비(엽록소 파괴, 호수의 산성화, 건축물과 금속의 부식)

② 광화학 스모그: 산화질소류, 탄화수소류 등이 빛을 받아 산화하는 과정에서 생긴 2차 오염 물질이 공기 중의 수증기와 결합하여 뿌옇게 되는 현상(호흡기 질환 유발)

③ 온실 효과: 대기 중의 이산화탄소 농도가 증가하면 복사 에너지가 우주 공간으로 방출되지 못하여 지구의 연평균 기온이 상승하는 현상(해수면 상승, 기상 이변 초래)

④ 오존층 파괴: 프레온 가스 사용 증가로 주로 염화불화탄소(CFC)의 축적에 의해 오존층이 파괴되어 자외선 유입량 증가로 인해 피부암을 유발하거나 식물의 광합성을 저해한다. 염화불화탄소로부터 방출된 염소원자는 오존과 반응하여 산소로 변화시킨다.

⑤ 먼지 지붕: 도시 상공에 분진이 집중되어 먼지 지붕을 형성하면 자외선을 차단하여 비타민 D 결핍을 일으킨다.

❖ 온실효과를 일으키는 주요 온실기체는 이산화탄소(CO_2), 메테인(CH_4), 일산화이질소(N_2O)이다.

(3) 지표 생물

특정한 환경 조건에서만 살 수 있는 생물로 그 지역의 환경 조건이나 오염 정도를 알려준다.

예 지의류: 산성비에 민감하여 대기오염의 지표 생물이다.

2 수질오염(water pollution)

(1) 수질오염원: 생활 하수와 공장 폐수, 화학 비료, 가축 배설물 등

(2) 수질오염 측정: DO, BOD, COD, 투명도, pH 등을 측정

① 생물학적 산소요구량(biological oxygen demand, BOD): 물속의 유기물이 호기성세균에 의해서 분해될 때 소비되는 산소의 양을 ppm으로 나타낸 값(5일 후 측정)

② 화학적 산소요구량(chemical oxygen demand, COD): 물속의 유기물을 산화제를 사용하여 산화시킬 때 소비되는 산소의 양을 측정한 값

③ 용존 산소량(dissolved oxygen, DO): 물 1L 속에 녹아 있는 산소의 양을 ppm으로 나타낸 값

❖ 1ppm = 1/100만

❖ 오염된 물일수록 BOD와 COD는 크고 DO는 작다.

예제 | 1

어느 강물의 BOD를 측정하기 위하여 병 2개에 강물을 채취하였다. 그중 하나의 DO를 측정하였더니 10ppm이었다. 다른 하나는 마개로 막고, 20℃로 유지하여 햇빛이 없는 어두운 곳에 두었다가 5일 후 DO를 측정하였더니 2ppm이었다. 이 강물의 BOD는?

① 20ppm ② 12ppm ③ 8ppm
④ 2ppm   ⑤ 10ppm

|정답| ③

BOD = 채수 즉시 측정한 DO − 5일간 보관한 후 측정한 DO이므로 이 강물의 BOD는 10ppm − 2ppm = 8ppm이 된다. 마개로 막는 것은 공기 중의 산소가 녹아 들어가지 못하도록 하기 위해서이다. 물에 포함된 광합성 생물에 의해 산소가 생성될 수 있기 때문에 빛을 차단하여 수중생물의 광합성을 막아야 채수 즉시 측정한 DO에서 물속의 호기성 미생물이 유기물을 분해할 때 소비하는 산소의 양을 정확하게 측정할 수 있다.

---

(3) 부영양화(eutrophication)

동식물의 사체, 가정의 생활 하수, 가축의 분뇨, 화학 비료 등이 다량으로 하천이나 호수로 흘러 들어와 물속에 질산염, 인산염 등의 무기염류(영양염류)가 증가하는 현상

(4) 자정 작용(self purification)

① 물이 유기물로 오염되면 호기성 미생물에 의해 유기물이 분해되어 무기염류(영양염류)가 증가하게 된다(이때 BOD는 증가하고 DO가 감소한다).

② 영양염류(질산염, 인산염)의 증가로 인해 조류(식물성 플랑크톤)가 증식한다.

③ 자정작용은 조류의 광합성 결과 산소가 발생하게 되면 DO가 다시 증가하게 되어 물이 깨끗해지는 현상이다.

(5) 녹조현상(water - bloom)과 적조현상(red tide)

① 물이 부영양화되고 수온이 상승하면 하천이나 호수에는 남세균이 급격히 증식하여 물이 녹색으로 보이는 녹조현상이 나타나고, 오염 물질이 바다로 흘러 들어가면 와편모조류가 급격히 증식하여 물이 붉게 보이는 적조현상이 나타난다.

② 녹조현상이나 적조현상이 나타나면 조류의 사체가 증가하여 빛의 투과도가 감소한다. 그 결과 수중식물의 광합성 속도 감소로 인해 산소 발생이 적어지며 조류의 사체가 분해되는 과정에서도 DO가 급격하게 감소하여 산소 부족으로 어패류의 떼죽음을 초래한다.

❖ 적조현상
일반적으로 물이 붉게 바뀌는 경우가 많아서 붉은 물이라는 의미에서 적조라고 하지만 실제로 바뀌는 색은 원인이 되는 플랑크톤의 종류에 따라서 황갈색, 황록색, 갈색을 띠는 경우도 있다.

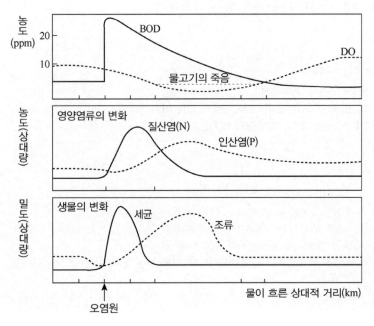

≫ ① 다량의 유기물이 유입되면 BOD가 급격히 증가하고 호기성 세균에 의해 유기물이 분해되면서 DO가 감소한다.
② 유기물의 분해산물로 질산염, 인산염과 같은 무기염류(영양염류)가 증가하면서 이를 이용하는 식물성 플랑크톤과 같은 조류가 증식한다.
③ 조류와 수중식물의 광합성으로 산소 발생이 증가하고 공기 중의 산소가 용해되어 DO가 다시 높아져서 수질이 회복되며, 조류에 의해 무기염류가 소모되어 감소하면 다시 조류의 개체 수가 감소하여 유기물이 유입되기 전과 같은 상태로 된다(자정 작용).
④ 물고기 죽음의 원인은 물속의 산소 부족에 따른 호흡 곤란과 질식이다.

3 토양오염(soil pollution)

(1) 오염 물질: 농약, 비료, 쓰레기와 산업 폐기물

(2) 생물농축(생물학적 증폭, biological magnification)

중금속이나 농약의 성분이 자연 생태계에서 분해되지 않고 먹이연쇄에 의해서 상위의 영양 단계로 갈수록 많이 농축되어 상위 단계의 생물에 치명적인 영향을 주는 현상이다.

① 생물농축에 영향을 주는 물질: 중금속(수은, 납, 카드뮴), 농약(BHC), 살충제(DDT), 제초제(고엽제) 등

  ㉠ 살충제(dichloro-diphenyl-trichloroethane, DDT): 신경장애, 칼슘 대사 저해, 지방조직 파괴 등

  ㉡ 가전 기구의 절연유, 열 교환기(polychorinated biphenyl, PCB): 간기능 저하, 위장장애, 근육마비, 피부흑화 등

  ㉢ 농약(benzene hexachloride, BHC): 생리기능 장애, 전신마비

  ㉣ 고엽제(다이옥신과 같은 것으로 월남전에 사용했던 제초제): 두통, 현기증, 피부질환, 면역력 감소, 암 유발 등

  ㉤ 수은(온도계, 건전지 제조): 미나마타병(신경마비)

  ㉥ 납(자동차 배기가스, 페인트 제조): 두통, 피로, 간경변증 등

  ㉦ 카드뮴(플라스틱 도금, 아연과 결합, 인산염 비료): 이타이이타이병 (뼈에 칼슘 부족, 골절 유발, 보행 불능)

② 먹이연쇄를 통해 상위 영양 단계로 갈수록 생물의 농축 값은 커진다.

  ㉠ 생물의 체내로 들어오면 잘 분해되지 않는다.

  ㉡ 몸 밖으로 잘 배설되지 않는다(체내의 지방 성분과 결합하므로).

❖ DDT, PCB와 같이 염소가 결합된 탄화수소들은 생식활동을 교란시킬 수 있는 물질로서 내분비교란물질(환경호르몬)이라 한다.

4 복원 생태학

(1) 생물 정화(bioremediation): 중금속으로 오염된 토양에 적응한 몇 몇 식물과 원핵생물은 납이나 카드뮴과 같은 중금속을 높은 농도로 축적하는 능력이 있으므로 오염된 생태계를 정화하기 위해서 원핵생물, 곰팡이, 식물과 같은 살아있는 생물을 사용하여 오염물질을 정화하는 것

(2) 생물학적 촉진: 파괴된 생태계에 필수적인 물질을 첨가하기 위해 생물을 사용하는 것

(3) 복원 생태학의 장기적인 목적은 파괴된 생태계를 가능한 한 파괴되기 이전의 생태계와 비슷하게 생태계를 재정착시키는 것이다.

❖ 생물학적 촉진의 사례
토양이 심각하게 교란된 생태계에서 식물의 뿌리가 양분을 충족시킬 수 있도록 균근 공생자를 첨가해 주는 것

35 보전생물학

보전생물학(conservation biology)은 인간 사회에 중요한 가치를 가지는 생물 다양성을 유지하고 보존하기 위한 목표이다.

1 생물 다양성(biodiversity)

(1) 유전적 다양성(genetic diversity)

생물이 지닌 유전 정보의 총칭이며, 생태계에 생존하는 개체가 지닌 유전자를 모두 포함한다. 같은 종의 개체라도 개체마다 지니고 있는 유전자 염기 서열에 변이가 있을 수 있으며, 이러한 개체 사이의 유전자 변이의 빈도가 높을수록 유전적 다양성이 증가한다. 유전적 다양성이 높은 종일수록 환경 조건이 급격히 변할 때 살아남을 수 있는 생존율이 높다.

(2) 종 다양성(species diversity)

① 멸종위협종(threatened species): 가까운 미래에 멸종위기를 맞을 수 있는 종

② 멸종위기종(endangered species): 멸종에 가까운 종

(3) 생태계 다양성(ecosystem diversity)

어느 지역에 존재하는 생태계의 다양함을 의미하며, 생태계를 구성하고 있는 생물들의 상호 작용이 다양함을 의미하기도 한다. 생태계의 종류에는 사막, 습지, 산, 호수, 강, 농경지 등이 있다. 생태계가 다양할수록 생태계에 서식하는 생물 종의 다양성이 높아진다.

2 생물 다양성에 대한 위협

(1) 서식지 파괴(habitat loss): 농지의 확장, 도시개발, 서식지 단편화

서식지 단편화: 철도나 도로의 건설로 인해 대규모의 서식지가 소규모로 나누어지면 가장자리의 길이와 면적이 늘어나므로 가장자리에 적응한 일부의 종들만 우세하게 만들고 깊은 숲에서 살아가야 하는 생물의 경우 서식지가 매우 줄어들게 된다. 또 서식지의 단편화는 생물 종의 이동을

❖ 생물 다양성이 높은 경우 먹이사슬이 복잡해져 몇몇 종이 사라져도 생태계의 평형이 쉽게 파괴되지 않는다.

❖ 생태계서비스
생태계가 인간의 삶을 유지할 수 있도록 직간접적으로 인간에게 이득을 주는 기능

❖ 인간에 의한 서식지의 변화는 생물권의 생물다양성에 대한 가장 큰 위협이다.

제한하여 고립시키기 때문에 시간이 지남에 따라 그 지역에 서식하는 개체군의 크기가 감소하여 멸종으로 이어질 수 있다.

(2) 도입종(외래종, introduced species)

원래의 서식지에서 그들의 개체군을 제한했던 포식자나 질병으로부터 자유로워진 도입종은 새로운 지역에서 정착하게 될 경우 매우 빠르게 번식할 수 있다.

(3) 남획(overharvesting)

동물 또는 식물 종의 과도한 포획인 남획은 원래의 개체군으로 회복할 수 있는 수준 이상으로 수확하는 것을 의미한다.

(4) 지구의 변화(global change)

환경오염과 기후변화는 전 지구적 규모로 지구 생태계 구성을 변화시킨다.

3 생물 다양성 보전을 위한 대책

(1) 서식지 보전(habitat conservation)

(2) 단편화된 서식지 연결(connect habitat fragment): 이동통로(=생태통로)를 건설하여 동물이 길에서 차에 치어 죽는 것을 감소시키고 개체군의 자가 교배를 줄이고 확산을 증진시킨다. 그러나 질병 확산을 증가시킬 수 있다는 단점도 있다.

(3) 보호구역의 설정(zoned reserve): 생태적으로 가치가 있는 지역에 대해서는 국립공원으로 지정하여 관리하고 사람의 출입을 일정기간 금지하는 안식년을 두어 보호한다.

(4) 생물다양성 중요지점(biodiversity hot spot)의 보전: 생물다양성 중요지점이란 지구상의 다른 곳에서는 찾을 수 없는 수많은 고유종과 멸종위기종이나 멸종위협종이 사는 상대적으로 좁은 면적의 지역을 말한다.

(5) 이주와 재도입(migration, re-introduction): 희귀종이나 멸종위기종을 사육하여 원래 살고 있던 자생지에 되돌려 보내주어 개체군의 크기를 증가시키도록 한다.

(6) 환경 윤리(environmental ethics): 생물다양성의 가치와 환경 보전을 위해 노력해야 한다.

예제 | 1

다양한 인간의 활동은 지구의 생물 다양성을 위협하고 있다. 생물권 전체의 생물 다양성을 위협하는 주요 인으로 거리가 먼 것은?

(지방직 7급)

① 서식지의 파괴
② 외래종의 도입
③ 지구 온난화
④ 인공 번식

| 정답 | ④

희귀종이나 멸종위기종을 사육하여 원래 살고 있던 자생지에 되돌려 보내주어 개체군의 크기를 증가시킬 수 있다.

4 지속가능한 발전(sustainable development)

미래세대가 그들의 필요를 충족시킬 수 있는 가능성을 손상시키지 않는 범위에서 현재 세대의 필요를 충족시키는 개발이다.

(1) **농업(agriculture)**: 오리농법, 우렁이 농법(오리나 우렁이같은 해충의 천적을 이용한 농법으로 농약의 사용을 줄일 수 있다.)

(2) **생태통로(corriders)**: 단편화된 서식지의 연결통로

(3) **생태도시(urban ecology)**: 자연 생태계에 가깝도록 조성한 도시

(4) **대체 에너지와 신재생 에너지를 적극적으로 개발**

　　녹색 기술: 태양열, 풍력 등 자연 에너지 및 바이오 에너지를 다루는 재생에너지 기술과 같은 무공해 발전기술

예제 | 2

생물 다양성을 보전하는 방법으로 가장 적절한 것은?　　(강원, 울산)

① 생태적으로 가치가 있는 지역에 대해서는 안식년 등을 두어 보호한다.
② 종 다양성이 감소한 지역에 새로운 외래종을 도입한다.
③ 서식지를 작은 단위로 개발한다.
④ 경제적 가치가 있는 종만을 대상으로 보전 계획을 세운다.

|정답| ①
② 외래종을 도입하는 것은 생물 다양성에 대한 위협이다.
③ 서식지를 작은 단위로 단편화시키는 것은 생물 다양성에 대한 위협이다.
④ 생태직으로 가치가 있는 지역을 대상으로 보전 계획을 세운다.

생각해 보자!

생물다양성에 대한 가장 큰 위협은 무엇이라고 생각하는가?
① 지구환경의 변화　　　　② 고유종과 경쟁하는 도입종
③ 서식지 변경, 단편화　　　④ 중요한 종의 남획

|정답| ③

생태학

001

다음 중 온도에 대한 생물의 적응에 해당되는 현상을 모두 고른 것은?

ㄱ. 추운 지방의 여우가 더운 지방의 여우보다 몸집이 크다.
ㄴ. 동물의 계절형
ㄷ. 장일식물과 단일식물
ㄹ. 춘화현상

① ㄱ, ㄴ
② ㄴ, ㄹ
③ ㄱ, ㄴ, ㄷ
④ ㄱ, ㄴ, ㄹ

➡ 장일식물과 단일식물은 빛에 대한 생물의 적응현상이다.

002

수분에 대한 생물의 적응현상에 대한 설명으로 옳지 않은 것은?

① 수생식물은 통기조직과 관다발, 뿌리가 발달되어 있다.
② 건생식물은 표면에 큐티클층이 발달되어 있다.
③ 풍뎅이의 몸 표면은 왁스층의 껍데기로 덮여 있다.
④ 새들은 암모니아를 요산의 형태로 배설한다.

➡ 수생식물은 관다발이나 뿌리의 발달이 미약하다.

003

다음 호수 생태계의 구성요소에 대한 설명으로 옳은 것은?

햇빛, 물, 물벼룩, 식물성 플랑크톤, 곰팡이

① 생태계 구성요소가 모두 포함되어 있다.
② 햇빛이 식물성 플랑크톤에 미치는 영향은 반작용이다.
③ 식물성 플랑크톤은 소비자 역할을 한다.
④ 물벼룩은 분해자 역할을 한다.

➡ 식물성 플랑크톤은 생산자이고, 물벼룩은 소비자이다.

정답
001 ④　002 ①　003 ①

004

다음 그래프는 식물세포의 삼투압 변화를 나타낸 것이다. 이에 대한 설명으로 옳은 것은?

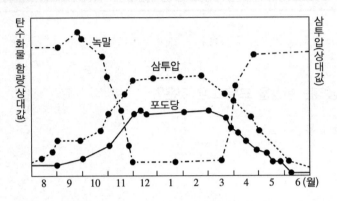

① 삼투압 변화에 영향을 미친 환경요인은 수분이다.
② 여름보다 겨울에 녹말의 분해반응이 더 활발하게 일어난다.
③ 녹말이 많이 축적될수록 삼투압이 증가한다.
④ 식물은 겨울에 삼투압을 낮추어 어는 것을 방지한다.

➡ 녹말이 분해되어 포도당이 많이 축적될수록 삼투압이 증가하며 겨울에 어는 것을 방지한다.

005

개체군에 대한 설명으로 옳은 것은?

① 동일한 생태계에서 생활하는 여러 종의 무리이다.
② 동일한 생태계에서 생활하는 같은 종의 무리이다.
③ 텃세(세력권)는 서로 다른 개체군 간의 상호작용이다.
④ 피식자와 포식자와의 관계는 개체군 내에서 이루어지는 상호작용이다.

➡ 개체군은 동일한 생태계에서 생활하는 같은 종의 무리를 말한다.

정답

004 ② 005 ②

006

그림은 시간에 따른 어떤 동물 개체군의 크기 변화를 나타낸 것이다.

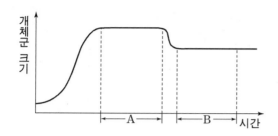

이에 대한 설명으로 옳은 것을 모두 고른 것은?

ㄱ. 번식률은 구간 A가 구간 B에서보다 더 높다.

ㄴ. 환경 저항은 구간 A보다 구간 B에서 더 크다.

ㄷ. 개체군 내 경쟁이 구간 A에서는 일어나지 않는다.

① ㄱ, ㄴ   ② ㄴ

③ ㄷ   ④ ㄴ, ㄷ

007

다음 그래프는 A종과 B종을 혼합배양했을 때 개체군 생장곡선을 나타낸 것이다. 이에 대한 설명으로 옳은 것을 모두 고르면? (단, 이입과 이출은 없다.)

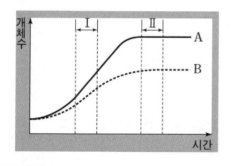

ㄱ. 구간 Ⅰ에서보다 구간 Ⅱ에서 환경저항을 더 많이 받는다.

ㄴ. 구간 Ⅱ에서 A종과 B종의 출생률은 0이다.

ㄷ. A종이 B종보다 환경수용력이 더 크다.

① ㄱ   ② ㄴ

③ ㄱ, ㄷ   ④ ㄱ, ㄴ, ㄷ

→ ㄱ. 구간 A와 구간 B의 번식률(출생률－사망률)은 0이다.

ㄷ. A와 B에서 모두 개체군 내 경쟁이 일어난다.

→ 구간 Ⅱ에서 A종과 B종은 출생률과 사망률이 같다.

정답

006 ②   007 ③

008

개체군의 로지스틱 성장 모형에 대한 설명으로 옳지 않은 것은?

① 자원이 풍부하여 개체군의 수가 적을 때는 기하급수적으로 증가한다.
② 처음에는 J 자형이지만 한계에 이르러 S 자형과 유사해진다.
③ 개체군의 크기가 커지면 제한요인이 작용하게 된다.
④ 개체군의 크기가 커질수록 증가율도 커진다.

009

r – 선택과 k – 선택에 대한 설명으로 옳지 않은 것은?

① k – 선택종은 반복된 생식활동을 한다.
② k – 선택종은 자녀 생성수가 적고 몸집이 크다.
③ r – 선택종은 생존기간이 짧다.
④ r – 선택종은 어릴 때 낮은 사망률을 나타낸다.

010

J 자형 생장곡선에 대한 설명으로 옳지 않은 것은?

① 개체군 성장률은 번식비율에 의존한다.
② 기하급수적 증가곡선을 나타낸다.
③ 환경저항이 작용했을 때의 성장이다.
④ 단기간에 걸쳐서 나타난다.

011

은어는 자신이 살고 있는 장소에 다른 은어가 들어오면 공격행동을 보인다. 이와 같은 개체군 내 상호작용에 해당하는 것은?

① 여러 마리의 닭을 닭장 위에 넣어두면 처음에는 서로 먹이를 쪼려고 치열하게 싸우다가 곧 싸우지 않고 먹이를 먹는다.
② 산란기에 있는 물개들은 일정한 구역을 점유하면서 생식활동을 한다.
③ 코끼리나 기러기 등은 한 마리가 진로를 결정하면 나머지가 이를 따른다.
④ 꿀벌이나 개미 개체군에서는 여왕을 중심으로 개체들의 역할분담이 이루어진다.

→ 로지스틱 성장 모형에서는 개체군의 크기가 커질수록 증가율은 0에 가까워져 수평을 이룬다.

→ 어릴 때 낮은 사망률을 나타내는 것은 k – 선택종에 해당된다.

→ 환경저항이 작용했을 때의 생장곡선은 로지스틱성장 모형으로 S 자형과 유사해진다.

→ 이와 같은 개체군 내의 상호작용은 텃세권이다. ①은 순위제, ③는 리더제, ④는 사회생활에 해당한다.

정답

008 ④ 009 ④ 010 ③ 011 ②

012

다음 그래프는 계절에 따른 돌말의 개체수와 무기환경 요소의 변화를 나타낸 것이다. 이에 대한 설명으로 옳은 것을 모두 고르면?

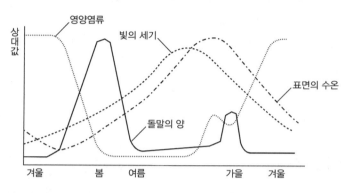

ㄱ. 돌말의 개체수는 주기적으로 변동한다.
ㄴ. 영양염류의 양이 많은 것은 이른 봄에 돌말의 개체수가 증가한 요인 중 하나이다.
ㄷ. 여름에 돌말의 개체수가 적게 유지되는 것은 수온이 높기 때문이다.

① ㄱ   ② ㄴ
③ ㄱ, ㄴ   ④ ㄱ, ㄷ

➡ 여름에 돌말의 개체수가 적게 유지되는 원인은 영양염류의 부족이다.

013

피라미는 은어가 없는 하천에서는 조류를 먹지만, 은어와 함께 살게 되면 은어가 주로 조류를 먹고, 조류를 먹던 피라미는 먹이를 바꿔 수서곤충류를 잡아먹는다. 이와 같은 군집 내의 상호작용에 해당하는 것은?

① 공생   ② 기생
③ 텃세권   ④ 분서

➡ 분서는 경쟁을 피하기 위해서 먹이와 서식지를 달리하는 것이다.

014

초원군집이 발달하기에 적절한 서식지 환경은?

① 기온이 높고 강수량이 많은 지역
② 강수량이 적고 건조한 지역
③ 강수량이 아주 적고 온도가 매우 높거나 낮은 극단적인 지역
④ 하천이나 호소, 바다 등에서 형성되는 식물군락

➡ 강수량이 적고 건조한 지역에서는 초원이 형성되고, 기온이 높고 강수량이 많은 지역에서는 삼림이 형성된다.

정답

012 ③   013 ④   014 ②

015

화산 폭발로 새로 생긴 섬에서 진행되는 천이의 순서는?

① 지의류 → 초원 → 선태류 → 관목림 → 양수림 → 혼합림 → 음수림
② 지의류 → 초원 → 선태류 → 관목림 → 음수림 → 혼합림 → 양수림
③ 지의류 → 선태류 → 초원 → 관목림 → 양수림 → 혼합림 → 음수림
④ 지의류 → 선태류 → 초원 → 관목림 → 음수림 → 혼합림 → 양수림

016

산불이 일어나 교란된 후 진행되는 천이의 순서는?

① 지의류 → 초원 → 선태류 → 관목림 → 양수림 → 혼합림 → 음수림
② 초원 → 선태류 → 관목림 → 음수림 → 혼합림 → 양수림
③ 지의류 → 선태류 → 초원 → 관목림 → 양수림 → 혼합림 → 음수림
④ 초원 → 관목림 → 양수림 → 혼합림 → 음수림

017

천이에 대한 설명으로 옳지 않은 것은?

① 천이를 시작하는 첫 번째 군락을 개척자라 하며, 건성 천이의 개척자는 지의류이고 습성 천이의 개척자는 습원이다.
② 식물군집의 천이과정에서 마지막 안정된 상태를 극상이라고 하며, 건성 천이와 습성 천이의 극상은 음수림이다.
③ 천이가 진행될수록 먹이사슬은 복잡해진다.
④ 후기 천이에서 극상으로 갈수록 식물개체들의 잎에 울타리조직이 발달한다.

→ 화산이 폭발하여 새로 생긴 섬에서는 건성 천이가 진행된다.

→ 산불이 일어나서 교란된 후 진행되는 천이는 초원의 형성으로부터 시작하는 2차 천이가 진행된다.

→ 후기 천이에서 극상으로 갈수록 음수림이 되므로 울타리조직의 발달이 미약하여 잎의 두께가 얇아진다.

018

다음 그림은 용암대지로부터 천이가 진행되는 과정을 나타낸 것이다. 이에 대한 설명으로 옳은 것을 모두 고르면?

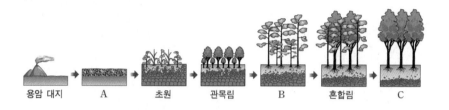

ㄱ. B보다 C가 잎의 평균 두께가 두껍다.

ㄴ. C에서 잎의 평균 두께는 하층부의 잎보다 상층부의 잎이 두껍다.

ㄷ. 잎의 평균면적은 B보다 C가 좁다.

ㄹ. C에 산불이 발생하면 A과정부터 천이가 진행된다.

ㅁ. 지표면에 도달하는 빛의 양은 C보다 B에서 많다.

ㅂ. C는 음수림이다.

① ㄱ, ㄴ, ㄷ

② ㄴ, ㅁ, ㅂ

③ ㄴ, ㄷ, ㅁ, ㅂ

④ ㄷ, ㄹ, ㅁ, ㅂ

→ B는 양수림이고 C는 음수림이므로 B보다 C가 잎의 평균 두께가 얇고 넓다. C에 산불이 발생하면 초원의 형성으로부터 천이가 진행된다.

019

물질의 생산과 소비에 대한 설명으로 옳지 않은 것은?

① 생산자가 광합성을 통하여 생산한 유기물의 총량을 총생산량이라 한다.

② 총생산량에서 호흡량을 뺀 것을 순생산량이라 한다.

③ 순생산량에서 피식량과 고사량을 제외한 것을 생장량이라 한다.

④ 생장량과 호흡량을 합한 것이 총생산량이다.

→ 순생산량과 호흡량을 합한 것이 총생산량이다.

020

다음 그림은 생태계의 질소순환과정을 나타낸 것이다. 이에 대한 설명으로 옳은 것을 모두 고르면?

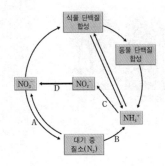

ㄱ. A과정은 탈질소세균에 의한 질화작용이다.

ㄴ. 뿌리혹박테리아나 아조토박터에 의한 질소고정은 A과정이다.

ㄷ. B과정을 통해서 대기 중의 질소가 식물이 이용할 수 있는 형태로 전환된다.

ㄹ. C는 아질산균에 의한 질화작용이고 D과정은 질산균에 의한 질화작용이다.

ㅁ. C와 D는 생물학적으로 동일한 종이다.

ㅂ. 식물이 흡수한 NH_4^+이나 NO_3^-은 질소동화작용에 이용된다.

---

① ㄱ, ㄷ, ㅁ   ② ㄴ, ㄷ, ㄹ, ㅂ

③ ㄷ, ㄹ, ㅂ   ④ ㄷ, ㄹ, ㅁ, ㅂ

021

생태계 에너지 흐름에 대한 설명으로 옳지 않은 것은?

① 모든 에너지의 근원은 태양에너지이다.

② 생태계 내로 유입된 에너지는 생태계 내에서 순환한다.

③ 상위 영양단계로 갈수록 에너지양은 감소한다.

④ 상위 영양단계로 갈수록 에너지효율은 증가한다.

→ A과정은 탈질소세균에 의한 탈질소작용이다. 뿌리혹박테리아나 아조토박터에 의한 질소고정은 B과정이다. C(아질산균)와 D(질산균)는 다른 종이다.

→ 생태계에서 물질은 순환하지만 에너지는 순환하지 않는다.

022

그림 (가)는 ㉠과 ㉡지역에 살고 있는 생물 A~D종의 개체수 비율(%)을 나타낸 것이고, (나)는 다양한 모양의 호랑나비를 나타낸 것이다. 이에 대한 설명으로 옳은 것을 모두 고르면? (단, A~D종 외의 다른 생물은 고려하지 않는다.)

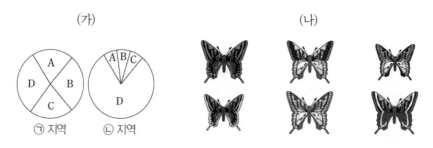

(가)   (나)

㉠지역   ㉡지역

ㄱ. (가)에서 ㉠과 ㉡지역의 종의 수는 같다.
ㄴ. (가)에서 ㉠과 ㉡지역의 종 다양성은 같다.
ㄷ. (나)의 호랑나비는 유전적 다양성을 나타낸다.
ㄹ. 호랑나비 개체 간 차이는 개체마다 지닌 유전자가 다르기 때문에 나타난다.
ㅁ. (가)와 (나)는 생태계 다양성을 나타낸다.

① ㄱ, ㄷ, ㄹ
② ㄱ, ㄴ, ㄷ, ㄹ
③ ㄱ, ㄷ, ㄹ, ㅁ
④ ㄷ, ㄹ, ㅁ

➡ 종의 수는 같아도 고르게 분포해야 종 다양성이 높다고 할 수 있으므로 (가)에서 ㉠이 ㉡지역보다 종 다양성이 높다. 생태계 다양성은 사막, 습지, 산, 호수, 강, 농경지 등을 말하는 것이므로 (가)와 (나)는 생태계 다양성이 아니다.

023

BOD를 측정하기 위해 BOD병 2개에 강물을 채취하였다. 한 병의 DO를 측정하니 15ppm이었고, 다른 한 병은 밀폐한 후 5일 동안 두었다가 DO를 측정하였더니 6ppm이었다. 이 강물의 BOD는?

① 2ppm
② 6ppm
③ 9ppm
④ 15ppm

➡ 'BOD=채수 즉시 측정한 DO−5일간 보관한 후 측정한 DO'이므로 이 강물의 BOD는 15ppm−6ppm = 9ppm이 된다.

정답
022 ①   023 ③

024

인간이 버리는 유기물에 의해서 하천이나 호수가 오염되었을 때 특히 문제가 되는 부영양화 요소는?

① 질산염, 탄산염의 축적
② 인산염, 탄산염의 축적
③ 질산염, 인산염의 축적
④ 탄산염, 황산염의 축적

➡ 부영양화는 동식물의 사체, 가정의 생활하수, 가축의 분뇨, 화학비료 등이 다량으로 하천이나 호수로 흘러들어와 물속에 질산염, 인산염 등의 무기염류(영양염류)가 증가하는 현상을 말한다.

025

다음 중 생물농축도가 가장 큰 생물은?

① 식물성 플랑크톤　　　② 붕어
③ 개구리　　　　　　　④ 독수리

➡ 중금속이나 농약의 성분이 자연 생태계에서 분해되지 않고 먹이연쇄에 의해 상위의 영양단계로 갈수록 고농축된다.

정답

024 ③ 025 ④

찾아보기